RAINER FRANKE

Optimierungsmethoden in der Wirkstofforschung — Quantitative Struktur-Wirkungs-Analyse

BEITRÄGE ZUR FORSCHUNGSTECHNOLOGIE

Schriftenreihe für Experimentalmethodik, Systemanalyse und Instrumentierung in der naturwissenschaftlichen, medizinischen und technischen Forschung

Herausgegeben vom Vizepräsidenten für Forschung und Planung der Akademie der Wissenschaften der DDR im Zusammenwirken mit der Ständigen Expertenkommission Forschungstechnologie

SONDERBAND 2

Akademie der Wissenschaften der DDR, Ständige Expertenkommission Forschungstechnologie beim Vizepräsidenten für Forschung und Planung,
1199 Berlin-Adlershof, Rudower Chaussee 5, Haus 12.1
(Zentrale Arbeitsgruppe Forschungstechnologie)

Rainer Franke

Optimierungsmethoden in der Wirkstofforschung – Quantitative Struktur-Wirkungs-Analyse

Mit 25 Abbildungen und 59 Tabellen

THEORIA CUM PRAXI

AKADEMIE-VERLAG · BERLIN 1980

Anschrift des Autors:

Professor Dr. rer. nat. sc. Rainer Franke

Akademie der Wissenschaften der DDR
Forschungszentrum für Molekularbiologie und Medizin
Institut für Wirkstofforschung
DDR-1136 Berlin-Friedrichsfelde, Alfred-Kowalke-Str. 4

Manuskriptabschluß: 31. August 1979

Erschienen im Akademie-Verlag, DDR-1080 Berlin, Leipziger Straße 3—4

Lizenznummer: 202 · 100/541/80
Gesamtherstellung: VEB Druckerei „Thomas Müntzer", 5820 Bad Langensalza
Umschlaggestaltung: Rolf Kunze
Bestellnummer: 7627935 (2167/S2) · LSV 1315
Printed in GDR
DDR 45,— M

ISSN 0138-1164

Inhalt

Contents

Содержание

1. Einleitung und Problemstellung

Die Optimierung der Eigenschaften und damit der Struktur chemischer Verbindungen oder überhaupt das Auffinden neuer Stoffe für einen bestimmten Verwendungszweck ist eine Aufgabe, die sich in mannigfacher Weise auf vielen Gebieten stellt. Diese Aufgabe läuft fast immer darauf hinaus, in der praktisch unbegrenzten Menge chemischer Strukturen diejenigen zu finden, die genau die gewünschten Eigenschaften haben und damit dem angestrebten Verwendungszweck am besten entsprechen. In der ersten Hälfte unseres Jahrhunderts wurde dabei meist so vorgegangen, Verbindungen mehr oder weniger stochastisch zu synthetisieren und dann auf die gewünschten Eigenschaften zu prüfen. Dieser Weg ist heute wegen der ständig zunehmenden Menge chemischer Verbindungen und vor allem auch wegen der wachsenden Qualitätsanforderungen an neue Stoffe nicht mehr gangbar, weil er zu lang, zu wenig aussichtsreich und zu teuer ist, so daß also neue Wege und eine optimale Technologie bei der Suche nach neuen Substanzen gefunden werden müssen. Natürlich gibt es Unterschiede im Vorgehen, wenn beispielsweise ein neuer Farbstoff, ein besserer Photosensibilisator, ein neuer Katalysator, ein neuer Geschmacksstoff oder ein neues Arzneimittel gefunden werden sollen, denn jedes dieser Gebiete hat seine Spezifika, aber die Grundfrage ist immer die gleiche: Wie ist zu verfahren, um mit möglichst geringem Aufwand in möglichst kurzer Zeit und mit möglichst hoher Sicherheit die gewünschte Substanz zu finden? Die gegenwärtige Situation auf vielen Gebieten ist durch eine kaum noch überschaubare und explosionsartig anwachsende Fülle von Einzelfakten und damit durch ein äußerst ungünstiges Verhältnis von experimentellem Aufwand und relevanter Information gekennzeichnet. Es kommt nun darauf an, aus diesen Einzelfakten möglichst allgemeingültige und transparente Gesetzmäßigkeiten abzuleiten und damit *disponible* Informationen zu gewinnen. Hierzu sind spezielle theoretische Methoden notwendig, deren Kernstück *quantitative Untersuchungen der Zusammenhänge zwischen chemischer Struktur und interessierenden Eigenschaften* bilden. Der Einsatz solcher Methoden in der Praxis der Suchforschung bietet die Möglichkeit für eine gezielte Suche auf der Grundlage theoretisch fundierter Synthesevorschläge, mit deren Hilfe es möglich wird, mit einem Minimum an experimentellem Aufwand ein Maximum an Information zu erhalten, neue Suchräume zu erschließen, bekannte Suchräume auf erfolgsträchtige Gebiete zu beschränken und insgesamt die Auffindungswahrscheinlichkeit für Verbindungen mit den gewünschten Eigenschaften wesentlich zu erhöhen. Im vorliegenden Beitrag soll diese Art des Vorgehens am Beispiel der *Wirkstofforschung*[1] erläutert werden, da dieses Gebiet von besonderer Bedeutung ist und da sich gerade hier in den letzten Jahren eine neue Forschungstechnologie zur Optimierung der Suchforschung herausgebildet hat. Obgleich dabei natürlich von den Spezifika der Wirkstoffforschung ausgegangen wird, *sind die resultierenden Ansätze vom Prinzip her auch auf andere Probleme und Gebiete der Suchforschung übertragbar.*

Wirkstoffe[1] zur Beeinflussung biologischer und pathobiologischer Prozesse haben eine enorme Bedeutung für Gesunderhaltung und Ernährung des Menschen. So werden beispielsweise etwa 70 % der Therapieerfolge in der Klinik durch Arzneimittel erzielt, und die weltweite Anwendung von Pestiziden in der Landwirtschaft bringt jährlich einen Nutzen, der in die Milliarden geht. In den letzten Jahren hat der Verbrauch an Wirkstoffen international sehr stark zugenommen, und diese Tendenz wird sich bis mindestens zum Jahre 2000 noch verstärken. Dabei geht es nicht nur um den erhöhten Einsatz bereits vorhandener Wirkstoffe, sondern vor allem auch um neue Wirkstoffe mit neuartigen Wirkprinzipien, für neue Indikationsgebiete und mit verbesserten Eigenschaften. Die Qualitätsanforderungen an solche neuen Wirkstoffe sind sehr hoch. Sie müssen gegenüber den herkömmlichen Wirkstoffen noch effektiver und spezifischer sein, dürfen keine unerwünschten Nebenwirkungen haben, dürfen nicht toxisch, carcinogen, mutagen oder teratogen sein, müssen im Falle von Arzneimitteln neuartige und bessere Therapiekonzepte eröffnen und, in zunehmendem Maße, auch eine wirksame Prophylaxe gegen bestimmte Krankheitsbilder ermöglichen. Bei Agrochemikalien gewinnt die Forderung nach hochselektiven, rückstandsarmen und umweltfreundlichen Mitteln immer mehr an Bedeutung. Diesen hohen Qualitätsanforderungen ist die klassische, im wesentlichen empirische Form der Wirkstofforschung nicht mehr gewachsen. Diese Tatsache spiegelt sich sehr deutlich in einigen Zahlen wider. Die Auffindungswahrscheinlichkeit für einen neuen Wirkstoff ist auf 1 : 10 000 abgesunken und ist weiter im Sinken begriffen, während die Entwicklungskosten auf mehr als 25 Millionen Dollar angestiegen sind (zum Vergleich: Anfang der 60er Jahre betrugen die Entwicklungskosten für einen neuen Wirkstoff etwa 4 Millionen Dollar).

1 Unter Wirkstoffen sollen alle biologisch aktiven Verbindungen verstanden werden, deren Gabe einen gewünschten biologischen Effekt hervorruft. Diese Definition schließt also nicht nur Arzneimittel, sondern auch Veterinärpharmaka und Agrochemikalien ein.

Das Universum chemischer Verbindungen ist praktisch unbegrenzt und kann in seiner Gesamtheit nicht experimentell untersucht werden. Dies gilt besonders für die Suche nach neuen Wirkstoffen, weil hier als zusätzliche Dimension noch die Vielzahl der biologischen Systeme und der entsprechenden Suchtests hinzukommt. Ein stochastisches Herausgreifen von Substanzen aus der Gesamtheit aller denkbaren Verbindungen im Sinne eines Massen-Screenings, wie es früher üblich war und zum Teil auch heute noch geübt wird, hat nur außerordentlich geringe Erfolgschancen. So kam beispielsweise SPINKS [1] durch eine retrospektive Analyse entsprechender Testdaten zu dem Ergebnis, daß bei dieser Art des Vorgehens 400 000 Verbindungen getestet werden müßten, um ein einziges brauchbares Antikonvulsivum zu finden. Noch ungünstiger liegen die Verhältnisse z. B. bei Cancerostatika und Virostatika, wo nach Meinung des gleichen Autors bei einer rein stochastischen Suche zur Auffindung eines therapeutisch einsetzbaren Wirkstoffs etwa 4×10^8 Verbindungen geprüft werden müßten. Man ist daher zu einer anderen Verfahrensweise gezwungen, die darin besteht, aus der Gesamtmenge der chemischen Verbindungen *Sub-Systeme* auszuwählen und diese zu untersuchen. Unter Sub-System ist dabei im allgemeinen eine Menge chemischer Verbindungen zu verstehen, die durch weitgehende Variation einer gegebenen Grundstruktur, die im folgenden als *Leitverbindung* bezeichnet werden soll, entsteht, wobei natürlich ein solches Sub-System nur eine relativ kleine Region im chemischen Universum darstellt. Die Prämisse dabei besteht darin, daß gerade diese Region gegenüber anderen Regionen des chemischen Universums mit einer höheren Wahrscheinlichkeit behaftet ist, Verbindungen mit der gewünschten biologischen Wirkung zu enthalten. Leider gibt es noch keine sicheren Kriterien, Sub-Systeme gemäß dieser Prämisse gezielt und einigermaßen sicher auszuwählen, so daß bereits dieser erste Schritt mit einem hohen Unsicherheitsfaktor belastet ist. Die wichtigsten Wege, die heute zu solchen Sub-Systemen bzw. aussichtsreichen Leitverbindungen (sogenannte lead compounds) führen, sind im wesentlichen folgende (siehe z. B. [2, 3]):

1. *Zufallsentdeckungen*

Ein besonders originelles Beispiel dafür ist die Entdeckung von Antifebrin und Phenazetin [4]. Eigentlich sollte Naphthalin als Anti-Wurmmittel geprüft werden. Das Präparat zeigte aber nicht diese, sondern eine starke antipyretische Wirkung. Bei einer Überprüfung stellte sich nachträglich heraus, daß die untersuchte Substanz gar nicht Naphthalin, sondern Azetanilid (I) war, das daraufhin als Antifebrin in den Handel kam. Etwa zur gleichen Zeit fiel bei den Bayer-Werken tonnenweise p-Aminophenol als

Nebenprodukt an. Nach Bekanntwerden des Antifebrins wurde diese Verbindung zu p-Äthoxyazetanilid (Entgiftung der OH-Gruppe) umgesetzt, und das noch heute im Gebrauch befindliche Phenazetin war gefunden.

2. *Modifikation von Naturstoffen*

Auch hier spielten und spielen häufig zunächst Zufallsentdeckungen – wie bei der wohlbekannten Geschichte der Auffindung des Penicillins durch FLEMING [5] – eine große Rolle. Zwei weitere Beispiele dieser Art seien genannt. Die Tatsache, daß unsachgemäß gelagertes Heu sehr häufig Blutungen bei Rindern (sweet clover disease) hervorrief, führte zur Entdeckung des Dicumarols, eines Stoffes, der die Prothrombin-Synthese hemmt und damit als Antikoagulans wirkt. Vom Dicumarol wurde in der Zwischenzeit eine ganze Familie weiterer Antikoagulantien abgeleitet. 6-Methoxybenzoxazolinon, ein Antifraßmittel gegen Insekten und Inhaltsstoff bestimmter Maisarten, wurde auf Grund der Resistenz dieser Maisarten gegen Befall durch die Kornbohrerlarve entdeckt. Es gibt noch eine ganze Reihe von Arzneimitteln und Pestiziden, die auf diese Weise gefunden wurden, und gerade in letzter Zeit zeichnen sich wieder verstärkte Bemühungen in dieser Richtung ab.

3. *Entdeckung und Ausbau von Nebenwirkungen*

Hierbei spielen Erfahrungen des Klinikers und des klinischen Pharmakologen eine entscheidende Rolle. Als ein Musterbeispiel kann die Entwicklung auf dem Gebiet der Sulfonamide angesehen werden. Die Sulfonamide, ursprünglich als Chemotherapeutika entwickelt, zeigten eine ganze Reihe von Nebenwirkungen, die durch entsprechende Strukturveränderungen zu Hauptwirkungen manipuliert wurden. So entstanden z. B. orale Antidiabetika (Tolbutamid, Chlorpropamid), Saluretika (Chlorathiazid, Furosemid) und Hypotensiva (Diazoxid).

4. *Untersuchung von Wirkstoffmetaboliten*

Häufig ist eine als Wirkstoff verwendete Verbindung nur der Präkursor der eigentlich aktiven Form, die erst metabolisch *in vivo* gebildet wird. Klassisches Beispiel ist die Entdeckung des Sulfanilamides als Spaltprodukt des bakteriostatisch unwirksamen Prontosil rubrum, die zu der großen Klasse der chemotherapeutisch wirksamen Sulfonamide führte.

5. *Chemische Modifizierung natürlicher, endogen vorkommender Substanzen*

Hier gibt es prinzipiell zwei Möglichkeiten. Einmal lassen sich durch Einführung sogenannter bioisosterer Gruppen Wirkstoffe entwickeln, die die gleiche Wirkung ausüben, wie die endogene Modellsubstanz selbst (Mimetika). Dabei geht es darum, solche Wirkstoffe zu entwickeln, die die gewünschte Wirkung stärker auslösen oder sonst günstigere biologische Eigenschaften haben (z. B. hinsichtlich Pharmakokinetik) oder einfach billiger bzw. besser synthetisierbar sind. Zum anderen ist es möglich, durch entsprechende Strukturveränderungen (z. B. durch Einführung sogenannter Deceptor-Gruppen) Antimetabolite, Antagonisten, Antivitamine oder Antihormone zu erzeugen. Dieses Konzept ist allerdings nur dann wirklich sinnvoll, wenn Klarheit über den Angriffspunkt solcher Substanzen sowie über die biochemischen und physiologischen Konsequenzen des Angriffs herrscht.

Es besteht dabei immer mehr oder weniger die Gefahr, Wirkstoffe mit einem relativ breiten Spektrum von Nebenwirkungen und im Extremfall sogar hochtoxische Wirkstoffe zu erhalten. Letzteres trifft z. B. auf die nach dem Antimetabolitprinzip entwickelten Cytostatika zu. Ein sehr elegantes – wenn auch in seiner Art heute leider noch sehr seltenes – Beispiel für die biochemisch gezielte Anwendung des Antimetabolitprinzips ist die Entwicklung des Antigichtmittels Allopurinol [4]. Allopurinol entstand durch Strukturabwandlung aus Xanthin, dem Substrat der Xanthinoxydase, und ist ein wirksamer Inhibitor dieses Enzyms. Dadurch wird der Abbau von Xanthin zu dem gichtauslösenden Faktor Harnsäure blockiert und der gewünschte therapeutische Effekt erzielt. Immerhin war aber auch hier eine gewisse Portion Glück insofern mit im Spiel, als Xanthin sehr schnell renal ausgeschieden wird und als Allopurinol weder mit der Regulation des Nukleotid-Pools noch mit der Nukleinsäuresynthese interferiert. Ohne diese Voraussetzungen wäre dieses Arzneimittel therapeutisch nicht einsetzbar.

Es gibt also eine ganze Reihe von Möglichkeiten, um zu Leitverbindungen zu kommen, aber alle diese Möglichkeiten sind recht empirisch und haben einen hohen Zufallscharakter, so daß nie bekannt ist, inwieweit die oben erwähnte, der Auswahl eines bestimmten Sub-Systems zugrunde liegende Prämisse der erhöhten Erfolgswahrscheinlichkeit gegenüber anderen Sub-Systemen zutrifft. Dieses Problem wird besonders gravierend, wenn Wirkstoffe mit neuartiger Struktur bzw. Wirkstoffe mit neuartigen Wirkungen gefunden werden sollen. Daraus folgt, daß versucht werden muß, *aus Kenntnissen über untersuchte Sub-Systeme möglichst fundierte Schlußfolgerungen hinsichtlich der zu erwartenden Eigenschaften benachbarter Sub-Systeme zu ziehen.*

Ist nun auf irgendeine Weise eine günstig erscheinende Leitverbindung gefunden worden, kommt es darauf an, *durch Strukturvariationen die gewünschte Wirkung zu optimieren und unerwünschte Nebenwirkungen zu eliminieren.* Anders ausgedrückt: Es beginnt die Suche nach der optimalen

Verbindung im Suchraum des gewählten Sub-Systems. Diese Suche ist lang, mühevoll und kostspielig. Die Entwicklung von Antimalariamitteln mit Chinin als Leitverbindung ist ein Beispiel hierfür: Zur Entwicklung von Plasmochin mußten 10 000 Verbindungen getestet werden, Atebrin war das Resultat einer Untersuchung an 12 000 Verbindungen, und Chlorochin wurde nach der Prüfung von 14 000 Verbindungen gefunden. Bemerkenswert dabei ist, daß Chlorochin bereits 10 Jahre vorher auf Antimalariawirkung getestet, aber nicht als brauchbar erkannt wurde, ein weiterer Unsicherheitsfaktor, der jedem Screeningsystem innewohnt [2].

Wie kompliziert dieses Optimierungsproblem ist, läßt sich am besten an einem einfachen Beispiel verdeutlichen (aus [6]). Angenommen, die relativ einfache, im Formelbild I dargestellte Grundstruktur erwies sich als günstig für eine gewünschte biologische Wirkung (Leitverbindung). Strukturvariationen können durch Substitution am Ring (7 Substitutionsorte) sowie durch Veränderung von Y, n und R vorgenommen werden. Werden zunächst nur Ringsubstitutionen betrachtet und dabei 50 Substituenten zugelassen (eine bescheidene Anzahl, gemessen an den Möglichkeiten der modernen Synthesechemie), ergeben sich die in Tabelle 1 aufgeführten Zahlen möglicher Verbindungen (auftretende Symmetrien sind vernachlässigt). Hierzu kommen natürlich noch die möglichen Veränderungen in Y, n und R. Werden beispielsweise Substitutionen in 4 Ringpositionen und außerdem noch je 10 Variationen für Y und R sowie 4 Variationen für n zugelassen, ergeben

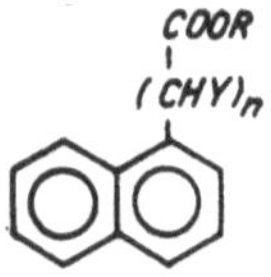

Formelbild I

Tabelle 1
Zahl der möglichen Verbindungen bei Ringsubstitution von I mit 50 Substituenten

Zahl der substituierten Positionen	Zahl der resultierenden Verbindungen
1	50
2	2 500
3	125 000
4	6 250 000
5	312 500 000
6	15 625 000 000
7	781 250 000 000

sich insgesamt 2 500 000 000 Verbindungen. Diese Zahlen sind astronomisch, berücksichtigen aber durchaus noch nicht alle Variationsmöglichkeiten (z. B. Einführung von Heteroatomen in das Ringsystem). Damit wird klar, daß auch die Sub-Systeme für eine vollständige experimentelle Untersuchung noch viel zu groß sind. Man muß daher den Suchraum noch weiter auf kleine Ausschnitte des Sub-Systems einengen und sogenannte *Stichproben,* die meist etwa 20 ... 300 chemisch homologe Verbindungen enthalten, prüfen. Eine Beendigung der Suche bei diesem Schritt würde die Prämisse implizieren, daß gerade in diesen kleinen Ausschnitten die optimale Verbindung enthalten ist. Ein Vergleich der Größen des Sub-Systems und der Stichproben zeigt aber sofort, daß die Wahrscheinlichkeit hierfür außerordentlich gering ist. Damit entsteht die Notwendigkeit, *mittels der durch die Untersuchung von Stichproben gewonnenen Kenntnisse in den Raum des Sub-Systems zu extrapolieren* und abzuschätzen, ob und wo in diesem Raum noch erfolgsträchtige Verbindungen zu erwarten sind. Diese Aufgabe stellt bestimmte Anforderungen an die Art und Menge dieser Kenntnisse, woraus sich wiederum Anforderungen an die Zusammensetzung der Stichproben ergeben. Das bisher meist im Vordergrund stehende Kriterium der leichten Synthetisierbarkeit genügt diesen Anforderungen im allgemeinen nicht.

Bei der biologischen Prüfung chemischer Verbindungen taucht noch ein weiteres Problem auf, und zwar das der Auswahl, Anordnung und Relevanz der biologischen Suchtests. Dieses Problem ist sehr kompliziert und vielschichtig und beginnt bereits bei der Wahl der biologischen Modelle. So wäre beispielsweise bei einer reinen *in-vitro*-Testung an Bakterienkulturen Prontosil rubrum als inaktiv verworfen worden, weil, wie bereits erwähnt, diese Verbindung nur der Präkursor des bakteriostatisch aktiven Sulfanilamides ist, das nur *in vivo* durch metabolische Spaltung entsteht. Im Prinzip kann natürlich auch genau das Gegenteil eintreten: Eine Substanz erscheint bei einem *in-vivo*-Test als inaktiv, weil sie aus pharmakokinetischen Gründen nicht wirkt, obgleich sie hinsichtlich des gewünschten Angriffspunktes hochaktiv ist. In einem solchen Falle bestünde ohne Ergebnisse aus *in-vitro*-Tests keine Möglichkeit, durch Strukturvariation die pharmakokinetischen Eigenschaften der Verbindung unter Beibehaltung ihrer pharmakodynamischen Eigenschaften in der Weise zu verändern, daß sie auch *in vivo* den gewünschten Effekt hervorruft. Es ist also stets ein Zusammenspiel von *in-vivo*- und *in-vitro*-Tests erforderlich.

Bei der Suche nach Wirkstoffen zur Bekämpfung von Schadorganismen (z. B. Bakteriostatika, Virostatika, Fungizide, Herbizide, Insektizide usw.) stellt sich die Frage nach dem geeignetsten Testobjekt, da es unmöglich ist, eine Testung gegen alle in Frage kommenden Bakterien, Viren, Pilze, Schadpflanzen und Insekten vorzunehmen. Meistens wird so verfahren, daß die Testung an einigen ausgewählten Modellobjekten parallel erfolgt. Inwieweit und in welcher Weise aber die Testergebnisse an diesen Modellen auf andere Organismen übertragbar sind, ob die gewählte Palette entscheidende Lücken oder vielleicht auch Redundanz aufweist und vor allem auch, wie ein Spektrum von Testergebnissen an mehreren parallel untersuchten Objekten in seiner Gesamtheit objektiv einzuschätzen ist – dies alles sind Fragen, die meist nicht befriedigend beantwortet sind.

Bei einer Reihe organismischer Tests kann der gemessene Testparameter mehrere biologische Komponenten enthalten. Sollen diese Komponenten separiert werden, ist es notwendig, mehrere biologische Tests parallel zu schalten, wobei dann natürlich auch untersucht werden muß, welche biologischen Komponenten in jeden dieser Tests mit welchem Gewicht eingehen. Die Notwendigkeit paralleler Tests ergibt sich aber auch daraus, daß auf Nebenwirkungen geprüft werden muß. Dabei ist noch zwischen Grobtests, die relativ einfach sind und häufig nur eine halbquantitative oder qualitative Aussage liefern, dafür aber einen hohen Durchsatz haben, nachgeordneten genaueren quantitativen Tests und abschließenden vertiefenden Wirkungsweisetests zu unterscheiden. Auf diese Weise entstehen zu den einzelnen interessierenden biologischen Zielfunktionen wie etwa Herz-Kreislauf-Pharmaka oder pflanzliche Wachstumsregulatoren Testsysteme, in denen auf mehreren Ebenen verschiedene Tests parallel angeordnet sind. Zwischen diesen Tests können komplizierte multiple Beziehungen bestehen, die meist nicht bekannt sind und ohne spezielle Untersuchungen auch nicht erkannt werden können. Aus ökonomischen Gründen ist es wünschenswert, möglichst viel über die biologischen Eigenschaften neu synthetisierter Verbindungen zu erfahren, und aus den gleichen Gründen ist es unmöglich, alle Substanzen in allen Tests aller Testsysteme zu prüfen, so daß notwendigerweise eine Auswahl getroffen werden muß. Wegen der Unkenntnis der zwischen den Tests bestehenden Beziehungen waren und sind die Kriterien für diese Auswahl keineswegs optimal.

Faßt man alle Probleme zusammen, werden einige Kernfragen der Wirkstofforschung erkennbar:

1. Wie lassen sich objektive Kriterien für die Auswahl der richtigen Sub-Systeme bzw. für die Auffindung erfolgsträchtiger Leitverbindungen finden und wie kann auf Grund der Eigenschaften bekannter Leitverbindungen einigermaßen sicher auf neue Leitverbindungen bzw. auf die biologischen Eigenschaften in anderen Sub-Systemen des Universums der chemischen Verbindungen geschlußfolgert werden?

2. Wie kann mit möglichst wenigen Stichproben bei möglichst geringem Stichprobenumfang der Suchraum der Sub-Systeme möglichst rationell und sicher abgetastet und dadurch mit einem Minimum an Aufwand und einem Maximum an Sicherheit die optimale oder wenigstens eine sehr gute Verbindung in diesem Suchraum gefunden werden?
3. Welche Strategie ist anzuwenden, um mit möglichst wenigen Testungen möglichst viel über die biologischen Eigenschaften der Stichproben zu erfahren, welche Tests sollten in den Testsystemen enthalten sein und in welcher Reihenfolge müssen diese für jeden konkreten Fall abgearbeitet werden? Wie ist der Substanz- und Informationsfluß innerhalb und zwischen Testsystemen zu organisieren?

Zur Lösung dieser Fragen sind eine umfassende EDV-gerechte Speicherung aller synthetisierten Substanzen sowie aller zu diesen Substanzen erhobenen Befunde und vor allem eine tiefe Kenntnis der Gesetzmäßigkeiten über die Wechselwirkung von Wirkstoffen mit Biosystemen und die dadurch ausgelösten Wirkungen in Abhängigkeit von der Wirkstoffstruktur von fundamentaler Bedeutung. Für die Ermittlung solcher Gesetzmäßigkeiten sind spezielle theoretische Verfahren notwendig, die im allgemeinen die unter dem Sammelbegriff *quantitative Struktur-Wirkungs-Analyse* – einer im Grunde etwas zu einschränkenden Bezeichnung – zusammengefaßt werden. Das Grundprinzip der quantitativen Struktur-Wirkungs-Analyse ist in Abbildung 1 schematisch dargestellt. Ausgegangen wird im allgemeinen von einer nach bestimmten, noch zu erläuternden Prinzipien zusammengestellten *Stichprobe* von Verbindungen. Die Verbindungen dieser Stichprobe werden sowohl hinsichtlich interessierender biologischer Eigenschaften (durch *biolo-*

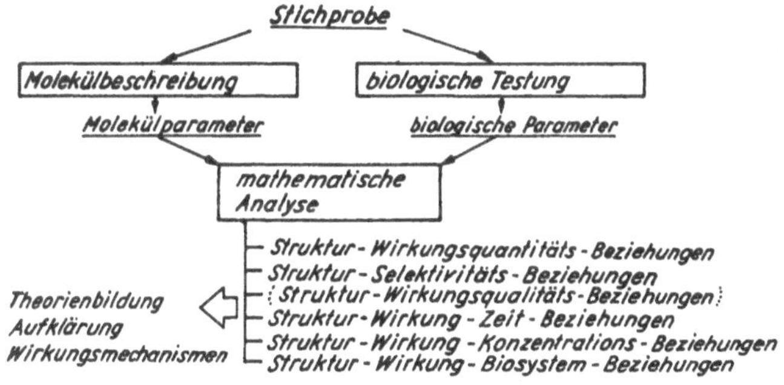

Abb. 1. Prinzip der quantitativen Struktur-Wirkungs-Analyse

gische Testung) als auch hinsichtlich ihrer physikalisch-chemischen bzw. strukturellen Eigenschaften (mittels geeigneter Methoden der *Molekülbeschreibung)* charakterisiert. Dabei resultieren biologische Aktivitätsparameter A und Molekülparameter x_i, zwischen denen Zusammenhänge bestehen müssen, denn die biologische Aktivität hängt in gesetzmäßiger Weise von der Molekülstruktur bzw. den dadurch determinierten Moleküleigenschaften ab. Diese Zusammenhänge werden mittels geeigneter *mathematischer Analyseverfahren* in Form sogenannter *quantitativer Struktur-Wirkungs-Beziehungen* gefunden. Sind diese Beziehungen bekannt, lassen sich Wahrscheinlichkeitsaussagen über die biologischen Eigenschaften noch nicht untersuchter Verbindungen machen. Außerdem können Informationen über den molekularen Wirkungsmechanismus und Beiträge zur Theorienbildung erhalten werden, die mindestens zum großen Teil gegenwärtig in keiner anders gearteten Weise zugängig sind. Das liegt ganz einfach daran, daß die einzige Möglichkeit, etwas über ein intaktes Biosystem zu erfahren (also z. B. über die Eigenschaften von Rezeptoren *in situ)* darin besteht, das System zu perturbieren und auf die Systemeigenschaften indirekt über die Antwort auf die Perturbation zu schließen. Im Falle der Perturbation durch Wirkstoffe sind hierfür quantitative Struktur-Wirkungs-Beziehungen unerläßlich. Derartige theoretische Erkenntnisse können entscheidende Ansatzpunkte bei der Entwicklung neuer Wirkstoffe liefern.

Quantitative Struktur-Wirkungs-Beziehungen können unter verschiedenen Zielstellungen mit verschiedenen Methoden ermittelt werden und in verschiedener Form anfallen (siehe Abbildung 1). *Struktur-Wirkquantitäts-Beziehungen* beschreiben den Zusammenhang zwischen der Stärke eines gegebenen biologischen Effektes und der Wirkstoffstruktur innerhalb kongenerer Serien[2] von Wirkstoffen und können demzufolge zur Optimierung dieses Effektes mittels gezielter Strukturvariationen verwendet werden (Extrapolation in den Sub-Systemraum). Bei den *Struktur-Selektivitäts-Beziehungen* kommt als neue Dimension die gleichzeitige Betrachtung mehrerer biologischer Effekte (z. B. Haupt- und Nebenwirkungen) hinzu, die dann in ihrer Gesamtheit optimiert werden können. *Struktur-Wirkqualitäts-Beziehungen* beschreiben den Zusammenhang zwischen Struktur und der Art des zu erwartenden biologischen Effektes. Mit ihrer Hilfe ist die Vorhersage ganz neuartiger Strukturen (Leitverbindungen), von denen eine bestimmte Wirkqualität erwartet werden kann, und damit eine Aussage über biologische

2 Kongenere Serien von Wirkstoffen enthalten solche Substanzen, die sich von der gleichen Leitverbindung ableiten lassen und die die interessierende biologische Wirkung über den gleichen Mechanismus auslösen.

Eigenschaften in neuen Sub-Systemen des chemischen Universums im Prinzip möglich; allerdings befindet sich hier die Entwicklung noch ganz am Anfang. Die Einbeziehung der Zeit und/oder der Wirkstoffkonzentration als zusätzliche Dimension führt zu komplexen *Struktur-Wirkungs-Zeit-* bzw. *Struktur-Wirkungs-Konzentrations-Beziehungen* und kann eine wesentliche Ergänzung der Gesamtinformation erbringen, die vor allem dann von Bedeutung ist, wenn die Beziehungen zwischen biologischem Effekt und der Zeit bzw. der Wirkstoffkonzentration sehr kompliziert und noch dazu abhängig von der Wirkstoffstruktur sind. Komplexe *Struktur-Wirkungs-Biosystem-Beziehungen* stellen einmal eine Erweiterung der Struktur-Selektivitäts-Beziehungen dar, bilden aber auch in gewissem Sinne die Möglichkeit zur Inter- und Extrapolation im Universum der Biosysteme. Der Sinn dieser Beziehungen besteht einmal in der Separierung von verschiedenen strukturabhängigen Einflüssen auf den biologischen Effekt (z. B. Pharmakokinetik/Pharmakon-Rezeptor-Wechselwirkungen) durch Verkopplung von quantitativen Struktur-Wirkungs-Beziehungen für geeignete Kombinationen von Biosystemen (z. B. hierarchisch in bezug auf die biologische Integrationsstufe), zum anderen darin, Kriterien und Regeln für optimal konstruierte Testsysteme und den optimalen Substanz- und Informationsfluß in und zwischen solchen Systemen zu finden.

Die Verfahren zur quantitativen Struktur-Wirkungs-Analyse, die als Verfahren zur Optimierung des Informationsgewinns angesehen werden können, haben sich bereits sehr gut bewährt. Mit ihrer Hilfe ist es möglich, auf der Grundlage theoretisch fundierter Synthese- und Testvorschläge *Synthese- und Testkapazität einzusparen* und zugleich die *Auffindungswahrscheinlichkeit* für neue Wirkstoffe *zu erhöhen.* Der hieraus resultierende *ökonomische Nutzen* ist erheblich und kann mehrere Millionen Mark (siehe Kapitel 14.) betragen. Aus diesem Grunde und wegen der hohen Verallgemeinerungsfähigkeit der entsprechenden Methoden soll sich der vorliegende Beitrag auf diesen Aspekt der Optimierung der Wirkstofforschung konzentrieren, zumal es hierzu bisher nur wenige in sich geschlossene monographische Darstellungen gibt.

Mit den Methoden der quantitativen Struktur-Wirkungs-Analyse allein ist natürlich das Problem der Optimierung der Wirkstofforschung nicht umfassend lösbar. Dies folgt nicht nur aus den objektiven Grenzen dieser Methoden (siehe Kapitel 14.), sondern auch aus dem interdisziplinären Charakter der Wirkstofforschung. Von eminenter Bedeutung ist es beispielsweise auch, die sich aus der Entwicklung solcher Gebiete wie insbesondere Molekularbiologie, Biochemie, bioorganische Chemie, Physiologie und Genetik ergebenden Ansatzpunkte ständig für neue Konzeptionen und zur Entwicklung neuer biologischer Suchtests zu nutzen. Die biologischen Tests wiederum müssen nach den Prinzipien der statistischen Versuchsplanung (siehe z. B. [7]) angelegt, streng standardisiert und so aussagekräftig wie möglich gemacht werden. Ein weiterer wichtiger Punkt ist die EDV-gerechte Speicherung aller aus Synthese, Testung sowie aus physikochemischen und theoretischen Untersuchungen anfallenden Ergebnissen. Erst das *ausgewogene Zusammenspiel* all dieser Komponenten bei engster Zusammenarbeit zwischen Grundlagenforschung und Wirkstoffindustrie sowie ständiger Kopplung zwischen Theorie und Experiment kann wirklich zu der notwendigen neuen Qualität führen.

Die Kategorien Stichprobe, Molekülbeschreibung, biologische Testung, mathematische Analyse sowie Art und Zielstellung der quantitativen Struktur-Wirkungs-Beziehungen in Abbildung 1 bilden eine dialektische Einheit und sind voneinander abhängig. Natürlich gibt es innerhalb dieser Einheit Freiheitsgrade, wobei allerdings sehr genau überlegt werden muß, wieviel und an welcher Stelle Freiheitsgrade zugelassen werden können. Im Extremfalle könnte beispielsweise gefordert werden, daß die Strukturvariationen in der Stichprobe und die biologische Testung (Menge, Relevanz und Präzision der biologischen Parameter) so vorgenommen werden, daß eine einzige Methode der Molekülbeschreibung und ein einziges mathematisches Verfahren kombiniert zu einer einzigen Standardmethode der quantitativen Struktur-Wirkungs-Analyse in allen Fällen anwendbar ist. Ein solches Vorgehen widerspräche aber der Komplexität der biologischen Materie ebenso wie der Vielfalt möglicher chemischer Strukturen und Strukturvariationen, und eben diese Komplexität und Vielfalt bedingen, daß verschiedene Methoden sowohl hinsichtlich der Molekülbeschreibung als auch hinsichtlich der mathematischen Analyse zur Verfügung stehen müssen. Daraus folgt, daß es *das* Verfahren oder ein „bestes" Verfahren zur quantitativen Struktur-Wirkungs-Analyse nicht geben kann, sondern immer nur für bestimmte Problemstellungen besonders geeignete Verfahren, die aus einer entsprechenden Verfahrenspalette gemäß den jeweiligen Gegebenheiten auszuwählen sind. Es kommt also immer darauf an, die Zusammensetzung der Stichprobe, die biologische Testung, die Methoden zur Molekülbeschreibung und die Verfahren zur mathematischen Analyse für jedes Problem unter Berücksichtigung der praktischen Gegebenheiten und der jeweiligen Zielstellung sorgfältig aufeinander abzustimmen, um insgesamt wirklich ein Maximum an relevanter Information bei einem Minimum an experimentellem Aufwand zu erhalten.

Die meisten Erfahrungen auf dem Gebiet der quantitativen Struktur-Wirkungs-Analyse liegen gegenwärtig für die Ermittlung und Anwendung quantitativer Struktur-Wirkquantitäts-Beziehungen vor, weshalb sich die folgenden Kapitel im wesentlichen auf diesen Punkt konzentrieren werden. Dabei sollen diejenigen Verfahren im Vordergrund stehen, die zur Zeit am häufigsten eingesetzt werden und über deren Aussagekraft und Anwendungsgrenzen die meisten Kenntnisse vorliegen. Der Akzent soll dabei vor allem auf dem Prinzip dieser Methoden und ihrem Einsatz in der Wirkstofforschung sowie der sich daraus ergebenden neuen Forschungstechnologie und weniger auf einer detaillierten Darstellung theoretischer Einzelheiten liegen.

Der Kern der quantitativen Struktur-Wirkungs-Analyse ist immer die Molekülbeschreibung, d. h. die Auffindung des besten Merkmalsraumes, und die mathematischen Methoden sind dann das Instrument, um in diesem Merkmalsraum zu operieren. Demzufolge sollen sich die folgenden Ausführungen primär an den Methoden der Molekülbeschreibung orientieren, wobei sich formal drei Gruppen von Methoden unterscheiden lassen:

1. Verfahren mit chemischen bzw. physikalischen Molekülparametern,
2. Verfahren mit strukturellen Molekülparametern,
3. Verfahren auf der Grundlage von Interaktions-Rechnungen.

Bei der ersten Gruppe von Verfahren werden diejenigen physikalischen und chemischen Eigenschaften der Wirkstoffmoleküle, von denen die biologischen Eigenschaften beeinflußt werden, durch externe Molekülparameter wie Substituentenkonstanten, quantenchemische Indizes oder geeignete physikochemische Daten charakterisiert. Diese Molekülparameter werden dann mit den biologischen Aktivitätsparametern in Beziehung gesetzt. Bei den strukturellen Verfahren in der zweiten Gruppe ergeben sich die Molekülparameter zur Beschreibung von Moleküleigenschaften und ihrer Verknüpfung mit der biologischen Aktivität direkt aus der chemischen Strukturformel der Wirkstoffe. Der erste Schritt ist dabei immer eine Fragmentierung, d. h. eine Zerlegung der Moleküle. Als zweiter Schritt erfolgt dann entweder eine Bewertung der Fragmente hinsichtlich ihres Beitrages zur biologischen Aktivität durch irgendeine Kennziffer oder die Ermittlung von Klassifizierungsregeln, die Aussagen über die biologische Aktivität von Verbindungen anhand der An- oder Abwesenheit bestimmter Fragmente und/oder Fragmentkombinationen gestatten. Bei den Interaktions-Rechnungen schließlich, die im Rahmen dieses Beitrages nur relativ kurz behandelt werden sollen, wird eine möglichst exakte Beschreibung der schwachen intermolekularen Wechselwirkungen zwischen Wirkstoff und Rezeptor angestrebt; diese Verfahren sind für die Weiterentwicklung der quantitativen Struktur-Wirkungs-Analyse von besonderer Bedeutung. Zusammenfassende Darstellungen bzw. Übersichten zu einzelnen Gebieten der quantitativen Struktur-Wirkungs-Analyse finden sich in den Referenzen [3] und [8 – 23].

2. Maße für die biologische Wirkquantität

Ehe zu den Methoden der quantitativen Struktur-Wirkungs-Analyse übergegangen werden kann, ist es notwendig, noch einige kurze Bemerkungen über biologische Aktivitätsmaße zu machen. Dabei ist weder beabsichtigt, auf biometrische Probleme einzugehen (siehe hierzu beispielsweise [24]), noch sollen Fragen der Rezeptortheorie ausführlich diskutiert werden. An dieser Stelle soll nur so viel gesagt werden, wie zum Verständnis der folgenden Kapitel notwendig ist.

Bei pharmakologischen Experimenten ist es allgemein üblich, als biologische Wirkung W die Quantität der Änderung einer meßbaren Größe des untersuchten biologischen Systems (z. B. Kontraktion eines Muskels, Veränderung des Blutdrucks usw.) zu betrachten und diese als Funktion der Konzentration (Dosis) des Wirkstoffes zu untersuchen. Dabei resultieren sogenannte *Dosis-Wirkungs-Kurven,* die bei halblogarithmischer Darstellung eine sigmoide Form (siehe Abbildung 2) haben. Der Vergleich der biologischen Aktivität von Wirkstoffen läßt sich dann so vornehmen, daß für jeden Wirkstoff diejenige Konzentration (Dosis) C ermittelt wird, die eine bestimmte Wirkung gerade auslöst. Dieser Wirkung entspricht ein bestimmter Wert auf der Ordinate, so daß man die gesuchten Konzentrationen C bei einer graphischen Auswertung (eine rechnerische Auswertung ist jedoch immer vorzuziehen) einfach aus den Schnittpunkten einer entsprechenden Parallelen zur Abszisse

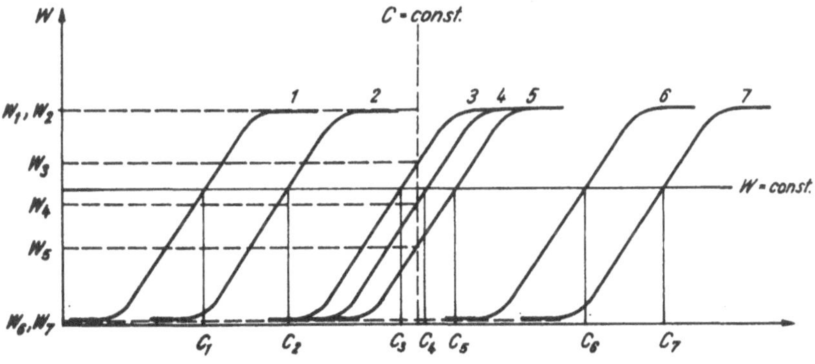

Abb. 2. Dosis-Wirkungs-Kurven

mit den Dosis-Wirkungs-Kurven erhält (siehe Abbildung 2). Der Ordinatenabschnitt ist dabei so festzulegen, daß die Schnittpunkte für alle Dosis-Wirkungs-Kurven in den Linearbereich der Kurven fallen. Auf diese Weise erhält man solche Größen wie ED_x (Dosis, die x % der Maximalwirkung hervorruft), LD_x (Dosis, die bei x % von Versuchsobjekten tödlich wirkt), I_x (Dosis, die eine Hemmung irgendeiner Funktion zu x % bewirkt) usw. Das Maß für die biologische Wirkquantität A ist dann einfach der Kehrwert dieser Konzentration:

$$A = 1/C \qquad \text{mit } W = \text{const.} \tag{2.1}$$

Dieses Vorgehen ist allerdings nur dann biologisch sinnvoll, wenn zum Zeitpunkt der Messung von W Gleichgewichts- oder mindestens steady-state-Bedingungen herrschen.

Eine prinzipiell andere Möglichkeit besteht darin, daß bei nur einer (molaren!) Konzentration gemessen und als Maß für die Wirkquantität A direkt die durch diese Konzentration ausgelöste Wirkung W verwendet wird; in diesem Falle gilt

$$A = W \qquad \text{mit } C = \text{const.} \tag{2.2}$$

Aus Dosis-Wirkungs-Kurven würden sich diese Werte für W als die zu den Schnittpunkten der Dosis-Wirkungs-Kurven mit der Linie C = const. gehörenden Ordinatenabschnitte ergeben (siehe Abbildung 2). Mit dieser Verfahrensweise lassen sich zwar Messungen einsparen, jedoch müssen dafür andere Nachteile in Kauf genommen werden. Einmal ist der überstrichene Wertebereich meist kleiner und kann vor allem an den unteren und oberen Grenzen relativ stark fehlerbehaftet sein. Des weiteren besteht die Gefahr, in den nicht-linearen Teil der Dosis-Wirkungs-Kurven zu gelangen. Liegen wirklich Gleichgewichtsbedingungen vor und befindet sich der Schnittpunkt der Linie C = const. mit Dosis-Wirkungs-Kurven entweder im Anfangsteil (Kurven 1 und 2 in Abbildung 2) oder im Sättigungsteil (Kurven 6 und 7 in Abbildung 2), ist keine korrekte Aussage über die biologische Wirkquantität möglich. Während das Maß A = 1/C korrekt aussagt, daß der Wirkstoff 1 aktiver als der Wirkstoff 2 ist, würden beide Wirkstoffe mit dem Maß A = W fälschlich als äquipotent eingestuft werden. Analog ist die Situation bei den Wirkstoffen 6 und 7: mit A = 1/C folgt korrekt, daß 6 aktiver als 7 ist, während mit A = W beide Wirkstoffe wieder als äquipotent (in diesem Fall als unwirksam) erscheinen. Diese Einschränkung trifft allerdings dann nicht zu, wenn sich die Wirkquantität A als eine Geschwindigkeit gemäß

$$A = \frac{dW}{dt} \tag{2.3}$$

definieren läßt, was in vielen Fällen sinnvoll erscheint [25–27]. Meist gilt dann eine Kinetik erster Ordnung, und unter der Voraussetzung, daß man zur Meßzeit t in den Linearteil der Kurve W = f (t) hineinkommt, ist die Wirkung W zur Zeit t bei einer konstanten Konzentration C der Geschwindigkeitskonstanten direkt proportional und damit eine biologisch sinnvolle Größe.

Häufig wird die Wirkung eines Wirkstoffes in Prozent der Wirkung eines geeigneten Standards angegeben. In solchen Fällen ist es zweckmäßig, zur Durchführung von quantitativen Struktur-Wirkungs-Analysen eine Transformation der Werte nach

$$A = \frac{\text{\% Wirkung des Standards}}{(100\,\% - \text{\% Wirkung des Standards})} \tag{2.4}$$

vorzunehmen.

Bei der Auslösung einer biologischen Wirkung muß sich der Wirkstoff an den biologischen Rezeptor binden, wobei der Bindungsschritt wohl am besten als ein kooperatives Aneinanderschmelzen von Wirkstoff und Rezeptor zu verstehen ist (siehe z. B. auch [28]) und eine Perturbation des Rezeptors zur Folge hat. Diese Perturbation löst einen *biologischen Stimulus* S aus, der über eine biologische Effektuierungskette zur biologischen Wirkung führt. Der Stimulus S ist dem Bedeckungsgrad y der Rezeptoren proportional:

$$S \sim y. \tag{2.5}$$

Unter der Annahme, daß die Reaktion des Wirkstoffes D mit dem Rezeptor R zu dem Wirkstoff-Rezeptor-Komplex DR durch das Massenwirkungsgesetz beschrieben werden kann und die Gleichgewichtskonstante K_1 hat, ergibt sich der Bedeckungsgrad y zu

$$\begin{aligned} y &= \frac{[DR]}{[R] + [DR]} \\ &= \frac{K_1 [D]}{1 + K_1 [D]}. \end{aligned} \tag{2.6}$$

Um aus der Proportionalität gemäß (2.5) eine Gleichung zu machen, muß die Kapazitätsgröße y noch mit einer geeignet definierten Intensitätsgröße als Proportionalitätsfaktor multipliziert werden; diese Intensitätsgröße soll als Wirkfaktor F bezeichnet werden:

$$S = F \cdot y \tag{2.7}$$

Der Wirkfaktor F ist ein Maß für die Fähigkeit des Wirkstoffes, den Rezeptor bei der Bindung in der zur Erzeugung des Stimulus spezifischen Weise zu perturbieren. Wird angenommen, daß neben solchen spezifischen Perturbationen, die mit SP bezeichnet werden sollen, auch unspezifische Perturbationen (NSP) auftreten können (siehe dazu auch [29]), wäre der Wirkfaktor F als die Fraktion des Wirkstoff-Rezeptor-Komplexes DR anzusehen, die in den spezifisch perturbierten Zustand SP überführt wird:

$$F = \frac{[SP]}{[DR]} = \frac{[SP]}{[SP] + [NSP]} \, . \tag{2.8}$$

Je nach der Größe des Wirkfaktors F wird zwischen Agonisten, Partialagonisten und Antagonisten unterschieden. Agonisten sind solche Wirkstoffe, die bei entsprechender Dosierung die in dem betrachteten Biosystem maximal mögliche Wirkung auslösen können. Partialagonisten erreichen auch bei höchster Dosierung diese Maximalwirkung nicht (d. h. hier ist der Anteil an NSP relativ hoch), und Antagonisten binden sich zwar an den Rezeptor, erzeugen aber nur NSP und damit keinen Stimulus und keine Wirkung; sie sind vergleichbar mit Inhibitoren in der Enzymologie.

Die biologische Wirkung W ist eine Funktion des Stimulus S:

$$W = f(S) = f(F \cdot y). \tag{2.9}$$

In einer Reihe von Fällen ist diese Funktion wahrscheinlich einfach linear, in anderen Fällen dagegen zeigt W in bezug auf S ein ausgeprägtes Sättigungsverhalten derart, daß die biologisch mögliche Maximalwirkung bereits durch einen submaximalen Wert von S bzw. bei $y \ll 1$ ausgelöst wird. Aus diesem Sachverhalt sowie aus den Gleichungen (2.6), (2.7) und (2.9) folgt, daß für eine genauere Charakterisierung der Wirkung die Ermittlung von F und K_1 wünschenswert sein kann. Hierfür gibt es eine Reihe spezieller Methoden, auf die hier nicht näher eingegangen werden kann, wobei verschiedene Autoren unterschiedliche Bezeichnungen und etwas voneinander abweichende Skalierungen für den Wirkfaktor F verwenden; ARIENS beispielsweise bezeichnet den Wirkfaktor F als intrinsische Aktivität α, STEPHENSON als efficacy e, FURCHGOTT als intrinsic efficacy ϵ, und VAN ROSSUM verwendet die Größe α^S_{AP} mit $\alpha^S_{AP} = 0{,}5$ e (zusammenfassende Arbeiten zu dieser Problematik finden sich beispielsweise in [30 – 38]). Die getrennte Ermittlung von F und K_1 ist vor allem dann wichtig, wenn als Wirkstoff ein möglichst potenter Antagonist gesucht und dabei von einer Stichprobe ausgegangen wird, in der vorwiegend nur Agonisten und Partialagonisten enthalten sind. Die Aufgabe besteht dann darin, durch Strukturvariation F zu minimieren und zugleich K_1, also die Affinität zum Rezeptor, zu maximieren. Enthält die Stichprobe von vornherein nur Antagonisten, genügt es, die Affinität der Moleküle zum Rezeptor zu charakterisieren. Dies ist experimentell relativ leicht durch Ermittlung des sogenannten pA_2-Wertes, der mit log K_1 identisch ist, möglich.

Gemäß Gleichung (2.6) stellt sich am Rezeptor ein Gleichgewicht ein. Dies ist jedoch nicht die einzige Denkmöglichkeit; sie wird allerdings durch eine Reihe von Befunden gestützt und ist sicherlich in vielen Fällen anwendbar. Alternativen sind beispielsweise allosterische Rezeptortheorien (siehe z. B. [39]) oder die kinetische Theorie nach PATTON [40]. Alle diese Ansätze führen aber letztlich zum gleichen Typ von Dosis-Wirkungs-Kurven. Prinzipiell muß auch der Fall zugelassen werden, daß Wirkstoff-Rezeptor-Komplexe unterschiedlicher Stöchiometrie entstehen (beispielsweise nach einem konsekutiven Mechanismus), wobei jeder dieser Komplexe einen bestimmten Beitrag zum Stimulus S liefert. Wird angenommen, daß diese Beiträge verschieden groß sein können (auch Werte von Null und negative Beiträge sind möglich), muß jedem dieser Komplexe ein gesonderter Wert für den Wirkfaktor F zugeordnet werden. Wird weiter davon ausgegangen, daß wieder das Massenwirkungsgesetz gilt und daß die Stöchiometrie der Komplexe von DR bis D_nR variieren kann, ergibt sich für den Stimulus S (K_i Gleichgewichtskonstante für die Bildung des Wirkstoff-Rezeptor-Komplexes D_iR):

$$S = F_1 \frac{K_1[D]}{1 + K_1[D] + K_1K_2[D]^2 + \ldots + \left(\prod_{i=1}^{n} K_i\right)[D]^n} + \ldots$$
$$+ F_n \frac{\left(\prod_{i=1}^{n} K_i\right)[D]^n}{1 + K_1[D] + \ldots + \left(\prod_{i=1}^{n} K_i\right)[D]^n} . \qquad (2.10)$$

Dieses Modell hat sich auf dem Gebiet der Phytopharmakologie bereits gut bewährt [25–27] und in Verbindung mit Methoden der quantitativen Struktur-Wirkungs-Analyse die Aufklärung spezieller Wirkungsmechanismen ermöglicht [41–43].

Neben den bisher erwähnten Größen gibt es natürlich noch eine ganze Reihe von für spezielle Fälle definierten Parametern, die als Maß für die biologische Wirkquantität A in Frage kommen. Beispielsweise kann das biologische Testobjekt auch ein Enzym sein; in diesem Falle sind die üblichen

Daten der Enzymatik zu verwenden. Mitunter ist es nicht möglich, die Wirkquantität wirklich quantitativ durch kontinuierliche Zahlen auszudrükken. Das kann an der Art des Testes, aber auch an der Kompliziertheit des biologischen Objektes liegen. In solchen Fällen ergeben sich entweder halbquantitative Angaben in Form einer Bonitur oder sogar auch nur qualitative Angaben in Form einer ja/nein-Aussage (wirkt/wirkt nicht).

Ein wesentlicher Faktor für die quantitative Struktur-Wirkungs-Analyse ist die Güte der biologischen Parameter. Von besonderer Bedeutung dabei sind möglichst genaue Kenntnisse der Präzision, denn danach richtet sich unter anderem die Wahl des mathematischen Verfahrens, wobei natürlich immer eine möglichst hohe Präzision angestrebt werden sollte. Die Meßwerte müssen weiterhin wirklich vergleichbar und über einen beliebig großen Zeitraum innerhalb der Fehlergrenzen des entsprechenden biologischen Tests reproduzierbar sein. Diese Forderung, die übrigens nicht nur aus der Sicht der quantitativen Struktur-Wirkungs-Analyse, sondern generell bei jedem Vergleich von Wirkstoffen zu stellen ist, kann nur durch eine strenge Standardisierung der Tests erfüllt werden. Veränderungen des biologischen Testobjektes bedürfen dabei besonderer Beachtung. Hier sind entweder genau definierte Gütekriterien festzulegen oder aber mögliche Schwankungen durch den Bezug auf mitgeführte Standards zu eliminieren.

Ungenügend berücksichtigt wurde bisher, daß biologische Systeme auch eine Zeitstruktur haben, die z. B. eine Kurzzeitrhythmik für die biologische Wirkung hervorrufen kann [44]. Noch wichtiger ist aber, daß bei Applikation eines Wirkstoffes zu verschiedenen Phasenlagen einer Biorhythmik völlig unterschiedliche Wirkungen resultieren können. Wenn dies der Fall ist, müssen biorhythmische Aspekte bei der Teststandardisierung beachtet werden. Auf der anderen Seite könnte aber auch die Veränderung bzw. die Normalisierung einer Biorhythmik zu einem echten Therapieziel werden; in diesem Fall wären dann biorhythmische Parameter in die quantitative Struktur-Wirkungs-Analyse einzubeziehen.

3. Der extrathermodynamische Ansatz zur quantitativen Struktur-Wirkungs-Analyse

Formal lassen sich die am Rezeptor ablaufenden Schritte gemäß dem Modell in Reaktionsgleichung (3.1) darstellen:

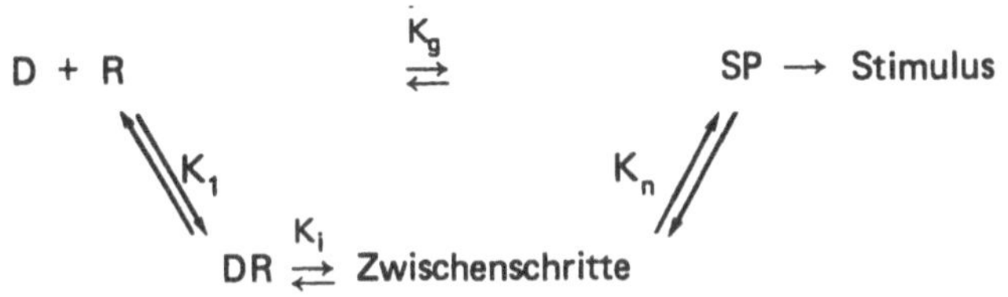

(3.1)

Als erstes kommt es zur Bildung des Wirkstoff-Rezeptor-Komplexes DR mit der Gleichgewichtskonstanten K_1, der dann über eine Reihe von Zwischenschritten zur Bildung des spezifisch perturbierten Zustandes SP führt. Wenn die gesamte Reaktionskette als eine Folge gekoppelter Gleichgewichtsreaktionen mit den Gleichgewichtskonstanten K_i ($i = 1, \ldots, n$) angesehen werden kann, gilt für die Gesamtgleichgewichtskonstante K_g:

$$K_g = \prod_{i=1}^{n} K_i. \tag{3.2}$$

Für die Konzentration des spezifisch perturbierten Zustandes SP ergibt sich

$$SP = K_g \, [D] \, [R]. \tag{3.3}$$

Wenn die Wirkung W bei $y \ll 1$ erzeugt wird, ist $[DR] \ll [R]$, so daß [DR] im Nenner von Gleichung (2.6) vernachlässigt werden kann und für den Bedeckungsgrad y näherungsweise folgt:

$$y = \frac{[DR]}{[R]} = K_1 \, [D]. \tag{3.4}$$

Aus den Gleichungen (2.7), (2.8) und (3.4) erhält man dann

$$S = \frac{[SP]/[DR]}{[DR]/[R]} = \frac{[SP]}{[R]} \tag{3.5}$$

und mit (3.3) wird daraus

$$S = K_g\,[D]. \tag{3.6}$$

Gleichung (3.6) läßt sich auch in folgender Form schreiben:

$$S = K_1 \left(\prod_{i=2}^{n} K_i \right) [D] \tag{3.7}$$

und unter Berücksichtigung von (3.4)

$$S = \left(\prod_{i=2}^{n} K_i \right) y. \tag{3.8}$$

Ein Vergleich mit Gleichung (2.7) ergibt

$$F = \prod_{i=2}^{n} K_i. \tag{3.9}$$

Das Modell liefert also eine thermodynamische Definition für den Wirkfaktor F, die sich in Übereinstimmung mit der Definition gemäß Gleichung (2.8) befindet. Der Wirkfaktor wird Null, wenn kein SP erzeugt wird, und das ist genau dann der Fall, wenn irgendein K_i für einen der Bindung nachgelagerten Zwischenschritt Null wird.

Bei einfachen *in-vitro*-Versuchen (z. B. an isolierten Organen) ist die Konzentration des freien Wirkstoffes [D] am Rezeptor häufig annähernd gleich der eingesetzten Wirkstoffkonzentration C. Diese Voraussetzung ist jedoch auf organismischer Ebene nicht mehr erfüllt, denn hier hängt die aktuelle Wirkstoffkonzentration am Rezeptor von pharmakokinetischen Prozessen (Absorption, Distribution, Metabolismus, Exkretion) ab. In solchen Fällen ist also nicht [D], sondern nur C bekannt. Deshalb soll eine Transport- oder Distributionsfunktion w derart eingeführt werden, daß gilt:

$$[D] = w\,C. \tag{3.10}$$

Bei der biologischen Wertbemessung gemäß Gleichung (2.1) werden Konzentrationen bei konstanter Wirkung W verglichen. Da nach Gleichung (2.9) die Wirkung W eine definierte Funktion des Stimulus ist (gleiche Stimuli erzeugen immer gleiche Wirkungen), ist demzufolge dann auch der Stimulus konstant, so daß dann mit den Gleichungen (3.6) und (3.10) folgt:

$$\text{const.} = K_g\, w\, C \tag{3.11}$$

$$A = 1/C = K_g\, w \text{ const.} \tag{3.12}$$

Bei der biologischen Wertbemessung nach Gleichung (2.2) werden Wirkungen bei konstanter Konzentration verglichen. Unter der Voraussetzung, daß bei der gewählten Konzentration C ein annähernd linearer Zusammenhang zwischen S und W besteht (auch bei einem Sättigungsverhalten von W in bezug auf S gibt es einen annähernd linearen Kurventeil), ergibt sich dann ebenfalls

$$A = W = K_g\, w \text{ const.} \tag{3.13}$$

Der Zusammenhang zwischen A, K_g und w ist also von der Art der Definition der biologischen Wirkquantität A unabhängig. Nach Logarithmieren von Gleichung (3.12) bzw. (3.13) folgt

$$\log A = \log K_g + \log w + \text{const.} \tag{3.14}$$

In dieser Gleichung ist nunmehr die biologische Wirkquantität auf solche Größen zurückgeführt, die einer Beschreibung mit den Methoden der theoretischen und physikalischen Chemie zugängig sind. Die Veränderung von $\log K_g$ mit der chemischen Struktur kann innerhalb kongenerer Serien von Wirkstoffen durch *lineare-freie-Enthalpie-Beziehungen (LFEB)* beschrieben werden. Dabei sind allerdings mehrere Arten von Wechselwirkungen mit dem Rezeptor zu berücksichtigen, so daß gemäß der allgemeinen Theorie der LFEB (siehe z. B. [45]) zur Beschreibung von $\log K_g$ auch mehrere Terme notwendig sind:

$$\log K_g = f_h(x_h) + f_e(x_e) + f_s(x_s) + f_i(i) \tag{3.15}$$

Die Funktionen $f_h(x_h)$, $f_e(x_e)$ und $f_s(x_s)$ charakterisieren den Einfluß hydrophober, elektronischer und sterischer Moleküleigenschaften auf die Wechselwirkung der Wirkstoffmoleküle mit dem Rezeptor mittels geeigneter hydrophober (x_h), elektronischer (x_e) und sterischer (x_s) Molekülparameter, wobei diese Molekülparameter sowohl linear als auch quadratisch auftreten können. Diese Unterteilung in drei Terme ist natürlich relativ grob, und die hierbei angestrebte Separierung von Effekten gelingt in Wirklichkeit, wie noch gezeigt werden wird, nur unter bestimmten Voraussetzungen. In $f_i(i)$ sind Interaktionsterme, die in speziellen Fällen in Form von Kreuzprodukten auftreten können, bisher aber im allgemeinen vernachlässigt wurden, zusammengefaßt.

Der Term log w in Gleichung (3.14) hängt im wesentlichen von den hydrophoben Eigenschaften der Wirkstoffe ab und kann in die Funktion $f_h(x_h)$ mit einbezogen werden (siehe Abschnitt 4.4.). Diese Funktion muß daher als Linearkombination zweier Funktionen $[f_h(x_h)]_w$ und $[f_h(x_h)]_t$ betrachtet werden, von denen die erste hydrophobe Wechselwirkungen mit dem Rezeptor und die zwei Hydrophobizitätseinflüsse auf den Wirkstofftransport zum Rezeptor beschreibt:

$$f_h(x_h) = [f_h(x_h)]_w + [f_h(x_h)]_t. \qquad (3.16)$$

Neben der Hydrophobizität kann der Term log w natürlich auch noch von anderen Eigenschaften der Wirkstoffe abhängen. Dies trifft insbesondere für ionisierbare Verbindungen zu, die in ionisierter Form nicht oder nur schlecht absorbiert werden bzw. in Zellen eindringen können; hier lassen sich entsprechende Korrekturen über die pK-Werte anbringen. Sterische Faktoren spielen bei Molekülgrößen, wie sie bei Wirkstoffen üblich sind, für den Transport kaum eine Rolle. Glücklicherweise findet auch bei den meisten Wirkstoffen kein aktiver Transport statt. Kritischer wird es, wenn metabolische Prozesse in den Vordergrund treten; dann sind spezielle Ansätze, auf die noch eingegangen werden wird und die diese Prozesse berücksichtigen, erforderlich.

Aus den Gleichungen (3.14) und (3.15) folgt unter Berücksichtigung von (3.16) für das Verhalten der biologischen Wirkquantität innerhalb kongenerer Serien von Wirkstoffen

$$\log A = f_h(x_h) + f_e(x_e) + f_s(x_s) + f_i(i) + \text{const.} \qquad (3.17)$$

Gleichung (3.17) ist die Grundgleichung für den extrathermodynamischen Ansatz zur quantitativen Struktur-Wirkungs-Analyse, der deshalb so genannt wird, weil er auf der Anwendung der extrathermodynamischen linearen-freien-Enthalpie-Beziehungen beruht. Da dieser Ansatz insbesondere von HANSCH entwickelt und angewendet wurde, wird dieser Ansatz bzw. das hieraus resultierende Verfahren zur quantitativen Struktur-Wirkungs-Analyse oft auch als HANSCH-Analyse bezeichnet.

Gleichung (3.17) läßt sich außerdem auch über kinetische Betrachtungsweisen ableiten (siehe z. B. [8, 9]. Wird die Geschwindigkeit der Veränderung eines biologischen Parameters betrachtet und eine Reaktion erster Ordnung angenommen, folgt

$$dW/dt = k\,[D] \tag{3.18}$$

und mit (3.10)

$$dW/dt = k\,w\,C. \tag{3.19}$$

Integration von Gleichung (3.19) von der Zeit und Wirkung Null bis zur Zeit t und Wirkung W ergibt

$$W = k\,w\,C\,t. \tag{3.20}$$

Beim Vergleich von Wirkstoffen wird immer zur gleichen Zeit t gemessen (sofern nicht Zeitabhängigkeiten untersucht werden), d. h. t = const. Für die biologische Wertbemessung gemäß Gleichung (2.1) folgt dann

$$A = 1/C = k\,w\,\text{const.} \tag{3.21}$$

und analog für den Fall gemäß Gleichung (2.2)

$$A = W = k\,w\,\text{const.} \tag{3.22}$$

Logarithmieren liefert

$$\log A = \log k + \log w + \text{const.} \tag{3.23}$$

Gleichung (3.23) entspricht völlig Gleichung (3.14), nur daß hier anstelle einer Gleichgewichtskonstante eine Geschwindigkeitskonstante steht. Der Logarithmus einer Geschwindigkeitskonstante läßt sich aber in völlig analoger Weise wie der Logarithmus einer Gleichgewichtskonstante durch lineare-freie-Enthalpie-Beziehungen beschreiben, so daß Gleichung (3.23) ebenfalls unmittelbar zu Gleichung (3.17) führt. Gleichung (3.17) ist außerdem noch durch statistisch-thermodynamische Betrachtungsweisen ableitbar [46]. Es muß jedoch betont werden, daß keine der Ableitungen für Gleichung (3.17) theoretisch zwingend ist und daß die zugrunde liegenden mechanistischen Vorstellungen sicherlich eine recht grobe Vereinfachung des komplexen biologischen Geschehens darstellen. Die Rechtfertigung für den Ansatz gemäß (3.17) folgt mehr aus den ausgezeichneten Erfahrungen bei seiner Anwendung in den letzten 10 Jahren (Übersichten hierzu finden sich beispielsweise in [3, 8 – 23]) als aus einer wirklich exakten theoretischen Begründung.

Für jeden konkreten Fall, d. h. für eine gegebene biologische Wirkung, eine gegebene Stichprobe und ein gegebenes Biosystem ist eine bestimmte Form der Funktionen in Gleichung (3.17) erforderlich, so daß für jeden Fall ein konkreter Ansatz der allgemeinen Form (3.24) mit ganz bestimmten Molekülparametern x_i und Kreuzprodukten $x_i x_j$ zwischen Molekülparametern formuliert werden muß:

$$\log A = a_0 + \Sigma a_i x_i + \Sigma b_i x_i^2 + \Sigma c_{ij} x_i x_j . \qquad (3.24)$$

Sind die Meßwerte der biologischen Wirkquantität A für die Stichprobe und die notwendigen Parameter x_i für die Verbindungen der Stichprobe verfügbar, lassen sich die Koeffizienten in Gleichung (3.24) nach dem bekannten Verfahren der multiplen Regressionsanalyse schätzen (siehe Kapitel 15.). Man erhält dann eine Gleichung, die log A als Funktion der Molekülparameter x_i quantitativ beschreibt. Die konkrete Form von Gleichung (3.24) hängt bei jedem zu untersuchenden Problem von der Art der Stichprobe (Verbindungstyp, Strukturvariationen) und der Art der Wechselwirkungen der Wirkstoffe mit dem gegebenen Biosystem ab. Da im allgemeinen am Beginn einer Untersuchung nichts oder nur sehr wenig über diese Wechselwirkungen bekannt ist, ist es meist nicht möglich, den richtigen Ansatz gemäß (3.24) sofort vorzugeben. Daher ist es notwendig, ausgehend von Kenntnissen oder Vermutungen über die chemischen Eigenschaften der Verbindungen der Stichprobe sowie von Kenntnissen über das untersuchte Biosystem zunächst einen Katalog von Hypothesen über mögliche Formen solcher Wechselwirkungen aufzustellen, in dem gegebenenfalls auch Probleme der Biotransformation berücksichtigt werden müssen. Jede Hypothese resultiert dann in einem anderen Ansatz der Form von (3.24), und für alle diese Ansätze werden dann die Regressionskoeffizienten und statistische Gütekriterien ermittelt. Anhand dieser Gütekriterien sowie inhaltlicher Überlegungen wird (werden) die beste(n) Gleichung(en) herausgesucht, und durch Einsetzen der entsprechenden Molekülparameter x_i für noch nicht untersuchte Verbindungen ist es dann leicht möglich, die biologische Wirkquantität für diese Verbindungen vorauszuberechnen und damit die aussichtsreichen Kandidaten für weitere Synthesen und Testungen zu finden. Außerdem lassen sich anhand der Form dieser Gleichungen Aussagen darüber machen, welche Moleküleigenschaften für die betrachtete Wirkquantität wesentlich sind und welche davon sich positiv bzw. negativ auswirken. Schließlich macht die Auffindung der besten Gleichung(en) die zu den entsprechenden Ansätzen gehörigen Hypothesen des Hypothesenkataloges besonders wahrscheinlich, so daß sich Informationen über den Wirkungsmechanismus sowie über die auftretenden Arten von Wechselwirkungen zwischen Wirkstoffen und Biosystem ergeben.

4. Hydrophobizitätseinflüsse auf die biologische Wirkquantität: Die Funktion $f_h(x_h)$

Hydrophobe Wechselwirkungen spielen bei der Beeinflussung von Biosystemen durch Wirkstoffe eine zentrale Rolle, und nicht selten ist die Abstufung der biologischen Wirkquantität innerhalb homologer Serien von Wirkstoffen primär auf solche Wechselwirkungen zurückzuführen. Sie beeinflussen nicht nur die Bindung an den Rezeptor, sondern auch den Transport der Wirkstoffe zum Wirkort, da der Transport als eine Vielzahl aufeinanderfolgender Verteilungsschritte zwischen wäßrigen Phasen und hydrophoben Strukturen (Membranen, Proteine) angesehen werden kann. Auch der Metabolismus hängt entscheidend von der Hydrophobizität ab, denn die Eignung von Wirkstoffen als Substrate metabolisierender Enzyme wird ebenfalls wesentlich von hydrophoben Wechselwirkungen mit diesen Enzymen bestimmt.

Die Existenz hydrophober Wechselwirkungen folgt aus den besonderen Eigenschaften des Lösungsmittels Wasser. Diese besonderen Eigenschaften kommen dadurch zustande, daß Wasser eine strukturierte Flüssigkeit ist, wobei es zur Struktur des Wassers eine große Zahl von Modellen und Theorien gibt, die in einer Reihe von neueren Übersichten erschöpfend diskutiert werden [47 – 52]. Keine dieser Theorien kann als endgültig bewiesen gelten, und demzufolge gibt es auch zur Deutung des Verhaltens wäßriger Lösungen hydrophober Substanzen und hydrophober Wechselwirkungen eine Vielzahl unterschiedlicher theoretischer Ansätze. Bei der Betrachtung biologischer Probleme werden im allgemeinen die sogenannten *Mischungsmodelle* bevorzugt [53 – 54], insbesondere das Modell der "flickering cluster", das von FRANK und WEN [55] formuliert und von SCHERAGA und Mitarbeitern [51, 56, 57] weiterentwickelt wurde. Nach diesem Modell besteht Wasser aus einer Mischung fluktuierender Cluster, in denen die Wassermoleküle durch die maximal mögliche Zahl von Wasserstoffbrücken verknüpft sind, und einzelnen Wassermolekülen, zwischen denen nur Dipol-Dipol und LONDON-Kräfte wirken. Cluster und einzelne Wassermoleküle stehen in einem fluktuierenden Gleichgewicht miteinander. Werden hydrophobe Moleküle in den Kontakt mit Wasser gebracht, kommt es zu einer Verschiebung dieses Gleichgewichts in Richtung der Cluster, so daß Strukturiertheit und Ordnungszustand des Wassers in der Umgebung hydrophober Moleküle zunehmen. Die Folge davon ist eine starke *Entropieabnahme,* und diese Entropieabnahme ist es, die den Kontakt zwischen Wasser und hydrophoben Molekülen thermodynamisch so außerordentlich ungünstig macht. Kommt eine wäßrige Lösung hydrophober Moleküle in Kontakt mit einer hydrophoben Phase, werden die hydrophoben Moleküle bestrebt sein, aus der wäßrigen Phase zu entkommen und in die hydrophobe Phase überzugehen. Bei der Entfernung der hydrophoben Moleküle aus dem Kontakt mit Wasser verschiebt sich das Gleichgewicht zwischen Clustern und einzelnen Wassermolekülen wieder in Richtung der Einzelmoleküle, der Ordnungszustand des Wassers nimmt wieder ab, und es resultiert eine *Entropiezunahme.* Dabei ist es gleichgültig, ob es sich bei der hydrophoben Phase um ein organisches Lösungsmittel (Verteilung), das Innere einer Mizelle (Solubilisierung), die hydrophobe Region eines Proteins (Eiweißbindung) oder lipidhaltige Membranen (Membranbindung) handelt, denn in jedem Falle ist diese Entropiezunahme die treibende Kraft für den Übergang in die hydrophobe Phase und damit der Kern dessen, was als hydrophobe Wechselwirkungen betrachtet wird [58, 59]. Demzufolge können hydrophobe Wechselwirkungen in Biosystemen zunächst als Spezialfälle für die Einstellung eines Verteilungsgleichgewichtes angesehen werden, und zum Verständnis dieser Wechselwirkungen in Abhängigkeit von der Molekülstruktur ist es günstig, zunächst einmal das Verteilungsverhalten oder allgemein den Transfer zwischen wäßrigen und hydrophoben Phasen innerhalb homologer Serien chemischer Verbindungen zu betrachten; dies soll im nächsten Abschnitt erfolgen. Die Kenntnis der dabei herrschenden Gesetzmäßigkeiten führt unmittelbar zur Definition geeigneter Hydrophobizitätsparameter x_h, und damit sind dann die Voraussetzungen gegeben, um in den folgenden Abschnitten die Funktionen $[f_h(x_h)]_w$ und $[f_h(x_h)]_t$ zu formulieren und den Hydrophobizitätseinfluß auf die biologische Wirkquantität zu beschreiben.

4.1. Hydrophobizität in homologen Serien chemischer Verbindungen: Gesetzmäßigkeiten und Hydrophobizitätsparameter

Bei der Einstellung eines Verteilungsgleichgewichtes kann der Übergang hydrophober Moleküle aus der wäßrigen in die organische Phase formal in zwei Schritte zerlegt werden. Im ersten Schritt werden die Moleküle aus dem Kontakt mit Wasser entfernt und in den Zustand eines idealen Gases gebracht (Schritt 1) und im zweiten Schritt dann in die hydrophobe organische Phase überführt (Schritt 2). Da die freie Standardenthalpie eine Zustandsgröße und damit unabhängig vom Weg ist, auf dem ein bestimmter Zustand erreicht wird, muß für die Änderung der freien Standardenthalpie für die Einstellung des Verteilungsgleichgewichtes (ΔG_p^0) gelten:

$$\Delta G_p^0 = \Delta G_1^0 + \Delta G_2^0. \tag{4.1}$$

Der Beitrag ΔG_1^0 enthält den entscheidenden Entropieterm, und ΔG_2^0 entsteht aus der Wechselwirkung mit der organischen Phase. Innerhalb homologer Serien lassen sich beide Beiträge formal als Produkt einer Intensitätsgröße I und einer Kapazitätsgröße y beschreiben:

$$\Delta G_p^0 = y_1\, I_1 + y_2\, I_2. \tag{4.2}$$

Die Kapazitätsgröße y ist ein Maß für die Zahl der wechselwirkenden Kontaktstellen der Moleküle in der wäßrigen (y_1) und hydrophoben (y_2) Phase, und die Intensitätsgrößen I_1 und I_2 charakterisieren die Intensität der Wechselwirkungen an diesen Kontaktstellen. Gleichung (4.2) gilt auch für den Lösungsprozeß in Wasser, der (mindestens für flüssige Substanzen) als die Umkehrung eines Verteilungsschrittes bzw. eine Verteilung einer hydrophoben Substanz zwischen Wasser und sich selbst betrachtet werden kann, wobei sich natürlich wegen der umgekehrten Richtung des Prozesses die Vorzeichen vertauschen. Es läßt sich zeigen [60, 61], daß die beiden Kapazitätsgrößen y_1 und y_2 linear miteinander verknüpft sind. Wenn der Proportionalitätsfaktor zwischen beiden Größen mit k bezeichnet wird, wird aus Gleichung (4.2):

$$\Delta G_p^0 = y_1\, (I_1 + k\, I_2). \tag{4.3}$$

Innerhalb homologer Serien hydrophober Verbindungen mit gleichen elektronischen Eigenschaften (z. B. Alkane, Alkene, Aromaten) ist der Klammerausdruck in (4.3) konstant. Da y_1 der für Kontakte mit der Umgebung *verfügbaren Moleküloberfläche (MOF)* direkt proportional ist, ergibt sich dann aus Gleichung (4.3) nach Zusammenfassung der entsprechenden Konstanten:

$$\Delta G_p^0 = a\ \mathrm{MOF} + b. \tag{4.4}$$

Unter Beachtung der Vorzeichen folgt aus (4.4), daß innerhalb homologer Serien hydrophober Verbindungen mit gleichen elektronischen Eigenschaften die Änderung der freien Standardenthalpie für die Einstellung eines Verteilungsgleichgewichtes mit wachsender Moleküloberfläche immer negativer und für den Lösungsprozeß in Wasser immer positiver wird. Zusammenhänge dieser Art wurden von verschiedenen Autoren für die verschiedensten Kohlenwasserstoffe, Kohlenwasserstoffderivate, u. a. auch für Aminosäuren, beschrieben [61–68].

Gleichung (4.4) gilt auch dann, wenn innerhalb der betrachteten Serie eine oder mehrere konstante polare Gruppen auftreten. Der Ansatz läßt sich dabei insofern erweitern, als die An- oder Abwesenheit solcher Gruppen sehr einfach über einen Hilfsparameter berücksichtigt werden kann. So fanden z. B. AMIDON u. a. [65] für eine Serie von 91 aliphatischen Verbindungen, die aus 18 unsubstituierten Kohlenwasserstoffen und 73 monofunktionellen Alkoholen bestand, den folgenden statistisch ausgezeichneten Zusammenhang für die Wasserlöslichkeit c_l:

$$\log c_l = -0{,}0195 \text{ MOF} + 3{,}16 \text{ X} + 1{,}90 \qquad (4.5)$$

$$n = 91 \qquad r = 0{,}992 \qquad s = 0{,}184.$$

Der hohe Wert des Korrelationskoeffizienten r weist bei der hohen Zahl von n = 91 Datenpaaren einen praktisch perfekten linearen Zusammenhang aus, und auch der niedrige Wert der Reststreuung s unterstreicht die Beschreibungsgüte dieser Gleichung. X ist der Hilfsparameter, der die An- und Abwesenheit einer OH-Gruppe anzeigt und gemäß Gleichung (4.6) definiert ist:

$$X = \begin{cases} 1 \text{ für Alkanole} \\ 0 \text{ für Kohlenwasserstoffe.} \end{cases} \qquad (4.6)$$

Die Moleküloberfläche MOF läßt sich mit Hilfe eines einfachen Computerprogramms leicht berechnen [61] und ist ein durchaus brauchbarer Hydrophobizitätsparameter x_h entsprechend dem Gültigkeitsbereich von Gleichung (4.4). Natürlich stellt aber die Begrenzung der Gültigkeit dieser Gleichungen auf homologe Serien mit konstanten elektronischen Eigenschaften im variablen hydrophoben Rest eine recht drastische Einschränkung dar, da diese Voraussetzung im Prinzip nur eine Veränderung von Kohlenwasserstoffresten zuläßt, wobei noch gesättigte und ungesättigte Reste wegen ihrer unterschiedlichen Elektronenstruktur getrennt behandelt werden müssen.

Wenn innerhalb der betrachteten Serie alle Verbindungen nicht nur gleichartige elektronische Eigenschaften in bezug auf den variablen hydrophoben Rest, sondern außerdem noch die gleiche Grundgeometrie haben (z. B. Ringe, unverzweigte Ketten usw.), korreliert MOF zu allen Größen, die ein allgemeines Maß für die *Molekülgröße* sind wie z. B. Molrefraktion, Molvolumen, Parachor oder Zahl der C-Atome in n-Alkylresten. Diese Größen können dann anstelle von MOF in Gleichung (4.4) verwendet und unter den genannten Bedingungen ebenfalls als Hydrophobizitätsparameter x_h eingesetzt werden; auch hierfür gibt es eine ganze Reihe von Beispielen [60, 69–78]. Allerdings ist zu beachten, daß bei n-Alkylverbindungen ein wirklich linearer Zusammenhang zwischen MOF und diesen Parametern meist erst ab C_3 einsetzt. Zu beachten ist weiterhin, daß Zusammenhänge gemäß Gleichung (4.4) gestört werden, wenn in der betrachteten Serie stark geladene Gruppen wie etwa die Onium-Gruppe auftreten, da die Ladung über die benachbarten C-Atome verschmiert wird. Der Einfluß einer solchen Ladung hat etwa eine Reichweite von 5 Å entsprechend 3 C-Atomen [53, 79]. Aus diesem Grunde gilt Gleichung (4.4) beispielsweise bei Tetraalkylammoniumverbindungen exakt erst vom Butylrest an, wobei der Ersatz der Protonen im Ammoniumion durch Methylgruppen sogar zunächst eine Herabsetzung der Hydrophobizität bewirkt [80]. Bei langkettigen Alkanderivaten ist damit zu rechnen, daß es möglicherweise zu Verknäuelungen der Kohlenwasserstoffkette und/oder Selbstassoziationen kommen kann, was eine Herabsetzung der MOF zur Folge hätte [81]. Solche Effekte scheinen aber mindestens bis zu einer Kettenlänge von 12 C-Atomen nicht wesentlich in Erscheinung zu treten [10, 60, 81 – 83].

Anfang der 50er Jahre fand COLLANDER [84, 85] empirisch, daß Verteilungskoeffizienten in verschiedenen Verteilungssystemen innerhalb von Serien chemischer Verbindungen nach Gleichung (4.7) miteinander verknüpft sind (P_I Verteilungskoeffizient organische Phase I/Wasser; P_{II} Verteilungskoeffizient organische Phase II/Wasser):

$$\log P_{II} = a_p \log P_I + b_p. \qquad (4.7)$$

Gleichung (4.7) gilt auch, wenn $\log P_I$ oder $\log P_{II}$ durch $-\log c_I$ ersetzt werden. In den letzten Jahren wurde eine ganze Reihe von Beziehungen gemäß (4.7) publiziert [8, 10, 60, 86–89], so daß diese Gleichung als empirisch gesichert angesehen werden kann. Sie läßt sich aber auch mit Hilfe von Gleichung (4.3) theoretisch begründen [60]. Dabei muß allerdings zunächst ein zusätzlicher Faktor beachtet werden, der bei der Betrachtung eines einzigen Verteilungssystems keine Rolle spielt, wohl aber beim Vergleich des Verteilungsverhaltens in mehreren Verteilungssystemen. Bei einem solchen Vergleich muß die gegenseitige Mischbarkeit der Phasen berücksichtigt werden, denn mit zunehmender Mischbarkeit nehmen der hydrophobe Charakter der organischen sowie der hydrophile Charakter der wäßrigen Phase und damit der Unterschied zwischen beiden Phasen ab. Dies hat zur Folge, daß mit steigender Mischbarkeit die Absolutwerte der Verteilungskoeffizienten für Moleküle verschiedener Hydrophobizität kleiner werden. Mit anderen Worten heißt das, daß innerhalb einer Serie von Verbindungen sowohl der Nullpunkt als auch die Spreizung der Skala der Verteilungskoeffizienten in bezug auf die Hydrophobizität für verschiedene Verteilungssysteme mit unterschiedlicher gegenseitiger Mischbarkeit verschieden sind.

Formal kann dieser Effekt dadurch berücksichtigt werden, daß ein bestimmtes Verteilungssystem als Standardsystem festgelegt und die für dieses System geltende Skala der Verteilungskoeffizienten als Standardskala benutzt wird, auf der dann der Vergleich von Verteilungssystemen erfolgt. Für Gleichung (4.3) hat das die Konsequenz, daß ΔG_p^0 für Verteilungssysteme, die ein von dem Standardsystem abweichendes Mischungsverhalten zeigen, auf diese Skala normiert werden muß. Hierzu ist eine Korrektur der Skalenspreizung und des Nullpunktes notwendig, was sehr einfach durch Multiplikation von (4.3) mit einem Skalierungsfaktor α sowie durch Hinzufügen eines konstanten Terms β (Nullpunktskorrektur) erreicht werden kann; für das Standardsystem ist $\alpha = 1$ und $\beta = 0$. Die Multiplikation mit dem Skalierungsfaktor kommt einer Korrektur der Zahl wechselwirkender Kontaktstellen gleich und ist somit physikalisch sinnvoll. Damit ergibt sich für zwei Verteilungssysteme I und II:

$$\Delta G_{p,I}^0 = \alpha_I \, y \, (I_1 + k \, I_{2,I}) + \beta_I \tag{4.8}$$

$$\Delta G_{p,II}^0 = \alpha_{II} \, y \, (I_1 + k \, I_{2,II}) + \beta_{II}. \tag{4.9}$$

Wenn in den beiden organischen Phasen I und II prinzipiell gleichartige Wechselwirkungen mit den Molekülen der betrachteten Serien auftreten, verändern sich $I_{2,I}$ und $I_{2,II}$ in beiden Phasen innerhalb der Serie in analoger Weise. Dann folgt aus (4.8) und (4.9)

$$\Delta G_{p,II}^0 = (\alpha_{II}/\alpha_I) \, \Delta G_{p,I}^0 + \beta_{II} - (\alpha_{II}/\alpha_I) \, \beta_I \tag{4.10}$$

und daraus nach Zusammenfassen der Konstanten und Division durch (−2,3 RT) sofort Gleichung (4.7). Wenn die organische Phase I hydrophober ist als die organische Phase II, wird $\alpha_{II} < \alpha_I$ und $a_p < 1$, während bei etwa gleicher Hydrophobizität $a_p \approx 1$ zu erwarten ist. Die bisher publizierten Beispiele dieser Art [60, 86, 90] bestätigen diese Erwartung. Sie zeigen aber auch, daß oberhalb einer bestimmten Mischbarkeitsgrenze der Einfluß der Mischbarkeit verschwindet, weil dann die gegenseitige Beeinflussung der beiden Phasen eines Verteilungssystems so gering wird, daß sie keine Rolle mehr spielt.

Voraussetzung für die Gültigkeit von Gleichung (4.7) ist die analoge Veränderung von I_2 in beiden Phasen auf Grund der Gleichartigkeit der Wechselwirkungen. Liegen in den beiden Phasen grundsätzlich verschiedenartige Wechselwirkungen vor, kann demzufolge Gleichung (4.7) nicht gelten. Dieser Fall tritt z. B. ein, wenn die Moleküle der betrachteten Serie Wasserstoffbrücken unterschiedlicher Stärke ausbilden können und die Ausbildung von Wasserstoffbrücken nur in einer der beiden organischen Phasen möglich ist [8, 87, 88, 90]. Unterschiedliches Wasserstoffbrückenbindungsverhalten sollte sich durch Hinzufügen eines Korrekturterms zu Gleichung (4.7) berücksichtigen lassen, der die Tendenz der verschiedenen polaren Gruppen zur Ausbildung von Wasserstoffbrücken charakterisiert. Im einfachsten Falle ist eine solche Korrektur über eine Indikatorvariable möglich. Wie von FUJITA u. a. [91] kürzlich gezeigt wurde, läßt sich dieses Verfahren über eine Analyse der Assoziationskonstanten für die Wasserstoffbrückenbindung sowie der Konzentrationen der zur Wasserstoffbrückenbindung befähigten Molekülspezies in den hydrophoben Phasen der zu vergleichenden Verteilungssysteme rechtfertigen. Für die Beziehung der log P-Werte für eine Serie monosubstituierter Benzole in den Verteilungssystemen $CHCl_3$/Wasser und n-Oktanol/Wasser gilt dann beispielsweise [91]:

$$\log P_{CHCl_3/W} = 0{,}801 \log P_{Okt./W} + 0{,}367\ HB + 1{,}157 \qquad (4.11)$$

$$n = 14 \qquad r = 0{,}991 \qquad s = 0{,}081.$$

Die Indikatorvariable HB ist definiert gemäß

$$HB = \begin{cases} 1 & \text{für Wasserstoffakzeptoren} \\ 0 & \text{sonst.} \end{cases} \qquad (4.12)$$

Ausgehend von dem Modell

$$\log P_{Oktanol/Wasser} - \log P_{Cyclohexan/Wasser} = \Sigma I_H - b \qquad (4.13)$$

konnten von SEILER [92] durch regressionsanalytische Untersuchung einer großen Zahl von Verteilungskoeffizienten ein Inkrementsystem zur Beschreibung der Tendenz zur Ausbildung von Wasserstoffbrücken für verschiedene polare Gruppen ermittelt und in Form einer Tabelle angegeben werden. Die Inkrementwerte I_H verhalten sich additiv, und ihre Einbeziehung in Gleichung (4.7) gestattet die Korrelation von Verteilungskoeffizienten nun auch für solche Systeme, in denen die Möglichkeit zur Ausbildung von Wasserstoffbrücken in den beiden organischen Phasen unterschiedlich ist.

Gleichung (4.7) läßt sich in ihrer Aussage generalisieren [60]: *Innerhalb homologer Serien chemischer Verbindungen bestehen zwischen den thermodynamischen Daten für Überführungsvorgänge zwischen verschiedenen hydrophoben Phasen und Wasser lineare Zusammenhänge, sofern die Wechselwirkungen in den hydrophoben Phasen genügend ähnlich sind.* Diese Regel gilt auch, wenn eine der hydrophoben Phasen eine Biophase ist und wenn sich neben der Moleküloberfläche auch die elektronischen Eigenschaften innerhalb der betrachteten Serie verändern. Damit folgt, daß derartige thermodynamische Überführungsdaten generell als Hydrophobizitätsparameter x_h verwendet werden können, sofern die untersuchte hydrophobe Phase der hydrophoben Biophase genügend ähnlich ist. Die wichtigsten Parameter dieser Art sind log P, R_M (siehe unten), $-\log c_l$ und der Logarithmus der Bindungskonstanten für die hydrophobe Bindung an ein geeignetes Modellprotein sowie daraus ableitbare Größen. Sehr gut bewährt hat sich dabei das von HANSCH eingeführte Verteilungssystem Oktanol/Wasser. Oktanol ist hinreichend hydrophob und hat eine relativ geringe Mischbarkeit mit Wasser, wobei aber trotzdem die Ausbildung von Wasserstoffbrücken, die in der Biophase eine große Rolle spielen, möglich ist.

Es scheint, daß dieses Verteilungssystem, für das zur Zeit die meisten Werte vorliegen (eine ausführliche Zusammenstellung findet sich beispielsweise in [90]), den Verhältnissen in der Biophase sehr nahe kommt, wie z. B. aus dem Wert $a_P = 1$ in der für Alkohole ermittelten Gleichung (4.14) (aus [93]) und den insgesamt bisher vorliegenden Erfahrungen bei der Verwendung von log P aus diesem Verteilungssystem in der quantitativen Struktur-Wirkungs-Analyse geschlossen werden kann:

$$\log P_{EM} = 1{,}003 \log P_{Okt./W} - 0{,}883 \qquad (4.14)$$

(P_{EM} Verteilungskoeffizient Erythrozytenmembran/Wasser).

Von besonderer Bedeutung ist der von HANSCH und Mitarbeitern eingeführte *π-Wert* [94]. Der π-Wert ist definiert als

$$\pi_X = \log P_X - \log P_H \qquad (4.15)$$

wobei P_H der Verteilungskoeffizient einer nicht-substituierten Stammverbindung und P_X der Verteilungskoeffizient eines Derivates mit dem Substituenten X im System Oktanol/Wasser ist. Die Größe π charakterisiert die Hydrophobizität des Substituenten X und kann formal als der Logarithmus des Verteilungskoeffizienten für den Substituenten X im System Oktanol/Wasser angesehen werden. Sie ist eine echte Substituentenkonstante gemäß dem Formalismus linearer-freier-Enthalpie-Beziehungen und kann als hydrophobes Analogon zur Hammett-Konstante σ (siehe Kapitel 5.) angesehen werden. Neben Substituenten lassen sich auch bestimmte Strukturelemente wie z. B. Kettenverzweigung, Doppelbindungen oder Ringschluß durch entsprechende π-Werte berücksichtigen; diese π-Werte können auch als Korrekturen beim Auftreten solcher Strukturelemente verstanden werden. Von der Gruppe um HANSCH wurden zahlreiche π-Werte experimentell bestimmt und publiziert (siehe vor allem [90, 95 und 96]), und in den letzten Jahren wurden auch von anderen Arbeitsgruppen weitere π-Werte im System Oktanol/Wasser ermittelt. Diese π-Werte sind aber offensichtlich aus methodischen Gründen nicht immer mit den von HANSCH bestimmten π-Werten kompatibel. Prinzipiell ist daher Vorsicht geboten, wenn in einer quantitativen Struktur-Wirkungs-Analyse π-Werte aus verschiedenen Quellen benutzt werden sollen. In solchen Fällen ist eine sehr sorgfältige Prüfung auf Kompatibilität notwendig.

Im Idealfall hat π konstitutive und additive Eigenschaften, d. h. es gilt für irgendeine Verbindung:

$$\log P = \log P_H + \Sigma\pi. \tag{4.16}$$

Mit Hilfe dieser Gleichung lassen sich log P-Werte aus π-Werten und umgekehrt π-Werte aus log P-Werten berechnen. Dabei ist es häufig möglich, mehrere Wege einzuschlagen, indem beispielsweise von verschiedenen Stammverbindungen ausgegangen wird. Berechnete Werte sollten nur dann akzeptiert werden, wenn die Resultate aus den verschiedenen Rechenwegen hinreichend gut übereinstimmen; die Sicherheit verschiedener Wege läßt sich dabei mit Hilfe des von LEO u. a. [90] angegebenen „Unsicherheitsindexes" beurteilen. Am Beispiel der Berechnung von log P für Diphenhydramin (Formelbild II) soll das allgemeine Vorgehen demonstriert werden.

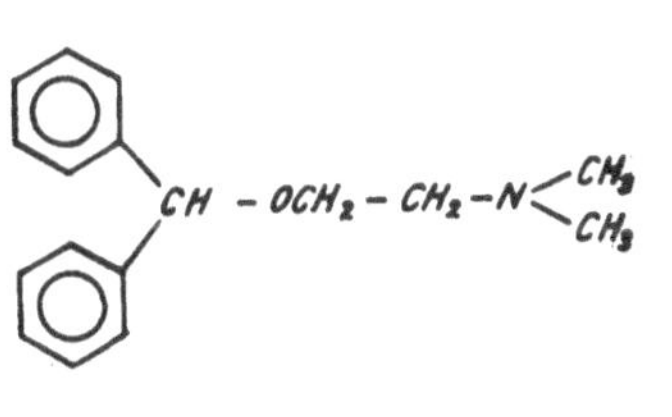

Formelbild II

Diphenhydramin läßt sich beispielsweise als Derivat von Methan auffassen und ausgehend von dieser Stammverbindung folgendermaßen aufbauen:

Schritt 1: Ersatz von drei H-Atomen des Methans durch zwei Phenylgruppen und die OCH_3-Gruppe als Substituenten

Schritt 2: Ersatz eines Wasserstoffes in der OCH_3-Gruppe durch eine CH_3-Gruppe

Schritt 3: Ersatz eines Wasserstoffes in der CH_3-Gruppe durch den Substituenten $-N(CH_3)_2$.

Daraus folgt:

$$\begin{aligned} \log P_{\text{Diphenhydramin}} &= \log P_{\text{Methan}} + 2\pi_{\text{Phenyl}} + \pi_{OCH_3} + \pi_{CH_3} + \pi_{N(CH_3)_2} \\ &= 1{,}09 + 2 \cdot 1{,}89 - 0{,}98 + 0{,}50 - 0{,}95 \\ &= 3{,}44. \end{aligned} \tag{4.17}$$

Ein anderer Weg geht von Methyl-Äthyläther ($CH_3OC_2H_5$) aus. Zwei Wasserstoffe der Methoxygruppe werden durch Phenylreste substituiert, und in der Methylgruppe wird ein Wasserstoff durch $-N(CH_3)_2$ ersetzt:

$$\begin{aligned} \log P_{\text{Diphenhydramin}} &= \log P_{CH_3OC_2H_5} + 2\pi_{\text{Phenyl}} + \pi_{N(CH_3)_2} \\ &= 0{,}33 + 2 \cdot 1{,}89 - 0{,}95 \\ &= 3{,}16. \end{aligned} \tag{4.18}$$

Ein dritter Weg beginnt mit Toluol. Zwei Wasserstoffe der Methylgruppe werden durch die Phenyl- und die Methoxygruppe substituiert, danach ein Wasserstoff der Methoxygruppe durch eine Methylgruppe und schließlich ein Wasserstoff der Methylgruppe durch $-N(CH_3)_2$:

$$\begin{aligned} \log P_{\text{Diphenhydramin}} &= \log P_{C_6H_5CH_3} + \pi_{\text{Phenyl}} + \pi_{OCH_3} + \pi_{CH_3} + \pi_{N(CH_3)_2} \\ &= 2{,}69 + 1{,}89 - 0{,}98 + 0{,}50 - 0{,}95 \\ &= 3{,}15. \end{aligned} \tag{4.19}$$

Schließlich ließe sich auch Äthylmethylamin als Stammverbindung betrachten, dort zunächst ein Wasserstoff der Äthylgruppe durch die Methoxygruppe und den Wasserstoff am Stickstoff durch eine Methylgruppe ersetzen und schließlich zwei Wasserstoffe der Methoxygruppe durch Phenylreste substituieren:

$$\begin{aligned} \log P_{\text{Diphenhydramin}} &= \log P_{C_2H_5NHCH_3} + \pi_{OCH_3} + \pi_{CH_3} + 2\pi_{\text{Phenyl}} \\ &= 0{,}15 - 0{,}98 + 0{,}50 + 2 \cdot 1{,}89 \\ &= 3{,}35. \end{aligned} \tag{4.20}$$

Die Übereinstimmung der auf den verschiedenen Wegen berechneten log P-Werte für Diphenhydramin ist befriedigend; ihr Mittelwert beträgt 3,27 und ist damit mit dem experimentell ermittelten Wert identisch.

Bei derartigen Abschätzungen muß immer sorgfältig die exakte Definition von π gemäß Gleichung (4.16) beachtet werden, die auf dem *Ersatz eines Wasserstoffes durch den entsprechenden Substituenten* beruht. In der Literatur sind in dieser Beziehung häufig Fehler zu finden. Ein typischer Fehler dieser Art ist beispielsweise, daß $\log P_{C_6H_6}$ und $\pi_{C_6H_5}$ gleich gesetzt werden. Bei der Berechnung von Biphenyl würde sich damit z. B. ergeben:

$$\log P_{C_6H_5-C_6H_5} = 2 \log P_{C_6H_6} = 2 \cdot 2{,}13 = 4{,}26. \qquad (4.21)$$

Da im Biphenyl ein Phenylrest als Substituent einen Wasserstoff im Benzol als Grundkörper ersetzt, muß der korrekte Ansatz lauten:

$$\begin{aligned} \log P_{C_6H_5-C_6H_5} &= \log P_{C_6H_6} + \pi_{C_6H_5} \\ &= 2{,}13 + 1{,}89 = 4{,}02. \end{aligned} \qquad (4.22)$$

Der experimentelle Wert beträgt log P = 4,04.

Bei der Abschätzung von log P- bzw. π-Werten gemäß Gleichung (4.16) muß mit Sachkenntnis und Vorsicht vorgegangen werden, denn *häufig versagt die Additivität der π-Werte beim Auftreten spezieller intramolekularer Wechselwirkungen* [14, 97, 98]. Dabei ist insbesondere auf folgendes zu achten:

1. *Nachbarschaft stark polarisierender oder stark geladener Gruppen*
   Auf abweichendes Verhalten der Abhängigkeit der Hydrophobizität von der Moleküloberfläche in solchen Fällen wurde bereits hingewiesen. HANSCH [97] fand, daß der π-Wert der Methylgruppe in Nachbarschaft zu einer stark elektronenziehenden Gruppe um etwa 0,3 ... 0,4 erniedrigt wird und daß Methylengruppen zwischen zwei aromatischen Ringen oder einem aromatischen Ring und einer stark polarisierenden Gruppe hydrophob „stumm" bleiben.
2. *Intramolekulare Wasserstoffbrücken*
   Intramolekulare Wasserstoffbrücken setzen die Hydrophobizität herauf. So beträgt beispielsweise der berechnete log P-Wert für Salizylamid −0,03, während der experimentelle Wert gleich 1,26 ist.
3. *Intramolekulare sterische Wechselwirkungen*
   In Paracyclophan (Formelbild III) sind die beiden aromatischen Ringe mit den Flächen zueinander fixiert, so daß eine starke Wechselwirkung

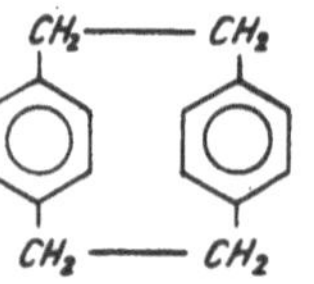

Formelbild III

zwischen ihnen möglich ist. Der berechnete Wert für log P beträgt 5,90 und ist damit gegenüber dem experimentellen Wert von 2,33 um einen Betrag von 3,57 zu hoch.

4. *Sterische Nachbarschaftseffekte in Aromaten (ortho-Effekt)*
   Derartige Effekte können über unterschiedliche Mechanismen wirksam werden und den log P-Wert bzw. π-Wert sowohl erniedrigen als auch erhöhen. Beispielsweise verhalten sich ortho-Substituenten in Phenyl-N-Methyl-carbamaten hydrophiler, als es ihren π-Werten entspricht, und dieser Effekt nimmt mit wachsender Größe der Substituenten zu [99]. Ein ähnliches Verhalten zeigt sich in 2,5-disubstituierten phenolischen Verbindungen [100]. Dieser Effekt läßt sich dadurch erklären, daß die Solvation durch die größeren Oktanol-Moleküle stärker sterisch behindert wird als die Hydratation. In Ringsystemen können ortho-Substituenten durch sterische Einflüsse zur Entkopplung von Resonanzwechselwirkungen führen. Die Folge ist ein Gesamtverlust an Hydrophobizität, der für die verschiedensten Strukturen erstaunlich konstant ist und etwa 0,85 · log P beträgt [101]. In ortho-substituierten Piperidinoazetaniliden verhalten sich sauerstoffhaltige Substituenten wesentlich hydrophober als beispielsweise in para-Position [102, 103]. Der Effekt ist wahrscheinlich komplexer Natur. Es kommt zur Ausbildung einer Wasserstoffbrücke mit der Amidgruppe, die auch durch NMR-Untersuchungen nachgewiesen wurde. Gleichzeitig induzieren die ortho-Substituenten eine Konformationsänderung des Gesamtmoleküls, die u. a. dazu führt, daß prinzipiell auch die Ausbildung einer Wasserstoffbrücke zum Stickstoff des Piperidinringes möglich wird.

π-Werte der verschiedensten Substituenten wurden für eine Reihe von Standardserien (z. B. Benzole, Alkylbenzole, Phenole, Aniline, Benzoesäuren, Phenoxyessigsäuren, Nitrobenzole usw.) bestimmt und publiziert [94, 104], und ein weiteres Problem bei der Anwendung von π-Werten (speziell bei Aromaten und Heterozyklen) ergibt sich bei der Auswahl der Werte aus der richtigen Standardserie. Im Prinzip sind die an den Standardserien gemessenen π-Werte auf andere Serien übertragbar. Diese Übertragbarkeit ist die Voraussetzung für eine umfassende Anwendung der tabellierten π-Werte in der quantitativen Struktur-Wirkungs-Analyse überhaupt. Nun sind aber die π-Werte nicht nur von den Substituenten selbst sondern auch von deren elektronischen Wechselwirkungen mit ihrer Umgebung abhängig (siehe z. B. auch [105]). Dies zeigt sich z. B. sehr gut bei einem Vergleich der π-Werte der para-Nitro-Gruppe in Phenoxyessigsäure (π = 0,24), Phenol (π = 0,50) und Anilin (π = 0,49): die Werte für Phenol und Anilin sind praktisch gleich, während der Wert für Phenoxyessigsäure wesentlich niedriger ist. Dieses Verhalten ist auf die Resonanzwechselwirkung der para-Nitrogruppe mit der Amino- bzw. der OH-Gruppe zurückzuführen. Die volle Übertragbarkeit von tabellierten, an einer bestimmten Standardserie aromatischer Verbindungen ermittelten π-Werten auf eine andere Serie setzt aber voraus, daß die elektronischen Wechselwirkungen der Substituenten mit ihrer Umgebung in beiden Serien gleich sind. Da diese Wechselwirkungen wesentlich von der Art der funktionellen Gruppe abhängt, sind π-Werte nur für solche Serien aromatischer Verbindungen gleich, die hinsichtlich ihres Einflusses auf den aromatischen Ring und ihrer Wechselwirkungen mit den Substituenten elektronisch hinreichend ähnliche funktionelle Gruppen tragen. Bei der Auswahl von tabellierten π-Werten ist diesem Punkt besondere Aufmerksamkeit zu schenken, da sonst elektronische Korrekturterme ins Spiel kommen; auf dieses Problem wird in Abschnitt 7.2. und vor allem in Abschnitt 9.1.2.1. noch näher eingegangen werden.

Die tabellierten π-Werte haben sich bisher in der quantitativen Struktur-Wirkungs-Analyse als außerordentlich nützlich erwiesen, da sie die nicht immer ganz einfache Messung von Verteilungskoeffizienten weitgehend ersparen. Aus dem oben Gesagten folgt aber, daß die Anwendung von π kritisch und vorsichtig erfolgen muß. Das gilt insbesondere dann, wenn komplizierte bzw. heterozyklische Strukturen vorliegen. Hier sollten zunächst Verteilungskoeffizienten für einige ausgewählte Verbindungen experimentell bestimmt und dann entschieden werden, ob tabellierte π-Werte anwendbar sind und, wenn ja, aus welcher Standardserie. Fällt die Entscheidung positiv aus, ist die experimentelle Bestimmung der Verteilungskoeffizienten für die restlichen Verbindungen nicht notwendig. Bei sehr komplizierten Serien kann aber durchaus auch der Fall eintreten, daß Verteilungskoeffizienten für alle Verbindungen bestimmt werden müssen.

In letzter Zeit werden immer häufiger der sehr einfach aus verteilungschromatographischen Untersuchungen zugängige *R_M-Wert* und der daraus abgeleitete *ΔR_M-Wert* als Hydrophobizitätsparameter verwendet (siehe z. B. [106]). Der R_M-Wert ist definiert als [107]:

$$R_M = \log \left(\frac{1}{R_F} - 1\right). \tag{4.23}$$

Er ist dem Logarithmus des Verteilungskoeffizienten in dem zur Verteilungschromatographie verwendeten Verteilungssystem direkt proportional:

$$R_M = \log P + \log K. \tag{4.24}$$

(K ist eine Konstante des jeweiligen chromatographischen Systems). ΔR_M ist analog zu der hydrophoben Substituentenkonstanten π definiert gemäß

$$\Delta R_{M,X} = R_{M,X} - R_{M,H}, \tag{4.25}$$

wobei $R_{M,H}$ der R_M-Wert der nicht-substituierten Stammverbindung und $R_{M,X}$ der R_M-Wert eines Derivates mit dem Substituenten X ist. Im Idealfalle hat ΔR_M wie π konstitutive und additive Eigenschaften, so daß dann analog zu Gleichung (4.16) gilt:

$$R_M = R_{M,H} + \Sigma \Delta R_M. \tag{4.26}$$

R_M-Werte können als spezielle log P-Werte und ΔR_M-Werte als spezielle π-Werte angesehen werden, so daß alles, was für log P und π gesagt wurde, auch für R_M und ΔR_M gilt. Natürlich bestehen auch innerhalb der Gültigkeitsvoraussetzungen von Gleichung (4.7) lineare Beziehungen zwischen R_M und log P bzw. ΔR_M und π (siehe z. B. [106, 108 – 119]). DRABER u. a. [119] fanden, daß sich Polyamidplatten wie eine hydrophobe Phase verhalten und eine exakte Bestimmung von R_M-Werten gestatten. Diese R_M-Werte könnten zur Beschreibung hydrophober Wechselwirkungen möglicherweise noch besser als π-Werte geeignet sein, da sich Polyamid bei Bindungsuntersuchungen wie ein künstliches Protein verhält [120]. Interessanterweise erhielten DEARDEN u. a. [108] mit an Polyamidplatten ermittelten R_M-Werten tatsächlich eine bessere Beschreibung der Bindung von Azetaniliden an Humanserumalbumin als mit π-Werten. Allerdings haben ΔR_M-Werte offenbar keinen so universellen Charakter wie π-Werte, und bei ihrer Anwendung können Schwierigkeiten auftreten. Da sich hydrophobe Substanzen in Wasser nicht lösen, werden bei der Ermittlung von R_M-Werten meist Gemische aus Wasser und organischen Lösungsmitteln als mobile Phase verwendet. Trägt man R_M gegen die Konzentration des organischen Lösungsmittels in der mobilen Phase auf, ergeben sich im allgemeinen für einen bestimmten Konzentrationsbereich Geraden. Ist der Anstieg dieser Geraden für die verschiedenen untersuchten Verbindungen gleich oder ist eine Extrapolation auf die Konzentration Null an organischem Lösungsmittel möglich, ergeben sich keine Probleme. Häufig laufen die Geraden jedoch nicht parallel, und dann können sich die Sätze von R_M-Werten für verschiedene Konzentrationen an organischem Lösungsmittel in der mobilen Phase erheblich voneinander unterscheiden. SEYDEL und ALBRECHT [121] fanden bei Untersuchungen an bakteriostatisch wirksamen 5-substituierten 2-(Nitrofuryl)-Pyrimidinen, daß die Verbindungen dieser Serie im Auftrag von R_M gegen die Konzentration des organischen Lösungsmittels in der mobilen Phase in zwei Gruppen mit unterschiedlichem Anstieg für die resultierenden Geraden zerfielen; eine Verbindung zeigte ein völlig abweichendes Verhalten. Wirklich aussagekräftige quantitative Struktur-Wirkungs-Beziehungen konnten unter Verwendung der R_M-Werte nur innerhalb der beiden Untergruppen, nicht aber für die gesamte Serie erhalten werden. Möglicherweise lassen sich aus den Anstiegen solcher R_M-Plots zusätzliche Informationen gewinnen, die für die quantitative Struktur-Wirkungs-Analyse sinnvoll genutzt werden können [122].

Eine den R_M-Werten analoge Größe läßt sich mit Hilfe der *Flüssig-Hochdruck-Chromatographie* gewinnen [123 – 127]. Zur Kennzeichnung des Retentionsverhaltens wird hier eine Konstante k' gemäß

$$k' = (t_R - t_0) / t_0 \qquad (4.27)$$

ermittelt, die dem Ausdruck $(\frac{1}{R_F} - 1)$ in Gleichung (4.23) völlig analog ist. Damit gilt analog Gleichung (4.24):

$$\log k' = \log P + \log K. \qquad (4.28)$$

Die gemessenen log k'-Werte lassen sich über die Ermittlung der Systemkonstante K der Skala der log P-Werte im System Oktanol/Wasser anpassen [123], wobei eine sehr gute Übereinstimmung erzielt wird. Sie stellen damit ebenfalls brauchbare Hydrophobizitätsparameter dar.

Von REKKER [128 – 132] wurde die *hydrophobe Fragmentkonstante* f eingeführt, die gemäß Gleichung (4.29) definiert ist:

$$\log P = \sum_{i=1}^{n} a_i f_i , \qquad (4.29)$$

Die Fragmentkonstante f_i beschreibt den Anteil, den ein bestimmtes Fragment i zu log P beiträgt, und der Faktor a_i in Gleichung (4.29) gibt demzufolge an, wie oft das Fragment i in dem betrachteten Molekül enthalten ist. f-Werte für verschiedene Fragmente wurden aus einer großen Zahl von log P-Werten mittels Regressionsanalyse ermittelt [128 – 132] und tabelliert [131]. Als Fragmente wurden nicht nur Substituenten, sondern auch kleinere Struktureinheiten bis hinunter zu Atomen (z. B. C, Äthersauerstoff usw.) betrachtet, wobei allerdings die Erfahrung gezeigt hat, daß sich bestimmte Gruppen wie z. B. die COO^--Gruppe nicht weiter zerlegen lassen. Ein sehr wichtiges Ergebnis dieser Untersuchung ist, *daß Wasserstoff selbst auch zur Hydrophobizität beiträgt* (f_H = 0,175). Daraus folgt nochmals, daß

Gleichung (4.21) tatsächlich falsch und daß weiter die im π-System häufig geübte Praxis, $\pi_{CH_3} = \pi_{CH_2} = 0{,}50$ zu setzen, ebenfalls nicht korrekt ist. Trotz der konzeptionellen Ähnlichkeit sind das f- und das π-System nicht mischbar, und die Art des Herangehens bei der Ermittlung der f-Werte bedingt, daß empirische Regeln über Abweichungen im π-System (z. B. Kettenverzweigung, Einfluß polarisierender Gruppen usw.) nicht auf das f-System übertragbar sind. Im f-System gelten eigene Korrekturregeln, die das anomale Verhalten bestimmter Strukturelemente berücksichtigen. Treten derartige durch die Anwesenheit solcher Strukturelemente bedingte Anomalien auf, muß Gleichung (4.29) entsprechend erweitert werden:

$$\log P = \sum_{i=1}^{n} a_i f_i + \Sigma \text{Anomalien}. \qquad (4.30)$$

Dabei hat sich gezeigt, daß diese Anomalien praktisch immer ein Vielfaches von 0,28 sind. Diese Zahl wurde von REKKER als „magische Konstante" c_M bezeichnet; eine physikalische Deutung dieser Konstante gibt es allerdings nicht. Mit dieser „magischen Konstante" läßt sich (4.30) in die von REKKER geübte Schreibweise (4.31) umformen:

$$\log P = \Sigma a_i f_i + \Sigma \, kn \cdot c_M. \qquad (4.31)$$

Die Größe kn ("key number") gibt an, wie oft mit der „magischen Konstante" korrigiert werden muß, um eine bestimmte Anomalie entsprechend zu berücksichtigen. Typische Anomalien im f-System, für die kn ermittelt wurde und die demzufolge vollständig berücksichtigt werden können, entstehen beispielsweise aus der Wechselwirkung von aliphatischen C-Atomen oder von Wasserstoff mit negativen Gruppen oder aus Konjugationseffekten in aromatischen Systemen.

Mit Hilfe von (4.29) bzw. (4.30) können log P- und π-Werte für nahezu beliebig komplexe Strukturen abgeschätzt werden. Dabei wird die betrachtete Struktur in Fragmente zerlegt (Anomalien werden wie Fragmente behandelt), und anschließend werden die entsprechenden f-Werte addiert. Für das bereits betrachtete Diphenhydramin (Formelbild II) würde sich beispielsweise mit den f-Werten aus [131] ergeben:

$$\begin{aligned}\log P &= 2f_{C_6H_5} + f_{CH} + f_O + 2f_{CH_2} + f_N + 2f_{CH_3} + \text{p.e.}2 \qquad (4.32)\\ &= 2 \cdot 1{,}89 + 0{,}24 - 1{,}58 + 2 \cdot 0{,}53 - 2{,}16 + 2 \cdot 0{,}70 + 0{,}56\\ &= 3{,}30.\end{aligned}$$

Der Term p.e.2 = 2 · C_M = 2 · 0,28 = 0,56 ("proximity effect 2") berücksichtigt die Tatsache, daß sich im f-System (nicht im π-System!) log P in solchen Strukturen erhöht, in denen zwei elektronegative Gruppen (im Diphenhydramin O und N) durch ein (p.e.1: kn = 3) oder zwei (p.e.2: kn = 2) aliphatische Ç-Atome separiert sind.

Die statistische Ermittlung der f-Werte hat zur Folge, daß ein Teil der intramolekularen Nachbarschaftseffekte in diese f-Werte eingegangen ist (siehe auch [133]). Aus diesem Grunde werden Verteilungskoeffizienten kleiner aliphatischer Moleküle (CH_4, C_2H_6), in denen Nachbarschaftseffekte weitgehend fehlen, durch die f-Werte nur schlecht beschrieben, und auch der Unterschied der in [131] angegebenen f-Werte für C, CH, CH_2 und CH_3 entspricht nicht durchgängig dem f-Wert für H. Um diesen (allerdings nicht sehr gravierenden) Nachteil zu umgehen und vor allem auch, um einen konsistenten, stets gültigen Wert für f_H zu erhalten, wurde von LEO u. a. [134] ein anderer Weg zur Ermittlung von f-Werten eingeschlagen. Dabei wurde nicht von einer statistischen Analyse, sondern direkt von den experimentell sehr genau bestimmten Verteilungskoeffizienten von H_2, CH_4 und C_2H_6 ausgegangen. Aus diesen Verteilungskoeffizienten ergeben sich dann nach (4.29) direkt die f-Werte von C, H, CH_2 und CH_3. In ähnlicher Weise wurden auch f-Werte für andere Fragmente direkt aus den Verteilungskoeffizienten kleiner Moleküle ermittelt. In diesen f-Werten sind natürlich keine Nachbarschaftseffekte enthalten, und dies hat zur Folge, daß beim Übergang auf größere Moleküle entsprechende Korrekturen eingeführt werden müssen. So muß z. B. bei der Berechnung von log P für Alkane für jede außer der ersten C-C-Bindung ein bestimmter Korrekturbetrag abgezogen werden; eine mögliche Erklärung für diesen Effekt wird von LEO u. a. [134] in einer Volumenverkleinerung durch die Flexibilität der Bindungen gesehen. Es ist zu beachten, daß infolge des unterschiedlichen Vorgehens die f-Werte von REKKER und von LEO u. a. nicht kompatibel sind; auch die Korrekturen für strukturelle Anomalien sind in beiden Systemen ganz unterschiedlich.

Ein gewisser Nachteil der f-Werte nach REKKER ist ihre statistische Ermittlung aus experimentellen log P-Werten. In dem Maß, wie neue Verteilungskoeffizienten bekannt werden, müßte die f-Skala eigentlich laufend revidiert werden. Allerdings werden die dabei resultierenden Veränderungen nur klein sein, so daß mit den in [131] angegebenen f-Werten durchaus schon gut gearbeitet werden kann. Einige Probleme gibt es bei den f-Werten für aromatische Verbindungen. Hier mußten eine ganze Reihe von log P-Werten aus der Berechnung der f-Werte herausgelassen werden, weil sie ein abweichendes Verhalten zeigten. Obwohl dieses abweichende Verhalten meist ohne weiteres aus der chemischen Struktur der entsprechenden Verbindungen als Folge spezieller intramolekularer Wechselwirkungen gedeutet werden konnte, bleibt doch eine ganze Reihe von Fällen übrig, wo zur Zeit noch keine einleuchtende Erklärung gefunden werden kann. Hier sind weitere Untersuchungen erforderlich. Nach REKKER sind die f-Werte für aromatische Substituenten vom Substitutionsort unabhängig; auch dies ist sicher eine nicht immer zulässige Vereinfachung [133].

Von OSTRENGA [135] wurde die *molare Attraktionskonstante F* als Hydrophobizitätsparameter vorgeschlagen. Die molare Attraktionskonstante geht auf die von HILDEBRAND und SCOTT [136, 137] entwickelte Theorie der regulären Lösungen zurück und ist mit dem HILDEBRANDschen Löslichkeitsparameter δ gemäß Gleichung (4.33) verknüpft:

$$\delta = (EV)^{1/2} = F/V \tag{4.33}$$

(V Molvolumen; E Kohäsionsenergie).

F läßt sich einmal gemäß (4.33) aus dem Löslichkeitsparameter berechnen, zum anderen aber auch sehr einfach aus Inkrementwerten für Strukturfragmente ermitteln (d. h. F hat ebenfalls einen additiven und konstitutiven Charakter). CAMMARATA u. a. [138] zeigten, daß ein linearer Zusammenhang zwischen log P und F zu erwarten ist, wenn die betrachteten Verbindungen in beiden Phasen des Verteilungssystems reguläre Lösungen bilden und sich nicht zu sehr in ihrem Molvolumen unterscheiden. Die Frage des Volumens wird auch von DAVIS [139] betrachtet, der darauf hinweist, daß F nur ein grobes Maß für π sein kann, da Unterschiede im Molvolumen der Substituenten vernachlässigt werden. Bei der Anwendung von F in der quantitativen Struktur-Wirkungs-Analyse gibt es bisher nur sehr wenig Erfahrungen. Nach DAVIS [139] ist jedoch der π-Wert der molaren Attraktionskonstante vorzuziehen.

Zusammenfassend läßt sich sagen, daß es eine ganze Reihe von Molekülparametern gibt, die als Hydrophobizitätsparameter dienen können. Für das Verhalten der Verteilungskoeffizienten log P innerhalb homologer Serien gilt dann die allgemeine Gleichung

$$\log P = a_h x_h + b_h, \tag{4.34}$$

wobei alle in diesem Abschnitt beschriebenen Molekülparameter in den Grenzen ihres Gültigkeitsbereiches für x_h stehen können. Alle diese Molekülparameter sind auch (bei Beachtung ihres Gültigkeitsbereiches) linear miteinander korreliert. Für $x_h = \log P, \pi, f, -\log c_l, R_M$ und ΔR_M wird dabei gemäß den Ausführungen zu Gleichung (4.10) $a_h \approx 1$, wenn die Wechselwirkungen in den organischen Phasen hinreichend ähnlich sind und die Mischbarkeit mit Wasser annähernd gleich ist. In Tabelle 2 sind die wichtigsten Molekülparameter, die als x_h verwendet werden können, noch einmal zusammengestellt. Am Ende dieses Abschnittes sei noch auf eine ausgezeichnete Übersicht verwiesen [140], in der die wichtigsten thermodynamischen Aspekte für das Verhalten wäßriger Lösungen hydrophober Substanzen behandelt werden (siehe auch [54])[3].

4.2. Beschreibung hydrophober Wechselwirkungen: Die Funktion $[f_h(x_h)]_w$

Wie einleitend in diesem Kapitel bereits ausgeführt wurde, kann die hydrophobe Bindung von Wirkstoffmolekülen an Proteine bzw. Rezeptoren sowie an Membranen als Spezialfall eines Verteilungsvorganges angesehen werden. Demzufolge läßt sich auch das Verhalten der Bindungskonstante K_1 in einem gewissen Bereich durch eine Gleichung beschreiben, die der allgemeinen Beziehung (4.34) der Form nach völlig analog ist:

$$\log K_1 = a_B x_h + b_B = [f_h(x_h)]_w \qquad (4.35)$$

Innerhalb homologer Serien nimmt also $\log K_1$ mit der Hydrophobizität zunächst linear zu. Allerdings haben die Konstanten a_B und b_B in (4.35) einen komplexeren Charakter als die Konstanten a_h und x_h in Gleichung (4.34). Das liegt daran, daß bei der hydrophoben Eiweißbindung einige Besonderheiten gegenüber einem einfachen Verteilungssystem auftreten, da die hydrophobe Phase hier nicht als ein homogenes organisches Lösungsmittel vorliegt, sondern als eine begrenzte hydrophobe Region an ein flexibles Proteinmolekül geknüpft ist. Aus diesen Besonderheiten resultieren einige zusätzliche Gesichtspunkte, deren Berücksichtigung von Gleichung (4.34) zu

3 Alle angegebenen Hydrophobizitätsparameter charakterisieren innerhalb ihrer Gültigkeitsgrenzen die freie Standardenthalpie für den Übergang aus einer wäßrigen in eine hydrophobe Phase. Genauere Informationen über solche Übergänge ließen sich aus einer getrennten Betrachtung von Entropie und Enthalpie erhalten, da Entropie und Enthalpie mitunter in unterschiedlicher Weise von der Struktur abhängen und zudem der relative Anteil von Entropie und Enthalpie an ΔG^0 für den Übergang in verschiedene hydrophobe Phasen verschieden sein kann. Entsprechende Daten stehen jedoch nicht in ausreichender Menge zur Verfügung, und insgesamt läßt sich einschätzen, daß die in diesem Abschnitt erwähnten Hydrophobizitätsparameter im allgemeinen den Ansprüchen der quantitativen Struktur-Wirkungs-Analyse durchaus genügen.

Tabelle 2
Die wichtigsten Hydrophobizitätsparameter

Parameter	Definition	Voraussetzung für die Anwendung
MOF	Moleküloberfläche	Gleiche elektronische Eigenschaften des variablen hydrophoben Restes; variable Geometrie ist erlaubt.
Pa	Parachor	Wie bei MOF. Zusätzlich ist aber noch die gleiche Geometrie für den variablen hydrophoben Rest gefordert.
MR	Molrefraktion	
V	Molvolumen	
n	Zahl der C-Atome in n-Alkylresten	
log P	P Verteilungskoeffizient, am besten im System Oktanol/Wasser	Die Wechselwirkungen in der Biophase müssen den Wechselwirkungen in der organischen Phase hinreichend ähnlich sein.
log c_l	c_l Wasserlöslichkeit	Wie bei log P.
R_M	$= \log (\frac{1}{R_F} - 1)$	Wie bei log P.
π	$= \log P_X - \log P_H$	Wie bei log P. Zusätzlich noch folgende Forderungen, wenn tabellierte π-Werte, die in anderen Serien bestimmt wurden, verwendet werden: 1. Abwesenheit spezieller intramolekularer Wechselwirkungen. 2. Gleichartige elektronische Wechselwirkungen zwischen Substituenten und Umgebung in Standardserie und untersuchter Serie.
$\Delta R_{M,X}$	$= R_{M,X} - R_{M,H}$	Wie bei π.
f	$f_j = (\log P - \sum_{i=1, i \neq j}^{n} a_i f_i) / a_j$	Berücksichtigung von Nachbarschaftseffekten.
F	$= \delta \cdot V$ (δ Löslichkeitsparameter)	Noch unklar, wahrscheinlich ähnlich π.
log k'	k' Retentionsindex aus der Flüssig-Hochdruck-Chromatographie	Wie log P.
log K_B	K_B Bindungskonstante für die Bindung an ein geeignetes Modellprotein	Wie log P. Außerdem: rein hydrophobe Bindung, keine speziellen sterischen Effekte.

Gleichung (4.35) führt. Zunächst ist zu beachten, daß bei der Eiweißbindung Konformationsänderungen des bindenden Proteins eintreten können. Diese Konformationsänderung bzw. der daraus resultierende Beitrag zu log K_1, der hier als Δ_1 bezeichnet werden soll, sind nach allen bisher vorliegenden Erfahrungen eine lineare Funktion von x_h [60]. Dies folgt unter anderem z. B. aus der Veränderung der Rotationsdispersion von β-Lactoglobulin und Rinderserumalbumin bei der Bindung verschiedener aliphatischer Kohlenwasserstoffe [141], aus der Viskositätsänderung bei der Bindung verschiedener Penicilline an Humanserumalbumin [142] und aus der bekannten Abhängigkeit der Denaturierungsstärke von Wirkstoffen von ihrer Hydrophobizität (siehe z. B. Daten in [143 – 149]). Einige weitere Beispiele für Zusammenhänge dieser Art werden in den Gleichungen (4.36) – (4.38) gegeben:

Hemmung der Quellung von Fibrin durch eine Serie gemischter organischer Verbindungen (aus [10]):

$$\log 1/C = 0{,}86 \log P_{Okt./W.} + 0{,}22 \qquad (4.36)$$

$$n = 8 \qquad r = 0{,}937 \qquad s = 0{,}299$$

Überführung von Cytochrom P-450 in Cytochrom P-420 durch substituierte Phenole (aus [10]):

$$\log 1/C = 0{,}57 \log P_{Okt./W.} + 0{,}36 \qquad (4.37)$$

$$n = 13 \qquad r = 0{,}979 \qquad s = 0{,}132$$

Präzipitation von Nucleoproteinen durch eine Serie gemischter organischer Verbindungen (aus [10]):

$$\log 1/C = 0{,}81 \log P_{Okt./W.} - 0{,}25 \qquad (4.38)$$

$$n = 13 \qquad r = 0{,}979 \qquad s = 0{,}132.$$

Damit folgt für Δ_1 ein allgemeiner Zusammenhang der Form

$$\Delta_1 = \alpha x_h + \beta. \qquad (4.39)$$

Weiter muß beachtet werden, daß die gebundenen Moleküle einen Verlust an Translationsentropie erleiden. Der daraus resultierende Beitrag zu log K_1 (Δ_2) ist innerhalb homologer Serien praktisch konstant [150, 151], so daß gilt:

$$\Delta_2 = \text{const.} \tag{4.40}$$

Von besonderer Bedeutung ist, daß für die Bindung von Liganden zwei Fälle möglich sind. Die Liganden können einmal an der Oberfläche einer bindenden hydrophoben Region adsorbiert werden, wobei sie etwa 50 % ihrer Wasserkontakte verlieren (Fall 1), und sie können zum anderen vollständig in das Innere einer hydrophoben Tasche überführt und aus dem Kontakt mit Wasser entfernt werden (Fall 2). Die Vollständigkeit der Entfernung aus dem Kontakt mit Wasser und der Überführung in die hydrophobe Phase kann durch eine Größe ϕ berücksichtigt werden, für die gilt [60]:

$$\phi = \begin{cases} 0{,}5 \text{ für Fall 1} \\ 1{,}0 \text{ für Fall 2.} \end{cases} \tag{4.41}$$

Die Größe ϕ gibt an, zu wieviel Prozent die hydrophobe Bindung der vollständigen Einstellung eines Verteilungsgleichgewichtes entspricht. Mit diesen Korrekturen folgt aus Gleichung (4.34):

$$\begin{aligned} \log K_1 &= \phi\,(a_h x_h + b_h) + \Delta_1 + \Delta_2 \\ &= \phi\,(a_h x_h + b_h) + \alpha x_h + \beta + \text{const.} \\ &= (\phi a_h + \alpha)\, x_h + \phi b_h + \beta + \text{const.} \end{aligned} \tag{4.42}$$

Nach Zusammenfassen der Konstanten ergibt sich aus (4.42) Gleichung (4.35). Für die Konstante a_B gilt dabei:

$$a_B = \phi a_h + \alpha. \tag{4.43}$$

In den meisten Fällen ist der Beitrag Δ_1 klein im Vergleich zu dem Entropieeffekt bei der Entfernung aus dem Kontakt mit Wasser, so daß

$$\alpha \ll a_h$$

und (4.44)

$$a_B \approx \phi a_h.$$

Mit Gleichung (4.41) folgt dann:

$$a_B \approx \begin{cases} 0{,}5\ a_h & \text{für Fall 1} \\ 1 \cdot a_h & \text{für Fall 2.} \end{cases} \tag{4.45}$$

Wie im vorigen Abschnitt erwähnt, wird für x_h = log P, π, f, −log c_l, R_M und ΔR_M unter bestimmten Bedingungen $a_h = 1$. Eine dieser Bedingungen ist gleiche Mischbarkeit der zu vergleichenden organischen Phasen. Im Hinblick auf hydrophobe bindende Regionen an Proteine wird diese Bedingung sehr gut von dem System Oktanol/Wasser und von Systemen ähnlicher Mischbarkeit erfüllt (siehe auch Gleichung (4.14)), nicht aber z. B. von dem System Butanol/Wasser (hier ist die Mischbarkeit mit Wasser zu hoch). Bei den R_M- und ΔR_M-Werten ist $a_h = 1$ nur dann zu erwarten, wenn diese Werte auf die Konzentration Null an organischem Lösungsmittel in der mobilen Phase extrapoliert wurden. Damit folgt aus (4.45) unter Berücksichtigung des approximativen Charakters von (4.44):

$$a_B = \begin{cases} 0{,}5 \pm 0{,}2 & \text{für Fall 1} \\ 1{,}0 \pm 0{,}2 & \text{für Fall 2} \end{cases} \tag{4.46}$$

mit x_h = log $P_{\text{Okt./W.}}$, π, f, −log c_l.

Bei Verwendung der genannten Hydrophobizitätsparameter lassen sich also *aus dem Anstieg a_B Hinweise auf den Bindungsmechanismus erhalten (a_B-Regel):* liegt a_B bei 0,5 ± 0,2, werden die Moleküle sehr wahrscheinlich an der Oberfläche adsorbiert, während sie bei a_B = 1 ± 0,2 sehr wahrscheinlich in das Innere einer hydrophoben Tasche überführt werden [60, 152, 153]. Ausnahmen von dieser Regel sind dann zu erwarten, wenn Δ_1 sehr groß wird oder wenn die Voraussetzungen für die Gültigkeit von Gleichung (4.7) nicht erfüllt sind.

Bei früheren Untersuchungen von biologischen und Eiweißbindungsdaten homologer Serien hydrophober Verbindungen [60, 152, 154, 155] sowie bei einer Analyse der zahlreichen in der Literatur publizierten Zusammenhänge gemäß Gleichung (4.35) oder (4.57) zeigte es sich, daß diese a_B-Regel in mehr als 96 % aller Fälle erfüllt ist (siehe auch [156 – 158]). Sehr interessant in diesem Zusammenhang ist auch das Ergebnis einer Recherche, die von HANSCH [159] an 183 EDV-gerecht gespeicherten linearen Beziehungen zwischen log A und log P durchgeführt wurde und die zu folgender Einteilung hinsichtlich des Anstieges a_B führte: in 57 Fällen lag der Anstieg bei a_B = 1,01 ± 0,13, in 71 Fällen bei a_B = 0,66 ± 0,12 und bei 10 Fällen bei a_B < 0,4. Die Gültigkeit von Gleichung (4.35) sei an einigen eigenen Ergebnissen demonstriert:

Bindung polycyclischer aromatischer Kohlenwasserstoffe an Humanserumalbumin (aus [155]):

$$\log K_1 = 0{,}482\ (-\log c_l) + 2{,}806 \qquad (4.47)$$

$$n = 8 \qquad r = 0{,}998 \qquad s = 0{,}150$$

$$\log K_1 = 0{,}0449\ MR + 2{,}552$$

$$n = 7 \qquad r = 0{,}997 \qquad s = 0{,}027$$

Bindung von substituierten Piperidinoazetaniliden an Rinderserumalbumin (aus [103]):

$$\log K_1 = 0{,}572\pi + 3{,}200 \qquad (4.48)$$

$$n = 5 \qquad r = 0{,}930 \qquad s = 0{,}099$$

Bindung von Phenoxyessigsäuren an Peroxydase (aus [160]):

$$\log K_1 = 0{,}624\pi + 0{,}108 \qquad (4.49)$$

$$n = 22 \qquad r = 0{,}968 \qquad s = 0{,}101$$

Bindung von Isatin-β-isothiosemikarbazonen an NADH-Oxydase in ETP-Partikeln (aus [161]):

$$\log K_1 = 0{,}469\pi + 3{,}804 \qquad (4.50)$$

$$n = 8 \qquad r = 0{,}864 \qquad s = 0{,}203$$

Bindung von Isatin-β-isothiosemikarbazonen an Humanserumalbumin (aus [162]):

$$\log K_1 = 0{,}523\pi - 0{,}897 \qquad (4.51)$$

$$n = 8 \qquad r = 0{,}992 \qquad s = 0{,}049.$$

Die a_B-Werte deuten in allen Fällen auf eine Adsorption an der Oberfläche hin, was bei Proteinen sehr häufig, aber nicht immer der Fall ist. Chymotrypsin z. B. hat eine hydrophobe Tasche in Nachbarschaft zum aktiven Zentrum, in der hydrophobe Reste gebunden werden [163], so daß hier a_B-Werte von eins auftreten ([60]; siehe auch Daten in [164]). Auch bei der Bindung an Membranen, bei der die Liganden meist in den Membranlipiden gelöst werden (vollständige Überführung), treten häufig a_B-Werte um Eins auf. Ein Beispiel dafür ist Gleichung (4.14); ein weiteres Beispiel bietet die Abhängigkeit der hämolytischen Aktivität von der Hydrophobizität [165]:

$$\log A_h = 0{,}93 \log P_{Okt./W.} - 0{,}09. \tag{4.52}$$

Die hämolytische Aktivität A_h spiegelt Wechselwirkungen mit der Erythrozytenmembran wider und kann als der Bindungskonstante an diese Membran direkt proportional angesehen werden. Der Wert für a_B in (4.52) liegt erwartungsgemäß in der Nähe von Eins; bemerkenswert an dieser Gleichung ist, daß dieser Wert das Mittel der a_B-Werte von 15 verschiedenen Serien hämolytisch wirkender Verbindungen ist, so daß (4.52) als eine Modellgleichung für Membranbindung bzw. Membranperturbation angesehen werden kann. In der Literatur gibt es noch zahlreiche weitere Beispiele für die Gültigkeit von Gleichung (4.35) und der a_B-Regel; Zusammenstellungen derartiger Beziehungen finden sich u. a. in den Referenzen [8, 10, 60 und 154].

Der lineare Anstieg von $\log K_1$ mit x_h gemäß (4.35) gilt nur für einen begrenzten Hydrophobizitätsbereich, da die Ausdehnung der bindenden hydrophoben Region begrenzt ist (wachsende Hydrophobizität geht innerhalb einer homologen Serie häufig mit zunehmender Molekülgröße einher) oder weil die Bindung bei Überschreitung einer bestimmten Hydrophobizität zu einer thermodynamisch ungünstigen Konformationsänderung im bindenden Protein führt. Dieser Punkt wird für die Bindung einer gegebenen Serie an ein gegebenes Protein bei einem ganz bestimmten Wert von x_h erreicht, der hier mit $x_{h,l}$ bezeichnet werden soll. Von diesem Punkt an wird die Bindung zunehmend behindert, so daß $\log K_1$ nach Durchlaufen eines Maximums mit x_h schließlich wieder abnimmt. Beim Einsetzen solcher sterischen Effekte wird die Konstante a_B in Gleichung (4.35) selbst abhängig von x_h, und wenn im einfachsten Falle angenommen wird, daß diese Abhängigkeit linear ist, ergibt sich:

$$a_B = \begin{cases} \text{const.} & \text{für } x_h \leq x_{h,l} \\ \alpha x_h + \beta & \text{für } x_h > x_{h,l} \end{cases} \tag{4.53}$$

Mit Gleichung (4.53) wird aus (4.35):

$$\log K_1 = [f_h(x_h)]_w = \begin{cases} a_B x_h + b_B & \text{für } x_h \leqslant x_{h,l} \quad \text{(a)} \\ \alpha x_h^2 + \beta x_h + \gamma & \text{für } x_h > x_{h,l} \quad \text{(b)} \end{cases} \qquad (4.54)$$

Gleichung (4.54) beschreibt eine zusammengesetzte Kurve (Abbildung 3) mit einem linearen Anfangsteil gemäß (4.35), der dann bei $x_h > x_{h,l}$ in eine nach unten geöffnete (α ist negativ) Parabel übergeht. Modellrechnungen an experimentellen Ergebnissen zeigten, daß diese Kurve das Verhalten von $\log K_1$ bzw. log A in Abhängigkeit von der Hydrophobizität ausgezeichnet widergibt und daß auch bei der zusammengesetzten Kurve die a_B-Regel für den Linearteil erfüllt ist [152, 153]. Für Routinerechnungen ist allerdings (4.54) relativ unbequem, weil hier mehrere justierbare Parameter mittels nichtlinearer Regressionsanalyse ermittelt werden müssen; dies ist nur möglich, wenn bei der Ermittlung der experimentellen Daten ein geeigneter Versuchsplan eingehalten wird. Glücklicherweise läßt sich Gleichung (4.54) in ihrem Gesamtverlauf ohne zu großen Verlust an Genauigkeit oft durch eine Parabel gemäß Gleichung (4.55) annähern[4] [152, 153]:

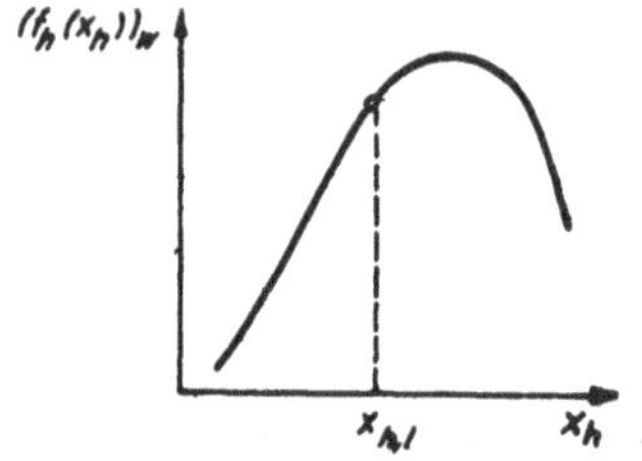

Abb. 3. Modellkurve zur Beschreibung der Funktion $[f_h(x_h)]_w$ gemäß Gleichung (4.53)

$$[f_h(x_h)]_w = a_0 + a_1 x_h + a_2 x_h^2. \qquad (4.55)$$

Beispiele für parabelförmige Zusammenhänge zwischen $\log K_1$ und x_h finden sich in [152, 166 und 167]; Gleichung (4.56) beschreibt die Bindung von Benzolsulfonamiden an Humanserumalbumin:

$$\log K_1 = -0{,}34\,(\log P_{\text{Okt./W.}})^2 + 0{,}74\,\log P_{\text{Okt./W.}} + 3{,}64 \qquad (4.56)$$

$$n = 13 \qquad r = 0{,}91 \qquad s = 0{,}36.$$

4 Für detailliertere Untersuchungen kann jedoch Gleichung (4.54) sehr wertvolle Aufschlüsse über Bindungsmechanismen und die Topologie der bindenden Region liefern, so daß keinesfalls generell auf diese Gleichung verzichtet werden sollte.

Damit folgt, daß sich die Funktion $[f_h (x_h)]_w$ je nach dem überstrichenen Hydrophobizitätsbereich entweder durch einen linearen Zusammenhang gemäß (4.35) oder durch eine Parabel gemäß (4.55) darstellen läßt. Welcher der beiden Zusammenhänge in einem speziellen Fall gilt, muß durch Probieren herausgefunden werden.

Die bisher angeführten Beispiele [Gleichungen (4.47) – (4.52) und (4.56)] zur Gültigkeit der für $[f_h (x_h)]_w$ formulierten Beziehungen wurden bewußt auf klar definierte *in-vitro*-Bindungsdaten beschränkt. Für den Fall, daß keine sterischen und elektronischen Einflüsse auf die biologische Aktivität vorliegen [$f_e (x_e)$ und $f_s (x_s)$ in Gleichung (3.17) gleich Null] und daß weiterhin keine Transporteinflüsse vorliegen ($[f_h (x_h)]_t$ in (3.16) gleich Null), hängt die biologische Aktivität gemäß

$$\log A = [f_h (x_h)]_w + \text{const.} \tag{4.57}$$

nur von hydrophoben Wechselwirkungen ab, und alle für $[f_h (x_h)]_w$ angegebenen Beziehungen beschreiben unmittelbar log A. Auch hierfür seien einige willkürlich ausgewählte Beispiele angegeben (Übersichten zu Beziehungen gemäß (4.57) mit (4.35) oder (4.55) für $[f_h (x_h)]_w$ finden sich beispielsweise in [8, 10, 60, 154, 168 – 171], wobei in einem Teil der in diesen Übersichten und der im folgenden angegebenen Beziehungen durchaus auch Transporteinflüsse mit erfaßt sein können):

1. Lineare Zusammenhänge

Hemmung der durch Azetylcholin induzierten postsynaptischen Spannungsänderung durch Anästhetika (aus [172]):

$$\log A = 1{,}17 \log P_{\text{Okt./W.}} + 1{,}22 \tag{4.58}$$

$$n = 6 \qquad r = 0{,}982 \qquad s = 0{,}295$$

Oxidation von Aromaten durch Rattenlebermikrosomen (aus [173]):

$$\log A = 0{,}641 \log P_{\text{Okt./W.}} + 2{,}996 \tag{4.59}$$

$$n = 8 \qquad r = 0{,}967 \qquad s = 0{,}230$$

Akute Toxizität von Phenolen in Mäusen (aus [113]):

$$\log A = 0{,}478\, R_M + 2{,}330 \tag{4.60}$$

$$n = 28 \qquad r = 0{,}928 \qquad s = 0{,}112$$

Narkotische Wirkung von aliphatischen Estern, Ketonen, Alkoholen und Äthern auf Kaulquappen (aus [135]):

$$\log A = 3{,}03 \cdot 10^{-3}\ F - 1{,}10 \qquad (4.61)$$

$$n = 27 \qquad r = 0{,}968 \qquad s = 0{,}211.$$

Bei der Verwendung von log P statt F beträgt $a_B \approx 1$; dieser Wert ist typisch für narkotische Wirkungen, die wahrscheinlich auf Membranperturbationen zurückzuführen sind [vgl. auch (4.52)].

2. Parabolische Zusammenhänge

Anticholinerge Wirkung von Morpholinderivaten (aus [174]):

$$\log A = -0{,}496\pi^2 + 3{,}964\pi - 1{,}285 \qquad (4.62)$$

Virostatische Wirkung von Isatin-β-isothiosemikarbazonen (Mengo-Virus; aus [161] und [175]):

$$\log A = -0{,}46\pi^2 + 1{,}61\pi - 2{,}43 \qquad (4.63)$$

$$n = 9 \qquad r = 0{,}736 \qquad s = 0{,}260$$

$$\log A = -2{,}82\ (\log K_1)^2 + 27{,}1\ \log K_1 - 65{,}7$$

$$n = 9 \qquad r = 0{,}980 \qquad s = 0{,}091.$$

(K_1 Bindungskonstante an das NADH-Oxidase-System in ETP-Partikeln [161]).

In diesem Falle ist die Proteinbindungsgröße dem π-Wert als Hydrophobizitätsparameter offensichtlich überlegen. Ein ähnliches Verhalten fanden wir bei einer quantitativen Struktur-Wirkungs-Analyse von phytoaktiven Phenoxyessigsäuren [160].

Wirkung von p-Hydroxphenylalkylsulfiden gegen S. Aureus (aus [10]):

$$\log A = -0{,}15\ \log (P_{Okt./W.})^2 + 1{,}73\ \log P_{Okt./W.} - 2{,}21 \qquad (4.64)$$

$$n = 12 \qquad r = 0{,}995 \qquad s = 0{,}093$$

Hemmung der HILL-Reaktion in Chloroplasten durch Aminotriazine (aus [176]):

$$\log A = -0{,}484\ (\log P_{Okt./W.})^2 + 1{,}959\ \log P_{Okt./W.} + 4{,}608. \qquad (4.65)$$

Wie die meisten linearen Zusammenhänge zwischen log A und x_h folgen auch die Gleichungen (4.58) – (4.60) der a_B-Regel. Die Gültigkeit der a_B-Regel für (4.60) ist dadurch bedingt, daß sich die hier benutzten R_M-Werte auf eine rein wäßrige mobile Phase beziehen.

Das Modell gemäß Gleichung (4.54) bzw. die daraus ableitbaren Grenzfälle [Gleichungen (4.35) und (4.55)] haben sich als sehr gut geeignet erwiesen, um die Funktion $[f_h (x_h)]_w$ zu beschreiben. Es gibt aber auch Fälle, wo dieses Modell noch nicht ausreicht und entsprechend erweitert werden muß [133, 177 – 179]. Beispielsweise kann ein Protein oder ein Rezeptor zwei bindende hydrophobe Regionen A und B haben, zwischen denen sich eine hydrophile oder polare Region befindet. Wenn auf Grund irgendwelcher spezifischer Wechselwirkungen die Bindung der Moleküle einer homologen Serie zunächst ausschließlich an der Region A erfolgt, folgt die Bindung zunächst Gleichung (4.35): die Affinität wächst linear mit steigender Hydrophobizität, bis die Moleküle in die Größenordnung der Region A kommen. An diesem Punkt geht die Gerade gemäß (4.35) bzw. (4.54a) in eine Parabel gemäß (4.54b) über, da der beginnende Kontakt mit der benachbarten polaren Region thermodynamisch ungünstig ist, so daß die Bindung schließlich nach Durchlaufen des Maximums mit steigender Hydrophobizität abnimmt. Wenn jedoch die polare Region nicht zu groß ist und die Serie weit genug ausgedehnt wird, können die größeren Moleküle mit der Region B in Kontakt kommen. Die Folge davon ist, daß die Bindung mit zunehmender Hydrophobizität wieder zunimmt, bis erneut sterische oder andere Restriktionen eintreten. In diesem Fall werden also zwei Kurven gemäß Gleichung (4.54) durchlaufen, die durch ein Minimum verbunden sind (Abbildung 4). Die Gleichung dieser Kurve, die aus zwei Geraden und drei Parabeln besteht, lautet:

$$[f_h (x_h)]_w = - \begin{cases} a_B x_h + b_B & \text{(a)} \\ \alpha x_h^2 + \beta x_h + \gamma & \text{(b)} \\ \alpha^* x_h^2 + \beta^* x_h + \gamma^* & \text{(c)} \\ a'_B x_h + b'_B & \text{(d)} \\ \alpha' x_h^2 + \beta' x_h + \gamma' & \text{(e)} \end{cases} \qquad (4.66)$$

für (a): $x_h \leqslant x_{h,l}$

für (b): $x_{h,l} \leqslant x_h \leqslant x_{h,w}$

für (c): $x_{h,w} \leqslant x_h \leqslant x_{h,s}$

für (d): $x_{h,s} \leqslant x_h \leqslant x'_{h,l}$

für (e): $x_h > x'_{h,l}$

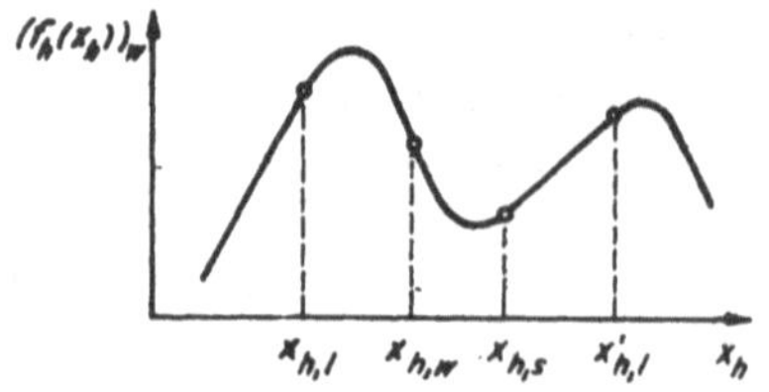

Abb. 4. Modellkurve zur Beschreibung der Funktion $[f_h(x_h)]_w$ gemäß Gleichung (4.65)

Ein Zusammenhang gemäß Gleichung (4.66) ist auch zu erwarten, wenn sich die Regionen A und B an ganz verschiedenen Stellen des Rezeptors befinden und dabei sehr unterschiedliche Affinitäten für die niederen und höheren Homologe einer Serie haben. Schließlich kann eine solche Beziehung auch dadurch hervorgerufen werden, daß die höheren Homologe solche konformationelle Veränderungen am Rezeptor verursachen, daß eine weitere Hydrophobizitätszunahme insgesamt wieder günstig für die Bindung wird.

Die Koeffizienten in Gleichung (4.66) lassen sich im Prinzip durch nichtlineare Regressionsanalyse ohne weiteres ermitteln. Dazu ist jedoch eine große Zahl von Wertepaaren notwendig, die in praxi meist nicht zur Verfügung stehen wird. In Analogie zu der Approximation von Gleichung (4.54) durch eine Parabel gemäß (4.55) läßt sich (4.66) durch ein Polynom vierten Grades gemäß Gleichung (4.67) approximieren:

$$[f_h(x_h)]_w = a_0 + a_1 x_h + a_2 x_h^2 + a_3 x_h^3 + a_4 x_h^4. \qquad (4.67)$$

Ein Beispiel für einen derartigen Zusammenhang ist die Wechselwirkung von Bis-Trimethylammonium-n-Alkanen mit dem Azetylcholinrezeptor. Mit experimentellen Daten aus [180] konnte die folgende Beziehung für die antagonistische Aktivität dieser Verbindungen erhalten werden [16, 179]:

$$pA_2 = -43{,}84 + 29{,}3\pi - 6{,}59\pi^2 + 0{,}64\pi^3 - 0{,}022\pi^4 \qquad (4.68)$$

$$n = 13 \qquad r = 1{,}000 \qquad s = 0{,}121.$$

Obgleich eine größere Zahl statistischer Freiheitsgrade wünschenswert wäre, ist die Anpassungsgüte von (4.68) insgesamt doch recht gut (alle Terme sind bei $p < 0{,}001$ statistisch signifikant). Aus mechanistischer Sicht zeigt dieser Zusammenhang einige interessante Aspekte. Der limitierende Anstieg des ansteigenden Astes der ersten Parabel beträgt etwa 1,1, und dies weist entsprechend der a_B-Regel auf die Bindung in einer hydrophoben Tasche hin. Eine solche hydrophobe Tasche wurde auch bereits von mehreren Autoren für den Azetylcholinrezeptor postuliert [181 – 182]. So lange die gesamte Alkylkette in diese Tasche hineinpaßt, nimmt die Bindung an den Rezeptor mit steigender Hydrophobizität zu. Wenn jedoch die Kette zu lang für die Tasche wird, wird die Bindung wegen der Flexibilität des herausragenden Teiles und seiner Wasserkontakte ungünstig beeinflußt, was zu einer Abnahme der pA_2-Werte nach Durchlaufen des ersten Maximums führt. Offensichtlich kommt es jedoch bei einer weiteren Kettenverlängerung zum Kontakt mit einer zweiten hydrophoben Region, da die Bindung nach Durchlaufen eines Minimums mit steigender Hydrophobizität wieder zunimmt. Auch die Existenz einer solchen zweiten Region wurde bereits mehrfach vermutet [182, 183]. Da der limitierende Anstieg des zweiten ansteigenden Parabelastes bei 0,4 liegt, ist entsprechend der a_B-Regel zu vermuten, daß diese zweite Region an der Rezeptoroberfläche liegt. Gleichung (4.68) steht somit nicht nur in vollem Einklang mit den gegenwärtigen Anschauungen über das aktive Zentrum des Azetylcholinrezeptors, sondern das Beispiel zeigt auch, wie durch solche Datenanalysen wertvolle mechanistische Hinweise erhalten werden können.

Es kommt nicht sehr häufig vor, daß der gesamte Hydrophobizitätsbereich gemäß Gleichung (4.66) überstrichen wird, obwohl es dafür durchaus eine ganze Reihe von Beispielen gibt [179]. Ein Zusammenhang dieser Art ist also relativ selten zu erwarten, und viel häufiger treten Grenzfälle auf, die je nach dem überstrichenen Hydrophobizitätsbereich verschieden sind. Solche Grenzfälle sind die Gleichungen (4.66a) – (4.66e) sowie die Gleichung (4.54). Ein weiterer Grenzfall, der durch ein Polynom dritten Grades beschrieben wird, ist in Abbildung 5 dargestellt.

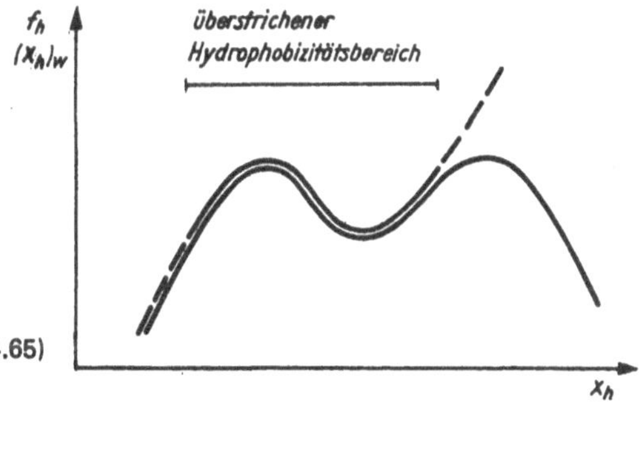

Abb. 5. Grenzfall von Gleichung (4.65)

Unter Beachtung aller dieser Fälle sowie der Approximationen gemäß den Gleichungen (4.55) und (4.67) ergeben sich die folgenden Möglichkeiten für die mathematische Form von $[f_h(x_h)]_w$:

1. Geradengleichung gemäß (4.35) [identisch mit (4.54a) sowie (4.66a) und (4.66d)], wenn x_h innerhalb der beiden linearen Kurventeile von (4.66) variiert.
2. Parabelgleichung gemäß (4.55) für folgende Fälle
   a) x_h überstreicht den Bereich des ersten oder des zweiten Maximums in (4.66) bzw. (4.67); *der Koeffizient a_2 ist negativ,*
   b) x_h überstreicht den Bereich des Minimums in (4.66) bzw. (4.67); *der Koeffizient a_2 ist positiv.*
3. Polynom dritten Grades gemäß Abbildung 5.
4. Polynom vierten Grades gemäß Gleichung (4.67).

Weitaus am häufigsten sind die beiden ersten Fälle, so daß man für praktische Zwecke der routinemäßigen quantitativen Struktur-Wirkungs-Analyse zusammenfassend für $[f_h(x_h)]_w$ wieder formulieren kann:

$$[f_h(x_h)]_w = \begin{cases} a_B x_h + b_B & \text{(a)} \\ a_0 + a_1 x + a_2 x^2 & \text{(b)} \end{cases} \tag{4.69}$$

Für jedes spezielle Problem muß die Entscheidung zwischen (4.69a) und (4.69b) empirisch durch Probieren getroffen werden. Es wird die Beziehung akzeptiert, die die bessere statistische Anpassungsgüte an die experimentellen Daten ergibt. Der Koeffizient a_2 ist in der Mehrzahl der Fälle negativ, es gibt aber auch eine ganze Reihe von Beispielen mit positivem x_h^2-Term [178, 179] [siehe z. B. auch Gleichung (5.123)]. Erst wenn eine Beschreigung der Daten mit Hilfe von Gleichung (4.69) nicht gelingt, sollten die komplizierteren Anpassungen an ein Polynom dritten oder vierten Grades geprüft werden.

Ein letzter wesentlicher Aspekt, der bei der Beschreibung hydrophober Wechselwirkungen zu beachten ist, resultiert daraus, daß die hydrophobe bindende Region inhomogen und unsymmetrisch sein kann. Wenn dies der Fall ist, können Substituenten an unterschiedlichen Substitutionssorten mit unterschiedlicher Intensität bzw. auf unterschiedliche Weise mit der bindenden Region in Wechselwirkung treten. Es kommt dann zu einer *Positionsabhängigkeit des hydrophoben Substituenteneinflusses,* und die Funktion $[f_h(x_h)]_w$ muß in Unterterme für die einzelnen Substitutionsorte zerlegt werden. Dies ist natürlich mit globalen Molekülgrößen wie log P, R_M oder $-\log c_l$ nicht möglich, sondern läßt sich nur unter Verwendung hydrophober Substituentenkonstanten wie π, f oder ΔR_M durchführen. Werden beispielsweise in einer homologen Serie Substituenten an den drei Substitutionsorten 1, 2 und 3 variiert, kann $[f_h(x_h)]_w$ folgende Formen annehmen:

$$
[f_h(x_h)]_w = - \begin{cases} f_h^{1,2,3}(x_{h,1} + x_{h,2} + x_{h,3}) & \text{(a)} \\ f_h^{1}(x_{h,1}) + f_h^{2,3}(x_{h,2} + x_{h,3}) & \text{(b)} \\ f_h^{2}(x_{h,2}) + f_h^{1,3}(x_{h,1} + x_{h,3}) & \text{(c)} \\ f_h^{3}(x_{h,3}) + f_h^{1,2}(x_{h,1} + x_{h,2}) & \text{(d)} \\ f_h^{1}(x_{h,1}) + f_h^{2}(x_{h,2}) + f_h^{3}(x_{h,3}) & \text{(e)} \end{cases} \qquad (4.70)
$$

In (4.70a) besteht keine Positionsabhängigkeit, während in den Gleichungen (4.70b) – (4.70d) jeweils ein Substituent ein von den beiden anderen Substituenten abweichendes Verhalten zeigt. Gleichung (4.70e) gilt für den Fall, daß die hydrophoben Wechselwirkungen in allen drei Positionen verschieden sind. Jeder der Terme in (4.70) kann dabei entweder Null werden (kein Einfluß hydrophober Wechselwirkungen) oder aber bei Gültigkeit von (4.69) entweder linear oder parabolisch sein. Im Prinzip müssen alle diese Varianten bei der Durchführung quantitativer Struktur-Wirkungs-Analysen berücksichtigt und geprüft werden, sofern sich nicht auf Grund vorliegender Kenntnisse einzelne Varianten ausschließen oder bevorzugen lassen.

Einige Beispiele für positionsabhängige hydrophobe Wechselwirkungen seien im folgenden angeführt:

1. Antiinflammatorische Wirkung von 2-Aryl-1,2-Indandionen (aus [101]):

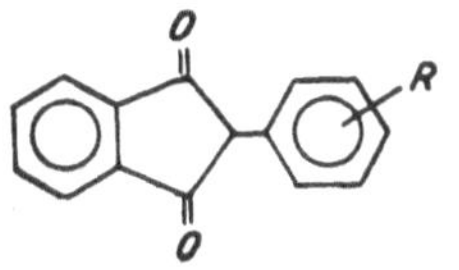

Formelbild IV

$$
\log A = 0{,}558\,(\pi_{m,p} - X \cdot 0{,}85) + 0{,}218\pi_o + 3{,}698 \qquad (4.71)
$$

$$
n = 44 \qquad r = 0{,}956 \qquad s = 0{,}203.
$$

Hier zeigen die ortho-Substituenten ein abweichendes Verhalten. Sie bewirken außerdem über intramolekulare sterische Wechselwirkung eine Entkopplung der Resonanz. Wie bereits erwähnt, führt dieser Effekt zu einer Abnahme der Gesamthydrophobizität von 0,85 · log $P_{Okt./W.}$ und wirkt sich damit natürlich auch auf meta- und para-Substituenten aus. Dies wird in Gleichung (4.71) dadurch berücksichtigt, daß bei Anwesenheit eines ortho-Substituenten dieser Betrag abgezogen wird. Die An- oder Abwesenheit der ortho-Substituenten wird über einen Hilfsparameter X berücksichtigt:

$$X = \begin{cases} 1 & \text{ortho-Substituenten anwesend} \\ 0 & \text{ortho-Substituenten nicht anwesend.} \end{cases} \tag{4.72}$$

Bei diesem Beispiel ist nicht auszuschließen, daß die beobachtete Positionsabhängigkeit durch rein intramolekulare Effekte zustande kommt.

2. Wirkung von ortho- und meta-substituierten Phenolen gegen S. typhosa (aus [152]):
Hier wurde Gleichung (4.54) angewendet und folgendes Ergebnis erhalten:
ortho-substituierte Phenole:

$$\log A = \begin{cases} 0{,}80\pi - 1{,}00 & \text{für } \pi \leqslant 4{,}40 \\ -1{,}62\pi^2 + 15{,}01\pi + 42{,}16 & \text{für } \pi > 4{,}40 \end{cases} \tag{4.73}$$
$$\pi_I = 4{,}40$$

meta-substituierte Phenole:

$$\log A = \begin{cases} 0{,}80\pi + 0{,}23 & \text{für } \pi \leqslant 2{,}04 \\ -1{,}00\pi^2 + 4{,}88\pi + 3{,}86 & \text{für } \pi > 2{,}04 \end{cases} \tag{4.74}$$
$$\pi_I = 2{,}04.$$

Aus den Anstiegen der Linearteile von (4.73) und (4.74) folgt zunächst, daß ortho- und meta-substituierte Phenole nach dem gleichen Mechanismus in einer hydrophoben Tasche oder an einer Membran gebunden werden; der Parameter π_I dagegen ist für die ortho-substituierten Verbindungen wesentlich größer. Da die verwendeten Substituenten sich nur in der Länge von n-Alkylresten unterscheiden, so daß π linear zur Größe der Substituenten korreliert, folgt aus den Werten für π_I, daß offenbar für Substituenten an der ortho-Position mehr Raum in der hydrophoben Region zur Verfügung steht.

3. Hemmung der HILL-Reaktion an Chloroplasten durch V (aus [15]):

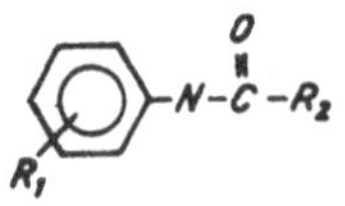

Formelbild V

$$\log A = -0{,}093\pi^2_{R_2} + 0{,}376\pi_{R_2} + 1{,}130\pi_{R_1} - 1{,}206\sigma^*_{R_2} + 3{,}700 \qquad (4.75)$$

$$n = 25 \qquad r = 0{,}859 \qquad s = 0{,}430.$$

Hier besteht in Position R_2 ein parabelförmiger und in Position R_1 ein linearer Zusammenhang mit π. σ^* ist eine elektronische Substituentenkonstante und charakterisiert den elektronischen Einfluß von R_2 auf log A (siehe Kapitel 5.).

4. Bindung von para- und meta-substituierten Phenyl-β-D-Glukosiden an Emulsin (aus [10]):

$$\log (10\ K_1) = 0{,}36\pi_{para} + 0{,}00\pi_{meta} + 0{,}66\sigma^- + 1{,}76 \qquad (4.76)$$

$$n = 13 \qquad r = 0{,}917 \qquad s = 0{,}164.$$

Substituenten in meta-Position gehen mit dem Enzym keine hydrophoben Wechselwirkungen ein. Der σ^--Term berücksichtigt elektronische Einflüsse der Substituenten auf die biologische Aktivität.

5. Hemmung von Succinatdehydrogenase aus Leberegel (L) und Rattenleber (R) durch in beiden Ringen substituierte Dihydroxybenzoesäureanilide (Index 1: Substituent im Anilinring, Index 2: Substituent im Benzoesäurering; aus [184]):

$$\log K_{1,R} = 0{,}86\pi_1 + 0{,}68\pi_2 + 4{,}67 \qquad (4.77)$$

$$\log K_{1,L} = 1{,}31\pi_1 + 0{,}43\pi_2 + 5{,}15. \qquad (4.78)$$

Die Substituenten in den beiden Ringen gehen verschieden starke Wechselwirkungen mit dem Enzym ein, und dieser Unterschied ist bei den beiden untersuchten Enzymen verschieden stark ausgeprägt. Damit ergibt sich eine interessante Möglichkeit, zu selektiv gegen Leberegel wirkende Verbindungen zu kommen. Es gilt:

$$\log K_{1,L} - \log K_{1,R} = 0{,}45\pi_1 - 0{,}26\pi_2 + 0{,}50. \qquad (4.79)$$

Gleichung (4.79) maximiert die Selektivität gegenüber dem Parasitenenzym.

Die Positionsabhängigkeit hat eine wichtige Konsequenz. Für den Fall, daß Gleichung (4.69b) gilt, läßt sich aus der ersten Ableitung der optimale Wert für x_h bestimmen, der mit $x_{h,0}$ bezeichnet werden soll:

$$x_{h,0} = -a_1/2a_2. \qquad (4.80)$$

Wegen der Positionsabhängigkeit gilt dieser Wert aber nur für Serien mit gleicher geometrischer Grundstruktur und ist demnach keine Konstante des betrachteten Biosystems. Dies zeigt sich auch sehr deutlich bei dem bereits erwähnten Beispiel für die Wirkung von ortho- und meta-substituierten Phenolen gegen *S. typhosa.* Wird log A nicht durch die zusammengesetzte Kurve gemäß (4.54), sondern durch eine Parabelgleichung gemäß (4.69b) beschrieben, ergeben sich für die beiden Serien zwei völlig verschiedene Werte für $x_{h,0}$ (aus [152]):

für ortho-substituierte Phenole: $\pi_0 = 4,41$

für meta-substituierte Phenole: $\pi_0 = 2,03$.

Der Wert für $x_{h,0}$ ist also nicht auf andere Serien übertragbar, wenn Positionsabhängigkeiten möglich sind. Falls in verschiedenen Serien die gleiche Grundgeometrie erhalten bleibt (z. B. verschiedene Derivate von n-Alkanen), sind allerdings derartige Unterschiede nicht zu erwarten, so daß hier $x_{h,0}$-Werte für verschiedene Serien im gleichen Biosystem mindestens sehr ähnlich sein sollten. Dies zeigt sich z. B. bei der Wirkung von n-Alkyldiamidinen (I) und n-Alkyldiguanidinen (II) gegen S. aureus. Wie zu erwarten, sind hier die Werte für $x_{h,0}$ praktisch gleich ($\pi_{0,I} = 7,81$; $\pi_{0,II} = 7,90$), und auch die Werte für π_I stimmen gut überein ($\pi_{I,I} = 5,26$; $\pi_{I,II} = 5,51$) [152]. In solchen Fällen und auch innerhalb einer homologen Serie ist der $x_{h,0}$-Wert eine wichtige Optimierungsgröße [vorausgesetzt, Gleichung (4.69b) gilt], denn für weitere Synthesen und Testungen lassen sich dann gezielt solche Strukturen auswählen, deren Hydrophobizität möglichst nahe an dem optimalen Wert liegt.

4.3. Beschreibung des Hydrophobizitätseinflusses auf Transport und Verteilung von Wirkstoffen: Die Funktion $[f_h(x_h)]_t$

Beim passiven Wirkstofftransport müssen Verteilungsschritte zwischen wäßrigen und hydrophoben Phasen (lipidhaltige Membranen, Proteine) absolviert werden. Das einfachste Transportmodell besteht aus zwei wäßrigen Kompartimenten I und II mit den Volumina V_I und V_{II}, die durch eine Lipidmembran der Dicke d getrennt sind. Wenn beide Kompartimente gerührt sind und die Diffusion innerhalb der Membran dem ersten Fickschen Gesetz folgt, ergibt sich der Flux J von Wirkstoff aus dem Kompartiment I in das Kompartiment II pro Einheit der Membranoberfläche (D Diffusionskoeffizient) zu

$$J = \frac{D}{d} (c_{M,I} - c_{M,II}).$$ (4.81)

Der Klammerausdruck in (4.81) beschreibt den Konzentrationsgradienten zwischen den beiden Membrangrenzflächen. An diesen Membrangrenzflächen bilden sich Verteilungsgleichgewichte zwischen Membranlipid und Wasser aus, wobei für den Verteilungskoeffizienten P gilt:

$$P = c_{M,I}/c_I = c_{M,II}/c_{II}$$ (4.82)

Dabei ist c_I (c_{II}) die Konzentration des Permeanden im Kompartiment I (II). Für den Flux ergibt sich dann

$$J = \frac{D\,P}{d} (c_I - c_{II}) = P' (c_I - c_{II})$$ (4.83)

mit

$$P' = \frac{D\,P}{d}.$$ (4.84)

Die Größe P' wird als *Permeationskonstante* bezeichnet. Wird der Transport der Mitglieder einer homologen Serie im gleichen System unter gleichartigen Konzentrationsverhältnissen und stationären Bedingungen untersucht, hängt die Permeationsgeschwindigkeit für die einzelnen Mitglieder nur noch vom Permeationskoeffizienten P' ab, so daß sich die Funktion $[f_h (x_h)]_t$ auf die Beschreibung der Abhängigkeit des Permeationskoeffizienten von der Hydrophobizität reduziert:

$$[f_h (x_h)]_t = P' (x_h).$$ (4.85)

Ist das System konstant, folgt aus (4.84):

$$P' = \text{const.}\ D \cdot P.$$ (4.86)

Im allgemeinen ist die Variation des Diffusionskoeffizienten mit dem Molekulargewicht gegenüber der Variation des Verteilungskoeffizienten innerhalb einer homologen Serie zu vernachlässigen. Mit Gleichung (4.34) ergibt sich dann nach Zusammenfassung der Konstanten:

$$\log P' = a_t x_h + b_t = [f_h (x_h)]_t.$$ (4.87)

Gleichung (4.87) beschreibt in vielen Fällen recht gut das Permeationsverhalten innerhalb homologer Serien sowohl durch synthetische als auch durch biologische Membranen [185 – 195]. Zwei Beispiele seien im folgenden angegeben; eine Übersicht über weitere Beziehungen dieser Art findet sich in [196].

Permeabilität von Kaninchenhaut für verschiedene organische Verbindungen (aus [195]):

$$\log P' = 0{,}392 \log P_{Okt./W.} - 2{,}761 \qquad (4.88)$$

$$n = 7 \qquad r = 0{,}928 \qquad s = 0{,}381$$

Permeation von Benzoesäuren durch Polyäthylenmembranen (aus [190]):

$$\log P' = 1{,}37 \log P_{Hexan/Wasser} - 7{,}72. \qquad (4.89)$$

Gleichung (4.87) gilt nur, so lange der Permeationsprozeß *membrankontrolliert* ist. Auch wenn beide Kompartimente gerührt sind, befindet sich auf beiden Seiten der Membran eine wäßrige Diffusionsbarriere, so daß der Permeand drei Barrieren zu durchdringen hat. Exakt gilt [197]:

$$\frac{1}{P'_t} = R_{W,I} + R_{W,II} + R_M = R_T. \qquad (4.90)$$

Dabei ist P'_t die Gesamt-Permeationskonstante und R_T der Gesamtdiffusionswiderstand; $R_{W,I}$, $R_{W,II}$ und R_M sind die Diffusionswiderstände der beiden wäßrigen Diffusionsschichten und der Membran. Der Diffusionswiderstand, der der Permeationskonstanten in der entsprechenden Barriere umgekehrt proportional ist, läßt sich durch die Dicke der Barriere, den Diffusionskoeffizienten in der Barriere und den Verteilungskoeffizienten in bezug auf das externe Medium beschreiben:

$$R_i = \frac{d_i}{D_i\, P_i}. \qquad (4.91)$$

Unter der Berücksichtigung der Tatsache, daß der Verteilungskoeffizient im System Wasser/Wasser gleich Eins ist, folgt dann:

$$P'_t = \frac{P\, D_M\, D_W}{d_M\, D_W + (d_{W,I} + d_{W,II})\, P\, D_M}. \qquad (4.92)$$

Die Größen haben die gleiche Bedeutung, wie in (4.84), wobei sich der Index M auf die Membran und der Index W auf die wäßrigen Diffusionsschichten bezieht; P ist wieder der Verteilungskoeffizient Membran/Wasser.

Unter normalen Bedingungen ist $d_M D_W \gg (d_{W,I} + d_{W,II}) P D_M$, so daß Gleichung (4.92) in (4.84) übergeht und Gleichung (4.87) gilt *(membrankontrollierter Flux)*. Wird jedoch die Hydrophobizität der Moleküle und damit P sehr hoch, kann $(d_{W,I} + d_{W,II}) P D_M \gg d_M D_W$ werden. Der Flux ist dann unter *Kontrolle der Diffusionsschichten,* und es gilt:

$$P'_t = \frac{D_W}{d_{W,I} + d_{W,II}} . \qquad (4.93)$$

Hier besteht keine Abhängigkeit mehr von der Hydrophobizität des Permeanden, so daß die Gerade gemäß Gleichung (4.87) für sehr hydrophobe Substanzen in ein Plateau übergehen kann. Ein derartiges Verhalten wurde an synthetischen Membranen bestätigt [185], ist aber für den Transport zum Rezeptor wahrscheinlich nicht sehr typisch; bisher konnte das Auftreten eines solchen Plateau-Effektes in Biosystemen nur an wenigen Beispielen nachgewiesen werden [198][5]. Für den Fall, daß der Transport aus gesättigten Lösungen der Wirkstoffe erfolgt, lassen sich aus (4.92) kompliziertere Zusammenhänge ableiten [197 – 200], die sich zum Teil durch Parabeln approximieren lassen.

Parabelförmige Beziehungen für die Funktion $[f_h(x_h)]_t$ werden auch von HANSCH und Mitarbeitern gefordert [201, 202]. Sie gingen dabei von Gleichung (3.10) aus und betrachteten w als die Wahrscheinlichkeit, daß ein Wirkstoff in einer gegebenen Zeit t den Rezeptor erreicht. Auf dem Weg zum Rezeptor, der als ein stochastisches Wandern aufgefaßt wurde, muß der Wirkstoff eine Vielzahl von Verteilungsschritten zwischen hydrophoben und wäßrigen Phasen durchlaufen. Extrem hydrophobe (hydrophile) Wirkstoffe werden dabei in einer begrenzten Zeit über die ersten lipophilen (wäßrigen) Barrieren nicht hinauskommen, d. h. w wird Null. Dazwischen wird es einen Wert für x_h geben $(x_{h,0})$, bei dem w ein Maximum hat. Es wurde angenommen, daß w in bezug auf x_h einer Verteilung gemäß (4.94) folgt:

$$w = a \exp\left[-\frac{1}{b}(x_h - x_{h,0})^2\right] \qquad (4.94)$$

so daß für log w [vgl. Gleichung (3.14)] gilt:

5 Ein solches Plateau in quantitativen Struktur-Wirkungs-Beziehungen ist im übrigen nicht typisch für Transportprozesse, sondern es kann auch auf hydrophobe Wechselwirkungen zurückzuführen sein. Die Minimum-Region in (4.66) ist gegenüber dem im jeweiligen Fall speziell vorliegenden Bindungsmechanismus sehr empfindlich und kann unter Umständen in ein solches Plateau übergehen [179].

$$\log w = \log a - \frac{1}{b}(x_h^2 - 2x_h x_{h,0} + x_{h,0}^2). \qquad (4.95)$$

Da a und b Konstanten sind und auch $x_{h,0}$ für eine gegebene Serie in einem gegebenen Biosystem konstant ist, folgt aus (4.95) nach Zusammenfassung der Konstanten sofort die Gleichung einer Parabel mit dem Maximum bei $x_{h,0}$:

$$\log w = [f_h(x_h)]_t = k_0 + k_1 x_h^2 + k_2 x_h. \qquad (4.96)$$

In einer späteren Arbeit [203] wurde der Transport durch ein Multikompartimentsystem mathematisch simuliert. Es resultierte dabei ein Satz von Differentialgleichungen, der für verschiedene Eingangskonzentrationen, verschiedene Verteilungskoeffizienten zwischen hydrophoben und wäßrigen Phasen und für verschiedene Transportzeiten gelöst wurde. Dabei ergab sich ebenfalls ein parabelförmiger Zusammenhang zwischen dem Logarithmus der Konzentration im letzten Kompartiment (Rezeptorkompartiment) und x_h gemäß Gleichung (4.96). Eine später von DEARDEN und TOWNEND [204, 205] wiederholte mathematische Analyse des Transports in einem Multikompartimentsystem zeigte allerdings, daß das Ergebnis sehr empfindlich von der Zeit abhängt. Werden kürzere Zeitintervalle betrachtet, resultieren wieder Kurven für $[f_h(x_h)]_t$, die sich sehr gut durch eine Parabel gemäß (4.96) beschreiben lassen. Bei längeren Zeiten sind die Parabeln jedoch sehr stark verzerrt, und unter bestimmten Bedingungen strebt die Wirkstoffkonzentration im Rezeptorkompartiment asymptotisch einem Maximalwert zu. Die resultierenden Kurven haben dann eine ähnliche Form, wie es aus dem Übergang vom Membran-kontrollierten zum Diffusionsschicht-kontrollierten Flux aus (4.92) resultiert.

MCFARLAND [206] führte eine probabilistische Analyse des Transports in einem Multikompartimentsystem durch, wobei er auch Verzweigungen des Transportweges zuließ. Die von ihm erhaltenen Kurven sind zwar keine exakten Parabeln, lassen sich aber für alle praktischen Zwecke durch eine Parabelgleichung gemäß (4.96) sehr gut beschreiben. Von KUBINYI [207 – 209] wurden diese Untersuchungen weitergeführt, wobei er im Gegensatz zu MCFARLAND unterschiedliche Volumina der einzelnen Kompartimente zuließ. Für $[f_h(x_h)]_t$ resultiert dabei die folgende Beziehung:

$$[f_h(x_h)]_t = a \log P - b \log(\beta P + 1) + c. \qquad (4.97)$$

Gemäß (4.97) wächst $[f_h(x_h)]_t$ zunächst linear mit log P, um dann nach Durchlaufen eines kurzen Parabelteiles im Bereich der optimalen Hydrophobizität ($x_{h,0}$) linear wieder abzunehmen *(bilineares Modell).* Der Anstieg des ersten Linearteiles wird dabei durch die Konstante a und der Anstieg des abfallenden Linearteiles durch die Konstante b bestimmt. Wenn a = b ist, resultieren symmetrische Kurven, die sich in den meisten Fällen wenigstens grob durch eine Parabel gemäß (4.96) annähern lassen. Für den asymmetrischen Fall ($a \neq b$) jedoch ist dies nicht mehr möglich. Mathematisch entspricht das bilineare Modell weitgehend dem Eiweißbindungsmodell gemäß Gleichung (4.54), da es wie dieses unterschiedliche Anstiege für den steigenden und den fallenden Kurvenast zuläßt.

Für $[f_h(x_h)]_t$ ergibt sich also insgesamt ein relativ kompliziertes Bild. Für eine große Zahl von Fällen ist jedoch die Beschreibung durch eine Parabel gemäß (4.96) ausreichend, wobei allerdings auch lineare Abhängigkeiten gemäß (4.87) als Grenzfall berücksichtigt werden müssen. Damit ergibt sich als praktikable Formulierung für $[f_h(x_h)]_t$:

$$[f_h(x_h)]_t = \begin{cases} a_t x_h + b_t & \text{(a)} \\ k_0 + k_1 x_h^2 + k_2 x_h . & \text{(b)} \end{cases} \qquad (4.98)$$

Ihrer Form nach ist Gleichung (4.98) der Beziehung (4.69) völlig analog, so daß also $[f_h(x_h)]_w$ und $[f_h(x_h)]_t$ in analoger Weise von der Hydrophobizität abhängig sind. Auf diesen wichtigen Punkt wird später noch näher einzugehen sein. Die Beschreibung von $[f_h(x_h)]_t$ durch einen linearen Zusammenhang gemäß Gleichung (4.98a) ist dann zu erwarten, wenn der untere Teil des ansteigenden Astes der Parabel gemäß (4.98b) bzw. (4.96) durch eine Gerade approximiert wird. Ein linearer Zusammenhang kann weiter auftreten, wenn das bilineare Modell gilt oder wenn für einen speziellen Fall das der Gleichung (4.87) zugrunde liegende einfache Modell der biologischen Realität näher kommt als die komplizierteren Multikompartimentbetrachtungen, die zu Gleichung (4.98b) bzw. (4.96) führen. Es muß allerdings darauf hingewiesen werden, daß der einfache Ansatz gemäß (4.98) durchaus nicht immer ausreichend ist, so daß zu komplizierteren Modellen übergegangen werden muß (siehe auch Abschnitt 4.4.). In vielen Fällen dürfte dabei das bilineare Modell nach KUBINYI [Gleichung (4.97)] anwendbar sein, das sich bereits sehr gut bewährt hat. Für praktische Rechnungen hat dieses Modell allerdings den Nachteil, daß hier der Einsatz der nichtlinearen Regressionsanalyse notwendig wird; außerdem müssen zur Ermittlung der vier Konstanten a, b, β und c mehr Datenpunkte vorliegen als für die Anpassung an eine einfache Parabelgleichung.

Nicht-lineare Ansätze sind auch dann erforderlich, wenn ionisierbare Verbindungen betrachtet werden und sich der Ionisationsgrad innerhalb der betrachteten Serie stark ändert (siehe auch Abschnitt 4.4.). Untersuchungen zur Absorption (gastrointestinal und buccal) in Abhängigkeit vom Verteilungskoeffizienten und dem Ionisationsgrad α wurden von VORA u. a. [210] sowie von WAGNER und SEDMAN [211] durchgeführt. Die resultierenden Modellansätze sind sehr ähnlich und lassen sich nach MARTIN [21] gemäß Gleichung (4.99) zusammenfassen:

$$[f_h(x_h)]_t = \log \left\{ a + \frac{c[\alpha/(1-\alpha)]}{1/(1-\alpha P_n^b)} + d + e\,[\alpha/(1-\alpha)] \right\} \qquad (4.99)$$

Dabei ist P_n der Verteilungskoeffizient der nicht-ionisierten Verbindung. Gleichung (4.99) ist bereits so kompliziert, daß ihre Anwendung Spezialuntersuchungen vorbehalten bleiben muß wie beispielsweise die Untersuchung von Absorptionsprozessen in Abhängigkeit vom pH-Wert.

Glücklicherweise gibt es eine Vielzahl von Beispielen für die Anwendbarkeit von Gleichung (4.98) auf Transportprozesse. Der lineare Fall gemäß (4.98a) wurde bereits diskutiert, so daß sich die folgenden Beispiele nur auf den parabelförmigen Zusammenhang gemäß (4.98b) beziehen sollen; weitere Beziehungen dieser Art finden sich in [196] und [212]:

1. *Permeation aromatischer Sulfone durch die Wurzeln von Tomate* (aus [12]):

$$\log v = -0{,}123\,(\log P_{\text{Äther/Wasser}})^2 + 0{,}097 \log P_{\text{Äther/W.}} - 0{,}014 \qquad (4.100)$$

$$n = 42 \qquad r = 0{,}872$$

(v Permeationsgeschwindigkeit).

2. *Penetration von Alkylphosphaten durch menschliche Haut* (aus [203]):

$$\log P' = -0{,}040\,(\log P_{\text{Okt./W.}})^2 - 0{,}125 \log P_{\text{Okt./W.}} - 0{,}040 \qquad (4.101)$$

$$n = 5 \qquad r = 0{,}997 \qquad s = 0{,}048$$

3. *Penetration der Cuticula von Schaben durch Insektizide* (aus [203]):

$$\log 1/t_{1/2} = -0{,}124\,(\log P_{\text{Öl/Wasser}})^2 - 0{,}360 \log P_{\text{Öl/W.}} - 1{,}492 \qquad (4.102)$$

4. *Penetration verschiedener Nichtelektrolyte in das Kaninchenauge* (aus [203]):

$$\log P' = -0{,}067\,(\log P_{\text{Äther/W.}})^2 + 0{,}073 \log P_{\text{Äther/W.}} + 0{,}140 \qquad (4.103)$$

$$n = 7 \qquad r = 0{,}992 \qquad s = 0{,}059$$

5. Penetration von Steroiden durch die menschliche Haut (aus [203]):

$$\log P' = -0{,}207\,(\log P_{\text{Äther/W.}})^2 + 1{,}494\,\log P_{\text{Äther/W.}} - 5{,}425 \qquad (4.104)$$

$$n = 10 \qquad r = 0{,}978 \qquad s = 0{,}220$$

6. Lokalisierungsgeschwindigkeit von Phenylborsäuren im Mäusehirn (Index n: normales Gewebe; Index t: Tumorgewebe; [213], entnommen aus [14]):

$$\log C_n = -0{,}540\pi^2 + 0{,}765\pi + 1{,}505 \qquad (4.105)$$

$$\log C_t = -0{,}130\pi^2 - 0{,}405\sigma + 1{,}341 \qquad (4.106)$$

(C Konzentration nach 15 Minuten).
Bildet man die Differenz beider Gleichungen, erhält man:

$$\log C_t/C_n = 0{,}410\pi^2 - 0{,}765\pi - 0{,}405\sigma - 0{,}164. \qquad (4.107)$$

Diese Gleichung korreliert eine Art therapeutischen Index zur Hydrophobizität. Gemäß (4.106) würden Substituenten mit π-Werten um −1 bis −2 noch immer eine therapeutisch wirksame Konzentration im Tumorgewebe zulassen, gleichzeitig aber nach (4.107) hohe Selektivität garantieren. Wie aus dem elektronischen σ-Term (siehe Kapitel 5.) folgt, sollten diese Substituenten außerdem einen elektronenschiebenden Charakter haben, um die Selektivität weiter zu erhöhen.

Aus der ersten Ableitung von (4.98b) läßt sich analog Gleichung (4.80) der Wert $x_{h,0}$ für das Maximum der Parabel ermitteln. Wenn ein reiner Transporteinfluß der Hydrophobizität vorliegt, ist dieser Wert im Gegensatz zu den Verhältnissen beim Vorliegen hydrophober Wechselwirkungen eine Konstante des betrachteten biologischen Systems und unabhängig von der chemischen Struktur der Wirkstoffe. Zusätzliche Voraussetzung dabei ist natürlich, daß alle Randbedingungen, die den Transport beeinflussen können (Zeit, Applikationsart und -ort usw.) strikt konstant bleiben.

Ein reiner Transporteinfluß ist wahrscheinlich relativ selten und sehr wahrscheinlich auf solche Fälle beschränkt, wo spezielle Körperbarrieren überwunden werden müssen. Ein solcher Fall liegt offenbar bei Pharmaka mit Wirkung auf das Zentralnervensystem (ZNS) vor, die die Blut-Hirn-Schranke durchdringen müssen. HANSCH [10, 214] (siehe auch [196]) fand bei einer ganzen Reihe unterschiedlich strukturierter Serien ZNS-wirksamer Substanzen einen erstaunlich konstanten Wert für $\log P_0$ mit einem Durchschnitt von log $P_0 \approx 2$. Interessant ist, daß sich für die Lokalisierungsgeschwindigkeit der Phenylborsäuren im Mäusehirn [Gleichung (4.105)] mit log P_0 = 2,3 (log $P_0 = \pi_0$ + log P_H = 0,7 + 1,6) ein sehr ähnlicher Wert ergibt. Dieser Wert ist also offensichtlich eine gute Startbasis für die Entwicklung wirksamer ZNS-Pharmaka, und dies bestätigen z. B. Ergebnisse von DRUCKREY und Mitarbeitern [215], die bei der Syntheseplanung für eine neue Serie von Hypnotika der Struktur VI R_1 und R_2 so variierten, daß die resultierenden Verbindungen hinsichtlich ihres log P-Wertes systematisch um den Wert log P_0 = 2 gruppiert waren. Die voraussichtliche Abstufung der Aktivität wurde auf Grund der Abweichung der log P-Werte der einzelnen Verbindungen vom idealen Wert (log $P_0 \approx 2$) geschätzt und die geschätzte Reihenfolge bis auf eine Vertauschung auch experimentell bestätigt, wie aus Tabelle 3 hervorgeht. Eine quantitative Struktur-Wirkungs-Analyse ergab folgende Gleichung [215]:

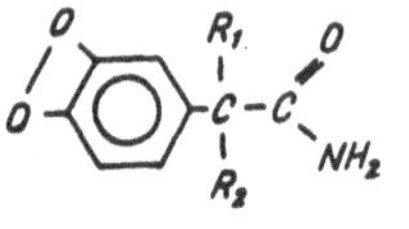

Formelbild VI

$$\log A = -0{,}53\,(\log P_{Okt./W.})^2 + 1{,}92 \log P_{Okt./W.} + 1{,}67 \qquad (4.108)$$

$$r = 0{,}921 \qquad s = 0{,}174$$

$$\log P_0 = 1{,}84.$$

Tabelle 3
log P-Werte, geschätzte und experimentell gefundene Reihenfolge der hypnotischen Wirksamkeit für verschiedene Derivate von VI (nach [215])

R_1	R_2	log P	Reihenfolge der hypnotischen Wirksamkeit geschätzt	gefunden
Allyl	Allyl	1,99	1	1
Allyl	Äthyl	1,79	2	2
Äthyl	Äthyl	1,59	3	3
Propyl	Propyl	2,59	4 ... 5	5
Äthyl	i-Pentenyl	2,59		6
Methyl	Methyl	0,59	6	4
Butyl	Butyl	3,59	7	7
H	H	−0,41	8	8

Der Wert für log P_0 aus (4.108) ist in guter Übereinstimmung mit dem für die anderen ZNS-aktiven Pharmaka. Aus diesem Beispiel ergeben sich zwei wichtige Schlußfolgerungen:

1. Die aktivste Verbindung wurde richtig vorhergesagt.
2. Das dabei zugrunde liegende Konzept wurde durch die Abstufung der hypnotischen Aktivität in den untersuchten Verbindungen und durch (4.108) bestätigt.

Damit konnte die Suche nach noch aktiveren Verbindungen in dieser Serie abgebrochen werden, so daß also die aktivste Verbindung bereits nach 7 Synthesen und Testungen mit hinreichender Sicherheit gefunden war.

Die Kenntnis von $x_{h,0}$ für ein Biosystem gestattet also eine *zielgerichtete Optimierung* der Wirkung hinsichtlich des Hydrophobizitätseinflusses.

Bei den bisherigen Betrachtungen des Wirkstofftransports wurde die Annahme gemacht, daß keine aktiven Transportvorgänge auftreten. Diese Annahme ist nahezu immer richtig, jedoch können Wirkstoffe mit großer Ähnlichkeit zu entsprechenden endogenen Verbindungen (z. B. solche mit einem Zucker- oder Aminosäureanteil) auch durchaus aktiv transportiert werden. In solchen Fällen sind die in diesem Abschnitt abgeleiteten Beziehungen nicht anwendbar. Es gibt jedoch Hinweise, daß auch der aktive Transport innerhalb homologer Serien von der Hydrophobizität abhängt und daher durch x_h (im einfachsten Falle durch einen linearen Zusammenhang) beschrieben werden kann [216].

4.4. Globale Gleichgewichtsansätze zur Beschreibung der Funktion $f_h(x_h)$

Gleichgewichtsansätze zur Beschreibung des Hydrophobizitätseinflusses basieren auf der Annahme, daß sich in einem Multikompartimentsystem ein Verteilungsgleichgewicht über alle Kompartimente einstellt. Der Rezeptor wird dabei ebenfalls wie ein Kompartiment behandelt. Diese Gleichgewichtsansätze betrachten daher die Funktion $f_h(x_h)$ insgesamt und schließen dabei wesentliche Elemente der in den vorangegangenen beiden Abschnitten behandelten Ansätze ein.

Ein Ansatz dieser Art wurde erstmals von HIGUCHI und DAVIS [217] formuliert. Sie gingen dabei von den folgenden Annahmen aus:

1. Ein biologisches System soll aus t lipophilen Kompartimenten (Gewebe, Lipide, Proteine usw.) mit den Volumina V_i, einem wäßrigen Kompartiment mit dem Volumen V_w und dem Rezeptor R bestehen.
2. In dem Gesamtsystem besteht thermodynamisches Gleichgewicht. Die Ver-

teilung von Wirkstoffen über die Kompartimente folgt dem NERNSTschen Verteilungssatz.

3. Die biologische Aktivität ist proportional dem Bedeckungsgrad der Rezeptoren [y in Gleichung (2.6) und den darauf folgenden Beziehungen]. Diese Annahme setzt die Gleichheit des Wirkfaktors F [Gleichung (2.7)] für alle betrachteten Wirkstoffe voraus und ist damit nur von eingeschränkter Gültigkeit.
4. Im Vergleich zur Gesamtmenge an Wirkstoff ist nur eine sehr geringe Menge an den Rezeptor gebunden.

Diese Annahmen führten zu dem folgenden Ausdruck für die Konzentration R eines substituierten Wirkstoffes s relativ zu der Konzentration der entsprechenden nicht-substituierten Stammverbindung n am Rezeptor (K_r, K_i Verteilungskoeffizienten für die Verteilung zwischen der jeweiligen lipophilen bzw. der Rezeptorphase und dem wäßrigen Kompartiment):

$$R = \frac{[D_s]}{[D_n]} = \frac{K_{r,s}\,(V_w + \sum_{i=1}^{t} K_{i,n}\, V_i)}{K_{r,n}\,(V_w + \sum_{i=1}^{t} K_{i,s}\, V_i)} \; . \qquad (4.109)$$

Werden die Verteilungskoeffizienten K_i und K_r gemäß (4.7) durch x_h beschrieben, resultiert nach MARTIN [21] die folgende Beziehung (bei der Ableitung dieser Beziehung wurde allerdings auf die Annahme, daß sich nur vernachlässigbar kleine Wirkstoffmengen an den Rezeptor binden, verzichtet):

$$f_h(x_h) = a \log P - \log\,(1+bP^c + \sum_{i=1}^{t} dP^e) + f. \qquad (4.110)$$

Für den Fall, daß sich die verschiedenen lipophilen Kompartimente zu einem Kompartiment zusammenfassen lassen (t=1), beschreibt (4.110) eine Kurve, die zunächst annähernd linear mit log P wächst und dann ein Maximum durchläuft. In vielen Fällen läßt sich diese Kurve durch eine Beziehung der Form (4.111) approximieren, die den für $[f_h(x_h)]_w$ und $[f_h(x_h)]_t$ bereits angegebenen Gleichungen (4.69) und (4.98) völlig entspricht:

$$f_h(x_h) = \begin{cases} a_0 + a_1 x_h & \text{(a)} \\ a_0' + a_1' x_h^2 + a_2' x_h . & \text{(b)} \end{cases} \qquad (4.111)$$

Die Gültigkeit von (4.111a) ist bei niedrigen Werten von x_h zu erwarten, während die Parabel gemäß (4.111b) den Verlauf von $f_h(x_h)$ beim Überstreichen eines genügend großen Hydrophobizitätsbereiches beschreibt. Allerdings können (in Abhängigkeit von den Volumenverhältnissen der Kompartimente) (4.109) bzw. (4.110) wie bei einigen der kinetischen Modelle auch zu stark asymmetrischen Kurven führen, die sich dann nicht mehr durch eine einfache Parabel bzw. durch Gleichung (4.111) approximieren lassen; in solchen Fällen sind dann wieder nicht-lineare Ansätze notwendig.

HYDE [218] führte eine ähnliche Betrachtung durch, nahm jedoch an, daß das einzige wichtige lipophile Kompartiment der Rezeptor selbst ist. In anderen Worten bedeutet das, daß alle nicht-wäßrigen Kompartimente die gleiche Lipophilie wie der Rezeptor haben sollen. Wird weiter angenommen, daß sich der Rezeptor genau wie die Oktanolphase im Verteilungssystem Oktanol/Wasser verhält (eine Annahme, die nach den Ausführungen in Abschnitt 4.2. nur von begrenzter Gültigkeit ist), ergibt sich die folgende Beziehung (siehe auch [21]):

$$f_h(x_h) = -\log (a + P^{-1}) + b. \qquad (4.112)$$

Gleichung (4.112) ist wiederum ein nicht-linearer Ansatz, der sich aber unter bestimmten Bedingungen ebenfalls durch eine Gerade oder Parabel gemäß (4.111) approximieren läßt.

Von MARTIN und HACKBARTH ([19, 21, 219 – 221]) wurde ein ähnliches Modell wie das von HIGUCHI und DAVIS analysiert und dabei das Problem der Ionisation ionisierbarer Verbindungen explizit mit einbezogen. Je nachdem, wieviel Kompartimente an der Wirkstoffverteilung beteiligt sind und ob sich die neutrale, die ionisierte oder beide Formen des Wirkstoffes an den Rezeptor binden, resultieren ganz unterschiedliche Kurven für $f_h(x_h)$. Neben Geraden und Parabeln gemäß (4.111) können geknickte Geraden oder Asymptoten entstehen. Für ein Modell mit zwei wäßrigen, einem nicht-wäßrigen und dem Rezeptor-Kompartiment ergibt sich beispielsweise:

$$f_h(x_h) = \log \left[1 + \frac{Z\alpha/(1-\alpha)}{1+Z\alpha/(1-\alpha)} + dP^c + \sum_{j=1}^{2} a_j/P^b(1-\alpha)\right] + e. \qquad (4.113)$$

Das Modell enthält sechs justierbare Parameter (Z, a–e), wobei Z gleich dem Verhältnis der Gleichgewichtskonstanten für die Bindung an den Rezeptor für die ionisierte und nicht-ionisierte Form eines Wirkstoffes ist.

Abgesehen von der kritischen Annahme, daß sich in Multikompartimentsystemen ein echtes thermodynamisches Gleichgewicht herausbilden soll, besteht eine grundsätzliche Schwäche der globalen Gleichgewichtsmodelle darin, für die Beziehung zwischen log K_1 (K_1 Gleichgewichtskonstante für die hydrophobe Bindung an den Rezeptor) und x_h stets die Gültigkeit eines einfachen linearen Zusammenhanges gemäß Gleichung (4.35) anzunehmen. Wie jedoch aus den Ausführungen in Abschnitt 4.2. folgt, ist diese Annahme nicht allgemein gültig. Die Ergebnisse aus den globalen Gleichgewichtsansätzen lassen sich in Übereinstimmung mit den in Abschnitt 4.2. und 4.3. getroffenen Aussagen dahingehend zusammenfassen, daß in vielen Fällen die Funktion $f_h(x_h)$ durch Gleichung (4.111) approximiert werden kann, daß aber auch kompliziertere Kurvenverläufe möglich sind. Dies ist insbesondere bei ionisierbaren Verbindungen gemäß den Vorstellungen von MARTIN und HACKBARTH zu beachten.

4.5. Zusammenfassung und Schlußfolgerungen

Mit (3.16) und den Ausdrücken für die Funktionen $[f_h(x_h)]_w$ und $[f_h(x_h)]_t$ gemäß (4.69) und (4.98) folgt für die Funktion $f_h(x_h)$ unter Beachtung der entsprechenden Randbedingungen:

$$f_h(x_h) = \begin{cases} a_B x_h + b_B \\ a_0 + a_1 x_h^2 + a_2 x_h \end{cases} + \begin{cases} a_T x_h + b_T \\ k_0 + k_1 x_h^2 + k_2 x_h \end{cases}, \quad (4.114)$$

so daß sich insgesamt ergibt:

$$f_h(x_h) = \begin{cases} a x_h + b & \text{(a)} \\ a x_h^2 + b x_h + c. & \text{(b)} \end{cases} \quad (4.115)$$

Gleichung (4.115) ist identisch mit der Beziehung (4.111), die sich unmittelbar aus den globalen Gleichgewichtsansätzen ergibt. Die Gleichungen (4.114) und (4.115) sind für die meisten Routinerechnungen zur quantitativen Struktur-Wirkungs-Analyse ausreichend. Unter bestimmten Bedingungen wird es jedoch notwendig sein, auch die komplizierteren, in den vorangegangenen Abschnitten beschriebenen Modelle anzuwenden, insbesondere für ionisierbare Verbindungen.

Für routinemäßige quantitative Struktur-Wirkungs-Analysen mit dem reinen Ziel der Beschreibung der Abhängigkeit der biologischen Aktivität von der Struktur und der Vorhersage neuer Verbindungen ist es natürlich häufig recht günstig, daß $[f_h(x_h)]_w$ und $[f_h(x_h)]_t$ durch gleichartige Zusammenhänge beschrieben werden und sich deshalb gemäß (4.115) zusammenfassen lassen. Andererseits wird es aber dadurch schwierig zu entscheiden, ob eine bestehende Abhängigkeit der biologischen Wirkquantität von der Hydrophobizität auf hydrophobe Wechselwirkungen, auf Transportvorgänge oder auf beides zurückzuführen ist. Wenn nur Daten für die Wirkquantität einer einzigen Serie von Wirkstoffen vorliegen, ist es praktisch unmöglich, eine solche Entscheidung zu treffen. Das Auftreten einer ausgeprägten Positionsabhängigkeit zeigt zwar immer hydrophobe Wechselwirkungen an, kann aber trotzdem einen gleichzeitig vorliegenden Transporteinfluß nicht mit Sicherheit ausschließen. Wie kompliziert die Überlagerung beider Effekte sein kann, zeigt Gleichung (4.116), die die Antimalariawirkung von VII beschreibt (aus [222]):

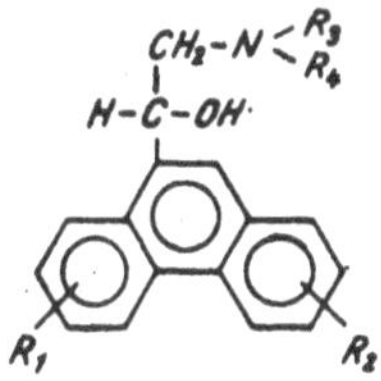

Formelbild VII

$$\log A = 0{,}396\pi_{R_1} + 0{,}270\pi_{R_2} - 0{,}015\,(\pi_{R_1} + \pi_{R_2} + \pi_{R_3} + \pi_{R_4})^2$$
$$+ 0{,}137\,(\pi_{R_1} + \pi_{R_2} + \pi_{R_3} + \pi_{R_4}) + 0{,}895\sigma_{R_1}$$
$$+ 0{,}724\sigma_{R_2} + 2{,}511 \qquad (4.116)$$

$n = 102 \qquad r = 0{,}913 \qquad s = 0{,}275.$

Hier überlagert sich offenbar ein positionsabhängiger Einfluß hydrophober Wechselwirkungen an R_1 und R_2 mit einem Transporteinfluß, für den natürlich die Hydrophobizität des Gesamtmoleküls entscheidend ist. Dazu kommt noch ein positionsabhängiger elektronischer Substituenteneffekt.

Ein anderes Beispiel für eine komplizierte Positionsabhängigkeit bietet Gleichung (4.117), die die Bindung von Steroiden an den Progesteronrezeptor (Kaninchen) beschreibt; diese Beziehung ist auch in sofern interessant, als hier neben π auch die Moleküloberfläche (MOF) der Substituenten als Hydrophobizitätsparameter verwendet wird (aus [223]):

$$\log A = 1{,}79\pi_a + 1{,}45\pi_b + 0{,}010\ MOF_{ihT} - 0{,}012\ MOF_{ahT} \qquad (4.117)$$
$$-0{,}99\ X - 0{,}33\ c.c$$

$n = 55 \qquad r = 0{,}88 \qquad s = 0{,}54.$

Der Berechnung von (4.117) liegen Annahmen darüber zugrunde, welche Substituenten bei der Bindung in einer hydrophoben Tasche (MOF_{IhT}) und welche außerhalb einer solchen Tasche (MOF_{ahT}) plaziert werden, wobei sich unterschiedliche Abhängigkeiten von der als Hydrophobizitätsparameter dienenden Moleküloberfläche ergeben. Die Substituentenkonstante π charakterisiert hier den negativen Effekt polarer Substituenten auf hydrophobe Wechselwirkungen (π_b bezieht sich auf die Positionen 17α, 20α und 20β, π_a auf alle anderen), der Hilfsparameter X berücksichtigt An- und Abwesenheit der 3-Ketogruppe, und der Parameter c.c ("conformational change") charakterisiert die Konformation des A-Ringes. Gleichungen der Art (4.117) sind ein sehr deutlicher Hinweis auf das Vorliegen hydrophober Wechselwirkungen auch dann, wenn dies aus der Art des biologischen Testsystems nicht unmittelbar geschlußfolgert werden kann. Glücklicherweise sind so komplizierte Beziehungen zu x_h äußerst selten.

In (4.116) kann wegen der Überlagerung durch den Transporteinfluß und in (4.117) wegen der speziellen Anwendung von π sowie der Anwendung von MOF als eigentlichen Hydrophobizitätsparameter die a_B-Regel für die π-Terme nicht mehr erfüllt sein. Im allgemeinen ist die Erfüllung der a_B-Regel ebenfalls ein Hinweis für das Vorliegen hydrophober Wechselwirkungen, aber keinesfalls ein sicherer Beweis. Für eine genauere Differenzierung, die um so schwieriger wird, je komplexer das betrachtete biologische System ist, bieten sich folgende Möglichkeiten an:

1. Untersuchung verschiedener homologer Serien mit geometrisch möglichst unterschiedlicher Grundstruktur, die die interessierende Wirkung über den gleichen Mechanismus auslösen, wobei x_h über einen genügend großen Bereich zu variieren ist. Wird für alle diese Serien der gleiche Wert für $x_{h,0}$ gefunden, ist dies ein sicherer Hinweis auf Transportprozesse. Liegen hydrophobe Wechselwirkungen vor, muß sich $x_{h,0}$ für die verschiedenen Serien unterscheiden. Außerdem sind Positionsabhängigkeiten zu erwarten, und die zusammengesetzte Kurve gemäß (4.54) [evtl. auch gemäß (4.66)] sollte eine bessere Beschreibung liefern als die einfache Parabel, wobei die a_B-Regel erfüllt sein muß und die $x_{h,l}$-Werte für die verschiedenen Serien verschieden sind. Auf diese Weise läßt sich dabei außerdem die Topologie eines Rezeptors regelrecht abtasten.
2. Untersuchung einer oder mehrerer homologer Serien an hinsichtlich des Angriffspunktes vergleichbaren biologischen Systemen unterschiedlicher Integrationsstufe (z. B. isoliertes Enzym/Zellorganelle/Zelle/Organ usw.). Wird z. B. für irgendeinen auf Enzymhemmung beruhenden biologischen Effekt bei Untersuchungen an einem Organ die gleiche Abhängigkeit von der Hydrophobizität gefunden wie bei dem isolierten Enzym, kann ein Einfluß von Transportvorgängen ausgeschlossen werden.

3. Variation der Zeit bei der biologischen Wertbemessung. Ist die Zeit für die Einstellung eines Gleichgewichtes oder eines stationären Zustandes zu kurz, wird zwangsläufig der Transport zu einem wichtigen Faktor. Dabei kann die Funktion $[f_h(x_h)]_t$ zeitabhängig werden, wobei eine Verlängerung der Zeit eine Verschiebung von $x_{h,0}$ nach höheren x_h und eine Verlängerung des annähernd linearen Teiles der Parabel zur Folge hat (siehe auch [170]). Das Auftreten einer solchen Zeitabhängigkeit ist ein sicherer Beweis für das Vorliegen von Transporteinflüssen. Prinzipiell ist es durchaus möglich, bei geeigneten biologischen Systemen durch eine Zeitverlängerung derartige Transporteinflüsse auszuschalten, so daß der Hydrophobizitätsfluß entweder verschwindet oder hydrophobe Wechselwirkungen zum dominierenden Faktor werden. Letzteres könnte möglicherweise bei der nichtspezifischen cardiodepressiven Wirkung von Verbindungen vom Typ VIII der Fall sein. Hier ergaben sich nach zwei verschiedenen Meßzeiten t folgende Beziehungen (aus [224]):

Formelbild VIII

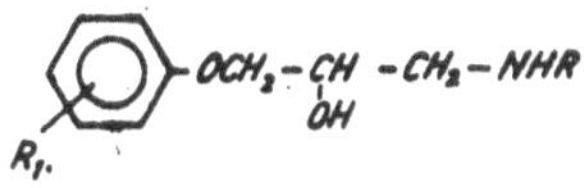

t = 10 Minuten

$$\log A = -0{,}08\ (\log P_{\text{Okt./W.}})^2 + 0{,}26 \log P_{\text{Okt./W.}} + 3{,}01 \qquad (4.118)$$

$n = 11 \qquad r = 0{,}989 \qquad s = 0{,}068$

t = 60 Minuten

$$\log A = 0{,}43 \log P_{\text{Okt./W.}} + 3{,}45 \qquad (4.119)$$

$n = 11 \qquad r = 0{,}973 \qquad s = 0{,}133.$

4. Ermittlung pharmakokinetischer Parameter neben der Bestimmung der biologischen Wirkquantität und getrennte Betrachtung der beiden Datensätze. Auf diese Weise ist nicht nur eine exakte Separierung von Transporteinflüssen und der Wechselwirkung mit dem Rezeptor, sondern auch eine *simultane Optimierung beider Effekte* möglich. Ein sehr gutes Beispiel hierfür ist das von SEYDEL [225, 226] geübte Vorgehen bei der gezielten Synthese von Sulfonamiden mit hoher bakteriostatischer Aktivität (durch Manipulation der Elektronendichte am Stickstoff) und definierten pharmakokinetischen Eigenschaften (durch Manipulation von pK_a und x_h). Bei der Gruppe der von SEYDEL untersuchten Sulfonamide zeigte es sich, daß der gesamte Hydrophobizitätseinfluß ausschließlich auf Transporteffekte zurückzuführen war.

Bei derartigen Untersuchungen ist allerdings stets zu beachten, wie komplex biologische Systeme reagieren können, so daß alle resultierenden Informationen mit der notwendigen Sorgfalt interpretiert werden müssen. Solche Vorsicht ist insbesondere dann geboten, wenn Biotransformationen geschwindigkeitsbestimmend werden, denn solche Prozesse hängen ja auch meist von der Hydrophobizität ab [siehe z. B. Gleichung (4.59)].

Bei einer Analyse der zahlreichen bisher bekannt gewordenen Beziehungen zwischen Wirkquantität und Hydrophobizität entsteht der Eindruck, daß der Einfluß der Hydrophobizität in den meisten Fällen auf hydrophobe Wechselwirkungen und nicht auf Transportphänomene zurückzuführen ist [60, 152 – 154]. Transporteinflüsse scheinen vorwiegend nur in sehr komplexen Biosystemen (aber auch dann durchaus nicht immer) und beim Vorliegen spezieller physiologischer Barrieren wie z. B. die bereits erwähnte Blut-Hirn-Schranke von primärer Bedeutung zu sein. Interessant ist, daß hydrophobe Wechselwirkungen auch bei rein chemischen Reaktionen über die Stabilisierung von Übergangszuständen eine Rolle spielen können. So fanden z. B. PITMAN u. a. [227] bei der Aminolyse von Phthalsäureanhydriden durch verschiedene Serien von Aminen in Wasser lineare Zusammenhänge zwischen dem Logarithmus der Geschwindigkeitskonstanten und log P.

Auch wenn hydrophobe Einflüsse bei einfacheren Biosystemen meist primär auf hydrophobe Wechselwirkungen zurückzuführen sind, muß prinzipiell bei der Entwicklung neuer Wirkstoffe stets der Transporteinfluß im Auge behalten werden. Ist z. B. der Angriffspunkt für eine Serie von Wirkstoffen ein Enzym, so läßt sich die Wechselwirkung mit diesem Enzym *in vitro* optimieren. Dabei spielen hydrophobe Wechselwirkungen häufig eine dominierende Rolle, so daß sich hohe Bindungskonstanten durch die Einführung sehr hydrophober Substituenten an bestimmte Molekülpositionen erhalten lassen. Dieses Vorgehen hat wenig Sinn, wenn die dabei resultierenden Verbindungen so hydrophob sind, daß sie z. B. im Menschen nicht mehr zum Rezeptor transportiert werden. Hier kann eventuell die Einführung hydrophiler Gruppen in andere Molekülpositionen, an denen keine hydrophoben Wechselwirkungen mit dem Enzym stattfinden, nützlich sein, um insgesamt wieder die für den Transport notwendige hydrolipophile Balance herzustellen.

Hydrophobe Wechselwirkungen sind von ihrer Natur her unspezifisch. Trotzdem kann ein bestimmtes Hydrophobizitätsmuster in Wirkstoffen durchaus zu brauchbaren Selektivitätsbeziehungen führen, wie z. B. die Gleichungen (4.77) – (4.79) zeigen. Auch Transporteinflüsse können die Grundlage selektiven Verhaltens sein [siehe Gleichungen (4.105) – (4.107)].

Daß die biologische Wirkquantität von der Hydrophobizität beeinflußt wird, ist schon lange bekannt. Bereits um die Jahrhundertwende wurde von MEYER und OVERTON [228 – 230] eine Hydrophobizitätstheorie der Narkose aufgestellt, die SEEMAN [231] in sehr ausführlichen neueren Untersuchungen für neutrale und positiv geladene Verbindungen vom Prinzip her bestätigen konnte. Nach dieser Theorie wird von verschiedenen Narkotika die gleiche Wirkung dann hervorgerufen, wenn ihre Konzentration in den Membranlipiden gleich ist. Für die isonarkotischen Konzentrationen C_i gilt dann:

$$C_i \cdot P_{\text{Membran/Wasser}} = \text{const.} \tag{4.120}$$

Als Modell für die Membranlipide wurde Olivenöl verwendet und damit der Zusammenhang (4.121) postuliert (Olivenöl ist kein sehr gutes Modell für die Biophase, weshalb (4.121) auch nur näherungsweise erfüllt ist):

$$C_i \cdot P_{\text{Öl/Wasser}} = \text{const.} \tag{4.121}$$

Nach Gleichung (2.1) ergibt sich die narkotische Wirkquantität A_N zu:

$$A_N = 1/C_i. \tag{4.122}$$

Damit wird aus (4.121) nach Logarithmieren:

$$\log A_N = \log P_{\text{Öl/Wasser}} + \text{const.} \tag{4.123}$$

Gleichung (4.123) ist ein Zusammenhang gemäß (4.69a) mit dem für Membranwechselwirkungen typischen Anstieg $a_B = 1$, so daß die MEYER-OVERTON-Regel der Formulierung von $[f_h(x_h)]_w$ entspricht. Für homologe Serien (meist für n-Alkanderivate) sind z. T. seit langer Zeit eine Reihe empirischer Beziehungen zwischen biologischer Aktivität und solchen Größen wie z. B. Siedepunkt, Wasserlöslichkeit, Zahl von C-Atomen in n-Alkylresten, Dampfdruck, relative Sättigung oder Oberflächenspannung bekannt [232 – 242]. Alle diese Beziehungen lassen sich ebenfalls auf Gleichung (4.69) bzw. (4.115) zurückführen; dies gilt auch für die sogenannte „biologische Hammett-Gleichung" von ZAHRADNIK [243, 244] (siehe auch [245]). Es ist durchaus nicht erstaunlich, daß bereits solche einfachen empirischen Beziehungen erfolgreich zur Optimierung der biologischen Wirkquantität genutzt werden konnten wie z. B. bei der Entwicklung von Halothan, einem Standardanästhetikum [1].

MCGOWAN [74, 75, 246, 247] fand Beziehungen zwischen der physikalischen Toxizität einer Vielzahl verschiedener organischer Verbindungen in verschiedenen Biosystemen und dem bereits als Hydrophobizitätsparameter erwähnten Parachor Pa. Danach gilt:

$$\log A = -(7{,}7 + S) - (4 \cdot 10^2)\alpha + 0{,}036 \text{ Pa}. \quad (4.124)$$

S ist ein für das jeweilige biologische System charakteristischer Sensitivitätsfaktor, und die Polarisierbarkeit α ist hier als ein elektronischer Korrekturterm aufzufassen. Gleichung (4.124) beschreibt die Toxizität relativ gut, wobei allerdings noch größere Abweichungen auftreten. Der Grund dafür liegt darin, daß die Anwendbarkeit des Parachors für x_h eine konstante Grundgeometrie voraussetzt und daß diese Voraussetzung bei den betrachteten Verbindungen zum Teil nur sehr ungenügend erfüllt ist.

Die in diesem Kapitel abgeleiteten Beziehungen für $f_h(x_h)$ gelten natürlich generell, d. h. auch dann, wenn neben hydrophoben auch elektronische und sterische Einflüsse auf die biologische Wirkquantität vorliegen. Für eine mechanistische Interpretation müssen dann allerdings bestimmte Bedingungen, die noch zu erläutern sind, erfüllt werden (siehe Abschnitt 8.1.). Ob ein linearer (4.115a) oder ein parabelförmiger Zusammenhang (4.115b) vorliegt, muß durch Probieren herausgefunden werden (Berechnung beider Zusammenhänge und Entscheidung nach statistischen Kriterien). Ähnliches gilt für mögliche Positionsabhängigkeiten. Abschließend sei nochmals auf die große Bedeutung von $x_{h,0}$ für die Syntheseplanung hingewiesen.

5. Elektronische Einflüsse auf die biologische Wirkquantität: Die Funktion $f_e(x_e)$

Die Elektronenverteilung in den Molekülen einer Serie kann die biologische Aktivität in sehr vielfältiger Weise über ganz verschiedene und unter Umständen gleichzeitig vorliegende Mechanismen bzw. Arten von Wechselwirkungen beeinflussen, wobei z. B. an Dispersionskräfte, charge-transfer-Wechselwirkungen, elektrostatische Wechselwirkungen, Wasserstoffbrücken, Polarisationseffekte, Säure-Base-Katalyse, chemische Reaktionen (wenn ja, welche?) u. a. zu denken ist. Die Vielfalt dieser Möglichkeiten sowie die Vielfalt biologisch aktiver Strukturen bedingen eine ähnliche Vielfalt möglicher und notwendiger Varianten zur Beschreibung des Terms $f_e(x_e)$ in Gleichung (3.17). Am häufigsten verwendet werden heute *lineare-freie-Enthalpie-Beziehungen* (LFEB) mit den entsprechenden *elektronischen Substituentenkonstanten,* weil diese Substituentenkonstanten tabelliert und damit sofort zugängig sind. Eine zweite Möglichkeit besteht darin, den Molekülparameter x_e durch *experimentelle Größen* wie z. B. pK_a-Werte, spektroskopische Daten, Dipolmomente usw. auszudrücken, sofern diese die gleichen elektronischen Eigenschaften widerspiegeln, die auch für die elektronischen Wechselwirkungen mit dem betrachteten Biosystem entscheidend sind und unter Bedingungen gemessen werden, die mit dem Geschehen im biologischen Milieu kompatibel sind. Immer mehr an Bedeutung gewinnt als dritte Möglichkeit der Einsatz *quantenchemischer Parameter.*

Elektronische Moleküleigenschaften haben eine große Bedeutung für die biologische Aktivität. Trotzdem gelingt es nur äußerst selten, die biologische Wirkquantität nur mit der Funktion $f_e(x_e)$ allein zu beschreiben, da die elektronischen Einflüsse fast immer durch Hydrophobizitätseinflüsse und nicht selten auch durch sterische Einflüsse überlagert wurden.

5.1. Lineare-freie-Enthalpie-Beziehungen

Innerhalb von *Reaktionsserien* beeinflussen Substituenten sowohl die Gleichgewichts- als auch die Geschwindigkeitskonstanten der stattfindenden Reaktion in definierter Weise über eine Veränderung der Elektronendichte am Reaktionszentrum. Unter einer *Reaktionsserie* ist eine Serie chemischer Verbindungen zu verstehen, innerhalb derer Substituenten an einem konstanten Grundkörper (z. B. ein Benzolring) variiert werden und bei denen an einem konstanten reaktiven Zentrum (z. B. eine COOR-Gruppe) eine bestimmte chemische Reaktion (z. B. Esterspaltung) nach einem konstanten Reaktionsmechanismus (z. B. S_N) abläuft. Der elektronische Einfluß der Substituenten läßt sich dabei durch sogenannte lineare-freie-Enthalpie-Beziehungen beschreiben. Diese Beziehungen folgen nicht unmittelbar aus den Gesetzen der Thermodynamik und werden deshalb oft auch als *extrathermodynamische* Beziehungen bezeichnet. Im Grunde gibt es keine theoretisch zwingende Ableitung für diese Beziehungen, die als empirisch angesehen werden müssen und deren Gültigkeitsbeweis nur in ihrer als gesichert anzusehenden Übereinstimmung mit dem Experiment besteht. Formale Methoden zur Generierung von linearen-freien-Enthalpie-Beziehungen werden von LEFFLER und GRUNEWALD [45], von PALM [248] sowie von WOLD und SJÖSTRÖM [249, 250] angegeben. Der Ansatz von WOLD hat die größte Verallgemeinerungsfähigkeit, eignet sich aber nicht so sehr für eine Einführung in die linearen-freien-Enthalpie-Beziehungen im Rahmen dieses Kapitels. Das Vorgehen von LEFFLER und GRUNEWALD ist zwar von eingeschränkter Gültigkeit, hat aber den Vorteil, Zustandekommen und Problematik solcher Beziehungen auf der Grundlage eines speziellen Additivitätsprinzips sehr einfach erkennbar zu machen. Die folgende Ableitung, die das Verständnis für dieses Kapitel erleichtern soll, stützt sich daher im wesentlichen auf dieses Vorgehen, obwohl für die komplexeren Zusammenhänge der Ansatz von WOLD exakter ist.

Die Moleküle der Reaktionsserie sollen in zwei Zonen unterteilt werden, wobei die Zone R den variablen Substituenten X und die Zone Y das Reaktionszentrum enthält. Die Reaktionsserie läßt sich dann formal gemäß (5.1) darstellen, wobei durch die stattfindende Reaktion das Reaktionszentrum von der Form Y in die Form Y' übergeht:

$$R - Y \rightleftarrows R - Y'. \tag{5.1}$$

Jede Zone soll einen additiven Beitrag zur freien Standardenthalpie liefern und mit der anderen über einen einzigen konstanten Mechanismus in Wechselwirkung treten; diese Wechselwirkung soll durch einen Wechselwirkungsterm I_{RY} charakterisiert werden. Befindet sich in R ein Substituent X_1 ($R = R_1$), gilt dann (G_A^0 freie Standardenthalpie des Ausgangsproduktes $R_1 - Y$, G_E^0 freie Standardenthalpie des Endproduktes $R_1 - Y'$):

$$G_A^0 = G_{R_1}^0 + G_Y^0 + I_{R_1Y} \tag{5.2}$$

$$G_E^0 = G_{R_1}^0 + G_{Y'}^0 + I_{R_1Y'}.$$

Für die Änderung der freien Standardenthalpie folgt dann:

$$\Delta_Y G^0 = G^0_E - G^0_A \tag{5.3}$$

$$= (G^0_{Y'} - G^0_Y) + (I_{R_1Y'} - I_{R_1Y}).$$

Für irgendeinen anderen Substituenten X_2 ($R = R_2$) gilt analog:

$$\Delta_Y G^0_2 = (G^0_{Y'} - G^0_Y) + (I_{R_2Y'} - I_{R_2Y}). \tag{5.4}$$

Die Veränderung von ΔG^0 durch den Austausch von X_1 gegen X_2 ergibt sich als Differenz von (5.3) und (5.4):

$$\vartheta_{X_2} \Delta_Y G^0 = (I_{R_2Y'} - I_{R_2Y}) - (I_{R_1Y'} - I_{R_1Y}). \tag{5.5}$$

Wie aus (5.5) folgt, entspricht die Veränderung von ΔG^0 durch die Einführung von X_2 anstelle von X_1 der Differenz der Wechselwirkungsterme und ist damit auf die unterschiedlichen Wechselwirkungen von R_1 und R_2 mit Y und Y' zurückzuführen.

Wechselwirkungsterme der Form I_{AB} lassen sich gemäß (5.6) faktorisieren, wobei I_A nur noch von A und I_B nur noch von B abhängt:

$$I_{AB} = I_A \cdot I_B. \tag{5.6}$$

Dieses Prinzip wird z. B. in der Quantenchemie zur Faktorisierung von Wellenfunktionen und in der statistischen Thermodynamik zur Faktorisierung von Verteilungsfunktionen angewendet. Es läßt sich exakt zeigen, daß eine solche Faktorisierung auch im gegenwärtigen Fall zulässig ist, sofern die Strukturveränderungen durch den Austausch von Substituenten nicht zu drastisch werden [45]; bei sehr drastischen Strukturveränderungen gelten jedoch lineare-freie-Enthalpie-Beziehungen ohnehin nicht mehr. Mit (5.6) wird aus (5.5):

$$\vartheta_{X_2} \Delta_Y G^0 = (I_{Y'} - I_Y) \ (I_{R_2} - I_{R_1}). \tag{5.7}$$

Für eine zweite Reaktionsserie der Form

$$R - M \leftrightarrows R - M' \tag{5.8}$$

gilt natürlich eine völlig analoge Beziehung gemäß

$$\vartheta_{X_2} \Delta_M G^0 = (I_{M'} - I_M) \quad (I_{R_2} - I_{R_1}). \tag{5.9}$$

Aus (5.7) und (5.9) ergibt sich:

$$\vartheta_{X_2} \Delta_M G^0 = \frac{(I_{M'} - I_M)}{(I_{Y'} - I_Y)} \; \vartheta_{X_2} \Delta_Y G^0. \tag{5.10}$$

Aus (5.10) folgt, daß die Änderungen der freien Standardenthalpien in zwei Reaktionsserien mit gleichem oder chemisch hinreichend ähnlichem Grundkörper, in denen die gleichen Substituenten variiert werden, *linear miteinander verknüpft sind.* Deshalb tragen die aus (5.10) ableitbaren Zusammenhänge die Bezeichnung „lineare-freie-Enthalpie-Beziehungen".

Der erste Klammerausdruck in den Gleichungen (5.7) und (5.9) hängt nur vom Reaktionszentrum ab und spiegelt seine Suszeptibilität gegenüber elektronischen Substituenteneinflüssen wider. Der zweite Klammerausdruck in diesen Gleichungen ist charakteristisch für die Substituenten X_1 und X_2 und ein Maß dafür, wie der Substituent X_2 relativ zu X_1 die Elektronendichte am Reaktionszentrum verändert. Um nun wirklich verschiedene Reaktionsserien und verschiedene Substituenten vergleichen zu können, ist es notwendig, definierte Skalen festzulegen. Dazu wird irgendeine Reaktionsserie als *Standardserie* und irgendein Substituent als *Standardsubstituent* festgelegt und dem ersten Klammerausdruck für die Standardserie sowie dem Wechselwirkungsterm für den Standardsubstituenten willkürlich ein bestimmter Wert erteilt. Allerdings wird dabei nicht von ΔG^0, sondern von log K ausgegangen. Wird (5.7) durch (–2,303 RT) dividiert und mit K_X die Gleichgewichtskonstante für ein Derivat mit dem Substituenten X ($X = X_2$) und mit $K_{st.}$ die Gleichgewichtskonstante für ein Derivat mit dem Standardsubstituenten ($X = X_1$) bezeichnet, folgt:

$$\log K_X - \log K_{st.} = \log K_X / K_{st.} = (I_{Y'} - I_Y) \quad (I_{R_2} - I_{R_1}) \tag{5.11}$$

[I/(–2,303 RT) gleich I gesetzt].

Wird als Standardserie die Reaktionsserie

$$X - C_6H_4COOH \underset{25\,°C}{\overset{H_2O}{\leftrightarrows}} X - C_6H_4COO^- + H_3O^+, \tag{5.12}$$

d. h. die Dissoziation von meta- und para-substituierten Benzoesäuren in Wasser bei 25 °C und als Standardsubstituent X = H gewählt, ergibt sich mit (5.11):

$$\log K_X/K_H = (I_{COO^-} - I_{COOH})\ (I_X - I_H). \tag{5.13}$$

Dabei wird festgelegt:

$$(I_{COO^-} - I_{COOH}) = 1 \tag{5.14}$$
$$I_H = 0,$$

so daß

$$\log K_X/K_H = 1\ (I_X - 0) = I_X. \tag{5.15}$$

I_X ist eine für den Substituenten X charakteristische Größe und wird als elektronische Substituentenkonstante σ bezeichnet, d. h., es gilt folgende Definitionsgleichung für σ:

$$\sigma \equiv (\log K_X/K_H)\ \text{Diss. Benzoesäure} \tag{5.16}$$

mit $\sigma_H \equiv 0$. Wegen (5.10) folgt dann für irgendeine andere Reaktionsserie:

$$\log K_X/K_H = (I_{M'} - I_M)\ \sigma. \tag{5.17}$$

Der Klammerausdruck wird als *Reaktionskonstante* ρ bezeichnet [$\rho = 1$ für die Standardreaktionsserie (5.12)]:

$$\log K_X/K_H = \rho\sigma \tag{5.18}$$

oder

$$\log K_X = \rho\sigma + \text{const.} \tag{5.19}$$

(5.18) ist die wohlbekannte *HAMMETT-Gleichung* [251, 252] zur Beschreibung des Reaktionsverhaltens meta- und para-substituierter Benzolderivate, die die Vorausberechnung von K_X aus bekannten σ-Werten gestattet. K_X in (5.19) ist eine Gleichgewichtskonstante oder eine Geschwindigkeitskonstante; im letzteren Falle wäre bei der Ableitung von der freien Aktivierungsenthalpie auszugehen gewesen.

Die Reaktionskonstante ρ charakterisiert die Suszeptibilität der betrachteten Reaktion relativ zur Dissoziation der Benzoesäure. Da die Dissoziation der Benzoesäuren durch elektronenziehende Substituenten verstärkt wird und hier per definitionem $\rho = 1$ ist, zeigt ein positiver (negativer) Wert von ρ in (5.19) an, daß die betrachtete Reaktion durch elektronenziehende Substituenten gefördert (geschwächt) wird, und das um so mehr, je größer der

Absolutwert von ρ ist. Bei sehr kleinen Werten von ρ ist ein solcher Schluß allerdings nicht möglich, da hier mitunter eine relativ geringe Temperaturveränderung genügt, um das Vorzeichen von ρ zu verändern.

Die elektronische Substituentenkonstante *(HAMMETT-Konstante)* ist ein Maß für die elektronenziehende Wirkung der Substituenten relativ zu Wasserstoff. Stark elektronenziehende Substituenten haben hohe positive σ-Werte, während elektronenschiebende Substituenten negative σ-Werte haben. Wegen der unterschiedlichen elektronischen Einflüsse aus meta- und para-Position sind die Werte für σ_m und σ_p verschieden, wobei allerdings σ_m und σ_p nicht unabhängig voneinander, sondern statistisch signifikant korreliert sind [95]. Im Idealfall ist σ eine *additive* und *konstitutive* Größe, so daß bei Mehrfachsubstitution gilt:

$$\log K_X = \rho \Sigma \sigma + \text{const.} \tag{5.20}$$

Bei komplizierten Molekülen läßt sich aber eine Positionsabhängigkeit des elektronischen Substituenteneinflusses durchaus nicht immer ausschließen; in solchen Fällen sind dann für verschiedene Positionen verschiedene ρ-Werte zuzulassen.

Die HAMMETT-Gleichung war ursprünglich für Seitenkettenreaktionen in Benzolderivaten, d. h. für Verbindungen vom Typ IX abgeleitet worden. Wie

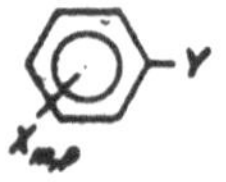

Formelbild IX

sich in der Zwischenzeit gezeigt hat, ist sie jedoch innerhalb ihrer noch zu erläuternden Gültigkeitsgrenzen auch auf höher kondensierte Aromaten und auf viele heterozyklische Systeme (siehe z. B. [253, 254]), für elektrophile und nucleophile Reaktionen am aromatischen Ring selbst [255, 256] sowie für Radikalreaktionen (mit gewissen Einschränkungen) [254, 257] und sogar auf ungesättigte aliphatische Verbindungen [258, 259] mit Erfolg angewendet worden. Auch der Substituenteneinfluß auf eine Reihe physikalischer Eigenschaften läßt sich mit der HAMMETT-Gleichung bzw. ihrer noch zu erläuternden Modifikationen beschreiben. Das gilt z. B. für UV- und IR-Spektren [260], polarographische Halbstufenpotentiale [261], NMR-Spektren [262, 263], Ionisationspotentiale [264 – 266], Dipolmomente [267] und Gruppendipolmomente [12]. Diese Tatsache ist enorm wichtig für die quantitative Struktur-Wirkungs-Analyse, denn solche physikalischen Eigenschaften spielen bei der Wechselwirkung mit dem Rezeptor eine viel größere Rolle als chemische Reaktionen. Im Rahmen ihrer Gültigkeitsgrenzen ist damit die HAMMETT-Gleichung eine der möglichen Formen für die Funktion $f_e(x_e)$:

$$f_e(x_e) = \rho\sigma + \text{const.} \tag{5.21}$$

Die Voraussetzungen für die Gültigkeit der HAMMETT-Gleichung sind:

1. Vorliegen eines rigiden Systems.
2. Konstanter Reaktions- oder Wechselwirkungsmechanismus.
3. Keine sterischen Wechselwirkungen zwischen Substituenten und dem Reaktionszentrum.
4. Die Substituenten dürfen kein spezielles Solvatationsverhalten zeigen und dürfen nicht selbst an der betrachteten Reaktion teilnehmen.
5. Es dürfen keine direkten Resonanzwechselwirkungen zwischen Substituenten und dem Reaktionszentrum auftreten (siehe unten).
6. Das relative Gewicht von induktiven und mesomeren Effekten muß innerhalb der betrachteten Reaktionsserie konstant sein (siehe unten).

Die Bedingungen 5. bzw. 6. entfallen bei Erweiterung der HAMMETT-Gleichung zu noch zu erläuternden Beziehungen, bei denen diese Effekte explizit einbezogen sind. Weiterhin gibt es offenbar bestimmte Grenzbedingungen hinsichtlich der Größe zulässiger Substituenten [268], wobei als vernünftige obere Grenze Substituenten wie NHC_6H_5 oder $COOC_2H_5$ angesehen werden. Auch größere Substituenten sind wahrscheinlich möglich, wenn sie rigid sind.

HAMMETT-Konstanten sind für eine große Zahl von Substituenten tabelliert [95, 96, 257, 269]. Dabei handelt es sich zum großen Teil um sogenannte sekundäre σ-Werte, die an sekundären Referenzprozessen ermittelt wurden. Bei der Ermittlung dieser Werte wird zunächst mit Hilfe bekannter σ-Werte aus der Standardreaktionsserie (5.12) (sogenannte primäre σ-Werte) ρ für den gewählten sekundären Referenzprozeß nach Gleichung (5.18) ermittelt (experimentelle Bestimmung von K_H und von K_X für die entsprechenden Substituenten). Ist ρ bekannt, können nach Messung der entsprechenden K_X die sekundären σ-Werte aus (5.18) berechnet werden.

Dieses Verfahren ist jedoch nicht unproblematisch [270, 271], und die resultierenden sekundären σ-Werte können stark fehlerbehaftet sein. Um sekundäre σ-Werte sinnvoll in der quantitativen Struktur-Wirkungs-Analyse anwenden zu können, sollten bei ihrer Ermittlung die folgenden Bedingungen erfüllt sein [271 – 273]:

1. wenigstens n = 10 Verbindungen zur Ermittlung von ρ,
2. dabei Verwendung von jeweils 3 . . . 4 starken (+)-M- und (–)-M-Substituenten in para-Position und von 3 . . . 4 meta-Substituenten,
3. $r^2 \geqslant 0{,}98$ (r Korrelationskoeffizient) für die resultierende Gerade gemäß (5.18),

4. $|d_i| \leq 0{,}1$ (d_i Fehler der verwendeten primären σ-Werte),
5. Zahl der primären σ-Werte mit $|d_i| \geq 0{,}06$ kleiner als $n/4$,
6. Fehlervarianz $\leq$ 10 % Stichprobenvarianz.

Eine Alternative zur Definition von σ-Werten anhand einer bestimmten Standardreaktionsserie und der Ermittlung sekundärer σ-Werte ist eine statistische Analyse der verfügbaren experimentellen Daten aus allen möglichen Reaktionsserien mit dem Ziel, solche σ-Werte zu finden, die die Gesamtheit aller Daten am besten beschreiben. Eine erste Analyse dieser Art wurde von JAFFÉ [257] durchgeführt, wobei einige stark vereinfachende statistische Annahmen gemacht wurden. Dieses Vorgehen hat allerdings den Nachteil, daß die so ermittelten Substituentenkonstanten von dem zum Zeitpunkt einer solchen Analyse vorliegenden Datenmaterial abhängig sind. Weiter besteht die Gefahr, daß auf Grund der großen Datenmenge mögliche Abweichungen verwischt werden und daß demzufolge die ermittelten Substituentenkonstanten nur schwer physikalisch zu interpretieren und möglicherweise mit einem hohen Fehler behaftet sind. Diese Mängel können jedoch nach WOLD und SJÖSTRÖM [250, 274 – 276] dadurch behoben werden, daß ein der Aufgabe wirklich entsprechendes leistungsfähiges statistisches Verfahren ohne vereinfachende Annahme eingesetzt wird und daß weiter die Auswahl des Datenmaterials sorgfältig entsprechend dem chemischen Inhalt linearer-freier-Enthalpie-Beziehungen erfolgt; abweichende Daten müssen dabei durch ein schrittweises Vorgehen gefunden und bei der Berechnung der Substituentenkonstanten eliminiert werden. Durch Anwendung der Hauptkomponentenanalyse als statistisches Verfahren (siehe Abschnitt 9.1.) konnten die Autoren zu einer erstaunlich einheitlichen Skala induktiver Substituentenkonstanten (siehe später) kommen. Die zur Zeit am häufigsten verwendete Zusammenstellung von σ-Werten ist die von MACDANIEL und BROWN [269].

Bei der Ableitung der HAMMETT-Gleichung wurde bei der Formulierung von (5.2) ... (5.5) die Annahme gemacht, daß zwischen Substituentenzone R und Reaktionszentrum Y nur eine Art von Wechselwirkungen besteht. In Wirklichkeit trifft jedoch diese Annahme nicht zu, denn der elektronische Substituenteneinfluß manifestiert sich über zwei Effekte, also zwei Arten von Wechselwirkungen. Der erste Effekt wird als *induktiver Effekt* (I-Effekt) bezeichnet und wirkt über eine sukzessive Polarisation von σ-Bindungen, und der zweite Effekt, der sogenannte *mesomere Effekt* (M-Effekt) wirkt auf das π-Elektronensystem im Sinne einer Veränderung der Überlappung der p_z-Orbitale (Resonanzeffekt). Deshalb müssen eigentlich zwei Wechselwirkungsterme berücksichtigt werden, wobei anstelle Gleichung (5.7) die Beziehung (5.22) resultiert (Index I für induktive und Index R für mesomere Wechselwirkungen):

$$\vartheta_{X_2} \Delta_Y G^0 = (I_{Y'} - I_Y)_I \;\; (I_{R_2} - I_{R_1})_I + (I_{Y'} - I_Y)_R \;\; (I_{R_2} - I_{R_1})_R . \qquad (5.22)$$

Wird wieder Wasserstoff als Standardsubstituent (X_1 = H) mit I_{R_H} = 0 für beide Wechselwirkungsarten betrachtet und $(I_{Y'} - I_Y) = \rho_I$ sowie $(I_{Y'} - I_Y)_R = \rho_R$ für eine geeignete Standardreaktion mit 1 festgelegt, ergibt sich aus (5.22) nach Division durch (−2,303 RT) in völlig analoger Weise wie bei der Ableitung der HAMMETT-Gleichung:

$$f_e(x_e) = \log K_X/K_H = \rho_I \, \sigma_I + \rho_R \, \sigma_R \qquad (5.23)$$

bzw.

$$f_e(x_e) = \log K_X = \rho_I \, \sigma_I + \rho_R \, \sigma_R + \text{const.}$$

Gleichung (5.23) ist eine andere mögliche Form der Funktion $f_e(x_e)$. Dabei ist σ_I die sogenannte *induktive Substituentenkonstante,* und σ_R wird als *Resonanzsubstituentenkonstante* bezeichnet. (5.23) läßt sich umformen zu

$$f_e(x_e) = \rho_I \, (\sigma_I + [\rho_R/\rho_I] \, \sigma_R) + \text{const.} \qquad (5.24)$$

Aus (5.24) folgt, daß die einfache HAMMETT-Beziehung nur gelten kann, wenn

$$\rho_R/\rho_I = \text{const.}, \qquad (5.25)$$

denn nur dann steht in dem Klammerausdruck wieder eine Größe, die sich nur mit den Eigenschaften der Substituenten bzw. den Substituentenkonstanten σ_I und σ_R verändert. Das heißt also, daß die HAMMETT-Gleichung nur dann anwendbar ist, wenn das relative Gewicht von induktivem und mesomerem Effekt innerhalb einer Reaktionsserie konstant ist. Trifft diese Voraussetzung nicht zu, müssen beide Effekte gemäß Gleichung (5.23) separiert werden. Nach CHARTON [277, 278] liegt ein solches Verhalten beispielsweise bei ortho-substituierten Aromaten vor, und dies soll der Grund dafür sein, daß die einfache HAMMETT-Gleichung auf solche Verbindungen nicht anwendbar ist *(ortho-Effekt).* Setzt man für ortho-Substituenten

$$\sigma_R = \sigma_P - \sigma_I , \qquad (5.26)$$

folgt aus (5.23):

$$f_e(x_e) = \rho_I \, \sigma_I + \rho_R \, (\sigma_P - \sigma_I) + \text{const.} \qquad (5.27)$$

$$= a\sigma_I + b\sigma_p + \text{const.}$$

Gleichung (5.27) zur Beschreibung ortho-substituierter Verbindungen wird von EXNER kritisiert, der in [268] näher auf das Problem des ortho-Effektes eingeht. Eine ausführliche Diskussion dieses Problems findet sich auch in [248, 279, 280]. TAFT [267] behandelt den ortho-Effekt als sterischen Effekt, worauf noch eingegangen werden wird. In der Literatur finden sich spezielle Sätze von σ_o-Werten, die an verschiedenen Serien ermittelt wurden, aber nur einen limitierten Geltungsbereich haben. Der Geltungsbereich kann künstlich erweitert werden, wenn für ortho-Substituenten prinzipiell ein anderer Wert für ρ zugelassen wird ($\rho_o \neq \rho_m, \rho_p$).

Falls der Resonanzeffekt vernachlässigt werden kann, wird aus (5.23):

$$f_e(x_e) = \rho_I \, \sigma_I + \text{const.} \tag{5.28}$$

Die induktive Substituentenkonstante σ_I für Aromaten ist über drei Wege zugängig:

1. Aus der chemischen Verschiebung von meta-substituierten Fluor-Benzolen [262, 281].
2. Aus Werten für σ_m und σ_p mit folgenden Annahmen [281]:
   a) σ_m und σ_p lassen sich als Summe von σ_I und σ_R darstellen:

$$\begin{aligned} \sigma_p &= \sigma_{I,p} + \sigma_{R,p} \\ \sigma_m &= \sigma_{I,m} + \sigma_{R,m}. \end{aligned} \tag{5.29}$$

   b) der induktive Effekt ist aus beiden Positionen gleich, so daß

$$\sigma_{I,m} = \sigma_{I,p} = \sigma_I. \tag{5.30}$$

   c) Das Verhältnis des Resonanzeffektes aus meta- und para-Position ist unabhängig vom Substituenten konstant:

$$\sigma_{R,m} / \sigma_{R,p} = \alpha = 1/3. \tag{5.31}$$

   Aus den Gleichungen (5.29) ... (5.31) folgt:

$$\sigma_I = (\sigma_m - \alpha\sigma_p) \;/\; (1 - \alpha). \tag{5.32}$$

3. Aus Daten an aliphatischen Reaktionsserien:
   Rigide alicyclische Systeme wie 4-substituierte Bicyclo-(2,2,2)-Octan-1-Carbonsäuren (Formelbild X) sind substituierten Benzoesäuren hinsicht-

lich Größe, Rigidität und Kolinearität der Bindungen sehr ähnlich, so daß angenommen wurde, daß der induktive Effekt in beiden Systemen gleich ist.

Formelbild X

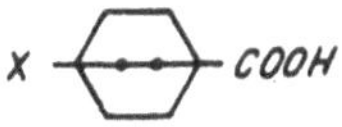

Da in X keine Resonanzeffekte möglich sind, kommen hier Substituenteneinflüsse auf das Dissoziationsgleichgewicht nur durch den induktiven Effekt zustande. Von ROBERTS und MORELAND [282] wurde eine Substituentenkonstante σ' für die Dissoziation dieser Verbindungen in 50%igem Äthanol bei 25 °C gemäß

$$\sigma' \equiv \frac{1}{1{,}464} (\log K_X/K_H) \tag{5.33}$$

definiert. Der Normierungsfaktor $^1/_{1,464}$ ist der ρ-Wert für die Dissoziation substituierter Benzoesäuren in 50%igem Äthanol und soll die σ'-Werte auf die gleiche Skala wie die σ-Werte bringen. Diese σ'-Werte wurden wegen der Ähnlichkeit von X mit dem Benzolsystem als identisch mit σ_I angesehen. Damit ergibt sich für σ_I folgende Definitionsgleichung [267]:

$$\sigma_I \equiv \sigma' = 0{,}450\, \sigma^*_{CH_2X} = 0{,}160\, \sigma^*_X . \tag{5.34}$$

Die σ^*-Werte in Gleichung (5.34) wurden von TAFT eingeführt [267] und sind aus der Kombination von saurer und basischer Hydrolyse aliphatischer Carbonsäureester zugängig; auf diese Werte wird noch näher einzugehen sein. Die Ermittlung von σ_I- und σ^*-Werten ist auch über die Bestimmung von pK_a-Werten anderer rigider alicyclischer Carbonsäuren oder sogar aus pK_a-Werten aliphatischer Carbonsäuren (unter Vernachlässigung geringfügiger sterischer Effekte) möglich [267, 268, 248, 279, 283]; diese Werte sind dann als sekundäre σ_I- bzw. σ^*-Werte aufzufassen.

Es ist sehr befriedigend, daß die Skalen der auf diesen Wegen gewonnenen σ_I-Werte übereinstimmen, so daß die allgemeine Gültigkeit dieser Werte gesichert scheint. Allerdings kommt es hin und wieder bei einzelnen Substituenten zu geringfügigen Abweichungen, so daß für die quantitative Struktur-Wirkungs-Analyse zu empfehlen ist, σ_I-Werte aus einer Quelle zu benutzen. Werte für σ_R lassen sich nun aus (5.29) unter Beachtung von (5.30) und (5.31) abschätzen:

$$\begin{aligned} \sigma_R &= \sigma_p - \sigma_I \\ &= (\sigma_m - \sigma_I)/\alpha . \end{aligned} \tag{5.35}$$

Wie sich noch zeigen wird, gibt es für σ_R nicht, wie für σ_I, eine generelle Skala, sondern σ_R ist abhängig von der Art des Reaktionszentrums [268, 284] bzw. davon, inwieweit der Substituent über das π-Elektronensystem mit dem Reaktionszentrum in Resonanzwechselwirkungen treten kann. Solche Resonanzwechselwirkungen über das aromatische π-Elektronensystem, die als *Kopplungseffekte* bezeichnet werden sollen, sind möglich, wenn das Reaktionszentrum eine positive Ladung trägt oder eine Elektronenlücke hat und der Substituent in para-Position ein Elektronen-Donator ist *(positiver Kopplungseffekt)* oder wenn das Reaktionszentrum eine negative Ladung trägt bzw. ein freies Elektronenpaar hat und in para-Position als Substituent ein Elektronenakzeptor auftritt *(negativer Kopplungseffekt)* (siehe hierzu z. B. [284 – 287] und Abbildungen 6 und 7). Hier kommt also zu dem norma-

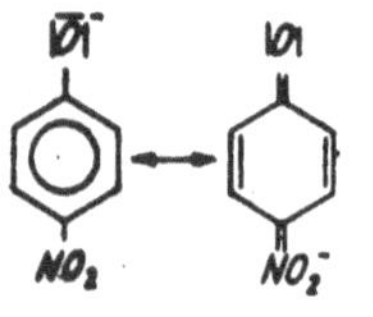

Abb. 6. Beispiel für negativen Kopplungseffekt

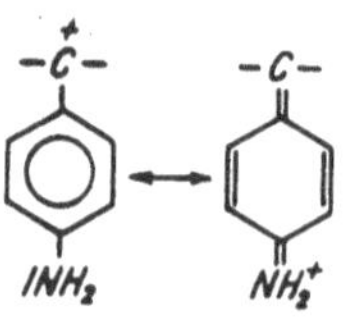

Abb. 7. Beispiel für positiven Kopplungseffekt

len mesomeren Effekt noch ein zusätzlicher Resonanzeffekt hinzu, der in den HAMMETT-Konstanten nicht enthalten ist. Zur Beschreibung solcher Reaktionsserien wurden deshalb neue Substituentenkonstanten σ^+ (positiver Kopplungseffekt) und σ^- (negativer Kopplungseffekt) eingeführt, wobei dann die folgenden Beziehungen gelten:

positiver Kopplungseffekt

$$f_e(x_e) = \rho^+\sigma^+ + \text{const.} \qquad (5.36)$$

negativer Kopplungseffekt

$$f_e(x_e) = \rho^-\sigma^- + \text{const.} \qquad (5.37)$$

Die Standardreaktion zur Definition der σ^+-Werte ist die Solvolyse von substituierten Phenyldimethylcarbinylchloriden [288 – 290], und die Werte von σ^- werden aus der Ionisation von Anilinen oder Phenolen in Wasser [257, 291] ermittelt, wobei die Anilin- und Phenolwerte sich etwas unterscheiden. Dabei gilt:

$$\sigma_m \approx \sigma_m^+ \approx \sigma_m^- \approx \sigma_m^0, \tag{5.38}$$

sofern nicht der Substituent in meta-Position ein extrem starker Donator oder Akzeptor ist (zur Definition von σ^0 siehe unten). Weiter gilt:

a) für den positiven Kopplungseffekt und Elektronenakzeptoren als Substituenten

$$\sigma_p^+ \approx \sigma_p \approx \sigma_p^0, \tag{5.39}$$

b) für den negativen Kopplungseffekt und Elektronendonatoren als Substituenten

$$\sigma_p^- \approx \sigma_p \approx \sigma_p^0. \tag{5.40}$$

σ^--Werte sind für Reaktionen an Phenolen und Anilinen, bei aromatischen Hydrazinen und Enaminen, bei polarographischen Reduktionsprozessen, wenn dabei ein elektronenreiches Intermediärprodukt entsteht, und bei nucleophilen Substitutionen in Aromaten mit Erfolg eingesetzt worden; die Anwendung von σ^+ erfolgte u. a. bei Solvolyse-Reaktionen sowie bei Reaktionen von Aldehyden und anderen Carbonylverbindungen, bei Oxydationsreaktionen und bei elektrophilen Substitutionen in Aromaten [268]. Obgleich σ^+- und σ^--Werte in solchen Fällen im allgemeinen gute Beschreibungen lieferten, wurden doch immer wieder Reaktionsserien bekannt, bei denen diese Konstanten den Kopplungseffekt entweder über- oder unterbewerten. Diesem Verhalten kann begegnet werden, indem durch einen zusätzlichen *Gewichtsfaktor* r dem jeweiligen Einfluß des Kopplungseffektes gemäß den Gleichungen (5.41) und (5.43) Rechnung getragen wird:

$$\begin{aligned} f_e(x_e) &= \rho\,(\sigma + r^+ \Delta\sigma_R^+) + \text{const.} \\ &= a\sigma + b\sigma^+ + \text{const.} \end{aligned} \tag{5.41}$$

mit

$$\Delta\sigma_R^+ = \sigma^+ - \sigma \tag{5.42}$$

und

$$\begin{aligned} f_e(x_e) &= \rho\,(\sigma + r^- \Delta\sigma_R^-) + \text{const.} \\ &= a\sigma + b\sigma^- + \text{const.} \end{aligned} \tag{5.43}$$

mit

$$\Delta\sigma_R^- = \sigma^- - \sigma. \tag{5.44}$$

Korrekterweise müßte σ in den Gleichungen (5.42) und (5.44) durch die noch zu erläuternden σ^0-Werte ersetzt werden. Im Falle von (5.41) führt dies zu einer wesentlichen Verschärfung, während bei (5.43) der Ersatz von σ durch σ^0 praktisch keinen Einfluß hat. Gleichung (5.41) wurde von YUKAWA und TSUNO [292 – 294] und Gleichung (5.43) von YOSHIOKA u. a. entwickelt [295].

Bei einer genaueren Betrachtung der Benzoesäuren (Formelbild XIII) zeigt sich, daß auch dort ein leichter positiver Kopplungseffekt auftreten kann, der aber natürlich bei weitem nicht so ausgeprägt ist, wie in XII.

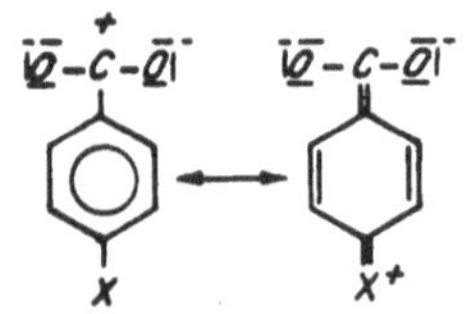

Formelbild XIII

Die σ_p-Werte für Elektronendonatoren sind also nicht frei von einem gewissen Kopplungsanteil, der dann natürlich auch in die entsprechenden σ_R-Werte gemäß (5.35) eingeht. Daher wurde versucht, sogenannte *„wahre" oder „richtige" σ-Werte* zu ermitteln [296]. Hierzu wurde die Carboxylgruppe durch eine CH_2-Gruppe vom Ring isoliert und die an der neuen Standardserie (Dissoziation von Phenylessigsäuren oder Verseifung von Phenylessigestern) ermittelten Substituentenkonstanten

$$\sigma^0 = (\log K_X/K_H)_{C_6H_5CH_2Y} \tag{5.45}$$

auf die gleiche Skala gebracht, wie die HAMMETTschen σ-Werte. Weitere σ^0-Werte finden sich beispielsweise in [250, 276, 297 – 301] (zu [300] und [301] siehe auch [270]). Konzeptionell gleichartig sind die sogenannten *„normalen"* σ^n-Werte nach VAN BEKKUM u. a. [302], die aber zugunsten der σ^0-Werte verlassen oder einfach mit diesen identifiziert wurden. Wie zu erwarten, entsprechen die Werte für σ^0 bei meta-Substituenten und para-Akzeptor-Substituenten weitgehend den Werten für σ. Die σ^0-Werte beschreiben solche Reaktionsserien besser als die σ-Werte, bei denen das Reaktionszentrum vom Ring isoliert ist. Hier gilt demzufolge:

$$f_e(x_e) = \rho\sigma^0 + \text{const.} \tag{5.46}$$

Im übrigen können die σ^0-Werte als induktive Substituentenkonstante des substituierten Phenylringes (XC_6H_5) angesehen werden [296] (siehe auch [276]). Mit den σ^+-, σ^-- und σ^0-Werten ergeben sich neue Skalen von Resonanzparametern (siehe [284, 296, 303, 304]):

$$\sigma_R^0 = \sigma_p^0 - \sigma_I \tag{5.47}$$

$$= (\sigma_m^0 - \sigma_I)/\alpha$$

mit $\alpha = 0,5.$

$$\sigma_R^+ = \sigma_p^+ - \sigma_I = (\sigma_m^+ - \sigma_I)/\alpha \tag{5.48}$$

mit $\alpha \approx 0,1.$

$$\sigma_R^- = \sigma_p^- - \sigma_I = (\sigma_m^- - \sigma_I)/\alpha \tag{5.49}$$

mit $\alpha \approx 0,1.$

Von besonderem Interesse sind die σ_R^0-Werte, die ein Maß für Resonanzwechselwirkungen mit dem π-Elektronensystem des Benzols sind und die im Prinzip eine Abtrennung dieser Resonanzwechselwirkungen von den Kopplungsresonanzen ermöglichen sollten.

Aus den Gleichungen (5.23), (5.35) und (5.47) ... (5.49) folgt:

$$f_e(x_e) = \text{const.} + \rho_I\sigma_I + \rho_R \begin{cases} \sigma_R & \text{für Fall 1} \\ \sigma_R^0 & \text{für Fall 2} \\ \sigma_R^+ & \text{für Fall 3} \\ \sigma_R^- & \text{für Fall 4} \end{cases} \tag{5.50}$$

$$= \text{const.} + a\sigma_I + b \begin{cases} \sigma \\ \sigma^0 \\ \sigma^+ \\ \sigma^- \end{cases}$$

Aus dem bisher Gesagten und aus der zusammenfassenden Gleichung (5.50) ergibt sich, daß es *eine einheitliche generelle Skala für die Resonanzkonstante nicht gibt.* Gleichung (5.50) gilt für Reaktionsserien mit schwachem positiven Kopplungseffekt mit σ_R-Werten (Fall 1), für Reaktionsserien ohne Kopplungseffekt mit σ_R^0-Werten (Fall 2), beim Vorliegen eines positiven Kopplungseffektes mit σ_R^+-Werten (Fall 3) und beim Vorliegen eines negativen Kopplungseffektes (Unterschied zwischen Anilinen und Phenolen beachten) mit σ_R^--Werten. Bei Beachtung dieser Gruppeneinteilung erhält man nach [284] mit Gleichung (5.50) eine sehr gute Beschreibung des Verhaltens der entsprechenden Reaktionsserien.

Von SWAIN und LUPTON [305] wird folgender Zusammenhang angegeben:

$$\sigma_i = f_i F + r_i R \tag{5.51}$$

F und R sind zwei spezielle Substituentenkonstanten, deren Linearkombination mit den Gewichtsfaktoren f_i und r_i jeden bekannten Satz von σ-Werten (also z. B. σ_m, σ_p, σ_I, σ^0, σ^+, σ^- usw.) beschreiben soll, wobei natürlich f und r für die einzelnen Sätze verschieden sind. F ist identisch mit σ_I, und in R sollen alle Resonanzanteile zusammengefaßt sein, so daß also Gleichung (5.51) der Beziehung (5.50) zunächst sehr ähnlich ist. In gewisser Weise impliziert sie allerdings die allgemeine Gültigkeit eines einzigen Satzes von Resonanzkonstanten und steht damit im Widerspruch zu obigen Ausführungen; sie wurde deshalb auch beispielsweise in [268, 275] und [284] kritisiert. Auf der anderen Seite sind natürlich die Werte für f und r für die verschiedenen Resonanzkonstanten recht verschieden, so daß auf diese Weise ein Teil der Unterschiede berücksichtigt wird, wobei allerdings die Reststreuung bei der Beschreibung von σ^+ und σ^- recht hoch ist. Außerdem ist es keineswegs so, daß die einzelnen Resonanzkonstanten voneinander unabhängig sind; so existiert z. B. ein Zusammenhang zwischen σ_R^+ und σ^+ [254]. Vorteile von (5.51) bestehen darin, daß die Vektoren der F- und R-Werte fast *orthogonal* sind [96], was für σ_I und die Resonanzkonstanten durchaus nicht zutrifft [248, 268] und daß weiter die Annahme aufgegeben wird, daß der induktive Effekt aus meta- und para-Position in gleicher Stärke übertragen wird (es gibt Hinweise darauf, daß diese Annahme nicht immer zu Recht besteht, z. B. [268]). Mit Gleichung (5.51) ergibt sich für die Funktion $f_e(x_e)$:

$$\begin{aligned} f_e(x_e) &= \rho_i (f_i F + r_i R) + \text{const.} \\ &= aF + bR + \text{const.} \end{aligned} \tag{5.52}$$

Gleichung (5.52) hat sich in einer ganzen Reihe von Fällen, wo die einfache HAMMETT-Beziehung gemäß (5.21) versagte oder nur eine mäßige Beschreibung der Daten lieferte, recht gut bewährt und ist auch durchaus für die quantitative Struktur-Wirkungs-Analyse zu empfehlen, wobei allerdings Vorsicht und Zurückhaltung bei der Interpretation der resultierenden Gleichungen geboten ist. Eine umfassende Tabellierung von F- und R-Werten findet sich in [96][6], und eine mit Gewichtsfaktoren für die Position ortho-, meta- und para-normierte und für alle drei Positionen frei mischbare Modifikation der SWAIN-LUPTON-Konstanten wird in [306] angegeben. Die modifizierten Werte werden mit F und R bezeichnet und sollen auch für ortho-substituierte Verbindungen einsetzbar sein. Damit ergibt sich eine weitere Möglichkeit zur Formulierung von $f_e(x_e)$:

$$f_e(x_e) = aF + bR + \text{const.} \qquad (5.53)$$

Von UNGER [307] werden die sogenannten S- und P-Werte angegeben, die *orthonormiert* sind und eine *strenge Trennung* von induktiven (S) und Resonanzeffekten (P) zulassen sollen. Bisherige erste Erfahrungen lassen die Werte als recht brauchbar erscheinen, so daß wahrscheinlich auch

$$f_e(x_e) = aS + bP + \text{const.} \qquad (5.54)$$

eine nützliche Beziehung für die quantitative Struktur-Wirkungs-Analyse ist.

Obgleich die bisher beschriebenen linearen-freien-Enthalpie-Beziehungen durchaus auch Radikalreaktionen beschreiben können, scheint hierfür mitunter die Anwendung spezieller *Radikalparameter* als Substituentenkonstanten günstig zu sein, wie etwa in der Gleichung von OTSU und YAMAMOTO [308, 309]:

$$f_e(x_e) = \gamma E_R + \rho\sigma + \text{const.} \qquad (5.55)$$

Der Radikalparameter E_R ist ein Maß für die Resonanzstabilisierung eines Benzylradikals durch einen Substituenten, und der σ-Term in (5.55) berücksichtigt die außerdem noch möglichen induktiven und mesomeren Substituenteneinflüsse; wenn letztere keine Rolle spielen, kann der σ-Term entfallen.

Bei manchen Reaktionsserien ist das π-Elektronensystem durch eine sogenannte Brücke Z vom Reaktionszentrum Y getrennt (Formelbild XIV). In solchen Strukturen tritt ein sogenannter *Brückeneffekt* auf, der insbesondere in [248] und [268] ausführlich diskutiert wird. Die Brücke Z beeinflußt die Reaktionskonstante entsprechend ihrer Fähigkeit, polare Effekte zu übertragen. Ein Maß dafür ist die Größe π_Z mit

Formelbild XIV

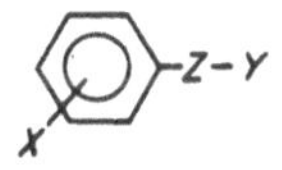

6 Zu beachten ist, daß sich die Werte von SWAIN und LUPTON [305] nicht auf der gleichen Skala befinden, wie die von HANSCH [96] angegebenen Werte.

$$\pi_Z = \rho_{ZY}/\rho_Y, \tag{5.56}$$

wobei ρ_{ZY} die Reaktionskonstante bei Anwesenheit und ρ_Y die Reaktionskonstante bei Abwesenheit der Brücke Z ist. Wenn π_Z von der Art des Reaktionszentrums Y unabhängig ist, ist π_Z eine charakteristische Größe für Z. Dann muß die sogenannte ρ-ρ-Beziehung gelten:

$$\pi_Z = \rho_{ZY_1}/\rho_{Y_1} = \rho_{ZY_2}/\rho_{Y_2} = \ldots \tag{5.57}$$

Die Gültigkeit dieser Beziehung wurde für eine Reihe von Reaktionsserien nachgewiesen. Für Z = CH_2 entspricht π_Z dem sogenannten "attenuation factor" ϵ, d. h. $\pi_{CH_2} = \epsilon \approx 0{,}4$. Für Z = C_2H_4 gilt $\pi_{C_2H_4} = \epsilon^2 \approx 0{,}16$; für längere Alkylketten nimmt π_Z etwas langsamer als ϵ^n ab. CH_2-Gruppen lassen sich ohne großen Effekt durch O, S, Se, SO, SO_2 oder NH ersetzen. Ungesättigte Brückenelemente sind bessere Überträger polarer Effekte. So entspricht $\pi_{CH=CH}$ etwa π_{CH_2}; meta- und para-Phenylgruppen sowie viele heterozyklische 5-Ringe haben π_Z-Werte um 0,3. Brückenelemente können die Reaktionskonstante auch erhöhen *(positiver Brückeneffekte)*, wenn durch Z die Konjugation des Gesamtmoleküls erhöht wird. Dies trifft z. B. zu, wenn zwei Benzolringe über ein Heteroatom verknüpft sind, wobei der positive Brückeneffekt von Heterogruppen die Reihenfolge O < Se < S < NH befolgt. Die Berücksichtigung des Brückeneffektes in der quantitativen Struktur-Wirkungs-Analyse kann wichtig werden, wenn in der betrachteten Serie Verbindungen mit und ohne Brückenelement Z enthalten sind. Im Rahmen der Gültigkeit der einfachen HAMMETT-Gleichung bietet sich dann z. B. folgender Ansatz für $f_e(x_e)$ an:

$$f_e(x_e) = \rho(X\sigma) + \text{const.}, \tag{5.58}$$

wobei der Hilfsparameter X gemäß

$$X = \begin{cases} \pi_Z & \text{bei Anwesenheit des Brückenelementes} \\ 1 & \text{bei Abwesenheit des Brückenelementes} \end{cases} \tag{5.59}$$

definiert ist.

Für die meisten einigermaßen üblichen Substituenten sind Substituentenkonstanten zugängig. Trotzdem kann es vorkommen, daß Werte für einzelne Substituenten fehlen. Es gibt gewisse Möglichkeiten, solche Werte zu schätzen, wobei allerdings äußerste Vorsicht und ein sehr kritisches Vorgehen geboten sind. Beispielsweise geben RITCHIE und SAGER [310] eine Reihe von Beziehungen zwischen σ_m und σ_p sowie σ-Werten am Naphthalinsystem für bestimmte Untergruppen von Substituenten an. Abgesehen davon, daß diese Beziehungen graphisch ermittelt wurden, stellen sie keine allgemein gültigen Zusammenhänge dar [281] und sind daher für solche Schätzung nicht geeignet. Prinzipiell möglich ist die Anwendung der Beziehung (5.51), obgleich hier durchaus bei einzelnen Substituenten mit relativ groben Abweichungen vom wahren Wert zu rechnen ist. Eine offenbar relativ brauchbare Methode [268] wird von CHARTON [311] angegeben. Danach gilt:

$$\sigma_{m,p}(AB) = \sigma_{m,p}(AH) + m\sigma_I(B) \tag{5.60}$$

Für den Substituenten CH_2Cl würde sich mit (5.60) beispielsweise ergeben:

$$\sigma(CH_2Cl) = \sigma(CH_3) + m\sigma_I(Cl). \tag{5.61}$$

Dabei muß m für jedes B empirisch bestimmt werden (aus bekannten σ-Werten für andere AB-Kombinationen). Für σ_i ist entsprechend dem Charakter von A die günstigste Größe zu wählen. Ist A z. B. CH_2, wäre $\sigma_i = \sigma_I$ zu verwenden; in diesem Falle wäre übrigens m gleich dem "attenuation factor" ϵ. Wenn A in der Lage ist, Resonanzeffekte zu übertragen, wäre dagegen $\sigma_i = \sigma_{m,p}$ zu wählen. Ist für einen Substituenten X log K_X in einigen Reaktionsserien bekannt, läßt sich σ auch aus dem Anstieg des Auftrages log K_X/K_H gegen die entsprechenden ρ-Werte entnehmen. Für den Fall, daß für eine der Serien ρ mit primären σ-Werten genügend genau ermittelt wurde, ergibt sich σ natürlich als sekundärer σ-Wert mit log K_X/K_H sofort aus dieser Reaktionsserie. Der Auftrag gegen ρ hat den Vorteil, daß hier ρ nicht so genau bekannt sein muß und daß außerdem das Zustandekommen der erwarteten linearen Abhängigkeit zeigt, ob der betrachtete Satz von Reaktionsserien der HAMMETT-Gleichung folgt.

Bisher wurden lineare-freie-Enthalpie-Beziehungen für aromatische Systeme betrachtet. Die entsprechenden Substituentenkonstanten sind aber (außer σ_I) auf flexible aliphatische Systeme nicht anwendbar, da hier Gleichgewichts- und Geschwindigkeitskonstanten zusätzlich durch sterische Effekte beeinflußt werden. Eine der HAMMETT-Gleichung analoge *Beziehung für aliphatische Verbindungen* wurde von TAFT [267] entwickelt:

$$f_e(x_e) = \rho^*\sigma^* + \text{const.} \tag{5.62}$$

σ^* wird als *polare Substituentenkonstante* bezeichnet und hat einen rein induktiven Charakter [siehe Gleichung (5.34)]. Sie ist definiert gemäß

$$\sigma^* = \frac{1}{2,48}\ [(\log k_X/k_0)_B - (\log k_X/k_0)_S]. \tag{5.63}$$

Standardreaktion ist die basische (Index B) und saure (Index S) Hydrolyse aliphatischer Carbonsäureester der Struktur XCOOR. Standardsubstituent ist X = CH_3 ($\sigma^*_{CH_3}$ = 0), k_X ist die Geschwindigkeitskonstante mit dem Substituent X und k_0 die Geschwindigkeitskonstante für X = CH_3. Der Faktor 1/2,48 bringt die σ^*-Werte auf die gleiche Skala wie die HAMMETTschen σ-Werte. Der Definition von σ^* liegen drei Annahmen zugrunde:

1. Die relative Änderung der freien Aktivierungsenthalpie kann als Summe unabhängiger Beiträge aus induktiven, sterischen und Resonanzeffekten (mit der Carbonylgruppe) behandelt werden. (Diese Annahme folgt auch sofort aus dem in diesem Abschnitt erläuterten Ansatz zur Generierung von linearen-freien-Enthalpie-Beziehungen).
2. Bei der säure- und basekatalysierten Hydrolyse der Ester sind die sterischen und Resonanzeffekte gleich.
3. Der induktive Einfluß der Substituenten auf die Hydrolysegeschwindigkeit ist bei der basekatalysierten Reaktion groß und bei der Säurekatalyse praktisch zu vernachlässigen.

Aus diesen Annahmen, die allerdings nicht ganz ohne Kritik geblieben sind (eine ausführliche Diskussion hierzu findet sich z. B. in [279]), folgt, daß mit der Definition gemäß (5.63) sterische und Resonanzeffekte eliminiert werden, so daß in σ^* nur noch der induktive Effekt enthalten ist. Diese Aussage hat sich glänzend bestätigt, und Gleichung (5.62) ist in den letzten Jahren für viele aliphatische Reaktionsserien mit großem Erfolg eingesetzt worden.

Da induktive Effekte in erster Näherung additiv sind, sollte sich σ^*_{CXYZ} aus induktiven Werten für die Teilstrukturen X, Y und Z berechnen lassen:

$$\sigma^*_{CXYZ} - \sigma^*_{CH_3} = (\sigma^*_{CH_2X} - \sigma^*_{CH_3}) + (\sigma^*_{CH_2Y} - \sigma^*_{CH_3}) + (\sigma^*_{CH_2Z} - \sigma^*_{CH_3}). \tag{5.64}$$

Da $\sigma^*_{CH_3}$ = 0, folgt:

$$\sigma^*_{CXYZ} = \sigma^*_{CH_2X} + \sigma^*_{CH_2Y} + \sigma^*_{CH_2Z}. \tag{5.65}$$

In Tabelle 4 sind auf diese Weise berechnete experimentell ermittelten σ^*-Werten gegenübergestellt (aus [45]). Bei der Auswahl von XYZ wurden bewußt relativ große Gruppen berücksichtigt; trotz dieser Tatsache und ob-

Tabelle 4
Vergleich experimentell ermittelter und nach (5.68) berechneter σ^*-Werte (aus [45])

Gruppe -CXYZ	experimentell	berechnet
$-(CCH)_3$	-0,300	3 · (-0,100) = -0,300
$-CH(C_6H_5)(CH_3)$	+0,11	0,215 - 0,100 = +0,115
$-CH(C_6H_5)(C_2H_5)$	+0,04	0,215 - 0,115 = +0,110
$-CH(C_6H_5)(OH)$	+0,765	0,215 + 0,555 = +0,770
$-CHCl_2$	+1,940	2 · 1,050 = +2,100

gleich ein relativ großer Bereich von σ^*-Werten überstrichen wird, ist die Übereinstimmung zwischen experimentell ermittelten und berechneten Werten doch recht gut.

Weitere Möglichkeiten zur Abschätzung von σ^*-Werten werden von NAGAI [312] sowie von BOHLE und MARTIN [313] angegeben. NAGAI u. a. fanden, daß die σ^*-Werte für substituierte Phenylgruppen mit den HAMMETT-Konstanten der Substituenten gemäß

$$\sigma^*_{XC_6H_4} = 0{,}720\,\sigma_X + 0{,}575 \qquad (5.66)$$

korrelieren ($n = 6$, $r = 0{,}995$), so daß σ^* für XC_6H_4 aus den σ-Werten für X abgeschätzt werden kann. Die so ermittelten σ^*-Werte können verwendet werden, wenn in einer Reaktionsserie sowohl aliphatische als auch aromatische Substituenten vorkommen. Die von BOHLE und MARTIN angegebenen Beziehungen lauten:

für aliphatische Substituenten mit Heteroatomen

$$\sigma^* = -2{,}30\, n_1^H - 3{,}45\, n_2^H - 0{,}045\, \Sigma\, P + 2{,}93$$

(5.67)

für rein aliphatische Substituenten

$$\sigma^* = -0{,}098\, n_1^C - 0{,}017\, n_2^C - 0{,}021\, n_3^C\,.$$

Dabei ist n_1^H die Zahl der an sp^3-hybridisierte und n_2^H die Zahl der an sp^2-hybridisierte Kohlenstoffe gebundene Wasserstoffe; P ist das Refraktionsinkrement der Bindung C-X für das Heteroatom X. In die Werte für n_1^H, n_2^H und P geht außerdem noch der Abstand vom Reaktionszentrum ein. Die Größen n_1^C, n_2^C und n_3^C in (5.67) geben die Zahl der Kohlenstoffatome an, die an das erste (n_1^C), zweite (n_2^C) und dritte (n_3^C) Kohlenstoffatom des Substituenten gebunden sind. Inwieweit jedoch (5.67) wirklich zur Abschätzung von σ^*-Werten brauchbar ist, läßt sich zur Zeit noch nicht beurteilen.

Von CHARTON [314, 315] wird postuliert, daß die TAFTschen σ^*-Werte bei reinen Alkylgruppen Artefakte seien und daß der Einfluß solcher Gruppen auf Gleichgewichts- und Geschwindigkeitskonstanten in aliphatischen Reaktionsserien rein sterischer Natur sei. Dieses Postulat basiert auf der Korrelation der Geschwindigkeitskonstanten für die basische Hydrolyse (k_B) aliphatischer Ester XCOOR (X Alkyl) mit der induktiven Substituentenkonstante σ_I, der mesomeren Substituentenkonstante σ_R und einer sterischen Substituentenkonstante v_X (siehe Kapitel 6.) gemäß [314]:

$$\log k_B = \alpha\sigma_I + \beta\sigma_R + \psi v_X + h. \qquad (5.68)$$

Dabei zeigte sich, daß die Regressionskoeffizienten α und β in fast allen Fällen nicht signifikant von Null verschieden sind, und dieses Ergebnis führte CHARTON zu dem Schluß über die artifizielle Natur von σ^*-Werten für Alkylgruppen. Eine nähere statistische Analyse der Daten ergibt jedoch, daß die Stichprobenvarianz der elektronischen Substituentenkonstanten im Vergleich zu ihrer Fehlervarianz viel zu klein für die Durchführung einer aussagekräftigen Regressionsanalyse ist [271]. Aus statistischen Gründen müssen daher die Schlußfolgerungen von CHARTON zurückgewiesen werden, und das gleiche trifft offenbar auch auf die in [315] zusammengestellten Ergebnisse für die Hydrolyse aliphatischer Amide zu.

In manchen Serien kommt es zu einer Aufspaltung von Gleichung (5.62) in parallele Linien entsprechend der Zahl der Wasserstoffatome am α-C-Atom des Substituenten oder entsprechend der Zahl der H-Atome an einer funktionellen Gruppe. Der erste Fall tritt dann ein, wenn Resonanzwechselwirkungen im Sinne eines *Hyperkonjugationseffektes* auftreten können. Ein solcher Effekt ist in σ^* nicht enthalten und muß daher zusätzlich berücksichtigt werden gemäß

$$f_e(x_e) = \rho^*\sigma^* + h\,(n-3) + \text{const.}, \qquad (5.69)$$

wobei n die Zahl der α-H-Atome ist. Eine solche Beziehung ergibt sich beispielsweise für die saure Hydrolyse von Diäthylazetalen und -ketalen der allgemeinen Formel $R_1R_2'C(OC_2H_5)_2$ [316]:

$$\log k_X/k_0 = -3{,}60\ (\sigma^*_{R_1} + \sigma^*_{R_2}) + 0{,}54\ (n-6). \qquad (5.70)$$

(Hier sind insgesamt 6 α-H-Atome möglich, so daß statt (n–3) der Ausdruck (n–6) verwendet werden muß).

α-Wasserstoffeffekte in einer funktionellen Gruppe treten bei der Basizität von Alkylaminen [317] und Alkylphosphinen [318] auf. In beiden Fällen ergeben sich drei annähernd parallele Geraden entsprechend der Zahl der Wasserstoffe (0, 1, 2) am Stickstoff bzw. Phosphor, wobei dieser Effekt bei den Aminen auf eine sterische Hinderung der Solvatation und bei den Phosphinen auf eine Veränderung der Hybridisierung des Phosphors zurückgeführt wird. Die Geraden für die Amine lassen sich wieder über einen Term, der die Zahl n_H der Wasserstoffe am Stickstoff berücksichtigt, vereinigen [319]:

$$pK_a = \rho^*\ \Sigma\, \sigma^* - hn_H + \text{const.} \qquad (5.71)$$

Bei den Phosphinen ist eine so einfache Korrektur nicht möglich.

Der TAFT-Ansatz ist auch für ortho-substituierte Aromaten anwendbar. Man erhält dann völlig analog:

$$f_e(x_e) = \rho^* \sigma^*_0 + \text{const.} \qquad (5.72)$$

mit

$$\sigma^*_0 = \frac{1}{2{,}48}\ [(\log k_X/k_0)_B - (\log k_X/k_0)_S]. \qquad (5.73)$$

Standardsubstituent ist wieder die Methylgruppe. Wird die Skala verschoben und H zum Standardsubstituenten gemacht, erhält man die σ_0-Werte nach TAFT. Die σ^*_0- und σ_0-Werte von TAFT wurden bisher relativ wenig erprobt, sind aber entsprechend den bisher vorliegenden Erfahrungen zur Beschreibung des Verhaltens ortho-substituierter Aromaten durchaus geeignet, wenn keine speziellen Resonanzeffekte auftreten. Die Werte können mit den HAMMETT-Konstanten gemischt werden, da sie auf der gleichen Skala liegen; es ist jedoch immer zu empfehlen, für ortho-Substituenten einen anderen Wert für die Reaktionskonstante als für para- und meta-Substituenten zuzulassen. Man würde dann formulieren:

$$f_e(x_e) = \rho_1 \sigma_{m,p} + \rho_2 \sigma_0 + \text{const.} \qquad (5.74)$$

Die Verwendung der σ^*_0- bzw. σ_0-Werte nach TAFT ist eine Alternative zum ortho-Ansatz nach CHARTON [Gleichung (5.27)] oder zur Verwendung von F und R.

Prinzipiell muß unter bestimmten Bedingungen mit Abweichungen der linearen-freien-Enthalpie-Beziehungen von der Linearität gerechnet werden. In der Praxis der quantitativen Struktur-Wirkungs-Analyse kann ein solches Verhalten nur bei den Ein-Parameter-Beziehungen berücksichtigt werden. Hier müssen dann neben den linearen Beziehungen auch nicht-lineare Zusammenhänge gemäß

$$f_e(x_e) = a_1 x_e^2 + a_2 x_e + \text{const.} \tag{5.75}$$

oder

$$f_e(x_e) = a x_e^2 + \text{const.} \tag{5.76}$$

zugelassen werden.

Solche Zusammenhänge können in folgenden Fällen auftreten [15, 254, 268]:

1. Mehrschrittreaktionen, bei denen kein Schritt geschwindigkeitsbestimmend ist. Es ergibt sich eine nach oben geöffnete Parabel.
2. Gleichgewichtsreaktionen, bei denen z. B. zwei tautomere Formen mit einem dritten Partner in einem Dissoziationsgleichgewicht stehen. Es resultiert ebenfalls eine nach oben offene Parabel.
3. Die Gesamtreaktion besteht aus einem reversiblen und einem nachgelagerten irreversiblen Schritt. Es entsteht eine nach unten geöffnete Parabel.
4. Inkonstanz des Reaktionsmechanismus in der Reaktionsserie.
5. In bezug auf die biologische Wirkquantität existiert in der betrachteten Serie ein optimaler Wert für diejenige Moleküleigenschaft, die durch die Funktion $f_e(x_e)$ beschrieben wird.
6. Neben der zum biologischen Stimulus führenden Reaktionsfolge tritt eine Konkurrenzreaktion auf (z. B. Metabolisierung), die ebenfalls von elektronischen Substituenteneinflüssen abhängig ist.
7. Von einigen Autoren wird das Auftreten eines x_e^2-Terms auch im Zusammenhang mit speziellen Reaktionsmechanismen wie z. B. Radikalreaktionen (der Radikalparameter E_R korreliert zu σ^2) oder charge-transfer-Wechselwirkungen (E_{HOMO}, die Energie des höchsten besetzten Molekülorbitals, korreliert in bestimmten Serien ebenfalls zu σ^2) diskutiert [320 – 324].

Lineare-freie-Enthalpie-Beziehungen zur Beschreibung elektronischer Substituenteneffekte haben sich in den letzten Jahrzehnten in der organischen Chemie als außerordentlich nützlich sowohl zur Abschätzung von Gleichgewichts- oder Geschwindigkeitskonstanten als auch zur Aufklärung von Reaktionsmechanismen erwiesen. Das Gebiet der linearen-freien-Enthalpie-Beziehungen ist zu einem umfangreichen Spezialgebiet der theoretischen organischen Chemie geworden, von dem hier natürlich nur die allerwesentlichsten Aspekte gestreift werden konnten. Für speziellere Fragen und auch hinsichtlich der Tabellierung von Substituentenkonstanten sei daher auf eine Reihe zusammenfassender Darstellungen und Übersichten verwiesen ([45, 248, 250, 253 – 255, 257, 267 – 269, 279, 280, 284, 291, 302, 310, 325 – 327]). In Tabelle 5 sind zur Übersicht noch einmal die erläuterten Substituentenkonstanten und ihre Definition zusammengestellt, und Tabelle 6 enthält zur Demonstration von Größenordnung und Unterschieden verschiedene σ-Werte für einige ausgewählte Substituenten. Auch auf dem Gebiet der quantitativen Struktur-Wirkungs-Analyse haben sich die linearen-freien-Enthalpie-Beziehungen sehr gut bewährt. Es gibt eine Vielzahl von Beispielen, von denen eine Reihe in den Referenzen [8 – 16], [328] und [329] zusammengestellt sind. Einige weitere, willkürlich ausgewählte Beispiele, die jedoch alle gewisse Besonderheiten zeigen, seien im folgenden angegeben. Dabei wurde versucht, vorwiegend solche Fälle zu wählen, wo log A von $f_e(x_e)$ allein abhängt. Wie aber bereits erwähnt, treten solche Fälle selten auf; fast immer werden elektronische Einflüsse von hydrophoben Einflüssen überlagert:

1. Der elektronische Substituenteneinfluß ist nicht auf das Reaktionszentrum Y, sondern auf die ortho-Position gerichtet, so daß z. B. für para-Substituenten σ_m-Werte zu verwenden sind. In diesem Falle spielt offensichtlich die Elektronendichte in der ortho-Position eine wichtige Rolle für die Wechselwirkung mit dem Rezeptor.

a) Cytokininaktivität von XV (Tabak; aus [330]):

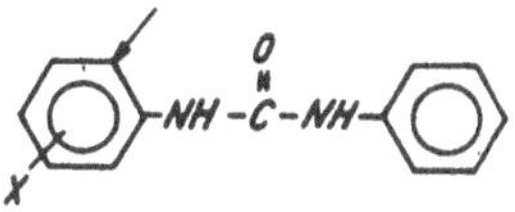

Formelbild XV

$$\log A = 1{,}10\,\sigma + 0{,}36\,\pi + 5{,}68 \qquad (5.77)$$

$$n = 9 \qquad r = 0{,}945 \qquad s = 0{,}178.$$

b) Auxin-Aktivität von XVI (Weizen; aus [330]):

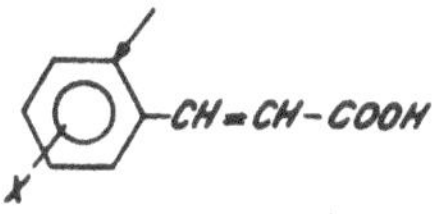

Formelbild XVI

Tabelle 5
Übersicht über die wichtigsten elektronischen Substituentenkonstanten

σ:	Bezeichnung	Eingeführt durch	Standardreaktion (primär)	Enthält induktiven Effekt	Enthält mesomeren Effekt	Enthält positive Kopplung	Enthält negative Kopplung
$\sigma_{m,p}$	HAMMETT-Konstante	HAMMETT [251–252]	Dissoziation Benzoesäuren, Wasser 25 °C	+	+	(+)	–
σ^0	„normale" Substituentenkonstanten	TAFT [296]	Dissoziation Phenylessigsäuren	+	+	–	–
σ^n	„normale" Substituentenkonstanten	VAN BEKKUM [302]	über ρ-Werte für „normale" meta-Substituenten	+	+	–	–
σ'	induktive Konstante	ROBERTS und MORELAND [282]	Dissoziation 4-subst. Bicyclo-[2.2.2] Octan-1-Carbonsäuren	+	–	–	–
$\sigma_I = \sigma' = 0{,}48\ \sigma^*_{CH_2X} = 0{,}16\ \sigma^*_X$	induktive Substituentenkonstante	TAFT [267]	wie σ' bzw. σ^*	+	–	–	–
σ^*	polare Substituentenkonstante, aliphatische Verbindungen	TAFT [267]	base- und säurekatalysierte Hydrolyse von XCOOR	+	–	–	–
σ^*_o	polare Substituentenkonstante, o-subst. Aromaten	TAFT [267]	base- und säurekatalysierte Hydrolyse o-substituierter Benzoesäureester	+	(+)	–	–

noch **Tabelle 5**

σ:	Bezeichnung	Eingeführt durch	Standardreaktion (primär)	Enthält induktiven Effekt	Enthält mesomeren Effekt	Enthält positive Kopplung	Enthält negative Kopplung
σ_0	wie σ_0^*, aber mit H als Standardsubstituenten	TAFT [267]	wie σ_0^*	+	(+)	–	–
σ^+	"enhanced" Substituentenkonstante	BROWN [288 – 290]	Solvolyse von Phenyldimethylcarbinolchloriden	+	+	+	–
σ^-	"enhanced" Substituentenkonstante	JAFFÉ, HAMMETT [257, 291]	Ionisation von Phenolen und Anilinen	+	+	–	+
$\sigma_R = \sigma_p - \sigma_I = (\sigma_m - \sigma_I)/\alpha$	Resonanzkonstante	TAFT [281]	–	–	+	(+)	–
$\sigma_R^0 = \sigma_p^0 - \sigma_I = (\sigma_m^0 - \sigma_I)/\alpha$	Resonanzkonstante	TAFT [296]	–	–	+	–	–
$\sigma_R^+ = \sigma_p^+ - \sigma_I = (\sigma_m^+ - \sigma_I)/\alpha$	Resonanzkonstante	verschiedene Autoren siehe z. B. [284]	–	–	+	+	–
$\sigma_R^- = \sigma_p^- - \sigma_I = (\sigma_m^- - \sigma_I)/\alpha$	Resonanzkonstante	verschiedene Autoren siehe z. B. [284]	–	–	+	–	+
$\Delta\sigma_R^+ = \sigma^+ - \sigma^0$	Resonanzkonstante	YUKAWA und TSUNO [292–294]	–	–	–	+	–

noch **Tabelle 5**

σ:	Bezeichnung	Eingeführt durch	Standardreaktion (primär)	Enthält induktiven Effekt	Enthält mesomeren Effekt	Enthält positive Kopplung	Enthält negative Kopplung
$\Delta\sigma^-_R = \sigma^- - \sigma^0$	Resonanzkonstante	YOSHIOKA u. a. [295]	–	–	–	–	+
E_R	Radikalparameter	OTSU und YAMAMOTO [308, 309]	Radikalkettenpolymerisation				
$F = \sigma_I$	induktive Konstante	SWAIN und LUPTON [305]	–	+	–	–	–
R	Resonanzkonstante	SWAIN und LUPTON [305]	–	–	+	(+)	+
F	positionsgewichtete SWAIN-LUPTON-Konstanten	NORRINGTON u. a. [306]	–	+	–	–	–
R	positionsgewichtete SWAIN-LUPTON-Konstanten	NORRINGTON u. a. [306]	–	–	+	(+)	+
S	induktive Konstante	UNGER [307]	–	+	–	–	–
P	Resonanzkonstante	UNGER [307]	–	–	+	+	+

Tabelle 6
Werte für einige ausgewählte Substituentenkonstanten

Substituent	σ_m [1]	σ_p [1]	σ_m^0 [3]	σ_p^0 [3]	σ_p^+	σ_p^- [3]	σ_I [3]	σ_R^0 [3]	σ_R [3]	σ_R^+ [3]	σ_o [6]	F [2]	R [2]	S [7]	P [7]
NH_2	-0,16	-0,66	-0,14	-0,38	-1,3[3]	wie σ_p	0,10	-0,48	-0,78	-1,4	–	0,02	-0,68	0,45	-1,99
$N(CH_3)_2$	-0,15[2]	-0,83	-0,15	-0,44	-1,7[3]	wie σ_p	0,10	-0,54	-0,94	-1,8	–	0,10	-0,92	–	–
OH	0,12	-0,37	-0,04	-0,13	-0,92[4]	wie σ_p	0,25	-0,40	-0,68	-1,24	–	0,29	-0,64	0,48	-1,55
OCH_3	0,12	-0,27	0,13[4]	-0,12[4]	-0,78[4]	wie σ_p	0,25	-0,41	-0,63	-1,13	-0,39	0,26	-0,51	0,63	-1,12
NO_2	0,71	0,78	0,70	0,82	0,78[5]	1,24	0,63	–	–	–	0,80	0,67	0,16	1,33	0,87
CN	0,56	0,66	0,62	0,69	0,66[5]	0,88	0,56	0,07	0,00	–	–	0,51	0,19	1,17	0,64
$\overset{+}{N}(CH_3)_3$	0,88	0,82	0,86	0,80	0,82[5]	0,77	0,92	0,00	0,00	–	–	0,89	0,00	1,84	-0,01
F	0,34	0,06	0,35	0,17	-0,07[4]	wie σ_p	0,52	-0,36	-0,59	-0,71	0,24	0,43	-0,34	0,91	-0,41
Cl	0,37	0,23	0,37	0,27	-0,18[4]	wie σ_p	0,47	-0,20	-0,35	-0,47	0,20	0,41	-0,15	0,92	-0,13
Br	0,39	0,23	0,38	0,26	-0,16[4]	wie σ_p	0,45	-0,16	-0,34	-0,42	0,21	0,44	-0,17	0,91	-0,13
J	0,35	0,18	0,35	0,27	-0,14[4]	wie σ_p	0,39	-0,12	-0,23	-0,35	0,21	0,40	-0,19	–	–
H	0	0	0	0	0		0	0	0	0	0	0	0	0	0

1) aus [269]
2) aus [95]
3) aus [268]
4) aus [310]
5) Wert für σ_p
6) aus [279]
7) aus [279]

$$\log A = -0{,}50\,(\log P_{Okt./W.})^2 + 2{,}45 \log P_{Okt./W.} + 1{,}92\,\sigma + 1{,}77 \quad (5.78)$$

$n = 8 \qquad r = 0{,}815 \qquad s = 0{,}290.$

c) Hemmung von Monoaminoxydase aus Rattenleber durch XVII (aus [13]):

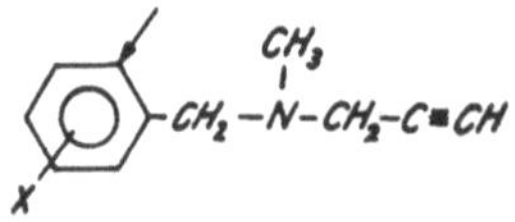

Formelbild XVII

$$\log A = 1{,}02\,\sigma_m + 0{,}79\,E_s + 0{,}44\,\pi + 5{,}49 \quad (5.79)$$

$n = 10 \qquad r = 0{,}942 \qquad s = 0{,}273.$

E_s ist eine sterische Substituentenkonstante (siehe Kapitel 6.) und zeigt in diesem Fall an, daß die Hemmwirkung mit steigender Größe der Substituenten abnimmt.

In allen drei Fällen hat ρ ein positives Vorzeichen, so daß also elektronenziehende Substituenten bzw. eine niedrige Elektronendichte in der ortho-Position günstig für die biologische Wirkquantität sind.

2. α-Wasserstoffeffekt (vgl. (5.71): *Antiadrenerge Wirkung von XVIII* (aus [331])

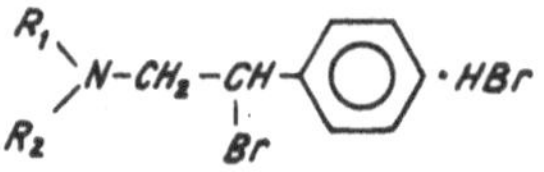

Formelbild XVIII

$$\log A = 3{,}57\,\sigma^* - 4{,}43\,n_H + 1{,}11\,E_s^c + 11{,}91 \quad (5.80)$$

$n = 10 \qquad r = 0{,}986 \qquad s = 0{,}235.$

E_s^c ist eine sterische Substituentenkonstante (siehe Kapitel 6.) und zeigt an, daß die biologische Aktivität mit wachsender Größe der Substituenten abnimmt. Der Parameter n_H weist die Zahl der H-Atome am Stickstoff aus, und aus dem σ^*-Term folgt, daß elektronenziehende Substituenten den biologischen Effekt verstärken.

3. Nichtlineare HAMMETT-Beziehungen

a) Antikonvulsive Wirkung von Phenylsydnonen (XIX; aus [332]):

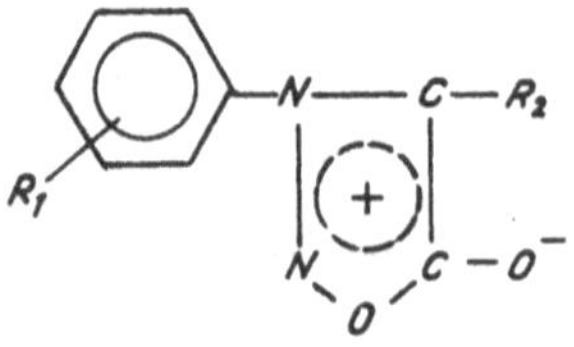

Formelbild XIX

$$\log A = 3{,}03\ \sigma^2 + 1{,}45\ \sigma - 0{,}84\ E_s - 1{,}53 \qquad (5.81)$$

$n = 7 \qquad r = 1{,}000 \qquad s = 0{,}011.$

E_s ist wieder eine sterische Substituentenkonstante und weist in diesem Fall auf ein Anwachsen der biologischen Wirkquantität mit der Größe des Substituenten hin. Der nicht-lineare Verlauf kommt hier wahrscheinlich durch Überlagerung von zwei Arten des elektronischen Substitutenteneinflusses zustande.

b) Hemmung von Malatdehydrogenase durch ortho- und para-substituierte Phenole (aus [333]):

$$\log A = 0{,}73\ \sigma^2 - 0{,}65\ \sigma - 0{,}77\ \pi^2 + 2{,}44\ \pi + 1{,}24 \qquad (5.82)$$

$n = 14 \qquad r = 0{,}950 \qquad s = 0{,}213.$

c) Hemmung des Wurzelwachstums durch substituierte Anilide (Raps; aus [334]):

$$\log A = -1{,}49\ \sigma^2 + 2{,}30\ \sigma + 0{,}91\ \pi + 5{,}18 \qquad (5.83)$$

$n = 10 \qquad r = 0{,}87 \qquad s = 0{,}43.$

4. Beziehungen mit σ^* und σ^- [siehe auch Gleichung (5.99)]

a) Relative Süßigkeit von Nitroanilinen (XX; aus [335]):

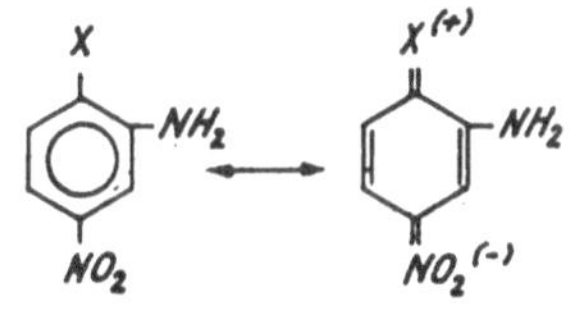

Formelbild XX

$$\log A = -1{,}03\ \sigma^+ + 1{,}43\ \pi + 1{,}58 \qquad (5.84)$$

$n = 9 \qquad r = 0{,}972 \qquad s = 0{,}190.$

b) Enzymatische Reduktion von Azetophenonen (XXI; aus [335]):

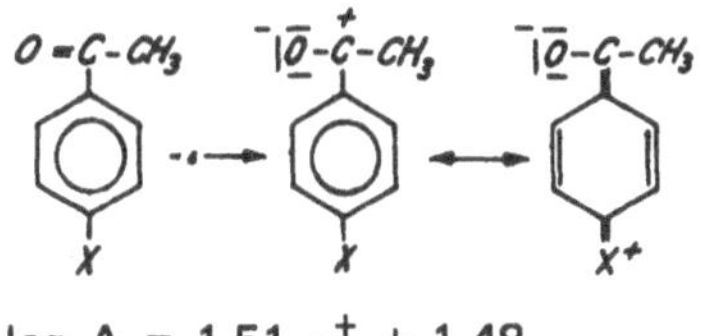

Formelbild XXI

$$\log A = 1{,}51\ \sigma^+ + 1{,}48 \qquad (5.85)$$

$n = 10 \qquad r = 0{,}910 \qquad s = 0{,}390.$

c) Diäthylphenylphosphate (XXII):

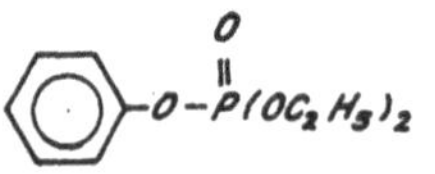

Formelbild XXII

— *Geschwindigkeit der alkalischen Hydrolyse in vitro* (aus [336]):

$$\log k = 1{,}35\ \sigma^- - 5{,}09 \qquad (5.86)$$

$n = 7 \quad r = 0{,}955 \quad s = 0{,}238.$

— *Hemmung von Azetylcholinesterase (aus Fliegenkopf) in vitro* (aus [337]):

$$\log A = 2{,}37\ \sigma^- + 4{,}38 \qquad (5.87)$$

$n = 6 \quad r = 0{,}985 \quad s = 0{,}297.$

— *Toxizität gegen Hausfliege* (aus [338]):

$$\log A = 2{,}65\ \sigma^- + 0{,}36 \log P + 2{,}44 \qquad (5.88)$$

$n = 8 \quad r = 0{,}990 \quad s = 0{,}206.$

Der Vergleich der Gleichungen (5.86) ... (5.88) ist recht interessant. Die insektizide Wirkung der Phosphorsäureester wird auf eine irreversible Hemmung der Cholinesterase durch Phosphorylierung eines Serin-Restes im aktiven Zentrum des Enzyms zurückgeführt. Dabei handelt es sich wie bei der Esterhydrolyse um eine nucleophile Reaktion, zu deren Beschreibung σ^- erforderlich ist. Die Gleichungen (5.86) ... (5.88) befinden sich daher in voller Übereinstimmung untereinander und mit dem angenommenen Wirkungsmechanismus; der log P-Term in (5.88) ist auf Transporteinflüsse zurückzuführen. Es ist sehr befriedigend, wie konstant der elektronische Term für die verschiedenen Integrationsebenen (chemische Reaktion / Enzymhemmung *in vitro* / biologische Wirkung im intakten Organismus) bleibt. Ein sehr ähnliches Bild ergibt sich auch bei Phenyl-N-Methyl-Carbamaten [339 – 341]. Daraus folgt, daß sich aus $f_e(x_e)$ recht detaillierte Hinweise auf biologische Mechanismen erhalten lassen.

d) Hydrolyse von Phenyl-β-D-Glukosiden durch Emulsin (aus [10]):

Stark vereinfacht kann eine enzymatische Substratspaltung gemäß (5.89) formuliert werden (E Enzym, S Substrat, P Produkt):

$$E + S \underset{k_2}{\overset{k_1}{\rightleftarrows}} ES \xrightarrow{k_3} E + P. \qquad (5.89)$$

Gleichung (4.76) beschrieb den Ausdruck $k_1/k_2 = K_1$, wobei ein σ^--Term (auch hier liegt wieder ein nucleophiler Angriff vor) und ein positionsabhängiger π-Term (meta-Substituenten gehen mit dem Enzym keine hydrophoben Wechselwirkungen ein) auftraten. Ein ganz ähnliches Verhalten zeigt sich auch für k_3:

$$\log (k_3 \cdot 10^8) = 0{,}94\ \sigma^- - 0{,}60\ \pi_{para} + 0{,}00\ \pi_{meta} - 6{,}15 \qquad (5.90)$$

$$n = 13 \qquad r = 0{,}949 \qquad s = 0{,}244.$$

Im Gegensatz zu (4.76) hat der π-Term in (5.90) ein negatives Vorzeichen. Damit folgt, daß mit steigender Hydrophobizität der Substituenten in para-Position die Bindung des Substrates an das Enzym wächst (günstig für die Reaktion), zugleich aber auch die Abspaltung des Produktes vom Enzym erschwert wird (auch das Produkt wird mit wachsender Hydrophobizität fester an das Enzym gebunden; ungünstig für die Reaktion). In der Gesamtreaktion heben sich diese beiden Effekte gerade auf, so daß gilt:

$$\log (k_3 \cdot k_1/k_2) = 1{,}69\ \sigma^- - 4{,}50 \qquad (5.91)$$

$$n = 13 \qquad r = 0{,}933 \qquad s = 0{,}339.$$

Wäre nur die Gesamtreaktion untersucht worden, wäre der falsche Eindruck entstanden, daß hydrophobe Wechselwirkungen keine Rolle spielen. Das Beispiel zeigt deutlich, wie nützlich die quantitative Struktur-Wirkungs-Analyse in Verbindung mit detaillierten biochemischen Untersuchungen zur Aufklärung von Wirkungsmechanismen sein kann.

5. Beziehungen mit induktiven und Resonanzkonstanten

a) Reduktion von para-substituierten Azetophenonen durch Carboxylreduktase (aus [342]):

$$\log A = 3{,}72\ \sigma_R + 1{,}99 \qquad (5.92)$$

$$n = 6 \qquad r = 0{,}97 \qquad s = 0{,}29.$$

b) Fungizide Wirkung von Tetrachlorisophthalonitrilen (aus [12]):

$$\log A = -2{,}12\ \Sigma\ \sigma_I + 4{,}11 \qquad (5.93)$$

$$n = 16 \qquad r = 0{,}980 \qquad s = 0{,}262.$$

c) Virostatische Wirkung von Isatin-β-thiosemikarbazonen (Formelbild XXIII) *gegen Vaccinia-Virus* (aus [343]):

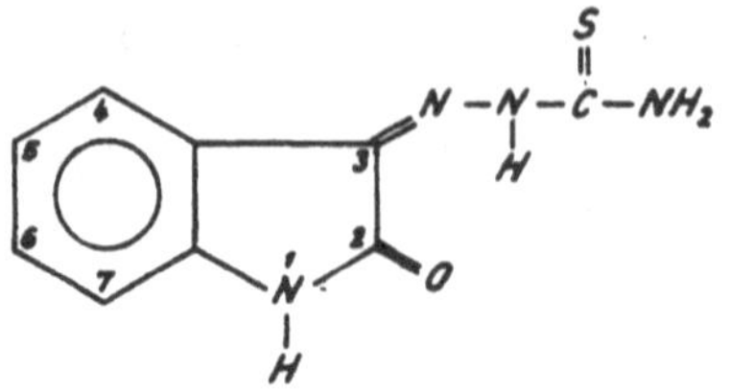

Formelbild XXIII

5-substituierte Verbindungen

$$\log A = 11{,}26\ \sigma_I - 4{,}50 \qquad (5.94)$$

$$n = 5 \qquad r = 0{,}992 \qquad s = 0{,}195.$$

6-substituierte Verbindungen

$$\log A = 3{,}32\ \sigma_I - 0{,}43 \qquad (5.95)$$

$$n = 6 \qquad r = 0{,}957 \qquad s = 0{,}269.$$

Beide Gleichungen lassen sich durch Hinzufügen eines hydrophoben oder sterischen Terms noch etwas verbessern [343].

6. Separierung von induktivem und Resonanzeffekt

a) Hemmung von Cholinesterase durch meta-substituierte Phenyl-N-Methylcarbamate ([344], entnommen aus [12]):

$$\log A = 0{,}31\ \pi - 0{,}96\ \mathrm{F} - 1{,}89\ \mathrm{R} - 0{,}73\ \mathrm{E_s} \qquad (5.96)$$

$$n = 15 \qquad r = 0{,}953.$$

b) Inhibierung von Thymidinphosphorylase durch 6-substituierte Uracile (aus [345], α Polarisierbarkeit):

$$\log A = 0{,}02\ \alpha - 0{,}93\ \mathrm{R} + 1{,}08\ \mathrm{F} - 0{,}72 \qquad (5.97)$$

$$n = 11 \qquad r = 0{,}93 \qquad s = 0{,}259.$$

c) Antiadrenerge Wirkung von β-Halo-β-Arylalkylaminen (Formelbild XXIV; aus [346]):

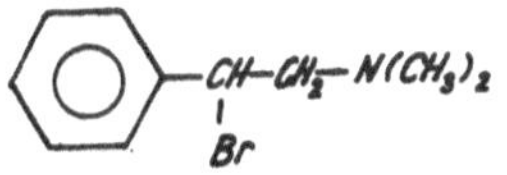

Formelbild XXIV

$$\log A = 0{,}86\ \Sigma\pi + 0{,}47\ S_m - 0{,}36\ S_p - 0{,}92\ P_p + 0{,}62\ r_{v,p} + 7{,}08 \qquad (5.98)$$

$n = 22 \quad r = 0{,}967 \quad s = 0{,}167.$

$r_{v,p}$ ist der VAN DER WAALS-Radius der Substituenten in para-Position (sterischer Parameter). Die gleiche Serie läßt sich allerdings auch mit Hilfe von σ^+ anstelle von S und P beschreiben:

$$\log A = 0{,}82\ \Sigma\pi - 1{,}02\ \Sigma\sigma^+ + 0{,}62\ r_{v,p} + 7{,}06 \qquad (5.99)$$

$n = 22 \quad r = 0{,}964 \quad s = 0{,}164.$

Dies erklärt sich aus dem zu erwartenden statistisch hoch signifikanten Zusammenhang von σ^+ mit S und P [346]. Da (5.99) einfacher als (5.98) und dabei statistisch praktisch gleich gut ist und da außerdem der Austausch von S und P gegen σ^+ inhaltlich gerechtfertigt ist, wäre für praktische Zwecke diese Gleichung zu bevorzugen.

d) Hemmung von L-Alaninaminopeptidase durch ortho- und meta-substituierte Piperidinoazetanilide (Formelbild XXV; aus [347]):

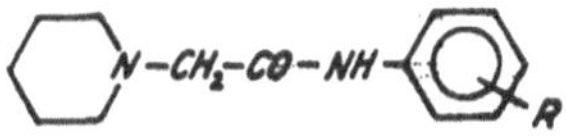

Formelbild XXV

ortho-Verbindungen

$$\log A = 0{,}72\ \sigma_p - 1{,}15\ \sigma_I - 0{,}43\ \pi - 1{,}17\ \sigma_p\pi + 1{,}62\ \sigma_I\pi + 2{,}16 \qquad (5.100)$$

$r = 0{,}966 \quad s = 0{,}037.$

para-Verbindungen

$$\log A = 1{,}72\ \sigma_p - 0{,}95\ \sigma_I + 2{,}26 \qquad (5.101)$$

$r = 0{,}950 \quad s = 0{,}116.$

Gleichung (5.100) entspricht dem ortho-Ansatz nach CHARTON (vgl. Gleichung (5.27); die $\pi\sigma$-Terme sind sehr wahrscheinlich als elektronische Korrekturen an den hier verwendeten π-Werten aus dem Phenoxyessigsäuresystem zu verstehen (siehe Kapitel 7.). Bei späteren quantitativen Struktur-Wirkungs-Analysen für andere biologische Effekte dieser Substanzklasse, die mit experimentell ermittelten π-Werten durchgeführt wurden, traten solche Kreuzprodukte nicht mehr auf. Interessant ist die Positionsabhängigkeit hinsichtlich hydrophober Wechselwirkungen, die offensichtlich in para-Position keine Rolle spielen.

7. Anwendung der YUKAWA-TSUNO- und der YOSHIOKO-Gleichung

a) Oxydation von Phenylglycinen in der Schafsniere (aus [323]):

$$\log A = 4{,}23\ \sigma^{+} - 5{,}17\ \sigma + 0{,}21 \qquad (5.102)$$

$$n = 6 \qquad r = 0{,}996 \qquad s = 0{,}118.$$

b) Hemmung der mikrosomalen mischfunktionellen Oxydase durch Phenylsydnone in vitro (aus [332]):

Phenylsydnone (Formelbild XIX) können Grenzstrukturen ausbilden, bei denen die Resonanzstabilisierung einer positiven Ladung durch den Substituenten R_1 im Phenylring möglich ist. Falls elektronische Einflüsse bestehen, sind dann entweder einfache Beziehungen mit σ^{+} oder Beziehungen mit σ^{+} und σ gemäß der YUKAWA-TSUNO-Gleichung zu erwarten, und eine derartige Beziehung wurde auch gefunden:

$$\log A = 4{,}59\ \pi_1 + 0{,}68\ \pi_2 + 17{,}91\ \sigma_1 - 0{,}24\ \sigma_1^{+} + 1{,}06 \qquad (5.103)$$

$$r = 0{,}996 \qquad s = 0{,}062.$$

(Aus R_2 liegt kein elektronischer Substituenteneinfluß vor).

Phenylsydnone können außerdem leicht zu Phenyl-N-Nitrosoaminosäuren gespalten werden (Formelbild XXVI), so daß auch XXVI das biologisch aktive Agens sein kann. Gleichung (5.103) spricht dagegen, denn in diesem Falle hätte man keinen σ^{+}-Term zu erwarten. Außerdem stammen die π-Werte in (5.103) vom Phenolsystem, während R_2 in XXVI in einer aliphatischen und nicht in einer aromatischen Umgebung ist, so daß beim Vorliegen von XXVI der Hydrophobizitätseinfluß von R_2 nicht durch diese π-Werte beschrieben werden könnte. Es ist also zu schlußfolgern, daß das intakte Sydnonsystem für die Enzymhemmung

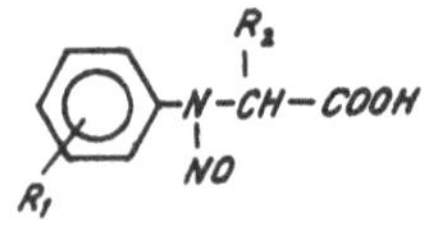

Formel-
bild XXVI

verantwortlich ist; dafür sprechen auch experimentelle Befunde, die zeigen, daß die Hemmwirkung unter Bedingungen, die eine Ringöffnung erleichtern, abnimmt. Interessanterweise sind die Verhältnisse bei der *toxischen Wirkung* der Phenylsydnone *in vivo* an der Maus völlig anders. Hier verschwindet der σ^+-Term, und zur Beschreibung des Hydrophobizitätseinflusses sind für R_1 π-Werte aus der Phenoxyessigsäureserie und für R_2 aliphatische π-Werte nötig [332]. Dies spricht stark für XXVI als toxisches Agens (Bioaktivierung *in vivo),* und im Einklang mit diesem Hinweis steht die Tatsache, daß Phenylsydnone *in vivo* starke Methämoglobinbildner sind (typisch für Nitrosoverbindungen), *in vitro* dagegen kaum. Auch hier ergeben sich also aus der quantitativen Struktur-Wirkungs-Analyse Hinweise auf den Wirkungsmechanismus.

c) Bakteriostatische Wirkung (E. coli) von Sulfonamiden (aus [348]):

$$\log A = 0{,}670\ \sigma^- + 0{,}48\ \sigma - 0{,}15\ \pi + 4{,}80 \qquad (5.104)$$

$$n = 17 \qquad r = 0{,}973 \qquad s = 0{,}117.$$

8. Radikalparameter

a) Bakterizide Wirkung von Benzylalkoholen (aus [349]):

$$\log A = 2{,}50\ E_R + 0{,}63\ \log P_{Okt./W.} + 0{,}09 \qquad (5.105)$$

$$n = 18 \qquad r = 0{,}95 \qquad s = 0{,}222.$$

b) Anästhetische Wirkung von Benzylalkoholen (aus [349]):

$$\log A = -3{,}61\ E_R + 1{,}33\ \log P_{Okt./W.} + 0{,}09 \qquad (5.106)$$

$$n = 16 \qquad r = 0{,}93 \qquad s = 0{,}308.$$

c) Synergistische Wirkung von Benzodioxolen (Formelbild XXVII) *auf die insektizide Wirkung von Carbamaten* (Fliege; aus [350]):

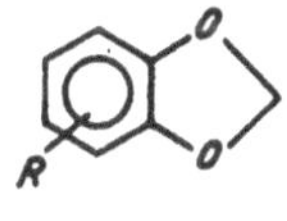

Formelbild XXVII

$$\log A = -0{,}20\ \pi^2 + 0{,}67\ \pi + 1{,}32\ \sigma^{\cdot} + 1{,}61 \qquad (5.107)$$

$$n = 13 \qquad r = 0{,}929 \qquad s = 0{,}171.$$

$\sigma^{\cdot}$ ist eine spezielle homolytische Substituentenkonstante zur Beschreibung von Radikalreaktionen. Der synergistische Effekt von XXVII ist auf eine Hemmung von mikrosomalen Enzymen zurückzuführen, die die Carbamate abbauen. Der $\sigma^{\cdot}$-Term wurde so interpretiert, daß die Reaktion mit dem Enzym über einen Radikalmechanismus abläuft, wobei die Wirkung mit der Fähigkeit zunimmt, ein freies Elektron an der CH_2-Gruppe zu lokalisieren. Vom pharmakologischen Gesichtspunkt aus ist an diesem Beispiel interessant, daß mittels quantitativer Struktur-Wirkungs-Analyse offensichtlich auch Coergismen beschrieben werden können.

Im Zusammenhang mit den Beispielen sei noch auf einen letzten Punkt hingewiesen. Betrachtet man beispielsweise die Gleichungen (4.75), (5.94), (5.95) und (5.103), werden positionsabhängige elektronische Substituenteneinflüsse erkennbar. Wie bereits erwähnt, sind solche Positionsabhängigkeiten bei komplexen Molekülen, insbesondere bei Heterozyklen, bei Molekülen mit mehreren aromatischen Ringen oder mit einem aromatischen und einem aliphatischen Teil durchaus keine Seltenheit; sie müssen bei den Ansätzen zur quantitativen Struktur-Wirkungs-Analyse berücksichtigt werden.

5.2. Anwendung experimenteller Größen in $f_e(x_e)$

Experimentelle Größen können dann günstig als elektronische Parameter eingesetzt werden, wenn sie die gleichen elektronischen Moleküleigenschaften charakterisieren, die für die betrachtete biologische Wirkquantität von Bedeutung sind. Sie können dabei einfach ein Ersatz für elektronische Substituentenkonstanten sein, denn die meisten der in Frage kommenden experimentellen Größen lassen sich durch lineare-freie-Enthalpie-Beziehungen beschreiben. Sie können aber auch den Vorteil bieten, daß sie definierte Wechselwirkungen charakterisieren und damit eine eindeutige physikalische Interpretation ermöglichen und daß weiter mitunter ein einziger experimenteller Parameter eine komplizierte Beziehung mit mehreren Substituentenkonstanten ersetzen kann. Ein Nachteil besteht darin, daß für die Vorausberechnung biologischer Aktivität die entsprechenden experimentellen Größen für die zu betrachtenden Verbindungen bekannt sein müssen. Häufig lassen sich jedoch bereits experimentelle Größen hinreichender Aussagekraft an den zur Synthese der interessierenden Substanzen dienenden Ausgangsstoffen ermitteln. Die wichtigsten, als x_e geeigneten Molekülparameter sind in Tabelle 7 zusammengestellt. Natürlich können auch bei Verwendung dieser Parameter Positionsabhängigkeiten und neben linearen auch nicht-lineare Zusammenhänge auftreten. Besonders häufig werden der pK_a- und der ΔpK_a-Wert benutzt, die ein allgemeines Maß für den elektronischen Sub-

Tabelle 7
Experimentelle Größen, die als Molekülparameter x_e in $f_e(x_e)$ verwendet werden können

$pK_a = -\log K_a$	K_a Ionisationskonstante für ionisierbare Gruppen
$\Delta pK_a = -\log K_{a,X}/K_{a,H}$	X substituierte Verbindungen mit dem Substituenten X; H nicht-substituierte Verbindung
μ	Dipolmoment
μ_i	Gruppendipolmoment
α	elektronische Polarisierbarkeit
P_E	elektronische Gruppenpolarisierbarkeit
ϑ	chemische Verschiebung
ν	Valenzschwingung einer geeigneten Gruppe im IR-Spektrum
$\Delta\nu$	Verschiebung der Valenzschwingung durch Einführung eines Substituenten
HSP	polarographisches Halbstufenpotential
I	Ionisationspotential
k, K	Geschwindigkeits- bzw. Gleichgewichtskonstante für eine geeignete Modellreaktion

stituenteneinfluß und den Ionisationsgrad innerhalb der Serie sind. Im folgenden seien einige Beispiele für die Anwendung solcher experimenteller Größen angegeben.

1. Bakteriostatische Wirkung von Arylaminen gegen E. coli (aus [351]):

$$\log A = -0{,}158\ pK_a + 0{,}694\ \log P + 4{,}504 \qquad (5.108)$$

$$n = 15 \qquad r = 0{,}966 \qquad s = 0{,}114.$$

In diesem Falle sind also Substituenten günstig, die den pK_a-Wert herabsetzen und zugleich die Hydrophobizität erhöhen.

2. Hemmung von Carboanhydrase durch Sulfonamide (aus [352] und [353]):

$$\log A = -0{,}774\ \Delta pK_a + 0{,}379\ \pi + 0{,}516 \qquad (a)$$
$$n = 16 \qquad r = 0{,}938 \qquad s = 0{,}216$$

$$\log A = 1{,}913\ \vartheta_{NH} + 0{,}255\ \pi + 0{,}447 \qquad (b)$$
$$n = 16 \qquad r = 0{,}963 \qquad s = 0{,}168$$

$$\log A = 2{,}160\ \Delta\nu_{SO_2} + 0{,}457\ \pi + 0{,}584 \qquad (c) \qquad (5.109)$$
$$n = 16 \qquad r = 0{,}924 \qquad s = 0{,}236$$

$$\log A = 0{,}084\ \sigma + 0{,}223\ \pi + 0{,}481 \qquad (d)$$
$$n = 16 \qquad r = 0{,}958 \qquad s = 0{,}176.$$

In den Gleichungen (5.109a) ... (5.109d) sind die einzelnen experimentellen Größen und σ austauschbar. Ähnliche Ergebnisse erhielten KAKEYA u. a. auch für die diuretische und natriuretische Wirkung der Sulfonamide [353 – 355].

3. Bakteriostatische Wirkung von Sulfonamiden in vitro:

Hier fand SEYDEL [225, 356 – 358], daß die bakteriostatische Wirkung von Sulfonamiden durch den pK_a-Wert, die chemische Verschiebung und auch durch die HAMMETT-Gleichung beschreibbar ist:

$$\log A = -0{,}639\ pK_a + 6{,}405 \qquad (a)$$
$$n = 25 \qquad r = 0{,}962$$

$$\log A = -0{,}890\ \vartheta_{NH} + 5{,}649 \qquad (b) \qquad (5.110)$$
$$n = 25 \qquad r = 0{,}976$$

$$\log A = 1{,}128\ \sigma + 0{,}398 \qquad (c)$$

Interessanterweise läßt sich die bakteriostatische Aktivität *in vitro* auch sehr gut über die chemische Verschiebung sowie die Ladungsdichte am Stickstoff (Q_N) der *zur Synthese benutzten Präkursoramine* voraussagen. Hier gilt:

$$\log A = -0{,}634\ \vartheta_{NH} + 4{,}784 \quad (5.111)$$

$$n = 11 \qquad r = 0{,}982$$

$$\log A = 38\ Q_N - 4{,}761 \quad (5.112)$$

$$n = 6 \qquad r = 0{,}944.$$

Wenn ein sehr großer Bereich elektronischer Eigenschaften überstrichen wird, gehen die Gleichungen (5.110) und (5.111) in Parabeln über.

Nach RASTELLI u. a. [359] soll das Sulfonamidanion die biologisch aktive Spezies sein, deren Eigenschaften durch (5.111) approximiert werden. Die Autoren fanden einen Zusammenhang zwischen der IR- und Raman-Frequenz der SO_2-Gruppe und der bakteriostatischen Aktivität.

4. Hemmwirkung substituierter Piperidinoazetanilide (XXV) auf das Keimwurzelwachstum von B. napus (5.113) sowie auf Trypsin (5.114) und L-Alaninaminopeptidase (5.115) (aus [360] und [361]):

$$\log A = 0{,}26\ \vartheta_{NH} + 0{,}46\ E_{s,m} + 0{,}18 \quad (5.113)$$

$$n = 8 \qquad r = 0{,}960 \qquad s = 0{,}147$$

$$\log A = -1{,}32\ \vartheta_{NH} - 1{,}90\ \pi + 18{,}21 \quad (5.114)$$

$$n = 10 \qquad r = 0{,}905 \qquad s = 0{,}492$$

$$\log A = 1{,}61\ \vartheta_{NH} - 15{,}09 \quad (5.115)$$

$$n = 7 \qquad r = 0{,}949 \qquad s = 0{,}131.$$

5. Fungizide Wirkung von Indolderivaten (Formelbild XXVIII; aus [362]):

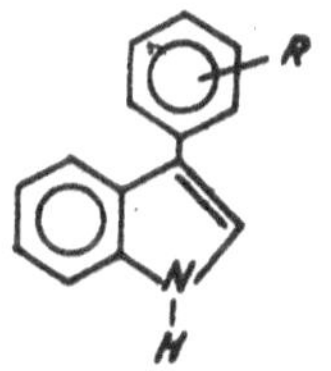

Formelbild XXVIII

$$\log A = -0{,}58\ \vartheta_{NH} - 4{,}08\ \pi^2 + 5{,}40\ \pi + 3{,}05 \quad (5.116)$$

$$n = 16 \qquad r = 0{,}95.$$

6. Antiarhythmische Wirkung von XXIX (aus [363]):

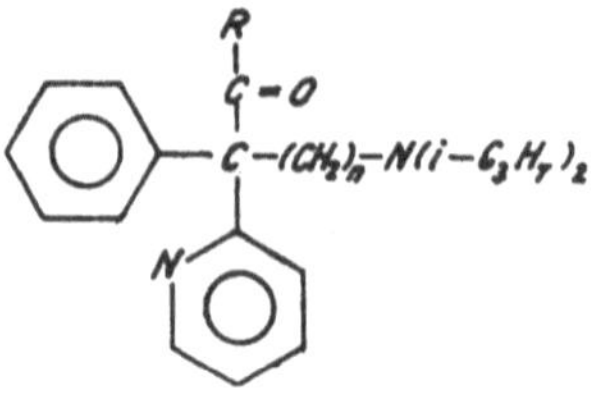

Formelbild XXIX

$$\log A = 16{,}12 \cdot 10^{-3}\ \nu_{C=0} + 0{,}92\ \pi + 28{,}44 \qquad (5.117)$$

$n = 14 \qquad r = 0{,}96 \qquad s = 0{,}14.$

7. Hemmung von Azetylcholinesterase durch XXX (aus [364]):

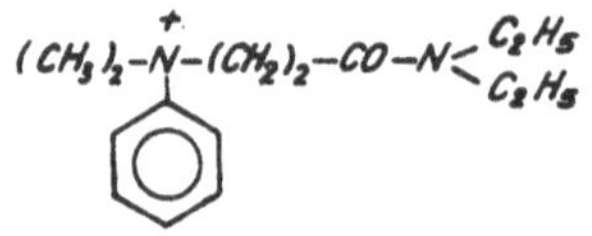

Formelbild XXX

$$pI_{50} = 0{,}44\ \pi + 0{,}08\ \mu + 2{,}41 \qquad (5.118)$$

$n = 7 \qquad r = 0{,}889 \qquad s = 0{,}12.$

Interessanterweise ist hier μ nicht das Dipolmoment von XXX, sondern das Dipolmoment der zur Synthese verwendeten Anilinderivate.

8. Hemmung der Muskelkontraktion durch verschiedene Nicht-Elektrolyte (aus [10]):

$$\log A = 0{,}082\ \alpha - 3{,}67 \qquad (5.119)$$

$n = 39 \qquad r = 0{,}987 \qquad s = 0{,}342.$

9. Enzymatische Hydrolyse von substituierten Benzoylcholinestern (aus [365]):

$$\log A = 1{,}31\ \sigma - 0{,}05\ P_E - 4{,}82 \qquad (5.120)$$

$n = 9 \qquad r = 0{,}980 \qquad s = 0{,}105.$

10. Entkopplung der oxydativen Phosphorylierung durch XXXI (aus [366]):

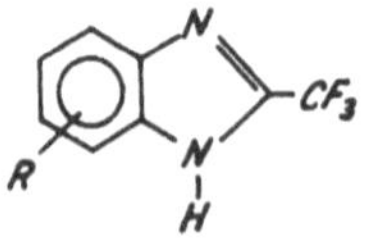

Formelbild XXXI

$$\log A = -0{,}68\ \Sigma\,\sigma^2 + 3{,}10\ \Sigma\,\sigma + 0{,}58\ \Sigma\,\pi + 3{,}84 \quad \text{(a)}$$

$$n = 22 \qquad r = 0{,}951 \qquad s = 0{,}531$$

$$\log A = -8{,}21\ \Sigma\,\vartheta^2 + 10{,}62\ \Sigma\,\vartheta + 0{,}44\ \Sigma\,\pi + 4{,}16 \quad \text{(b)}$$

$$n = 22 \qquad r = 0{,}968 \qquad s = 0{,}440 \qquad (5.121)$$

$$\log A = -0{,}16\ \Delta pK_a^2 + 1{,}64\ \Delta pK_a + 0{,}42\ \Sigma\,\pi + 3{,}56 \quad \text{(c)}$$

$$n = 22 \qquad r = 0{,}981 \qquad s = 0{,}338.$$

Ein Vergleich der Gleichungen (5.121a) ... (5.121c) zeigt, daß man in diesem Falle mit ΔpK_a die beste Beschreibung erhält, daß aber auch elektronische Substituentenkonstanten eingesetzt werden können. Die Größe ϑ ist eine spezielle elektronische Substituentenkonstante aus IR-Messungen.

11. Entkopplung der oxydativen Phosphorylierung durch Benzimidazole (aus [10]):

$$\log A = -0{,}24\ \Delta pK_a^2 + 1{,}36\ \Delta pK_a + 0{,}41\ \log P_{\text{Okt./W.}} + 3{,}15 \qquad (5.122)$$

$$n = 22 \qquad r = 0{,}938 \qquad s = 0{,}358.$$

Ein *nicht-linearer Zusammenhang mit* x_e wie in den Gleichungen (5.121) und (5.122) scheint für die *Entkopplung der oxydativen Phosphorylierung* häufig (aber nicht immer) aufzutreten und findet sich beispielsweise auch in [367]. Ergebnisse in [368] bestätigen ebenfalls indirekt diese Schlußfolgerung. Ein weiteres Beispiel dieser Art – allerdings unter Verwendung von Substituentenkonstanten – wird in Gleichung (5.123) gegeben.

12. Entkopplung der oxydativen Phosphorylierung durch XXXII (aus [369]):

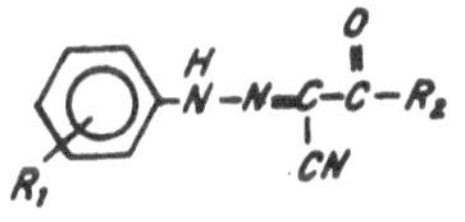

Formelbild XXXII

$$\log A = -0{,}80\ (\sigma_m + \sigma_p + \sigma_{R_2})^2 + 0{,}52\ (\sigma_m + \sigma_p + \sigma_{R_2}) - 0{,}05\ (\pi_m + \pi_p)^2$$
$$+ 0{,}31\ (\pi_m + \pi_p) + 0{,}36\ \pi_o^2 - 0{,}13\ \pi_o + 0{,}19\ \pi_{R_2} + 5{,}83$$
$$n = 60 \qquad r = 0{,}921 \qquad s = 0{,}172. \qquad (5.123)$$

Hier zeigt sich außerdem sowohl hinsichtlich des hydrophoben als auch des elektronischen Einflusses eine ausgeprägte Positionsabhängigkeit. Interessant ist hier auch das positive Vorzeichen des π_o^2-Terms [Minimum-Region in (4.66) bzw. (4.67)].

13. Hemmung von Monoaminooxydase durch Propynilamine (aus [370]):

$$\log A = -0{,}21\ pK_a^2 + 1{,}84\ pK_a + 0{,}24\ \pi + 1{,}06\ X + 3{,}77 \qquad (5.124)$$

$$n = 47 \qquad r = 0{,}91 \qquad s = 0{,}58.$$

Der Hilfsparameter beschreibt einen speziellen Einfluß der ortho-Substituenten und ist definiert gemäß

$$X = \begin{cases} 1 & \text{für ortho-substituierte Verbindungen} \\ 0 & \text{für Verbindungen ohne ortho-Substituent.} \end{cases} \qquad (5.125)$$

Der nicht-lineare Zusammenhang hat, wie in [370] nachgewiesen wurde, nichts mit Ionisationsgleichgewichten zu tun. Er kommt in diesem Falle dadurch zustande, daß die Reaktion mit dem Enzym in drei Schritten abläuft, wobei die ersten beiden Schritte durch elektronenziehende Substituenten begünstigt werden, während für den letzten Schritt Elektronenzug ungünstig ist; in bezug auf die elektronischen Substituenteneffekte muß es also ein Optimum geben, das durch den parabelförmigen Zusammenhang mit pK_a widergespiegelt wird.

14. Hemmung der HILL-Reaktion durch substituierte Anilide (aus [371]):

$$\log A = 0{,}16\ \text{HSP} + 0{,}83\ \pi - 0{,}52\ \pi^2 + 1{,}13 \qquad (5.126)$$

$$n = 12 \qquad r = 0{,}999 \qquad s = 0{,}003.$$

Der Zusammenhang mit dem polarographischen Halbstufenpotential HSP deutet auf das Auftreten von charge-transfer-Wechselwirkungen hin.

15. Bakteriostatische Wirkung von 5-Nitro-Thiazolen (aus [372]):

$$\log A = 20{,}81\ \text{HSP} - 0{,}54\ (\log P_{Okt./W.})^2 + 1{,}96\ \log P_{Okt./W.} + 5{,}76 \qquad (5.127)$$

$$n = 18 \qquad r = 0{,}942 \qquad s = 0{,}229.$$

Das Halbstufenpotential ist hier Ausdruck für die Redoxeigenschaften der betrachteten Verbindungen und erscheint deshalb in (5.127), weil Nitro-Thiazole über einen Reduktionsschritt in den bakteriellen Metabolismus eingreifen.

Ein besonderes Problem stellen solche Serien von Verbindungen dar, in denen sich der Ionisationsgrad stark verändert; mit diesem Problem hat sich vor allem MARTIN [19, 21] beschäftigt. Es ist möglich, daß nur die ionisierten oder die nicht-ionisierten Moleküle mit dem Rezeptor interagieren. Es kann aber auch der Fall eintreten, daß sich beide Formen an den Rezeptor binden, wobei die Affinität unterschiedlich sein kann. In solchen Serien ist daher eine explizite Einbeziehung des Ionisationsgrades in die quantitative Struktur-Wirkungs-Analyse zu empfehlen, wobei eine grundsätzliche Schwierigkeit darin besteht, daß häufig nichts über den pH-Wert in unmittelbarer Rezeptornähe bekannt ist. Hierbei sind drei Wege möglich. Die erste Möglichkeit besteht darin, den Ionisationsgrad in den Hydrophobizitätsterm einzubeziehen und statt des Verteilungskoeffizienten den *Distributionskoeffizienten* D (häufig auch als apparenter Verteilungskoeffizient bezeichnet) zu benutzen (siehe z. B. [373]. Der Zusammenhang zwischen P und D folgt aus (5.128):

$$\log D = \log P + \log f_n . \qquad (5.128)$$

Die Fraktion f_n des nicht-ionisierten Anteils läßt sich aus dem pH- und pK_a-Wert berechnen. Dieses Vorgehen scheint sinnvoll, wenn die elektronischen Einflüsse auf Transport oder hydrophobe Wechselwirkung von anderen elektronischen Effekten separiert werden sollen. SCHERRER und HOWARD [373] geben eine ganze Reihe von Beispielen an, wo dies durch den Ersatz von log P durch log D offenbar gelingt; die resultierenden Beziehungen sind außerdem einfacher und statistisch besser. Gegen die Verwendung von log D in nicht-linearen Zusammenhängen für $f_h(x_h)$ bestehen allerdings grundsätzliche Bedenken, da hierdurch die Lage des Maximums verfälscht werden kann [21]. Ein anderer Weg besteht darin, die applizierte Konzentration durch Multiplikation mit der Fraktion des ionisierten (f_i) bzw. nicht-ionisierten (f_n) Anteils auf die Konzentration der biologisch aktiven Spezies zu korrigieren [374, 375]:

die ionisierte Form ist biologisch wirksam:

$$\log A = \log 1/C_i = \log 1/Cf_i = \log 1/C + \log [(K_a + [H^+])/K_a], \qquad (5.129)$$

die nicht-ionisierte Form ist biologisch wirksam:

$$\log A = \log 1/C_n = \log 1/Cf_n = \log 1/C + \log [(K_a + [H^+]/[H^+])]. \quad (5.130)$$

Diese Art des Vorgehens liefert den richtigen Wert für $x_{h,0}$ im Falle eines nicht-linearen Zusammenhanges zwischen log A und x_h, kann aber den Fall, daß sowohl die ionisierte als auch die nicht-ionisierte Form wirksam sind, nicht behandeln. Eine umfassende Behandlung des Einflusses des Ionisationsgrades, die auch die Möglichkeit der Betrachtung verschiedener wäßriger Kompartimente unterschiedlicher pH-Werte einschließt, ist mit dem Ansatz von MARTIN und HACKBARTH [21, 219 – 221] möglich (siehe Abschnitt 4.4.).

Von MACFARLAND [376] wird der Verwendung von *Gruppendipolmomenten* und *Gruppenpolarisierbarkeiten* eine besondere Bedeutung beigemessen. Er geht dabei von der Annahme aus, daß Unterschiede in der Affinität zum Rezeptor innerhalb einer homologen Serie neben hydrophoben Wechselwirkungen allein auf VAN-DER-WAALS-Wechselwirkungen zwischen den Substituenten und dem Rezeptor zurückzuführen sind. Mit dieser Annahme ergibt sich aus den Ausdrücken für die KEESOM-, DEBYE- und LONDON-Wechselwirkungen näherungsweise der folgende Ausdruck für $f_e(x_e)$:

$$f_e(x_e) = a\mu_i^2 + bP_E + \text{const.} \quad (5.131)$$

Vernachlässigt wird dabei, daß schon in π ein Teil der VAN DER WAALS-Wechselwirkungen enthalten ist sowie auch der Einfluß der Substituenten auf die Eigenschaften des Gesamtmoleküls.

MACFARLAND führt einige Beispiele an, bei denen Gleichung (5.131) mit Erfolg zur Beschreibung der biologischen Wirkquantität angewendet werden konnte. Insgesamt sind aber diese Beispiele nicht sehr überzeugend und schließen eine andere physikalische Deutung der gefundenen Zusammenhänge keinesfalls aus (siehe auch [322]). Trotzdem sind sicherlich Dipolmoment und Polarisierbarkeit zur Charakterisierung der Funktion $f_e(x_e)$ prinzipiell geeignete Größen. Dabei ist allerdings zu beachten, daß Zusammenhänge mit der Polarisierbarkeit unter Umständen auch ein Ausdruck für hydrophobe Wechselwirkungen sein können, da innerhalb bestimmter Substituentenserien Zusammenhänge zwischen Polarisierbarkeit und x_h bestehen (siehe z. B. auch [60, 377 – 379]). Von TUTE [380] wurde ein Ansatz analog (5.131) bei einer quantitativen Struktur-Wirkungs-Analyse für die Hemmwirkung von XXXIII auf das virale Enzym Neuraminidase angewendet. Er erhielt folgende Beziehung:

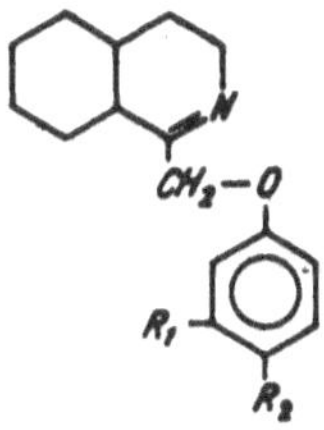

Formelbild XXXIII

$$\log A = 0{,}062\ \mu_v + 0{,}030\ \mu_v^2 + 0{,}271\ \pi + 2{,}552 \qquad (5.132)$$

$$n = 16 \qquad r = 0{,}937 \qquad s = 0{,}074.$$

Dabei ist μ_v das Gruppendipolmoment entlang der Achse durch das Sauerstoffatom und den para-Substituenten R_2 in XXXIII. Gleichung (5.132) wurde von TUTE so interpretiert, daß neben hydrophoben Wechselwirkungen mit dem Rezeptor Dipol-Dipol-Wechselwirkungen auftreten (erklärt den Term μ_v^2) und daß außerdem der Dipol mit einer Punktladung auf dem Rezeptor interagiert (erklärt den linearen μ_v-Term). Gleichung (5.132) ließ sich durch Hinzufügen eines Terms für P_E nicht verbessern, und daraus wurde gefolgert, daß bei der Bindung von XXXIII an den Rezeptor in den Wirkstoffmolekülen kein Dipol induziert wird, da in diesem Falle ein solcher Term zu erwarten gewesen wäre. Eine genauere Inspektion von (5.132) zeigt jedoch, daß der μ_v-Term statistisch nur ungenügend gesichert ist und daß die folgende Gleichung die biologische Wirkquantität etwa gleich gut beschreibt [322]:

$$\log A = 0{,}265\ \pi + 0{,}014\ \mu_v^2 + 2{,}548 \qquad (5.133)$$

$$n = 16 \qquad r = 0{,}916 \qquad s = 0{,}081.$$

Da μ_v^2 mit σ^2 korreliert und ein σ^2-Term auf einen ganz anderen Reaktionsmechanismus hindeuten kann, folgt, daß obige Interpretation mindestens nicht sehr sicher ist. Dieses Beispiel unterstreicht deutlich, daß das zu zeitige Einengen des Hypothesenraumes auf eine bestimmte Hypothese und damit einen bestimmten Ansatz auch bei statistischer Signifikanz der resultierenden Gleichung ungünstig ist. Es kommt vielmehr darauf an, möglichst viele Hypothesen zu prüfen, d. h. Rechnungen mit möglichst vielen (natürlich sinnvollen) Parametern durchzuführen und erst dann anhand des Gesamtbildes eine Interpretation vorzunehmen. Die Tatsache, daß eine bestimmte Hypothese zu einer signifikanten quantitativen Struktur-Wirkungs-Beziehung geführt hat, ist in keiner Weise ein Beweis für die Gültigkeit dieser Hypothese, solange nicht mögliche Alternativen ebenfalls geprüft wurden.

5.3. Anwendung quantenchemischer Parameter in $f_e(x_e)$

Zu Beginn dieses Abschnittes muß betont werden, daß eine Darstellung quantenchemischer Verfahren und eine genauere Diskussion der zahlreichen quantenchemischen Molekülparameter den Rahmen dieses Beitrages sprengen würde. Hinsichtlich quantenchemischer Verfahren sei beispielsweise auf die Referenzen [381 – 388] verwiesen, und einige zusammenfassende Darstellungen zur Anwendung der Quantenchemie auf biologische Fragestellungen finden sich in [389 – 401].

Einige wichtige quantenchemische Molekülparameter sind in Tabelle 8 zusammengestellt. Die Größen E_{HOMO} (Energie des höchsten besetzten Molekülorbitals) und E_{LEMO} (Energie des niedrigsten unbesetzten Molekülorbitals) sind von Bedeutung, wenn zwei Moleküle mit π-Elektronensystemen sogenannte *charge-transfer-Komplexe* bilden. Formal kommen solche Komplexe dadurch zustande, daß vom höchsten besetzten Molekülorbital (HOMO) eines Donators D ein Elektron in das niedrigste unbesetzte Molekülorbital (LEMO) eines Akzeptors A übergeht. Die Wechselwirkungsenergie E_{CT} ergibt sich zu

$$E_{CT} = I_D - E_A + \Delta, \tag{5.134}$$

wobei I_D das Ionisationspotential des Donators und E_A die Elektronenaffinität des Akzeptors ist; Δ ist ein Stabilisierungsterm, in den u. a. Beiträge aus Solvatations- und Polarisationseffekten eingehen. Innerhalb homologer Serien ist das Ionisationspotential umgekehrt proportional zu E_{HOMO} und die Elektronenaffinität umgekehrt proportional zu E_{LEMO}. Bleibt ein Reaktionspartner (der Rezeptor) konstant, folgt dann für den Fall, daß die Wirkstoffe als Donatoren auftreten

$$E_{CT} = a_1 E_{HOMO} + a_0 \tag{5.135}$$

und für den Fall, daß die Wirkstoffe Akzeptoren sind

$$E_{CT} = b_1 E_{LEMO} + b_0. \tag{5.136}$$

Mitunter erfolgt ein charge-transfer „lokalisiert" bzw. bevorzugt an bestimmten Zentren bzw. Atomen (insbesondere Heteroatomen) eines Donators oder Akzeptors. Dann ist die Frontelektronendichte f_r an dem Atom r ein geeignetes Maß zur Charakterisierung solcher Wechselwirkungen. Diese Größe gibt die Elektronendichte am Atom r in dem für die charge-transfer-Wechselwirkungen entscheidenden Frontorbital an, d. h. im Falle eines Donators

Tabelle 8
Einige wichtige quantenchemische Parameter, die in der Funktion $f_e(x_e)$ verwendet werden können

E_{HOMO}	Energie des höchsten besetzten Molekülorbitals
E_{LEMO}	Energie des ersten unbesetzten Molekülorbitals
f_r	Frontelektronendichte am Atom r
F_r	f_r/E (Frontorbital). Das Frontorbital ist je nach der Art der Wechselwirkungen HOMO oder LEMO
S_r^E	elektrophile Superdelokalisierbarkeit für das Atom r
S_r^N	nucleophile Superdelokalisierbarkeit für das Atom r
$S_r^{E'}$	approximierte elektrophile Superdelokalisierbarkeit für das Atom r
$S_r^{N'}$	approximierte nucleophile Superdelokalisierbarkeit für das Atom r
q_r^π	π-Elektronendichte (Ladung) am Atom r
q_r^σ	σ-Elektronendichte (Ladung) am Atom r
Q_r	Gesamtelektronendichte (Ladung) am Atom r
$q_{r,N}^\pi$	π-Elektronen-Nettoladung am Atom r
$q_{r,N}^\sigma$	σ-Elektronen-Nettoladung am Atom r
$Q_{r,N}$	Gesamtelektronennettoladung am Atom r
L_E	elektrophile Lokalisierungsenergie
L_N	nucleophile Lokalisierungsenergie
L_R	radikalische Lokalisierungsenergie

in HOMO (f_r^E) und im Falle eines Akzeptors in LEMO (f_r^N). Streng genommen sind diese Größen nur in der HMO-Näherung exakt definiert. Weiterhin erlauben sie eigentlich nur einen Vergleich verschiedener Atome im gleichen Molekül; für Betrachtungen innerhalb von Serien sollten die Größen $F_r^E = f_r^E/E_{HOMO}$ und $F_r^N = f_r^N/E_{LEMO}$ der Realität näher kommen [402].

Wenn zwischen Wirkstoffen und Rezeptor globale charge-transfer-Wechselwirkungen auftreten, ist eine Korrelation von log A mit E_{HOMO} (Wirkstoff ist Donator) oder E_{LEMO} (Wirkstoff ist Akzeptor) zu erwarten.[7] Tritt lokalisierter charge-transfer am Atom r ein, sollte log A mit f_r^N bzw. F_r^N (Wirkstoff ist Akzeptor) korrelieren. Für den Fall, daß ein solcher lokalisierter charge-transfer an mehreren Atomen gleichzeitig möglich ist, besteht eine Abhängigkeit von den f_r bzw. F_r aller beteiligten Atome. Eine weitere häufig benutzte Größe zur Charakterisierung der Wechselwirkung zwischen Molekülen ist die Superdelokalisierbarkeit S_r am Atom r, die in gewisser Weise mit dem Beitrag des Atoms r zur Stabilisierungsenergie bei der Komplexbildung mit einem zweiten Molekül verknüpft ist. Diese Superdelokalisierbarkeit ist ebenfalls auf die Betrachtung von π-Orbitalen begrenzt, und ihre Anwendung im Formalismus von All-Valenzelektronen-Methoden ist nicht unproblematisch [402]. Es wird zwischen der elektrophilen Superdelokalisierbarkeit S_r^E und der nucleophilen Superdelokalisierbarkeit S_r^N unterschieden; erstere beschreibt die Wechselwirkung mit einem elektrophilen und letztere die Wechselwirkungen mit einem nucleophilen Zentrum in einem zweiten Molekül. Wenn bei solchen Wechselwirkungen die π-Elektronen der Frontorbitale eine bevorzugte Rolle spielen, kann mit der gleichen Aussage die sogenannte approximierte Superdelokalisierbarkeit S_r' verwendet werden, bei deren Berechnung nur das Frontorbital (HOMO bei $S_r^{E'}$ und LEMO bei $S_r^{N'}$) berücksichtigt wird.

Wesentlich für Wechselwirkungen mit dem Rezeptor ist natürlich auch die Ladungsverteilung in den Wirkstoffmolekülen, d. h. die Elektronendichte an den einzelnen Atomen. Dabei wird unterschieden zwischen der π-Elektronendichte q_r^π, der σ-Elektronendichte q_r^σ sowie der Gesamtelektronendichte $Q_r = q_r^\pi + q_r^\sigma$; letztere kann zur Berechnung von Dipolmomenten dienen. Mitunter wird auch die Nettoladung ($q_{r,N}^\pi$, $q_{r,N}^\sigma$, $Q_{r,N}$) verwendet, die erhalten wird, wenn von q_r bzw. Q_r die Zahl der Valenzelektronen abgezogen wird, die das Atom r nach klassischen Valenzvorstellungen besitzt.

Die bisher erwähnten Größen können bis zu eingem gewissen Grade schwache intermolekulare Wechselwirkungen beschreiben, korrelieren aber auch mit chemischen Reaktivitäten. Dabei ist zwischen sogenannten *statischen* und *dynamischen* Reaktivitätsindices zu unterscheiden. Statische Reaktivitätsindices (z. B. Ladungen) beschreiben die isolierten Moleküle in ihrem Grundzustand, während die dynamischen Größen (z. B. Superdelokalisierbarkeit) auf dem Modell des Übergangszustandes (aktivierter Komplex) beruhen

7 Umgekehrt ist jedoch das Auftreten eines solchen Zusammenhanges kein Beweis für das Vorliegen von charge-transfer-Wechselwirkungen.

und die Störung durch den Reaktionspartner einschließen. Ein wichtiger Reaktivitätsindex für π-Elektronensysteme ist die Lokalisierungsenergie L, die ein Maß für die Änderung der π-Elektronenenergie bei der Bildung des π-Übergangskomplexes darstellt und damit den Charakter einer Aktivierungsenergie hat. Dabei sind drei Fälle zu unterscheiden:

1. Elektrophiler Reaktant:
   Die Zahl der π-Elektronen des Systems wird um zwei erniedrigt und die Zahl der Zentren des Moleküls, die π-Elektronen beitragen, wird um eins erniedrigt. Diese Situation wird durch die elektrophile Lokalisierungsenergie L_E beschrieben.
2. Nucleophiler Reaktant:
   Die Zahl der π-Elektronen des Systems bleibt erhalten, die Zahl der Zentren, welche π-Elektronen beitragen, wird um eins erniedrigt. Diesen Fall beschreibt die nucleophile Lokalisierungsenergie L_N.
3. Radikalischer Reaktant:
   Sowohl die Zahl der π-Elektronen als auch die Zahl der Zentren, die ein π-Elektron beitragen, werden um eins erniedrigt. Hier ist die radikalische Lokalisierungsenergie L_R anzuwenden.

Die Lokalisierungsenergie läßt sich für alle Zentren (Atome, Bindungen) eines konjugierten Moleküls berechnen.

Eines der grundlegenden Probleme bei der Anwendung quantenchemischer Molekülparameter in $f_e(x_e)$ besteht darin, daß sich für jedes Wirkstoffmolekül eine Fülle solcher Parameter berechnen läßt (z. B. für ein Molekül mit 20 Zentren insgesamt 80 Werte allein für S_r^E, S_r^N, $S_r^{E'}$ und $S_r^{N'}$) und daß nicht bekannt ist, in welcher Weise diese Parameter mit der biologischen Wirkquantität zu verknüpfen sind. In bestimmten Grenzen können hier möglicherweise Ansätze weiterhelfen, in denen die durch elektronische Wechselwirkungen bedingte Energieänderung bei der Bildung einer mesomeren Spezies DR aus zwei π-Elektronensystemen D und R mittels *perturbationstheoretischer Betrachtungen* [403] analysiert wird. Ein erster Versuch zur Beschreibung von Wirkstoff-Rezeptor-Wechselwirkungen mittels eines solchen Vorgehens stammt von INOUYE u. a. [404, 405], wobei von einer 2-Punkt-Wechselwirkung zwischen Rezeptor und Wirkstoff D ausgegangen wurde. Der Ansatz von INOUYE führt zu folgenden Formulierungen für $f_e(x_e)$:

$$f_e(x_e) = aS_r + bS_s + C \qquad (5.137)$$

und

$$f_e(x_e) = af_r + bf_s + C. \qquad (5.138)$$

Gleichung (5.138) gilt für den Fall, daß die HOMOs für Wirkstoff und Rezeptor die gleiche Energie haben. S_r und S_s sind die Superdelokalisierbarkeiten für die beiden mit dem Rezeptor interagierenden Atome r und s in den Wirkstoffmolekülen, und f_r und f_s sind die entsprechenden Frontelektronendichten. Abgesehen von der vereinfachenden Annahme einer 2-Punkt-Wechselwirkung sind die Gleichungen (5.137) und (5.138) auf Grund einiger drastischer Näherungen insgesamt nur als eine grobe Annäherung an die Realität zu betrachten [406]. Von CAMMARATA [406] wurde ein anderer perturbationstheoretischer Ansatz zur Behandlung elektronischer Wechselwirkungen zwischen Wirkstoffen und Rezeptor vorgeschlagen, der nicht auf π-Elektronensysteme beschränkt ist. Dieser Ansatz geht auf Arbeiten von KLOPMAN und HUDSON [407, 408] zurück und betrachtet ionische sowie lokalisierte charge-transfer-Wechselwirkungen. Dabei lassen sich zwei Fälle unterscheiden:

Fall 1:
Die Wechselwirkungen sind im wesentlichen auf charge-transfer zurückzuführen und hängen von der Elektronendichte der beteiligten Atome im Frontorbital ab. Dann gilt:

$$f_e(x_e) = \sum_r (a_{r,1} c_{r,LEMO} + a_{r,2} c_{r,HOMO} + a_{r,3} Q_{r,N} + a_{r,4} Q_{r,N}^2) + \text{const.} \qquad (5.139)$$

Summiert wird über alle an der Wechselwirkung beteiligten Atome r; $c_{r,LEMO}$ und $c_{r,HOMO}$ sind die Koeffizienten des Atomorbitals r in LEMO und HOMO und haben hier sinngemäß die gleiche Aussage wie die Frontelektronendichte f_r.

Fall 2:
Die Wechselwirkungen sind im wesentlichen auf Coulomb-Kräfte zurückzuführen; charge-transfer-Wechselwirkungen spielen keine Rolle. Dann gilt:

$$f_e(x_e) = \sum_r (a_{r,1} Q_{r,N} + a_{r,2} S_r^N + a_{r,3} S_r^E) + \text{const.} \qquad (5.140)$$

Zu beachten ist, daß sowohl in (5.139) als auch in (5.140) einzelne $a_{r,i}$ Null werden können. Als Grenzfall sowohl von Gleichung (5.139) als auch (5.140) kann dabei folgender Zusammenhang auftreten:

$$f_e(x_e) = \sum_r a_r Q_{r,N} + \text{const.} \qquad (5.141)$$

Bei einem Zusammenhang gemäß (5.141) kann zwischen Fall 1 und Fall 2 nicht mehr unterschieden werden. Das Auftreten solcher Zusammenhänge ist außerdem stets dann zu erwarten, wenn Wechselwirkungen zwischen Punktladungen in den Wirkstoffmolekülen und entsprechenden Punktladungen bzw. Dipolen am Rezeptor für die Bildung des Wirkstoff-Rezeptor-Komplexes von Bedeutung sind. Ob die Gleichungen (5.139) und (5.140) zur Beschreibung elektronischer Wechselwirkungen wirklich als generelle Ansätze für $f_e(x_e)$ verwendbar sind, ist keinesfalls gesichert und bedarf einer weiteren Überprüfung.

Versuche, quantenchemische Molekülparameter mit biologischen Wirkquantitäten zu verknüpfen, reichen bis in die 30er Jahre zurück. Trotz zahlreicher Bemühungen gibt es aber bisher nur relativ wenige wirklich *quantitative* Struktur-Wirkungs-Beziehungen mit solchen Molekülparametern allein; in den meisten Fällen konnten nur bestimmte Trends derart gefunden werden, daß die biologische Aktivität irgendeinem Molekülparameter weitgehend parallel läuft. Ein Grund hierfür dürfte in der bereits erwähnten Vielfalt quantenchemischer Molekülparameter liegen. Diese Vielfalt, die noch durch vielfältige Beziehungen der verschiedenen Parameter untereinander kompliziert wird, macht das Auffinden der für die Abstufung der biologischen Aktivität wirklich relevanten Größen außerordentlich schwierig. Häufig wurde so vorgegangen, daß bestimmte Parameter – ausgehend von intuitiven Annahmen – willkürlich herausgesucht und der biologischen Aktivität gegenüber gestellt wurden. Es ist leicht einzusehen, daß ein solches Vorgehen nur geringe Erfolgschancen hat. Ein zweiter, sehr wesentlicher Grund liegt darin, daß mit quantenchemischen Molekülparametern prinzipiell keine Entropieeffekte erfaßbar sind, daß aber gerade solche Effekte bei der Wirkstoff-Rezeptor-Wechselwirkung eine wesentliche Rolle spielen. Dabei ist insbesondere an hydrophobe Wechselwirkungen zu denken (im begrenzten Umfang und unter bestimmten Voraussetzungen sind allerdings auch π-Werte quantenchemisch berechenbar, siehe Abschnitt 7.2.). Bis auf wenige Ausnahmen können daher quantenchemische Parameter nur den Term $f_e(x_e)$ beschreiben; sie erhalten erst dann in der quantitativen Struktur-Wirkungs-Analyse einen wirklichen Sinn, wenn sie mit den anderen Funktionen in Gleichung (3.17) kombiniert werden. Einige Beispiele für die Anwendung quantenchemischer Parameter in der quantitativen Struktur-Wirkungs-Analyse seien im folgenden aufgeführt:

1. Analgetische Wirkung von Imidazolin-Derivaten (aus [409]):

$$\log A = -0{,}95\ \pi^2 + 1{,}80\ \pi - 7{,}90\ E_{HOMO} + 5{,}17 \qquad (5.142)$$

$$r = 0{,}975.$$

Gleichung (5.142) deutet darauf hin, daß hier charge-transfer-Wechselwirkungen eine Rolle spielen, die von hydrophoben Wechselwirkungen mit dem Rezeptor überlagert werden.

2. *Bakteriostatische Wirkung von Sulfonamiden* (aus [406]):

$$\log A = 8{,}76\, c_{N,LEMO} + 319\, Q_{N,N} - 1731\, Q^2_{N,N} + X - 13{,}28 \qquad (5.143)$$

$$n = 15 \qquad r = 0{,}94 \qquad s = 0{,}15.$$

$c_{N,LEMO}$ ist der Koeffizient des Atomorbitals des Sulfonamidstickstoffes in LEMO, $Q_{N,N}$ ist die Nettoladung des Stickstoffs und X ist ein Hilfsparameter mit

$$X = \begin{cases} 0{,}20 & \text{für Sulfonamide aus einer Benzamid-Serie} \\ 0 & \text{für Sulfonamide aus einer Anilinserie,} \end{cases} \qquad (5.144)$$

wobei diese Werte der Nettoladung des C-Atoms in der Carbonyl-Gruppe entsprechen.

Gleichung (5.143) entspricht ihrer Form nach Gleichung (5.139), so daß an am Stickstoff lokalisierte charge-transfer-Wechselwirkungen gedacht werden könnte. Immerhin läßt sich aber die bakteriostatische Wirkung von Sulfonamiden wesentlich einfacher beschreiben, wie z. B. aus den Gleichungen (5.110) ... (5.112) folgt.

3. *Bakteriostatische Aktivität von Tetrazyklinen* (aus [406]):

$$\log A = 56{,}17\, Q_{010} + 16{,}91\, S^E_{010} + 48{,}79\, Q_{011} - 1{,}10\, S^E_{011}$$

$$+ 71{,}32\, Q_{012} + 18{,}36\, S^E_{012} + 3{,}38\, Q_6 + 18{,}39 \qquad (5.145)$$

$$n = 18 \qquad r = 0{,}99 \qquad s = 0{,}16.$$

Gleichung (5.145) entspricht formal Gleichung (5.140), so daß hier der von CAMMARATA diskutierte Fall 2 vorliegen könnte.

4. *Enzymatische Azetylierung aromatischer Amine* (aus [15]):

PERAULT und PULLMAN [410] fanden einen qualitativen Zusammenhang zwischen der Acylierungsgeschwindigkeit und der Elektronendichte q_N am Aminstickstoff, der von HANSCH u. a. [15] durch Hinzufügen eines π-Terms zu einer quantitativen Beziehung erweitert werden konnte:

$$\log A = 0{,}29\ \pi + 18{,}16\ q_N - 33{,}82. \qquad (5.146)$$

5. Geschmacksverstärkende Wirkung von 2-substituierten Inosin-5'-Phosphaten (synergistisch zu L-Glutamat; aus [411]):

$$\log A = 0{,}049\ \pi + 0{,}565\ \sigma_m + 0{,}425\ S^E_{X,1} + 0{,}375 \qquad (5.147)$$

$$n = 48 \qquad r = 0{,}929 \qquad s = 0{,}088$$

Interessant ist hier die Kombination der elektrophilen Superdelokalisierbarkeit für das erste Zentrum des Substituenten in 2-Position mit σ_m, wobei σ_m einen elektronischen Effekt auf die Carbonylgruppe in Position 6 und $S^E_{X,1}$ lokale Wechselwirkungen am Substituenten widerspiegeln sollen. Der hydrophobe Parameter π spielt nur eine geringe Rolle und ist in diesem Falle vielleicht mehr als eine sterische Korrekturgröße aufzufassen.

6. Geschmacksverstärkende Wirkung von substituierten 2-Mercapto-Inosin-5'-Phosphaten (synergistisch zu L-Glutamat; aus [411]):

$$\log A = -0{,}090\ \pi^2 + 0{,}137\ \pi + 3{,}48\ S^E_{X,1} + 0{,}216\ X + 0{,}876 \qquad (5.148)$$

$$n = 46 \qquad r = 0{,}950 \qquad s = 0{,}103.$$

Der Hilfsparameter X ist definiert gemäß:

$$X = \begin{cases} 1, & \text{wenn in } \gamma\text{- oder } \vartheta\text{-Position des Substituenten Sauerstoff auftritt} \\ 0, & \text{wenn nicht.} \end{cases} \qquad (5.149)$$

7. Hemmung der H*ILL-Reaktion durch eine Serie von Piperdino-azetaniliden* (XXV; aus [371]):

$$\log A = -45{,}92\ q^{\pi}_N + 96{,}41 \qquad (5.150)$$

$$n = 7 \qquad r = 0{,}859 \qquad s = 0{,}197$$

$$\log A = 20{,}69\ E_{HOMO} - 10{,}57 \qquad (5.151)$$

$$n = 7 \qquad r = 0{,}992 \qquad s = 0{,}047.$$

Der Vergleich von (5.150) und (5.151) ist recht interessant. Nach (5.150) nimmt die Hemmwirkung mit sinkender Elektronendichte am Amidstickstoff zu. Dieser Zusammenhang scheint damit vollständig in das klassische Bild eines HILL-Reaktionshemmers zu passen, *nach dem die Ausbildung einer Wasserstoffbrücke von einer NH-Gruppe des Wirkstoffs zum Rezeptor ein wesentlicher Faktor für die Hemmwirkung ist.* Die Elektronendichte am Amidstickstoff korreliert aber nach (5.152) mit E_{HOMO},

$$E_{HOMO} = -3{,}63\ q_N^{\pi} + 6{,}92 \qquad (5.152)$$

$$n = 7 \qquad r = 0{,}909 \qquad s = 0{,}011$$

und mit E_{HOMO} erhält man gemäß (5.151) bereits eine ausgezeichnete Ein-Parameter-Gleichung, die sich durch Hinzufügen eines Hydrophobizitätsterms sicher noch verbessern ließe. Daraus folgt, daß sehr wahrscheinlich *nicht die Ausbildung einer Wasserstoffbrücke, sondern die Ausbildung von charge-transfer-Wechselwirkungen* für die Hemmung der HILL-Reaktion von Bedeutung ist (siehe auch [42, 412]). Das bisher für HILL-Hemmer als so essentiell betrachtete NH-Proton ist demnach *nicht notwendig,* so daß der Stickstoff substituiert oder in einen Ring einbezogen werden kann. Auf diese Weise ergeben sich prinzipiell neuartige Strukturen und damit *neue Suchräume* für Photosyntheseinhibitoren (potentielle Herbizide), in denen kürzlich tatsächlich auch sehr aktive Substanzen gefunden wurden [413]. Dieses Ergebnis zeigt einmal die prinzipielle Stärke der quantitativen Struktur-Wirkungs-Analyse, auf der anderen Seite aber auch wieder die Notwendigkeit, von einem möglichst umfassenden Hypothesenkatalog auszugehen und Zusammenhänge mit möglichst vielen physikalisch sinnvollen Molekülparametern zu untersuchen. Im Prinzip hätte obiges Ergebnis bereits Anfang der 60er Jahre erhalten werden können, wenn sich die Hypothesenkataloge der damals durchgeführten quantitativen Struktur-Wirkungs-Analyse nicht zu sehr an dem klassischen Bild der HILL-Hemmer orientiert und bereits eine Hypothese über mögliche charge-transfer-Wechselwirkungen enthalten hätten.

Ein weiterer interessanter Aspekt der Gleichungen (5.150) und (5.151) ist das Fehlen eines an sich für quantitative Struktur-Wirkungs-Beziehungen für die Hemmung der HILL-Reaktion typischen Hydrophobizitätsterms. Dieser Term tritt hier deshalb nicht auf, weil innerhalb der betrachteten Substituenten nur geringfügige Hydrophobizitätsunterschiede bestehen. Daraus ergibt sich die in Kapitel 8. noch näher zu erläuternde Schlußfolgerung, daß für die Ermittlung allgemein aussagekräftiger Struktur-Wirkungs-Beziehungen eine genügend große Variation *aller* wichtigen Substituenteneigenschaften Voraussetzung ist und daß weiter bei der Interpretation solcher Beziehungen stets ein Vergleich mit allen bisher für die betrachtete biologische Wirkung bekannten Beziehungen erfolgen sollte.

8. Hemmung des Wachstums von Chlorella vulgaris durch para-substituierte Piperidinoazetanilide (XXV; aus [414]):

$$\log A = 29{,}47\ q_N^{\pi} + 1{,}17\ \pi + 0{,}29\ X - 53{,}58 \qquad (5.153)$$

$$n = 9 \qquad r = 0{,}992 \qquad s = 0{,}099.$$

Hier nimmt die Hemmwirkung mit wachsender Elektronendichte am Stickstoff zu, wobei möglicherweise der Stickstoff als Akzeptor bei der Ausbildung einer Wasserstoffbrücke wirkt. Die Indikatorvariable X hat die Werte 1 für para-, 0 für meta- und −1 für ortho-Substituenten.

9. Antihypertensive Wirkung von Benzothiadiazin-1,1-Dioxiden (Formelbild XXXIV; aus [415]):

Die Variation der Serie erfolgte im wesentlichen durch Substitution oder durch Austausch von C-Atomen gegen Heteroatome im aromatischen Ring sowie durch Substitution in Position 3:

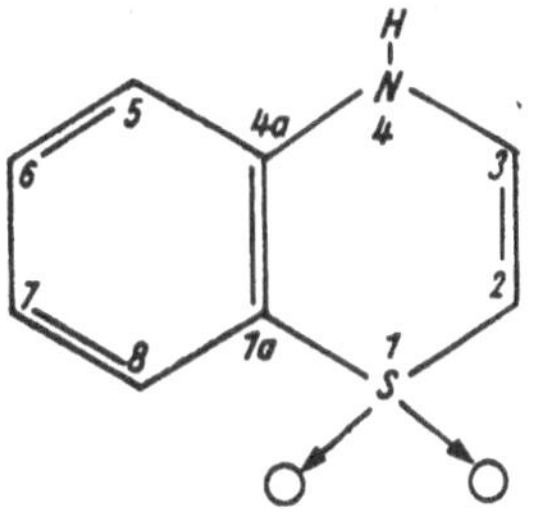

Formelbild XXXIV

$$\log A = 8{,}63\ S_1^{N'} - 135{,}1\ S_4^{E'} + 78{,}14\ E^{[D]} + 54{,}52\ S_3^{N'}$$

$$-0{,}03\ \pi'_{5,5} - 0{,}03\ \pi'_{1a,1a} + 61{,}60\ F^{[E]} + 1{,}49\ q^{\sigma}_{3,N} \qquad (5.154)$$

$$+ 1{,}95$$

$$n = 25 \qquad r = 0{,}997 \qquad s = 0{,}120.$$

Neben der approximierten elektrophilen bzw. nucleophilen Superdelokalisierbarkeit an den Atomen 1, 3 und 4 erscheinen in Gleichung (5.154) noch einige bisher nicht erwähnte Größen, die einer Erläuterung bedürfen. $\pi'_{r,r}$ ist die Front-Selbstpolarisierbarkeit des Atoms r, die in erster Näherung ein Maß für das elektrische Moment, das ein Atom an sich selbst induziert (bezogen auf das Frontorbital) darstellt. $E^{[D]}$ ist definiert gemäß

$$E^{[D]} = \sum_r \frac{q_r}{R_{[D]}^3}\ r_{[D]} \qquad (5.155)$$

und stellt das elektrische Feld dar, das von den Atomladungen q_r am Mittelpunkt einer Bindung im Abstand R erzeugt wird; r ist der Vektorabstand. Mittelpunkte für solche Bindungen am Rezeptor wurden willkürlich an 7 Stellen im Raum um das Benzothiadiazin-Molekül angeordnet; der Punkt [D] liegt in der Umgebung der SO_2-Gruppe mit einem Abstand von 5,5 Å zum Schwefel und Abständen von 4 Å und 6 Å zu den Sauerstoffatomen. $F^{[D]}$ ist die Coulomb-Wechselwirkung zwischen den Ladungen der Atome und einer Punktladung im Punkt [D] (die Dielektrizitätskonstante wird dabei als Proportionalitätsfaktor einbezogen):

$$F^{[D]} = \sum_r \frac{q_r}{R_{[D]}} \qquad (5.156)$$

Auf Grund der Ergebnisse nimmt WOHL [415] eine 3-Punkt-Bindung an den Rezeptor an. Allerdings ist Gleichung (5.154) doch recht kompliziert, so daß eine mechanistische Interpretation gewagt erscheint; dies gilt um so mehr, als die quantenchemischen Parameter auch noch untereinander korreliert sind. Immerhin liefert aber diese Gleichung eine sehr gute Beschreibung der biologischen Wirkquantität und gestattete auch echte Vorhersagen über die biologische Aktivität weiterer Verbindungen, die experimentell bestätigt wurden. Der Rechenaufwand ist relativ groß, und das angewandte quantenchemische Verfahren (EHT) wird eigentlich über die Grenzen seiner Aussagekraft strapaziert. Der Rechenaufwand ist nur dadurch berechtigt, daß innerhalb der Serie in einer relativ hohen Zahl von Fällen Ringatome vertauscht wurden; hier können lineare-freie-Enthalpie-Beziehungen nur sehr eingeschränkt oder gar nicht verwendet werden. Wenn jedoch nur Substituenten variiert werden, ist ein solcher Aufwand nicht nötig, denn dann gelingt ohne weiteres eine sehr gute Beschreibung auch mit Hilfe einfacher Substituentenkonstanten. TOPLISS und YUDIS [416] führten entsprechende Untersuchungen an der gleichen Substanzklasse durch (nur Variation von Substituenten im aromatischen Ring und an Position 3) und erhielten dabei folgendes Ergebnis (A korrigiert für den pK_a-Wert):

$$\log A = 1{,}28\,(\pi_6 + \pi_7) - 0{,}16\,\pi_3^2 + 0{,}72\,\pi_3 + 0{,}42 \qquad (5.157)$$

$$n = 33 \qquad r = 0{,}91 \qquad s = 0{,}35.$$

Die statistischen Daten von (5.157) sind nicht so gut, wie für (5.154), dafür ist aber die Zahl der untersuchten Verbindungen größer. Gleichung (5.157) ist sehr einfach (man beachte die interessante Positionsabhängigkeit des hydrophoben Substituenteneffektes) und gestattet ebenfalls experimentell gesicherte Vorhersagen. Wegen der Komplexizität von (5.154) sowie wegen der unterschiedlichen Molekülvariationen in beiden Serien (Veränderung von Ringpositionen und Substituenten bei WOHL; nur Substituenten bei TOPLISS und YUDIS) ist ein mechanistischer Vergleich von (5.154) und (5.157) sehr schwierig und wäre bestenfalls spekulativ. Es muß auch darauf hingewiesen werden, daß (5.157) bei einigen Derivaten versagt, während derartige Abweichungen bei (5.154) nicht auftreten.

10. Wirkung von 15-Hydroxytryptaminderivaten auf den LSD-Rezeptor (aus [417]):

$$\log A = 18{,}09\ f_1 - 74{,}77\ q_1^{\pi} + 1{,}182\ \pi_7 - 13{,}06 \qquad (5.158)$$

$$n = 15 \qquad r = 0{,}962 \qquad s = 0{,}288.$$

Neben der Frontelektronendichte und der Ladung am Atom 1 spielt vor allem die Hydrophobizität der Substituenten in Position 7 eine Rolle; der Hydrophobizitätseinfluß ist dominierend. Interessant ist, daß auch folgende Gleichung erhalten werden konnte:

$$\log A = -128{,}4\ q_7^2 + 13{,}07\ q_7 - 0{,}462 \qquad (5.159)$$

$$n = 15 \qquad r = 0{,}924 \qquad s = 0{,}337.$$

Gleichung (5.159) zeigt eine schlechtere Anpassungsgüte als Gleichung (5.158), ist aber doch statistisch signifikant. Das Maximum der parabelförmigen Abhängigkeit von q_7 liegt bei $q_7 = 0$. Physikalisch scheint sich daraus zunächst kein Sinn zu ergeben, denn bei einer Ladung von Null ist doch offenbar die Möglichkeit, mit einer entsprechenden Ladung am Rezeptor in Wechselwirkung zu treten, nicht mehr gegeben, und gerade hier soll das Maximum der biologischen Aktivität liegen. Dieser scheinbare Widerspruch läßt sich mit Hilfe von Gleichung (5.158) leicht lösen. Diese Gleichung weist deutlich auf die große Bedeutung hydrophober Wechselwirkungen an Position 7 hin, und solche Wechselwirkungen werden natürlich durch eine Ladung in dieser Position gestört, d. h. sie sind tatsächlich maximal, wenn $q_7 = 0$ ist. Gleichung (5.159) ist also ein interessantes Beispiel dafür, daß sich hinter einer Beziehung zwischen log A und quantenchemischen Parametern in Wirklichkeit hydrophobe Wechselwirkungen verbergen können.

Die Quantenchemie bietet weitaus umfassendere Möglichkeiten zur Beschreibung der Elektronenstruktur von Molekülen und der daraus resultierenden Eigenschaften als die linearen-freien-Enthalpie-Beziehungen und gewinnt mit der Entwicklung immer schnellerer Rechner ständig an Bedeutung. Aus den relativ hohen Kosten quantenchemischer Rechnungen ergibt sich aber zwangsläufig, daß quantenchemische Methoden zur Formulierung des Terms $f_e(x_e)$ primär nur dann angewendet werden sollten, wenn die Anwendung von Substituentenkonstanten nicht möglich ist oder wenn bereits relativ genaue Kenntnisse des Reaktionsmechanismus vorliegen, die einen gezielten Ansatz mit ausgewählten quantenchemischen Parametern möglich machen. Derartige Kenntnisse können beispielsweise aus ersten orientierenden Untersuchungen mittels linearer-freier-Enthalpie-Beziehungen stammen. Die gezielte Anwendung quantenchemischer Parameter an einer repräsentativen Stichprobe kann dann der entscheidende Schritt bei der Analyse des Mechanismus der untersuchten biologischen Reaktion und u. U. auch Voraussetzung für die Auffindung wirklich guter quantitativer Struktur-Wirkungs-Beziehungen überhaupt sein. Trotz des höheren Aufwandes und der bereits erwähnten Schwierigkeiten hinsichtlich der Vielzahl der quantenchemischen Parameter ist die Anwendung quantenchemischer Verfahren eine notwendige Voraussetzung für eine wirklich systematische und umfassende Anwendung der quantitativen Struktur-Wirkungs-Analyse in der Wirkstofforschung. Dies gilt insbesondere für die noch zu erläuternden Interaktions-Verfahren und die daraus ableitbaren Ansätze (siehe Kapitel 12.).

6. Sterische Einflüsse auf die biologische Wirkquantität: Die Funktion $f_s(x_s)$

Die quantitative Beschreibung sterischer Einflüsse im Rahmen des extrathermodynamischen Ansatzes ist mitunter schwierig und durchaus nicht immer befriedigend lösbar; einige wichtige sterische Molekülparameter sind in Tabelle 9 zusammengestellt.

Tabelle 9
Die wichtigsten sterischen Molekülparameter x_s

E_s	sterische Substituentenkonstante nach TAFT für aliphatische Verbindungen
E_s^o	sterische Substituentenkonstante nach TAFT für ortho-substituierte Aromaten (hat wahrscheinlich primär elektronischen Charakter)
E_s^C	für Hyperkonjugation korrigierte sterische Substituentenkonstante nach HANCOCK
v	sterische Substituentenkonstante nach CHARTON
r_v	VAN-DER-WAALS-Radius von Substituenten
MR	Molrefraktion
MSD	minimal steric difference nach SIMON
L, B_1, B_2, B_3, B_4	Längen- und Weitenparameter nach VERLOOP
X	molecular connectivity nach KIER

Folgende Fälle sterischer Einflüsse sind denkbar:

1. Intramolekulare sterische Einflüsse von Substituenten auf Moleküleigenschaften;
2. spezifische Beeinflussung der Anpassung an den Rezeptor durch Raumbedarf und Stellung von Substituenten;

3. Unterschiede zwischen optischen Isomeren oder Stereoisomeren;
4. konformationelle Einflüsse;
5. Grenzfälle, bei denen als Voraussetzung für eine biologische Wirkung eine ganz spezielle sterische Konfiguration im Sinne der alten "key and lock"-Theorie vorliegen muß.

Intramolekulare sterische Wechselwirkungen (Fall 1) treten vor allem in flexiblen Molekülen – also aliphatischen Verbindungen – und in ortho-substituierten Aromaten auf. Wie in Abschnitt 5.1. bereits erläutert, hängt die säurekatalysierte Hydrolyse von aliphatischen Karbonsäuren sowie von ortho-substituierten Benzoesäureestern kaum von elektronischen, sondern primär von sterischen Effekten ab. Damit läßt sich nach TAFT [267] eine *sterische Substituentenkonstante* E_s für aliphatische Verbindungen und E_s^o für ortho-substituierte aromatische Verbindungen gemäß den Gleichungen

$$E_s = (\log k_X/k_0)_{s,XCOOR} \tag{6.1}$$

und

$$E_s^o = (\log k_X/k_0)_{s,X_{ortho}C_6H_4COOR} \tag{6.2}$$

definieren. k_X ist die Geschwindigkeitskonstante der sauren Esterhydrolyse für Ester mit dem Substituenten X und k_0 die Geschwindigkeitskonstante für den Ester mit dem Standardsubstituenten CH_3. Damit ergibt sich

$$f_s(x_s) = \vartheta E_s + \text{const.} \tag{6.3}$$

für aliphatische Verbindungen und

$$f_s(x_s) = \vartheta E_s^o + \text{const.} \tag{6.4}$$

für ortho-substituierte aromatische Verbindungen.

Die sterischen Substituentenkonstanten E_s und E_s^o sind für eine ganze Reihe von Substituenten tabelliert [267]. Allerdings ist nach Meinung von CHARTON [277] E_s^o keine echte sterische Konstante, sondern sie hat vorzugsweise elektronischen Charakter.

Die sterischen Substituentenkonstanten nehmen mit wachsender Größe des Substituenten ab, so daß eine betrachtete Reaktion durch große Substituenten gehemmt wird, wenn die Konstante ϑ positiv ist. E_s-Werte korrelieren bei symmetrischen Substituenten mit dem VAN DER WAALS-Radius [277], und diese Beziehung

$$E_s = -1{,}839\ r_v + 3{,}484 \tag{6.5}$$

$n = 6 \qquad r = 0{,}996 \qquad s = 0{,}132$

wurde von KUTTER und HANSCH [418] sowie von FUJITA u. a. [419] genutzt, um einige weitere E_s-Werte, die von TAFT nicht bestimmt worden waren, zu berechnen. Eine andere Methode zur Abschätzung von E_s-Werten wird von FAHMY u. a. [420] angegeben. Danach soll für Substituenten vom Typ CHAB (A ≠ B) gelten:

$$E_s(\mathrm{CHAB}) \doteq [E_s(\mathrm{CHAA}) + E_s(\mathrm{CHBB})] / 2. \tag{6.6}$$

Schließlich können E_s-Werte auch direkt über die Berechnung der sterischen Energie des aktivierten Komplexes bei der sauren Esterhydrolyse abgeschätzt werden [421].

Nach HANCOCK [422, 423] enthalten die E_s-Werte außer dem sterischen Effekt noch einen Hyperkonjugationsanteil und liefern deshalb in solchen Fällen, wo keine Hyperkonjugation auftreten kann (z. B. in aliphatischen Aminen) nur eine schlechte Beschreibung sterischer Substituenteneffekte. Für solche Fälle schlug HANCOCK eine *modifizierte sterische Substituentenkonstante* E_s^C vor, aus der der Hyperkonjugationsanteil eliminiert ist und für die gilt

$$E_s^C = E_s + 0{,}306\ (n_H - 3), \tag{6.7}$$

wobei n_H die Zahl der α-C-H-Bindungen ist. Diese Konstante wurde wiederholt kritisiert (siehe z. B. [424, 425]), hat sich aber in der Praxis recht gut bewährt. Damit folgt für aliphatische Verbindungen ohne Hyperkonjugation:

$$f_s(x_s) = \vartheta^C\ E_s^C + \text{const.} \tag{6.8}$$

Von CHARTON [425] wurde eine neue *sterische Substituentenkonstante* v vorgeschlagen:

$$\begin{aligned} v &= r_{v,X} - r_{v,H} \\ &= r_{v,X} - 1{,}20. \end{aligned} \tag{6.9}$$

Dabei ist $r_{v,X}$ der VAN-DER-WAALS-Radius des Substituenten X und $r_{v,H}$ der VAN-DER-WAALS-Radius von Wasserstoff. Für den sterischen Substituenteneinfluß ergibt sich dann:

$$f_s(x_s) = \psi v + \text{const.} \tag{6.10}$$

Diese sterische Substituentenkonstante hat sich bei der Untersuchung einer Reihe aliphatischer Reaktionsserien als recht brauchbar erwiesen [425 – 427]. Eine Tabellierung von Werten findet sich in [425]. Die Werte wurden entweder nach (6.9) berechnet oder aber bei solchen Substituenten, wo das nicht möglich ist, aus verschiedenen Reaktionsserien über (6.10) ermittelt.

Wenn *intermolekulare Wechselwirkungen zwischen den Substituenten und dem Rezeptor* wichtig werden *(Fall 2)*, ist offensichtlich der VAN-DER-WAALS-Radius der Substituenten ebenfalls ein brauchbarer sterischer Parameter, wobei sich allerdings die Frage stellt, ob hier der minimale, der maximale oder der durchschnittliche Radius zu verwenden ist. Da die E_s-Werte zum VAN-DER-WAALS-Radius korrelieren und weiter die v-Werte direkt mit Hilfe der VAN-DER-WAALS-Radien definiert sind, können auch E_s und v zur Charakterisierung solcher intermolekularer sterischer Substituenteneffekte dienen, auch dann, wenn die Substituenten sich an einem aromatischen Ring befinden. So entsteht die scheinbar paradoxe Situation, daß aliphatische Substituentenkonstanten auch für Aromaten verwendet werden. Zur Charakterisierung der Größe von Substituenten und des sterischen Effektes bei intermolekularen Wechselwirkungen wird in letzter Zeit auch häufig die *Molrefraktion* MR verwendet. Diese Größe ist mit dem Molvolumen gemäß (6.11) verknüpft (n Berechnungsindex, V Molvolumen),

$$MR = \frac{n^2 - 1}{n^2 + 2} V, \tag{6.11}$$

hat aber keinen rein sterischen Charakter, sondern enthält wegen

$$MR = \frac{4}{3} \pi N_L \alpha \tag{6.12}$$

(α Polarisierbarkeit) auch einen elektronischen Anteil. Für homologe Serien hydrophober Verbindungen mit konstanten elektronischen Eigenschaften und gleicher Grundgeometrie korreliert MR außerdem auch zur Hydrophobizität (vgl. Abschnitt 4.1.). Trotz dieser Mehrdeutigkeit, die eine mechanistische Interpretation resultierender Gleichungen mitunter erschwert, wird die Molrefraktion häufig als sterischer Parameter eingesetzt. Sie hat den Vorteil, für alle Substituenten leicht zugängig zu sein, da sich Werte für MR additiv aus bekannten Inkrementwerten erhalten lassen. Anstelle der Molrefraktion werden mitunter auch Molvolumen oder Parachor verwendet; wie bereits erläutert, korrelieren auch diese Parameter häufig zur Hydrophobizität.

Eine besonders originelle Behandlung intermolekularer sterischer Effekte wurde von SIMON [428 – 434] mit dem Konzept seiner MSD-*Werte (minimal steric difference)* entwickelt. Diesem Konzept liegt die sehr einfache Überlegung zugrunde, daß die Summe der nicht-überlappenden Volumina zwischen der Bindungsstelle des Rezeptors und einem Wirkstoff ein brauchbares Maß für die sterische Paßfähigkeit dieses Wirkstoffmoleküls sein sollte, wobei Paßfähigkeit und damit die Affinität zu dem Rezeptor mit dieser Summe linear abnehmen sollen. Ein Maß für diese Summe ist der MSD-Wert (in späteren Arbeiten als MTD = *minimal topological difference* bezeichnet), der für einen idealen Effektor mit perfekter Anpassung an den Rezeptor den Wert Null haben sollte. Zur Ermittlung der MTD-Werte wird zunächst durch Superposition aller Moleküle der betrachteten Stichprobe ein fiktives Hypermolekül H konstruiert, das ein Netzwerk mit den Atomen des Hypermoleküls als Knoten darstellt. Wenn die Stichprobe n Moleküle ($i = 1, \ldots, n$) enthält und das Hypermolekül k Knoten hat ($j = 1, \ldots, k$), läßt sich H durch eine Strukturmatrix (x_{ij}) darstellen, wobei das Matrixelement x_{ij} anzeigt, ob im i-ten Molekül der j-te Knoten besetzt ($x_{ij} = 1$) oder nicht besetzt ($x_{ij} = 0$) ist. Dann wird eine Standardstruktur S festgelegt, von der angenommen wird, daß sie der Struktur des optimalen Effektors möglichst nahe kommt und damit auch eine optimale Anpassung an den Rezeptor zeigt; eine gute Ausgangsschätzung für diesen Standard kann beispielsweise das aktivste Molekül in der betrachteten Stichprobe sein. Der MTD-Wert für das i-te Molekül ergibt sich dann zu

$$\mathrm{MTD}_i = s + \sum_{j=1}^{k} \alpha_j \epsilon_j x_{ij} \,. \qquad (6.13)$$

Dabei ist s die Zahl der durch den Standard S besetzten Knoten des Hypermoleküls, und die Definition von α_j und ϵ_j lautet:

$$\alpha_j = \begin{cases} 1, & \text{wenn der betrachtete Knoten für die sterische Anpassung an den Rezeptor wichtig ist} \\ 0, & \text{wenn nicht} \end{cases} \qquad (6.14)$$

$$\epsilon_j = \begin{cases} -1, & \text{für Knoten, die im Standard besetzt sind} \\ +1, & \text{für Knoten, die im Standard nicht besetzt sind.} \end{cases} \qquad (6.15)$$

Mit Hilfe eines zyklischen Iterationsverfahrens wird nun der Standard optimiert (Veränderung der α_j und ϵ_j). Dabei resultieren nicht nur die bestmöglichen MTD-Werte, sondern in Form des optimierten Standards auch eine Art Abbild der Topologie des Rezeptors ("receptor map"). Dieses Abbild spiegelt gemäß dem zugrunde liegenden Konzept nur diejenigen Rezeptorregionen wider, die relativ rigid sind und bei denen demzufolge die sterische Paßfähigkeit der Wirkstoffe von Bedeutung ist. Für flexible Regionen haben die α_j in (6.13) den Wert Null.

Natürlich sind die MSD- bzw. MTD-Werte nur ein relativ grobes Maß für die sterische Anpassung an den Rezeptor. Trotzdem hat sich dieses Konzept zur Beschreibung sterischer Effekte in den Arbeiten der rumänischen Gruppe bereits gut bewährt, so daß Gleichung (6.16) ebenfalls ein brauchbarer Ausdruck für die Beschreibung sterischer Effekte ist:

$$f_s(x_s) = a\ \mathrm{MTD} + b. \qquad (6.16)$$

Es würde sich sicherlich lohnen, ihre allgemeine Brauchbarkeit sowie die Aussagekraft der resultierenden "receptor maps" einer weiteren umfassenden Prüfung zu unterziehen.

Von AMOORE [435, 436] wurde ein *Ähnlichkeitsindex* zur Charakterisierung sterischer Moleküleigenschaften vorgeschlagen, der inhaltlich gewisse Ähnlichkeiten zu dem MTD-Konzept zeigt und der erfolgreich für die Charakterisierung von Geruchsstoffen angewendet werden konnte. Zur Ermittlung dieses Indexes werden Molekülmodelle von drei Seiten fotografiert und dann die Fotografien mit Hilfe eines speziellen Zeichenerkennungsverfahrens ausgewertet. Dieses Vorgehen ist natürlich recht kompliziert, und das mag der Grund dafür gewesen sein, daß dieser Ähnlichkeitsindex keine weitere Anwendung gefunden hat; natürlich liefert er auch nur eine recht grobe Information.

Ein sehr einfach unmittelbar aus der zweidimensionalen Strukturformel zugängiger sterischer Parameter ist die *"molecular connectivity"* X [437], die von KIER [438 – 444] in die quantitative Struktur-Wirkungs-Analyse eingeführt wurde. X korreliert eng mit der Molrefraktion, aber auch mit typischen Hydrophobizitätsparametern in entsprechend variierten homologen Serien, so daß eine Interpretation von Beziehungen mit X schwierig ist. An sich bietet diese Größe gegenüber anderen sterischen (bzw. hydrophoben) Molekülparametern keinerlei Vorteile. Ihr physikalischer Inhalt ist mindestens bei komplizierten Strukturen mit Heteroatomen nicht sehr klar. Sie kann daher nur eingeschränkt zur Beschreibung sterischer Effekte empfohlen werden.

Die bisher genannten Parameter beschreiben sterische Eigenschaften durch eine einzige Zahl. Dabei sind E_s, E_s^C und v_x Maße für den geringsten Substituentendurchmesser, und MR, MSD sowie X charakterisieren den Einfluß des Gesamtvolumens. Substituenten sind aber dreidimensionale Gebilde, und je nach der Art der Wechselwirkungen mit dem Rezeptor oder aber den noch vorhandenen Möglichkeiten zur Rotation können die Ausdehnungen in ganz bestimmte Raumrichtungen die eigentliche kritische Größe für die intermolekularen Wechselwirkungen mit dem Rezeptor werden. Um dieser Situation besser Rechnung zu tragen, wurde von VERLOOP u. a. [445] ein neuer *Satz sterischer Parameter* eingeführt und für 243 Substituenten angegeben. Jeder Substituent wird durch fünf Parameter charakterisiert. Der erste Parameter L gibt die Länge des Substituenten in Richtung der Bindung zum Grundkörper an. Senkrecht hierzu werden vier Parameter $B_1 \ldots B_4$ festgelegt, die ein Maß für den Durchmesser des Substituenten in vier verschiedenen, zueinander senkrechten Richtungen sind. Dabei ist B_1 der minimale Durchmesser, und B_4 entspricht weitgehend dem maximalen Durchmesser. Damit ergibt sich

$$f_s(x_s) = a_0 + a_1L + a_2B_1 + a_3B_2 + a_4B_3 + a_5B_4. \tag{6.17}$$

Jeder der Koeffizienten in (6.17) kann Null werden, und im allgemeinen treten höchstens zwei dieser Parameter gemeinsam auf. Trotzdem muß eine große Zahl von Möglichkeiten erprobt werden, wobei sich hinsichtlich der statistischen Freiheitsgrade Probleme ergeben können. Ein unbestreitbarer Vorteil dieser neuen sterischen Konstanten ist ihre leichte Zugängigkeit auch für komplizierte Substituenten über ein einfaches Rechenprogramm. Die Konstanten haben sich bereits gut bewährt. Sie sind vor allem bei unsymmetrischen Substituenten und in den Fällen, wo die Größen L und B_4 eine Rolle spielen, den bisher genannten sterischen Parametern überlegen [446, 447].

Es ist anzunehmen, daß es in vielen Fällen eine für die Bindung optimale Größe der Substituenten gibt. Dann ist ein parabelförmiger Zusammenhang mit den sterischen Substituentenkonstanten zu erwarten, so daß für die Beschreibung intermolekularer sterischer Substituenteneinflüsse auf die Wechselwirkungen mit dem Rezeptor insgesamt folgt:

$$f_s(x_s) = \begin{cases} ax_s + b & \text{(a)} \\ ax_s^2 + bx_s + c & \text{(b)} \end{cases} \tag{6.18}$$

mit

$$x_s = E_s,\ E_s^o,\ E_s^C,\ v,\ r_v,\ MR,\ L,\ B_1,\ B_2,\ B_3,\ B_4,\ X.$$

Der lineare Fall gemäß (6.18a) ergibt sich, wenn die Substituentengröße noch weit vom Extremwert entfernt ist. Für die MTD-Werte ist ein parabelförmiger Zusammenhang nicht zu erwarten, da die optimale Anpassung bereits in dem zugrunde liegenden Modell enthalten ist.

Wie insbesondere auch bei den hydrophoben Parametern muß infolge der möglichen Inhomogenität und Assymetrien der bindenden Region des Rezeptors auch bei den sterischen Molekülparametern mit ausgeprägten Positionsabhängigkeiten gerechnet werden. Dabei gelten die gleichen Regeln, die bereits in Verbindung mit Gleichung (4.70) ausführlich erläutert wurden.

Für die quantitative Beschreibung des *Unterschiedes zwischen Stereoisomeren (Fall 3)* im Rahmen des extrathermodynamischen Ansatzes gibt es kaum praktische Erfahrungen. Eine solche Beschreibung ist prinzipiell möglich, wenn der Quotient der biologischen Wirkquantitäten der beiden Formen entweder annähernd konstant ist oder sich stetig mit der Wirkquantität ändert. Dann kann ein Hilfsparameter verwendet werden, dem im ersten Falle beispielsweise der Wert 1 für die eine und der Wert 0 für die andere Form erteilt wird und der im zweiten Falle als eine für beide Formen unterschiedliche Funktion der Wirkquantität darzustellen ist. Je nach den vorliegenden Verhältnissen wäre ein solcher Hilfsparameter als Multiplikator oder als additiver Term einzusetzen. Stereoisomere Substituenten sollten sich außerdem durch die sterischen Parameter von VERLOOP und stereoisomere Moleküle durch die MTD-Werte beschreiben lassen [448]; ein Beispiel für den zweiten Fall ist Gleichung (6.19). Diese sterischen Größen erfassen aber natürlich nicht die unter Umständen drastischen Veränderungen hydrophober und/oder elektronischer Wechselwirkungen, die aus der unterschiedlichen Plazierung der Substituenten in verschiedene Rezeptorareale resultieren können. Beispiele für quantitative Struktur-Wirkungs-Analysen für Stereoisomere finden sich außer in Gleichung (6.19) beispielsweise in [21].

Auch *konformationelle Probleme (Fall 4)* sind im Rahmen des extrathermodynamischen Ansatzes schwer zu behandeln; sie gehören eigentlich mehr in den Bereich der Interaktions-Rechnungen (siehe Kapitel 12.). Immerhin scheint es aber möglich, – obwohl noch nicht praktiziert – Energiebarrieren zwischen verschiedenen Konformationen, die beispielsweise aus quantenchemischen Untersuchungen zugängig sind, als „sterische" Parameter zu verwenden. Eine andere Möglichkeit besteht darin, die Fraktion einer als biologisch aktiv vermuteten Konformation zu berechnen und die biologische Aktivität für diese Fraktion zu korrigieren.

Ganz *spezielle sterische Effekte (Fall 5)* entziehen sich zur Zeit im allgemeinen noch der Behandlung durch den extrathermodynamischen Ansatz.

Sie können nur dann berücksichtigt werden, wenn von entsprechend genauen Vermutungen über die Wechselwirkungen mit dem Rezeptor ausgegangen werden kann; ein Beispiel hierfür bietet die Gleichung (6.27).

Einige Beispiele für quantitative Struktur-Wirkungs-Beziehungen mit sterischen Molekülparametern finden sich bereits in einigen der bisher angegebenen Beziehungen, und einige weitere Beispiele seien im folgenden genannt.

1. Hydrolyse von XXXV (enthält D- und L-Aminosäurederivate) durch α-Chymotrypsin (aus [449]):

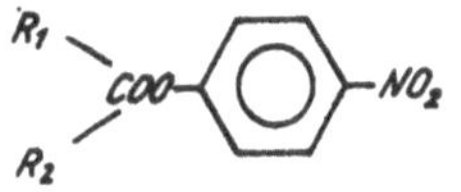

Formelbild XXXV

$$\log A = 2{,}485\ \sigma + 0{,}310\ \pi - 0{,}294\ \text{MSD} + 1{,}203 \tag{6.19}$$

$n = 42 \quad r = 0{,}850 \quad s = 0{,}623.$

2. Virostatische Aktivität von Isatin-β-isothiosemikarbazonen (aus [450]):

$$\log A = 4{,}17\ E_s^2 - 2{,}15\ E_s + 1{,}11 \tag{6.20}$$

3. Hemmung von Cholinesterase durch ortho-substituierte Methylcarbamate (aus [451]):

$$\log A = 3{,}48\ E_s^o + 2{,}80\ \pi + 4{,}25\ \sigma + 2{,}54 \tag{6.21}$$

4. Wechselwirkung von Haptenen (substituierte Benzoesäuren) mit Antikörpern (Verhinderung der Kombination von anti-X_p-Serum und X-Eialbumin-Antigen; aus [452]):

$$\log A = 0{,}864\ E_{s,ortho} + 0{,}084\ E_{s,meta} - 0{,}436\ E_{s,para} + 0{,}166\ \Sigma\pi - 0{,}715 \tag{6.22}$$

$n = 22 \quad r = 0{,}989 \quad s = 0{,}120.$

Diese Wechselwirkung läßt sich auch sehr gut durch die VERLOOP-Parameter B_1 und B_4 beschreiben [447].

5. Hemmung von Xanthinoxidase durch im Phenylring substituierte 9-Phenylguanine (aus [453]):

$$\log A = 0{,}20\ (MR_{meta} + MR_{para}) + 1{,}26\ E_{s,ortho} + 0{,}43\ E_{s,para} + 4{,}33 \qquad (6.23)$$

$$n = 30 \qquad r = 0{,}924 \qquad s = 0{,}228.$$

Die Molrefraktion ist hier primär als ein Maß für die Polarisierbarkeit anzusehen.

6. Potenzierung der Tryptaminwirkung durch 9-Fluorenonoximethylamine in Mäusen (aus [445]):

$$\log A = -1{,}01\ \pi - 0{,}41\ B_4 + 0{,}32 \qquad (6.24)$$

$$n = 12 \qquad r = 0{,}922 \qquad s = 0{,}318.$$

Statistisch ist diese Gleichung deutlich besser, als der entsprechende Zusammenhang mit E_s:

$$\log A = -0{,}80\ \pi + 0{,}35\ E_s - 0{,}75 \qquad (6.25)$$

$$n = 12 \qquad r = 0{,}893 \qquad s = 0{,}358.$$

7. Aktivität von aromatischen quarternären Ammoniumsalzen gegen S. Aureus (aus [442]):

$$\log A = 0{,}20\ X^2 + 4{,}58\ X + 22{,}24 \qquad (6.26)$$

$$n = 38 \qquad r = 0{,}931 \qquad s = 0{,}230.$$

In (6.26) ist allerdings völlig unklar, ob der Zusammenhang zwischen biologischer Aktivität und der connectivity primär sterischer oder hydrophober Natur ist.

8. Bindung von Thyroxinanalogen an solubilisiertes Protein aus Rattenleberzellen (aus [454]):

$$\log A = 1{,}68\ \pi_{3'} - 2{,}12\ (SIZE > J)_{3'} - 0{,}63\ \pi_{5'} - 1{,}54\ I_1 - 1{,}35\ I_2 - 0{,}304 \qquad (6.27)$$

$$n = 31 \qquad r = 0{,}946 \qquad s = 0{,}400.$$

Hier wurde die Annahme gemacht, daß Substituenten in 3'-Position, die größer als der Substituent Jod sind, die biologische Aktivität ungünstig beeinflussen; diese Eigenschaft wird über den Parameter $(SIZE > J)_3$, charakterisiert. I_1 und I_2 sind Indikatorvariable, die bestimmte strukturelle Besonderheiten an den Positionen 2' und 4' berücksichtigen.

7. Beziehungen von Molekülparametern untereinander und das Problem der Kollinearitäten

Wie aus den bisherigen Ausführungen bereits hervorgeht, gibt es zahlreiche Beziehungen zwischen den verschiedenen Molekülparametern untereinander; solche korrelierten Molekülparameter werden als *kollinear* bezeichnet. Dabei sind folgende Fälle zu unterscheiden:

1. Beziehungen, die sich auf bekannte Gesetzmäßigkeiten zurückführen lassen, wie etwa der Zusammenhang zwischen log P und MOF im Gültigkeitsbereich von Gleichung (4.4).
2. Beziehungen, die auf noch nicht erkannte Gesetzmäßigkeiten zurückgehen oder speziell innerhalb einer bestimmten Serie (nicht nur der Stichprobe) gültig sind. Hierzu wäre beispielsweise der Zusammenhang zwischen q_N^π und E_{HOMO} [Gleichung (5.152)] bei substituierten Piperidinoazetaniliden zu rechnen.
3. Beziehungen, die nur innerhalb eingeschränkter oder in bestimmter Weise zusammengesetzter Stichproben bestehen.

Zusammenhänge der ersten Art bringen keine Probleme für die quantitative Struktur-Wirkungs-Analyse, sondern weisen einfach aus, daß die verknüpften Größen gesetzmäßig gegeneinander austauschbar sind. Der zweite Fall ist wesentlich problematischer, wie schon aus einigen der bereits diskutierten Beispiele hervorgeht. Solche nicht vorhersehbaren oder versteckten Kollinearitäten können prinzipiell dazu führen, daß statt des wirklich relevanten ein sekundär dazu korrelierter Molekülparameter in die resultierenden Gleichungen eingeht (führt zu Fehlinterpretationen) oder daß zwischen zwei verschiedenen Gleichungen mit unterschiedlichen Molekülparametern überhaupt nicht differenziert werden kann (keine Interpretation möglich). Das gleichzeitige Auftreten kollinearer Größen in einer Regressionsgleichung führt außerdem zu einer Verfälschung der Regressionskoeffizienten. Besonders kritisch ist die Situation dann, wenn Kollinearitäten zwischen solchen Molekülparametern auftreten, die zu verschiedenen Termen in Gleichung (3.17) gehören, also zwischen x_h, x_e und x_s, weil dann diese Terme nicht mehr separierbar sind und damit auch keine Aussage mehr über An- und Abwesenheit von hydrophoben, elektronischen und sterischen Substituenteneinflüssen und ihr relatives Gewicht möglich ist.

Liegt der dritte Fall vor und wird dieser nicht erkannt, kann eine quantitative Struktur-Wirkungs-Analyse zu völlig unbrauchbaren Ergebnissen führen. Zu dem Problem der möglichen Fehlinterpretation gesellt sich hier das viel ernstere Problem, daß die resultierenden quantitativen Struktur-Wirkungs-Beziehungen für die Vorausberechnung biologischer Wirkquantitäten weiterer Verbindungen der Serie nicht oder nur sehr begrenzt brauchbar sind.

Das Problem der Kollinearität ist für die quantitative Struktur-Wirkungs-Analyse von zentraler Bedeutung sowohl für die Formulierung der Ansätze und die Auswahl der besten Gleichung als auch für die mechanistische Interpretierbarkeit (speziell hinsichtlich der Separierbarkeit hydrophober und elektronischer Substituenteneinflüsse) [95, 346, 455 – 461]. Es ist eine generelle Forderung, in jedem Falle auf Kollinearität der zur quantitativen Struktur-Wirkungs-Analyse verwendeten Molekülparameter zu prüfen oder, besser, die Variation innerhalb der Stichprobe von vornherein so vorzunehmen, daß Kollinearitäten vermieden werden (siehe Abschnitt 8.1.). Kompliziert wird das Problem dadurch, daß neben einfachen Kollinearitäten (Beziehungen zwischen zwei Molekülparametern) auch Multikollinearitäten (Beziehungen zwischen mehreren Molekülparametern) auftreten können. Andererseits können aber solche Beziehungen unter Umständen auch genutzt werden, um fehlende Molekülparameter zu schätzen oder direkt durch eine Linearkombination anderer Molekülparameter zu ersetzen.

Im folgenden sollen einige Zusammenhänge zwischen Molekülparametern unter dem besonderen Aspekt der Separierbarkeit hydrophober, elektronischer und sterischer Moleküleigenschaften sowie unter dem Aspekt der Schätzung von Molekülparametern diskutiert werden, wobei auf bereits in vorangegangenen Abschnitten erläuterte Beziehungen nicht nochmals eingegangen wird.

7.1. Einfache Kollinearitäten

Aus Untersuchungen von CRAIG [455] sowie von HANSCH [95, 460] geht klar hervor, daß es bei Betrachtung einer genügend großen Zahl von Substituenten keinen Zusammenhang zwischen hydrophoben und elektronischen Substituentenkonstanten gibt. Trotzdem kann bei einem begrenzten Satz von Substituenten ein solcher Zusammenhang entstehen, wie sich leicht anhand von Gleichung (4.3) überlegen läßt. Innerhalb eines Satzes von Substituenten, die sich in Bezug auf MOF nur wenig unterscheiden, wird sich auch Y wenig ändern. Unterschiede in der Hydrophobizität sind dann primär elektronisch bedingt und auf unterschiedliche Werte für den Klammerausdruck mit den Intensitätstermen I_1 und I_2 zurückzuführen. Wenn der Klammerausdruck wenigstens annähernd zu σ korreliert, folgt sofort, daß für einen solchen Satz von Substituenten auch eine Korrelation zwischen π und σ zu erwarten ist. Ein derartiger Zusammenhang besteht z. B. innerhalb der in Tabelle 10 zusammengestellten Gruppe von Substituenten (aus [459]). Für eine Stichprobe mit diesen Substituenten wären hydrophober und elektronischer Effekt nicht zu separieren. Glücklicherweise sind aber einfache Kollinearitäten zwischen π und elektronischen Parametern ganz untypisch und kommen in der Praxis selten vor. Häufiger ist ein Zusammenhang zwischen π bzw. log P und solchen „sterischen" Parametern wie Molrefraktion, Molvolumen oder Parachor. Er ist gesetzmäßig zu erwarten, wenn die Gültigkeitskriterien für Gleichung (4.4) erfüllt sind, denn in diesem Falle sind diese sterischen Parameter zugleich auch Hydrophobizitätsparameter. Dies gilt auch im gewissen Umfang für E_s, und zwar auf Grund des Zusammenhanges zwischen E_s und dem VAN-DER-WAALS-Radius für näherungsweise kugelsymmetrische Substituenten [Gleichung (6.5)]. In dem Maße, wie die Gültigkeitskriterien von (4.4) innerhalb einer Gruppe von Substituenten verletzt werden, verliert natürlich der Zusammenhang zwischen π und log P mit derartigen Größen an Schärfe. Trotzdem fand CRAIG [455] bei einem relativ gemischten Satz von Substituenten noch immer statistisch signifikante Beziehungen zwischen π und der Gruppenpolarisierbarkeit, der Molrefraktion, dem Parachor und E_s. Wenn jedoch ein sehr großes Substituentenspektrum betrachtet wird, gehen diese Zusammenhänge verloren [95, 460]. Immerhin ist aber relativ häufig mit Kollinearitäten zwischen π oder log P und sterischen Molekülparametern zu rechnen, und in solchen Fällen ist dann die Entscheidung, ob primär ein hydropho-

Tabelle 10
Gruppe von Substituenten, für die Kollinearität zwischen π und σ_p besteht (aus [459])

Substituent	π	σ_p
NH_2	-1,23	-0,66
OH	-0,67	-0,37
OCH_3	-0,02	-0,27
H	0,00	0,00
F	0,14	0,06
Cl	0,70	0,23
Br	0,86	0,23
SCF_3	1,44	0,50

ber oder ein sterischer Effekt vorliegt, sehr erschwert oder sogar unmöglich. Beispielsweise fanden HANSCH und Mitarbeiter [462] für die Hemmung von Komplement durch disubstituierte Pyridiniumionen die folgenden Gleichungen (X ist ein Hilfsparameter, der das Auftreten eines bestimmten Strukturelementes berücksichtigt):

$$\log A = 0{,}183\ \pi_1 + 0{,}624\ MR_2 + 1{,}024\ \sigma_1^+ + 0{,}724\ X + 2{,}122 \tag{7.1}$$

$$n = 69 \qquad r = 0{,}939 \qquad s = 0{,}199,$$

$$\log A = 0{,}180\ \pi_1 + 0{,}464\ \pi_2 + 1{,}008\ \sigma_1^+ + 0{,}723\ X + 2{,}500 \tag{7.2}$$

$$n = 69 \qquad r = 0{,}939 \qquad s = 0{,}198.$$

Wie ein Vergleich der beiden Gleichungen zeigt, können für Substituenten in Position 2 π und MR gegeneinander ausgetauscht werden, ohne daß sich sonst irgend etwas ändert. Dieses Verhalten ist auf eine hohe Kollinearität zwischen π und MR (der Korrelationskoeffizient beträgt 0,79) zurückzuführen und macht in diesem Falle jede Aussage darüber, ob der Substituenteneinfluß aus Position 2 sterischer oder hydrophober Natur ist, unmöglich. Obiges Beispiel zeigt noch einen weiteren sehr interessanten Aspekt. Die Koeffizienten der beiden π-Terme in (7.2) sind sehr unterschiedlich. Falls hier tatsächlich ein hydrophober und kein sterischer Effekt vorläge, müßte dieser hydrophobe Effekt demnach stark positionsabhängig sein. Auch wenn der π-Term für die Position 2 ein verkappter sterischer Parameter ist, ist eine Trennung der π-Terme auf Grund der unterschiedlichen Koeffizienten offensichtlich nötig. Trotzdem lassen sich die beiden π-Terme erstaunlicherweise zusammenfassen:

$$\log A = 0{,}192\ (\pi_1 + \pi_2) + 0{,}131\ \sigma_2 + 1{,}112\ \sigma_1^+ + 0{,}752\ X + 2{,}468 \tag{7.3}$$

$$n = 69 \qquad r = 0{,}931 \qquad s = 0{,}210.$$

Die Zusammenfassung der beiden π-Terme führt nun allerdings doch zu einer Veränderung, und zwar zum Auftreten eines zusätzlichen σ-Terms für Substituenten in Position 2. Dahinter verbirgt sich eine in diesem Falle tatsächlich vorliegende hohe Kollinearität zwischen π_2 und σ_2. Das Zustandekommen von Gleichung (7.3) ist dann so zu verstehen, daß der π_2-Term in (7.2) in 2 Komponenten aufgespalten wird, wobei eine Komponente in der Summe der π-Werte in (7.3) steckt und die andere Komponente (Korrektur für die Positionsabhängigkeit) durch den zu π_2 korrelierten neu hinzugekommenen σ_2-Term ausgedrückt wird. Gleichung (7.3) ist zugleich ein gutes Beispiel dafür, wie Kollinearitäten die Regressionskoeffizienten beeinflussen können.

Wären die Kollinearitäten zwischen π_2 und MR_2 bzw. σ_2 nicht ermittelt und die Positionsabhängigkeit von π sowie mögliche Zusammenhänge mit MR nicht untersucht worden, hätte Gleichung (7.3) durchaus als „beste" Gleichung akzeptiert werden können. Dies hätte zu einem völlig falschen Bild geführt, denn wenn Gleichung (7.3) wirklich die Realität widerspiegelte, müßte auf einen nicht-positionsabhängigen hydrophoben Substituenteneinfluß aus den Positionen 1 und 2 sowie auf einen elektronischen Substituenteneinfluß aus beiden Positionen bei völliger Abwesenheit sterischer Effekte geschlossen werden. Dieses Beispiel unterstreicht noch einmal die Notwendigkeit eines möglichst breiten Hypothesenkatalogs, d. h. ein möglichst breites Spektrum sinnvoll erscheinender Ansätze zu untersuchen, und es zeigt zum anderen sehr deutlich, daß für eine Interpretation von Gleichungen die Kenntnis möglicher Kollinearitäten unerläßliche Voraussetzung ist.

Direkte Kollinearitäten zwischen sterischen und elektronischen Molekülparametern sind relativ selten. Bei einem genügend großen Substituentenspektrum gibt es beispielsweise keine Kollinearität zwischen elektronischen Substituentenkonstanten und der Molrefraktion [455, 460]. Trotzdem darf der dualistische Charakter der Molrefraktion, die immerhin gemäß (6.12) mit der Polarisierbarkeit, also einer elektronischen Eigenschaft, verknüpft ist, nicht vergessen werden. Gleichung (7.4) ist eine gute Näherung zur Abschätzung der Energie von Dispersionswechselwirkungen (LONDON-Kräfte) zwischen zwei Molekülen A und B:

$$E = \frac{38\,000}{r^6} \; MR_A \cdot MR_B \tag{7.4}$$

$$= \text{const.} \cdot MR_A \cdot MR_B .$$

Ist eines der Moleküle der Rezeptor, folgt aus (7.4), daß die LONDON-Energie der Molrefraktion der Wirkstoffmoleküle grob proportional sein sollte. Das Auftreten der Molrefraktion in quantitativen Struktur-Wirkungs-Beziehungen kann also auch auf Dispersions-Wechselwirkungen zwischen Rezeptor und Wirkstoffen zurückzuführen sein und wird beispielsweise von der Gruppe um HANSCH in einigen neueren Arbeiten auch so interpretiert [463 – 468].

Überraschend und physikalisch nicht deutbar sind die folgenden, von KOPPEL [469] für gesättigte Alkylsubstituenten aufgefundenen Zusammenhänge (aus [248]):

$$E_s = 27{,}78\ \sigma^* - 1{,}90\ (n_H - 3) + 0{,}88 \qquad (7.5)$$

$$r = 0{,}956 \qquad s = 0{,}292.$$

$$E_s^o = 27{,}84\ \sigma^* - 1{,}71\ (n_H - 3) + 0{,}88 \qquad (7.6)$$

$$r = 0{,}964 \qquad s = 0{,}265.$$

Die Gleichungen (7.5) und (7.6) könnten möglicherweise zur Berechnung fehlender E_s-Werte für gesättigte Alkylsubstituenten dienen; n_H ist die Zahl der α-C-H-Bindungen.

7.2. Multiple Zusammenhänge zwischen hydrophoben, elektronischen und sterischen Molekülparametern

Wie bereits in Abschnitt 4.1. erläutert, hängen π-Werte nicht nur von den Substituenten selbst, sondern auch von deren elektronischen Wechselwirkungen mit ihrer Umgebung ab. Dies hat beispielsweise zur Folge, daß sich π-Werte für verschiedene aromatische Standardserien unterscheiden und über eine elektronische Korrektur miteinander verknüpft sein können. Eine detaillierte Diskussion der physikalischen Natur aromatischer π-Werte sowie dieser elektronischen Korrektur findet sich in Abschnitt 9.1.2.1., auf den zum tieferen Verständnis hier schon verwiesen sein soll. Zwischen den π-Werten aus zwei verschiedenen aromatischen Serien mit den funktionellen Gruppen Y und Z (z. B. $-NH_2$, $-NO_2$, $-COOH$, $-OCH_2COOH$ usw.) gilt meist ein Zusammenhang gemäß Gleichung (7.7):

$$\pi_Y = \alpha\pi_Z + \beta\sigma. \qquad (7.7)$$

Es läßt sich zeigen, daß die Koeffizienten α und β mit den HAMMETT-Konstanten σ_Y und σ_Z der funktionellen Gruppen Y und Z verknüpft sind (siehe Abschnitt 9.1.2.1.). Aus diesen Verknüpfungen ergeben sich folgende Regeln, die streng allerdings nur innerhalb der Gruppen von meta- und para-Substituenten gelten:

1. Für den Koeffizienten α gilt im allgemeinen:

$$\alpha = 1,\ \text{wenn}\ \sigma_Y = \sigma_Z$$

$\alpha \approx 1$, wenn $(\sigma_Y - \sigma_Z) \approx 0$

$\alpha > 1$, wenn $(\sigma_Y - \sigma_Z) < 0$

$\alpha < 1$, wenn $(\sigma_Y - \sigma_Z) > 0$.

Die Abweichung des Koeffizienten α vom Wert Eins wird um so größer, je größer die Unterschiede zwischen σ_Y und σ_Z bei hinreichend hohen Absolutwerten beider Substituentenkonstanten werden.

2. Für den Koeffizienten β gilt meist:

$\beta = 0$, wenn $\sigma_Y = \sigma_Z$

$\beta \approx 0$, wenn $(\sigma_Y - \sigma_Z) \approx 0$

$\beta > 0$, wenn $(\sigma_Y - \sigma_Z) < 0$

$\beta < 0$, wenn $(\sigma_Y - \sigma_Z) > 0$.

Der Wert von β wird um so größer, je größer die Differenz zwischen σ_Z und σ_Y ist.

Voraussetzung für die Anwendung tabellierter aromatischer π-Werte in der quantitativen Struktur-Wirkungs-Analyse ist, daß die Beziehung

$$\pi_Y = \pi_Z \tag{7.8}$$

hinreichend gut erfüllt ist. Entsprechend den obigen Regeln ist dies dann der Fall, wenn die elektronischen Eigenschaften der funktionellen Gruppe in der Standardserie und der zu untersuchenden Serie gleich bzw. sehr ähnlich sind oder wenn der elektronische Einfluß der funktionellen Gruppen in beiden Serien vernachlässigbar klein ist.

Neben Zusammenhängen gemäß (7.7) sind grundsätzlich auch Beziehungen der folgenden Form möglich [470]:

$$\pi_Y = \alpha\pi_Z + \beta\sigma + \gamma\pi_Z\sigma \tag{7.9}$$

$$\pi_Y = \alpha\pi_Z + \gamma\pi_Z\sigma. \tag{7.10}$$

Derartige Beziehungen sind allerdings untypisch und treten nur sehr selten auf (meist nur dann, wenn mögliche Positionsabhängigkeiten der π-Werte vernachlässigt werden, aber auch dann nicht immer).

Im folgenden seien einige Beispiele für Zusammenhänge gemäß (7.7) bzw. (7.9) und (7.10) angegeben (eine detaillierte Darstellung findet sich in Abschnitt 9.1.2.1.).

1. $Y = -SO_2NH_2$, $Z = -NO_2$ (aus [471]):

$$\pi_Y = 1{,}24\ \pi_Z + 0{,}75\ \sigma \qquad (7.11)$$

$$n = 8 \qquad r = 0{,}991 \qquad s = 0{,}093.$$

2. $Y = -SO_2NH_2$, $Z = OH$ (aus [471]):

$$\pi_Y = 0{,}92\ \pi_Z - 0{,}60\ \sigma \qquad (7.12)$$

$$n = 10 \qquad r = 0{,}993 \qquad s = 0{,}091.$$

3. $Y = -OCH_2COOH$, $Z = -NH_2$ (aus [471]):

$$\pi_Y = 0{,}911\ \pi_Z - 0{,}388\ \pi\mathrm{F} \qquad (7.13)$$

$$n = 17 \qquad r = 0{,}980 \qquad s = 0{,}143.$$

In Gleichung (7.13) wurde die Feldkonstante F nach SWAIN und LUPTON [305] anstelle von σ verwendet. Weitere Beispiele dieser Art finden sich z. B. auch in [10, 472 – 474] sowie in Abschnitt 9.1.2.1.

Beim Auftreten elektronischer Korrekturen gemäß Gleichung (7.7) ist eine Separierung hydrophober und elektronischer Substituenteneffekte nicht mehr möglich, da der elektronische Korrekturterm zwangsläufig in die Funktion $f_e(x_e)$ der allgemeinen Ausgangsgleichung (3.17) eingeht und diese damit verfälscht. Unter Umständen kann durch eine derartige Korrektur auch ein elektronischer Substituenteneffekt überhaupt erst vorgetäuscht werden, der in Wirklichkeit gar nicht existiert. So fand beispielsweise DRUCKREY [215] Gleichung (7.14) für die hypnotische Aktivität von VI, wenn log P aus π-Werten berechnet wurde:

$$\log A = -0{,}53\ (\log P)^2 + 1{,}94\ \log P + 0{,}15\ \sigma^* + 1{,}65 \qquad (7.14)$$

$$n = 6 \qquad r = 0{,}999 \qquad s = 0{,}024.$$

Daß der σ^*-Term hier ein reiner Korrekturterm ist, zeigte sich nach experimenteller Überprüfung von log P; es ergab sich Gleichung (4.108), die keinen elektronischen Term mehr enthält.

Wenn ein Zusammenhang gemäß (7.9) gilt, kommt es in jedem Falle zum Auftreten von *Kreuzprodukten der Form* $x_h x_e$. Gilt (7.7), sind derartige Kreuzprodukte dann zu erwarten, wenn zwischen log A und x_h ein nicht-linearer Zusammenhang besteht.[8] Drei Beispiele für solche Kreuzproduktgleichungen seien im folgenden angegeben [siehe auch Gleichung (5.100)]:

1. Synergistische Wirkung von 1,2-Benzodioxolen [350] (vgl. Gleichung (5.107); aus [471]):

$$\log A = -0{,}117\ \pi^2 - 1{,}833\ \sigma^{\cdot 2} + 0{,}616\ \pi + 3{,}072\ \sigma^{\cdot} - 0{,}800\ \pi\sigma^{\cdot} + 1{,}467 \qquad (7.15)$$

$$n = 13 \qquad r = 0{,}995 \qquad s = 0{,}054.$$

Gleichung (7.15) ist gegenüber (5.107) statistisch besser, und das Kreuzprodukt ist bei $p < 0{,}01$ statistisch signifikant.

2. Virostatische Aktivität von substituierten Pyrazolen (Formelbild XXXVI, Mengo-Virus; aus [475]):

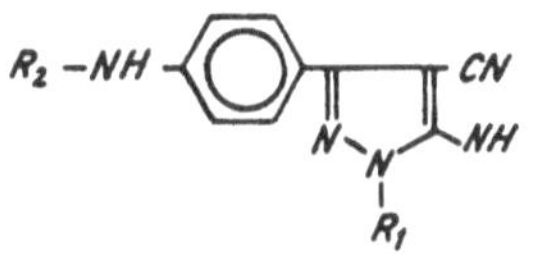

Formelbild XXXVI

$$\log A = 0{,}109\ \pi_1 - 0{,}794\ \pi_1\sigma_p - 2{,}037\ E_{s,2} + 0{,}783\ \sigma_2^* - 1{,}702 \qquad (7.16)$$

$$n = 19 \qquad r = 0{,}915 \qquad s = 0{,}181.$$

3. Bakteriostatische Aktivität verschiedener Penicillin-Derivate (aus [471]):

$$\log A = 0{,}11\ \pi^2 - 0{,}69\ \pi - 0{,}27\ \pi\sigma + 0{,}42\ \sigma + 6{,}47 \qquad (7.17)$$

$$n = 21 \qquad r = 0{,}894 \qquad s = 0{,}253.$$

Nach unseren bisherigen Erfahrungen müssen derartige Kreuzprodukte bei der Durchführung quantitativer Struktur-Wirkungs-Analysen unbedingt berücksichtigt werden, obgleich sich hierfür sonst in der Literatur kaum Hinweise finden lassen. Sie können das Bild der resultierenden quantitativen Struktur-Wirkungs-Beziehungen sehr drastisch verändern und u. U. sogar artifiziell infolge der Anwendung „falscher" π-Werte entstandene nicht-lineare

8 Der Vollständigkeit halber soll darauf hingewiesen werden, daß derartige Kreuzprodukte im Prinzip auch mögliche Unterschiede zwischen n-Oktanol und der hydrophoben Biophase widerspiegeln können.

Zusammenhänge zwischen log A und π linearisieren. Leider ist es immer schwierig zu entscheiden, ob ein statistisch signifikantes Kreuzprodukt eine wirkliche physikalische Bedeutung hat oder nicht, da zwischen solchen Kreuzprodukten und sowohl π als auch σ häufig sehr hohe Kollinearitäten auftreten. In solchen Fällen sind zusätzliche Untersuchungen notwendig.

Gleichung (4.3) läßt erkennen, daß log P und π sowohl sterische als auch elektronische Komponenten enthalten. Es ist daher nicht überraschend, daß für bestimmte Sätze von Substituenten mehr oder weniger komplexe multiple Kollinearitäten zwischen π, elektronischen und sterischen Parametern auftreten können, wie einige Beispiele zeigen mögen [471].

1. Aniline (aus [471]):

$$\pi = -1{,}74\ E_s^2 - 1{,}00\ E_s + 2{,}41\ \sigma_I + 0{,}60 \qquad (7.18)$$

$$n = 16 \qquad r = 0{,}938 \qquad s = 0{,}422.$$

2. Piperidinoazetanilide (aus [471]):

$$\pi = -1{,}68\ r_v^2 + 6{,}20\ r_v - 1{,}52\ q_N^\pi - 5{,}13 \qquad (7.19)$$

$$n = 13 \qquad r = 0{,}893 \qquad s = 0{,}222.$$

3. Phenole (aus [471]):

$$\pi = -1{,}80\ E_s + 2{,}16\ E_s\sigma_I + 0{,}69 \qquad (7.20)$$

$$n = 18 \qquad r = 0{,}893 \qquad s = 0{,}274.$$

4. Pyrazole (Formelbild XXXVI, aus [476]):

$$\pi_2 = -3{,}30\ E_{s,2} + 0{,}96\ \sigma_2^* + 0{,}81 \qquad (7.21)$$

$$n = 19 \qquad r = 0{,}827 \qquad s = 0{,}387.$$

5. Aromatische para-Substituenten (aus [346]):

$$r_v = 0{,}73\ \pi_p - 1{,}05\ \sigma_p^+ + 1{,}26 \qquad (7.22)$$

$$n = 6 \qquad r = 0{,}983 \qquad s = 0{,}073.$$

6. Propynylamine (aus [477]):

$$MR = 5{,}49\ \pi - 7{,}03\ P + 1{,}05 \tag{7.23}$$

$$n = 22 \qquad r = 0{,}93 \qquad s = 1{,}35.$$

7. Carbamate (aus [478]):

$$\pi_{Carbamat} = 0{,}942\ \pi_{Benzol} + 0{,}52\ \sigma^0 + 0{,}18\ E_s - 0{,}46\ \mathcal{F} + 0{,}12 \tag{7.24}$$

$$n = 62 \qquad r = 0{,}990 \qquad s = 0{,}095.$$

Gleichung (7.24) ist zugleich ein spezieller Fall einer Beziehung gemäß Gleichung (7.7).

Natürlich stellen Beziehungen der Form (7.18) ... (7.24) keine allgemeingültigen Gesetzmäßigkeiten dar, sondern sie gelten meist nur für die jedem Beispiel zugrunde liegende spezielle Auswahl von Substituenten. Werden derartige Zusammenhänge nicht erkannt und berücksichtigt, kann es zu einer Verfälschung resultierender quantitativer Struktur-Wirkungs-Beziehungen kommen.

Für die antiadrenerge Aktivität von β-Halo-β-Arylalkylaminen wurde bereits die folgende Gleichung angegeben (aus [346]):

$$\log A = 0{,}82\ \Sigma\pi - 1{,}02\ \Sigma\sigma^+ + 0{,}62\ r_{v,p} + 7{,}06 \tag{7.25}$$

$$n = 22 \qquad r = 0{,}964 \qquad s = 0{,}164\ .$$

Von CAMMARATA [479] wurde bei einer quantitativen Struktur-Wirkungs-Analyse für die gleiche Serie unter anderem ein Zusammenhang gemäß (7.26) erhalten:

$$\log A = 0{,}75\ \pi_m - 0{,}91\ \sigma_m + 1{,}67\ r_{v,p} + 5{,}77 \tag{7.26}$$

$$n = 22 \qquad r = 0{,}961 \qquad s = 0{,}168.$$

Gleichung (7.26) ist statistisch Gleichung (7.25) ebenbürtig. Würde die Auswahl der besten Gleichungen nur nach statistischen Kriterien getroffen (ein Vorgehen, das von CAMMARATA selbst nicht empfohlen wurde), könnte also durchaus auch Gleichung (7.26) als „beste" akzeptiert werden. Diese Gleichung widerspricht aber grundlegenden chemischen Erfahrungen, denn bei Substitution in einem einfachen Benzolring ist es extrem unwahrscheinlich, daß nur Substituenten aus der meta-Position einen elektronischen Effekt ausüben und para-Substituenten nicht. Wie UNGER und HANSCH

[346] zeigen konnten, ist Gleichung (7.26) ein Artefakt, das auf den in Gleichung (7.22) dargestellten multiplen Zusammenhang zurückzuführen ist. Dieses Beispiel zeigt deutlich die Notwendigkeit, „beste" Gleichungen nicht nur nach statistischen, sondern auch nach inhaltlichen Überlegungen auszusuchen und solche Gleichungen abzulehnen, die grundlegenden Erfahrungen der theoretischen organischen Chemie widersprechen.

Von CAMMARATA und ROGERS [480 – 482] wurde der Versuch unternommen, π-Werte quantenchemisch zu berechnen. Die Autoren gingen wieder von dem bereits erwähnten Perturbationsansatz nach KLOPMAN und HUDSON [407, 408] aus (siehe Abschnitt 5.3.) und kamen zu folgenden Beziehungen:

$$\log P = a_0 + a_1 \sum_r | Q_{r,N} | + a_2 \sum_r S_r^E \tag{7.27}$$

und

$$\pi = a_0 + a_1 \sum_{r_s} | Q_{r,N} | + a_2 \sum_{r_s} S_r^E \tag{7.28}$$

In Gleichung (7.27) erfolgt die Summierung über alle Atome, in (7.28) über die Atome des Substituenten. Trotz einiger relativ grober Näherungen geben diese Beziehungen statistisch signifikante Beschreibungen von log P und π für aromatische Verbindungen, wie z. B. aus den Gleichungen (7.29) und (7.30) (π-Werte aus der Phenoxyessigsäureserie, System Oktanol/Wasser) folgt:

$$\pi = -1{,}057 \sum_{r_s} | Q_{r,N} | + 0{,}209 \sum_{r_s} S_r^E + 0{,}10 \tag{7.29}$$

$$n = 22 \qquad r = 0{,}810 \qquad s = 0{,}414$$

Gleichung (7.29) läßt sich verbessern, wenn die Substituenten p-$N(CH_3)_2$, m-NH_2 und p-NH_2 heraus gelassen werden:

$$\pi = -0{,}973 \sum_{r_s} | Q_{r,N} | + 0{,}294 \sum_{r_s} S_r^E - 0{,}020 \tag{7.30}$$

$$n = 19 \qquad r = 0{,}931 \qquad s = 0{,}205$$

Mit Hilfe von (7.28) konnten auch quantitative Struktur-Wirkungs-Beziehungen für einige Serien erhalten werden, bei denen log A linear zu π korreliert. Dieses Ergebnis ist an sich erstaunlich, da hydrophobe Wechselwirkungen primär auf Entropieeffekte zurückzuführen sind und quantenchemische Ansätze prinzipiell Entropieeffekte nicht berücksichtigen können. Eine nähere Inspektion der Rechnungen zeigt aber, daß die betrachteten Substituenten wenig in ihrer Größe, dafür aber stark in ihren elektronischen Eigenschaften variieren. Wenn überhaupt eine Beschreibung hydrophober Molekülparameter durch elektronische Größen annähernd möglich ist, dann bei einer solchen Auswahl von Substituenten. Außerdem wird nur ein recht kleiner Bereich von π-Werten überstrichen; die Spannweite liegt etwa bei 2, während die Spannweite der von HANSCH in [95] zusammengestellten π-Werte etwa 9 beträgt, wobei noch nicht einmal längere Alkylketten berücksichtigt sind. Ob also die Gleichungen (7.27) und (7.28) generell zur Berechnung von Hydrophobizitätsparametern geeignet sind, muß mindestens bei den bisher vorliegenden Ergebnissen als sehr zweifelhaft angesehen werden. Sicher ist eine theoretische Behandlung hydrophober Wechselwirkungen von großer Bedeutung, wobei aber die Entropieänderungen explizit oder implizit auf jeden Fall mit erfaßt werden müssen, z. B. durch Kombination quantenchemischer mit statistisch-thermodynamischen Ansätzen (siehe z. B. [483 – 485]). Eine recht gute Beschreibung bzw. Berechnung hydrophober Substituentenkonstanten ist auch mit der "solvent-dependent conformational analysis procedure" (SCAP) möglich [486]; auf diese Methode wird in Kapitel 12. noch näher einzugehen sein. Der Vorteil von SCAP besteht darin, daß die Konformation explizit in die Rechnungen eingeht. Dies ist insbesondere bei flexiblen Molekülen wichtig, bei denen infolge intramolekularer Effekte die Additivität von π verloren gehen kann; in solchen Fällen führt Gleichung (4.16) zu fehlerhaften Resultaten für log P (siehe auch [487]).

Theoretische Verfahren zur Beschreibung der Hydrophobizität sollten im Rahmen des einfachen extrathermodynamischen Ansatzes auf die Berechnung von Hydrophobizitätsparametern beschränkt bleiben und nicht zum Ersatz von π oder analogen Größen durch kompliziertere Ausdrücke führen. Abgesehen von möglichen Problemen mit statistischen Freiheitsgraden wären sonst die aus den Zusammenhängen mit π ableitbaren Informationen (z. B. a_B-Regel) nicht mehr erhältlich, und bei einer nicht-linearen Form der Funktion $f_h(x_h)$ entstünde eine praktisch unüberschaubare Situation. Eine unmittelbare Anwendung theoretischer Beschreibungsweisen hydrophober Wechselwirkungen in der quantitativen Struktur-Wirkungs-Analyse ist nur in den noch zu erläuternden Verfahren der Interaktions-Rechnung (siehe Kapitel 12.) notwendig und unerläßlich.

8. Praktisches Vorgehen bei der quantitativen Struktur-Wirkungs-Analyse nach dem extrathermodynamischen Ansatz

8.1. Zusammensetzung der Stichprobe

Für einen optimalen Einsatz der quantitativen Struktur-Wirkungs-Analyse ist es notwendig, die Strukturvariationen in der Stichprobe von vornherein so vorzunehmen, daß auch wirklich das angestrebte *Maximum an Information* erhalten werden kann. Dabei ergibt sich das Problem, daß die Auswahl einer „idealen" Stichprobe streng genommen nur möglich ist, wenn schon Kenntnisse über das zu erwartende Resultat vorliegen, und das ist natürlich im allgemeinen nicht der Fall. Es kann und muß aber versucht werden, dieser idealen Stichprobe, d. h. der Stichprobe mit dem höchsten Informationsgehalt, so nahe wie möglich zu kommen. Neben dem optimierten Informationsgewinn ist ein für die Praxis sehr wichtiges Resultat einer gezielten Stichprobenauswahl die Einsparung von unter Umständen sehr vielen unnötigen bzw. unbrauchbaren Synthesen und Testungen, so daß die Bedeutung dieses Schrittes gar nicht hoch genug eingeschätzt werden kann (siehe dazu z. B. auch [21, 488 – 490]).

In der Wirkstoffsuche können zwei grundsätzlich unterschiedliche Situationen auftreten:

1. Die biologische Testung ist schneller als die Synthese.
2. Die Synthese ist schneller als die biologische Testung.

Im ersten Fall ist es möglich, auf Grund der Rückmeldung vom biologischen Experiment schrittweise vorzugehen und von Substanz zu Substanz zu entscheiden, wobei z. B. die noch zu erläuternden rechnerfreien Suchverfahren (siehe Kapitel 11.) unter bestimmten Voraussetzungen nutzbringend angewandt werden können. Tritt die zweite Situation ein, muß zunächst die Stichprobe hergestellt und diese dann insgesamt ins biologische Experiment gegeben werden. Unter diesen Bedingungen wird die Zusammenstellung der Stichprobe zu einem schwierigen und sehr ernst zu nehmendem Problem.

Um mit einem Minimum an Verbindungen ein Maximum von für die angestrebte Strukturoptimierung (Extrapolation in Sub-Systemen-Raum) wirklich relevanter Informationen zu erhalten, muß eine Stichprobe die folgenden Bedingungen möglichst gut erfüllen:

1. Überschaubare Strukturvariationen, wobei ein genügend großer Bereich hydrophober, elektronischer und sterischer Moleküleigenschaften (genügend hohe Varianz der Molekülparameter) systematisch und vollständig überstrichen wird.
2. Keine Kollinearitäten zwischen den zur quantitativen Struktur-Wirkungs-Analyse zu verwendenden Molekülparametern.
3. Genügend große Varianz der biologischen Wirkquantität innerhalb der Stichprobe.

Zusätzlich sind Probleme der Synthetisierbarkeit zu beachten, die aber nicht im Vordergrund stehen sollten. Außerdem muß natürlich vermieden werden, gegen bekannte Prinzipien zu verstoßen. Beispielsweise hat es wenig Sinn, Verbindungen einzubeziehen, deren log P-Wert kleiner als 0 oder größer als 6 ist, da solche Verbindungen erfahrungsgemäß meist schlecht transportiert werden [459]. Bei ZNS-wirksamen Stoffen wiederum wäre der optimale log P-Wert von 2 zu beachten (vgl. Abschnitt 4.3.).

Wenn in einem komplizierten Molekül mehrere Positionen variiert werden können, ist es wegen der möglicherweise auftretenden Positionsabhängigkeit der Substituenteneinflüsse zweckmäßig, sich zunächst Informationen darüber zu verschaffen, an welcher/n Molekülposition(en) eine Substituentenvariation den stärksten Einfluß auf die biologische Wirkquantität hat. Dies kann an einer ersten kleinen Stichprobe z. B. mit Hilfe der FREE-WILSON-Analyse (siehe Abschnitt 12.1.) erfolgen, wobei die Ergebnisse dieser Analyse zugleich auch für Vorausberechnungen genutzt werden können. Für diesen Schritt genügt die Variation von etwa 3 . . . 4 Substituenten an den interessierenden Positionen; zwei dieser Substituenten sollten nicht zu groß und von durchschnittlicher Hydrophobizität, dafür aber hinsichtlich ihrer elektrönischen Eigenschaften möglichst verschieden sein, während der dritte Substituent relativ groß und hydrophob sein sollte. Nach dem Vorliegen der FREE-WILSON-Lösung werden für die empfindlichste(n) Position(en) jeweils etwa 8 . . . 10 Strukturvariationen erzeugt. Die anderen Positionen werden konstant gehalten, wobei die günstigste Variante entsprechend der FREE-WILSON-Lösung gewählt wird.

Zur Auswahl dieser Strukturvariationen, d. h. der günstigsten Substituenten im Sinne einer optimalen Stichprobe, gibt es verschiedene Möglichkeiten, wobei stets von einer Darstellung der Substituenten im Merkmalsraum hydrophober, elektronischer und sterischer Molekülparameter ausgegangen wird. Besonders einfach ist der zweidimensionale Fall. Wird vermutet, daß log A nur von zwei Molekülparametern (z. B. π und σ) abhängt, werden alle potentiellen Substituenten als Punkte in ein Koordinatensystem mit den Koordinaten π und σ eingetragen und dann solche Substituenten ausgewählt, die in verschiedenen Quadranten genügend weit voneinander entfernt liegen [455]. Um Kollinearitäten auszuschließen, muß dabei darauf geachtet werden, daß sich die entsprechenden Punkte nicht durch eine Gerade verbinden lassen.

Wenn mehr als zwei Molekülparameter in Frage kommen, müssen *mathematische Selektionsmethoden* eingesetzt werden. Entsprechende Verfahren werden von WOOTTON u. a. [461] sowie von HANSCH und Mitarbeitern [460] angegeben, die beide von Ähnlichkeitsbetrachtungen der Substituenten im Merkmalsraum ausgehen. Wird erwartet, daß insgesamt n Molekülparameter in der quantitativen Struktur-Wirkungs-Analyse gebraucht werden (z. B. n = 4 mit den Molekülparametern π, F, R und MR), lassen sich Substituenten als Punkte in einem n-dimensionalen Merkmalsraum mit den Koordinaten $x_1, \ldots, x_n$ darstellen. Die Aufgabe besteht jetzt darin, aus diesem Raum Substituenten (Punkte) auszuwählen, die genügend weit (aber wegen der Forderung nach einer systematischen Variation der Moleküleigenschaften nicht zu weit) voneinander entfernt sind. Derartige Substituenten sind hinsichtlich der Gesamtheit der betrachteten Merkmale hinreichend unähnlich, so daß also eine Maximierung der Varianz für die Gesamtheit aller betrachteten Molekülparameter erreicht wird. Damit ist zu erwarten, daß auch die biologische Wirkquantität innerhalb einer so ausgewählten Stichprobe genügend stark variiert. Voraussetzung hierfür ist allerdings, daß der betrachtete Merkmalsraum tatsächlich für die zu untersuchende biologische Wirkung relevant ist oder so groß gewählt wird, daß die relevanten Molekülparameter auf jeden Fall mit enthalten sind. Zugleich wird die Wahrscheinlichkeit für das Auftreten von Kollinearitäten bzw. Multikollinearitäten wesentlich herabgesetzt, jedoch werden Kollinearitäten weder mit dem Verfahren von WOOTTON u. a. noch mit dem von HANSCH und Mitarbeitern mit Sicherheit vermieden, so daß hierzu noch ein zusätzliches Kriterium notwendig ist (siehe z. B. [488]). Ein geeignetes Vorgehen besteht beispielsweise darin, Substituenten zusätzlich zu dem oben genannten Prinzip so auszuwählen, daß gleichzeitig die Determinante der aus standardisierten Variablen berechneten Korrelationsmatrix maximiert wird. Dadurch werden Kollinearitäten ausgeschlossen und gleichzeitig die Vertrauensintervalle der Regressionskoeffizienten sowie vorausberechneter Werte für log A minimiert.

Bei dem Verfahren von HANSCH und Mitarbeiter wurden die Substituenten im Merkmalsraum mittels der sogenannten *Cluster-Analyse* zu Gruppen (Clustern) derart zusammengefaßt, daß die Ähnlichkeit hinsichtlich der Gesamtheit der betrachteten Molekülparameter innerhalb der Gruppen maximal und zwischen den Gruppen minimal ist. In [460] wurde eine derartige Analyse für 90 aromatische Substituenten und vier verschiedene Parametersätze

(π^2, π, F, R und MR; π^2, π, F, R; π, F, R, MR; π, F, R) durchgeführt und die Cluster-Zugehörigkeit der einzelnen Substituenten für diese vier Merkmalsräume angegeben; eine analoge Untersuchung für aliphatische Substituenten im Merkmalsraum mit den Koordinaten σ^*, E_s, MR und π wurde von MARTIN [19] durchgeführt. Bei der Zusammensetzung der Stichprobe sind dann Substituenten aus verschiedenen Clustern zu wählen.

Das Verfahren von WOOTTON u. a. [461] beruht darauf, solche Punkte (Substituenten) auszusuchen, zwischen denen eine vorzugebende *Minimaldistanz* D_{Min} nicht unterschritten wird. Die Selektionsprozedur beginnt mit der Festlegung eines beliebigen Startsubstituenten (z. B. H). Danach werden die euklidischen Abstände D zwischen diesem Startpunkt und allen übrigen Punkten im Raum berechnet, und als nächster Substituent wird dann derjenige ausgewählt, der dem Startpunkt am nächsten liegt, dabei aber die vorgegebene Minimaldistanz D_{Min} nicht unterschreitet. Im nächsten Schritt wird dann als dritter Substituent derjenige ausgewählt, der dem Schwerpunkt zwischen den beiden bereits festgelegten Punkten am nächsten liegt, dabei aber von beiden Punkten weiter als D_{Min} entfernt ist. In dieser Weise wird das Verfahren fortgesetzt, wobei Substituenten, die zu nahe an bereits ausgewählten Punkten liegen, abgelehnt und weitere Substituenten entsprechend ihrem Abstand zum Schwerpunkt im Raum für die bereits festgelegten Punkte ausgewählt werden. Im Ergebnis wird der Merkmalsraum mit der dafür minimal notwendigen Substituentenzahl in alle Richtungen abgetastet, und der Abbruch erfolgt, wenn die Zahl der so ausgewählten Substituenten genügend groß ist. Die Synthetisierbarkeit der entsprechenden Verbindungen kann dabei von vornherein dadurch berücksichtigt werden, daß nur Substituenten für synthetisch zugängige Verbindungen berücksichtigt werden.

Beide Verfahren haben sich in der Praxis bereits gut bewährt [488 – 491]. Ein Nachteil besteht allerdings darin, daß der „richtige" Abstand zwischen den aus dem Merkmalsraum auszuwählenden Substituenten mehr oder weniger willkürlich *a priori* festgelegt werden muß, und zwar durch die Vorgabe der Zahl der Cluster bzw. von D_{Min}. Eine derartige *a-priori*-Festlegung läßt sich mit einem von DOVE u. a. [492] für nicht zu große Ausgangsmengen von Substituenten entwickelten Verfahren vermeiden, das außerdem den Vorteil hat, sehr anschaulich zu sein und Kollinearitäten ohne zusätzliches Kriterium mit relativ hoher Sicherheit auszuschließen. Das Verfahren beruht darauf, daß sich die Korrelation zwischen zwei Substituenten A und B hinsichtlich einer Menge von n standardisierten Merkmalen x_i (i = 1, . . ., n) mittels des sogenannten Intraklasskorrelationskoeffizienten $r_{I(A,B)}$ gemäß

$$r_{I(A,B)} = 2 \sum_{i=1}^{n} (x_{iA} - \bar{x})(x_{iB} - \bar{x}) / \sum_{i=1}^{n} (x_{iA} - \bar{x})^2 + (x_{iB} - \bar{x})^2 \quad (8.1)$$

mit

$$\bar{x} = \frac{1}{2n} \sum_{i=1}^{n} (x_{iA} + x_{iB}) \quad (8.2)$$

ausdrücken läßt. Die Berechnung der Intraklasskorrelationskoeffizienten für alle möglichen Paare von Substituenten liefert eine Intraklasskorrelationsmatrix, die mit Hilfe der noch zu erläuternden Hauptkomponentenmethode (siehe Abschnitt 8.4.1.) zerlegt wird. Die resultierenden Hauptachsen bilden ein kartesisches Koordinatensystem, wobei es in den meisten Fällen auf Grund der speziellen Eigenschaften der Hauptachsen genügt, die ersten beiden Achsen zu betrachten, da diese bereits den größten Teil der in der Intraklasskorrelationsmatrix enthaltenen Information ausschöpfen. Es entsteht ein zweidimensionales Koordinatensystem, in dem sich die Substituenten als Punkte darstellen lassen. Dabei liegen hinsichtlich der Gesamtheit der n betrachteten Merkmale ähnliche Substituenten nahe beieinander, so daß also der Abstand zwischen den Punkten ein Maß für die Ähnlichkeit der entsprechenden Substituenten ist. Abbildung 8 zeigt eine derartige Darstellung für 35 Substituenten, wobei von den Parametern π, F, R und MR ausgegangen wurde (Substituenten und Merkmale sind die gleichen wie in der Untersuchung von WOOTTON u. a. [461]). Es lassen sich deutlich sieben Gruppen von im Hinblick auf diese Parameter ähnlichen Substituenten erkennen, und diese Einteilung ist chemisch sinnvoll und in genereller Übereinstimmung (wenn auch nicht direkt vergleichbar) mit den von HANSCH und Mitarbeitern [460] durch Cluster-Analyse erhaltenen Resultaten.

Aus einer solchen Darstellung läßt sich eine Stichprobe mit den gewünschten Eigenschaften sehr einfach dadurch erhalten, daß von einander genügend weit entfernte Substituenten ausgewählt werden. Dabei sind unterschiedliche Stichproben möglich, so daß Probleme der Synthetisierbarkeit und auch der Fall, daß von vornherein bereits einige Verbindungen vorliegen, leicht berücksichtigt werden können.

Die Bedeutung einer optimalen Stichprobenauswahl kann gar nicht stark genug betont werden, denn nur so können Stichproben mit hohem Informationsgehalt erhalten und dabei unnötige Synthesen vermieden werden [21, 460, 461, 488, 492 – 498]. HANSCH [493] erwähnt ein Beispiel, wo eine ungünstige Substituentenauswahl mit einer sehr hohen Informationsredundanz zur überflüssigen Synthese und Testung einer großen Zahl von Verbindungen führte. Von UNGER [495] wurde der Nutzen einer gezielten Substituentenauswahl nach der Methode von HANSCH und Mitarbeitern [460]

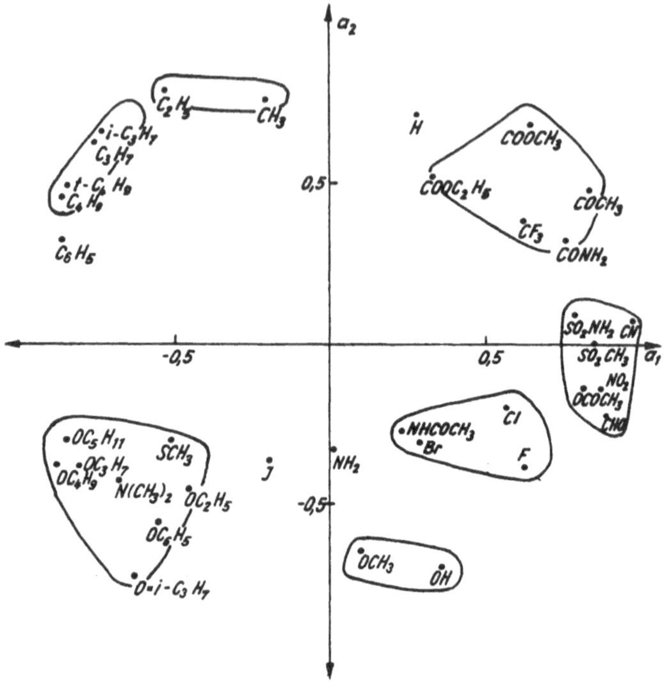

Abb. 8. Darstellung von 35 aromatischen Substituenten im Raum der ersten beiden aus der Intraklasskorrelationsmatrix extrahierten Hauptachsen a_1 und a_2. Substituentenauswahl und Merkmalsraum (π, F, R, MR) sind die gleichen, wie in [461]

mittels einer Simulationsstudie für eine Serie von 104 Antimalariamitteln getestet. Er konnte nachweisen, daß mit 10 gezielt ausgewählten Verbindungen die gleiche Information hätte erhalten werden können wie mit der tatsächlich untersuchten Anzahl. Das bedeutet, daß in diesem Falle Synthesen und Testungen für mindestens 300 000 Dollar ohne irgendeinen Sinn oder Nutzen durchgeführt wurden.

Trotz der Vorteile einer gezielten Stichprobenauswahl darf nicht vergessen werden, daß alle Auswahlverfahren einen kritischen Punkt haben: der zu betrachtende Merkmalsraum muß *a priori* festgelegt werden. Glücklicherweise wird der Merkmalsraum π, F, R und MR in den meisten Fällen ausreichend sein. Wenn auch nur ein einziges für die betrachtete biologische Wirkung wichtiges Merkmal nicht berücksichtigt wird, muß damit gerechnet werden, daß die resultierende Stichprobe eine unzureichende Varianz der biologischen Wirkquantität aufweist. Daraus folgt, daß eine optimale Stichprobe im generellen Sinne nicht existiert, sondern nur eine optimale Stichprobe für ein gegebenes spezielles Problem. Dabei können bereits bekannte Struktur-Wirkungs-Beziehungen für die interessierende biologische Wirkung wichtige Hinweise über den zu betrachtenden Parameterraum liefern. Wenn gar nichts bekannt ist, kann zunächst eine sehr kleine Stichprobe gebildet und biologisch getestet werden. Mit den Resultaten wird dann eine vorläufige Struktur-Wirkungs-Beziehung ermittelt, die es gestattet, den Parameterraum für die Auswahl der endgültigen Stichprobe entsprechend zu modifizieren sowie die Synthese von inaktiven Verbindungen weitgehend zu vermeiden.

8.2. Formulierung der Ansätze, Auffindung der „besten" Gleichung(en) und Interpretation

Wie aus den bisherigen Ausführungen hervorgeht, gibt es sehr viele Möglichkeiten, wie Wirkstoffe mit Biosystemen in Wechselwirkungen treten und wie Strukturveränderungen die biologische Wirkquantität beeinflussen können. Entsprechend groß ist auch die Zahl der möglichen Hypothesen über solche Wechselwirkungen und der daraus resultierenden Ansätze. Dabei ist noch zu berücksichtigen, daß zur Zeit noch in vielen Fällen von nicht speziell für den Zweck der quantitativen Struktur-Wirkungs-Analyse variierten Stichproben ausgegangen werden muß, wodurch die Probleme häufig weiter kompliziert werden.

Die Hypothesen des Hypothesenkatalogs ergeben sich unter Berücksichtigung der folgenden Hauptgesichtspunkte:

1. Kenntnisse und Vermutungen über die Eigenschaften des untersuchten Biosystems;
2. Annahmen über mögliche Reaktionsmechanismen;
3. Kenntnisse und Vermutungen über die Eigenschaften der untersuchten Substanzen;
4. Art der Strukturvariation in der Stichprobe.

Besondere Aufmerksamkeit muß auch der Frage gewidmet werden, ob möglicherweise metabolische Prozesse eine so große Rolle spielen, daß die biologische Wirkquantität entscheidend von ihnen beeinflußt wird. Ist in diesem Sinne eine metabolische Inaktivierung zu erwarten, muß versucht werden, eine Funktion zu finden, die die Abhängigkeit der biologischen Wirkquantität von der Metabolisierungsrate und die Abhängigkeit beider von den Moleküleigenschaften ausdrückt. Viel Erfahrungen gibt es hierzu noch nicht, aber wahrscheinlich wird sich eine ganze Reihe derartiger Fälle mit den bisher beschriebenen Ansätzen erfassen lassen, da sowohl die Metabolisierungsrate als auch die biologische Wirkquantität definierte Funktionen von Molekülparametern sind. Es besteht auch die Möglichkeit, daß die Moleküle erst metabolisch in die eigentliche Wirkform überführt werden müssen *(Bioaktivierung)*. Die Wahrscheinlichkeit hierfür läßt sich auf Grund chemischer Überlegungen und eventuell vorliegender biologischer Erfahrungen bis zu einem gewissen Grad abschätzen. Wird beispielsweise vermutet, daß ein Molekül A im Organismus in zwei Moleküle B und C zerfällt, wobei aber nicht bekannt ist, ob nun A, B oder C die eigentlich biologisch aktive Form ist, ergeben sich folgende Varianten, die alle im Hypothesenkatalog und bei den Ansätzen zur quantitativen Struktur-Wirkungs-Analyse berücksichtigt werden müssen:

1. Das Molekül A ist die biologisch aktive Form.
2. Die Moleküle B und/oder C sind biologisch wirksam, und die biologische Wirkquantität hängt von den Eigenschaften dieser Moleküle ab.
3. Die Moleküle B und/oder C sind biologisch wirksam, aber die biologische Wirkquantität hängt nicht von den Eigenschaften dieser Moleküle, sondern in erster Linie von der Lage des Gleichgewichts bzw. der Geschwindigkeit der Umwandlung von A in B und C ab.

Die Varianten 1 und 3 würden eine quantitative Struktur-Wirkungs-Analyse mit Molekülparametern für das Molekül A erfordern, während bei Variante 2 Molekülparameter für die Moleküle B und C eingesetzt werden müßten. Wie bereits erwähnt, gelang es beispielsweise, bei biologisch aktiven Phenylsydnonen Hinweise darauf zu erhalten, daß die Hemmung der mischfunktionellen mikrosomalen Oxydase durch die intakten Verbindungen ausgelöst wird (Fall 1), während ihre toxische Wirkung auf die als Spaltprodukt auftretenden Phenyl-N-Nitrosoaminosäuren zurückgeht (Fall 2) [332] [siehe Gleichung (5.103)]. Ein Beispiel gemäß Fall 3 wird in Abschnitt 9.2. erläutert.

Aus allen bisherigen Ausführungen folgt, daß Ansätze zur quantitativen Struktur-Wirkungs-Analyse einen sehr hohen Komplexitätsgrad haben und die Berechnung einer sehr großen Anzahl von Gleichungen erforderlich machen können. Bei ausreichendem Zugriff zu einem schnellen Rechner entsteht daraus kein grundsätzliches Problem. Die Erzeugung aller kombinatorisch möglichen Ansätze kann dabei durch einen speziellen Programmteil automatisch auf dem Rechner erfolgen wie z. B. in dem von TOLLENAERE und Mitarbeitern [499] benutzten AQSARF-Programm (automatic quantitative structure-activity relationships finder); dabei werden auf einer IBM 370/135 etwa 17 Gleichungen pro Sekunde berechnet. Zweckmäßigerweise werden Regressionskoeffizienten nur für diejenigen Ansätze berechnet, die statistisch signifikant sind. Die Signifikanzprüfung wird dann über einen möglichst einfachen statistischen Test vorgeschaltet (siehe z. B. [500]), wobei mit einem schnellen Rechner 10^5 Ansätze in wenigen Minuten bearbeitet werden können. Problematisch und aufwendig kann jedoch bei dieser Art des Vorgehens die inhaltliche Auswertung (Auffinden der „besten" Gleichung(en); siehe unten) der unter Umständen sehr umfangreichen Rechnerausdrucke werden. Um dieses Problem zu umgehen, und, wenn notwendig, Rechenzeit an einem möglicherweise langsameren Rechner einzusparen, gibt es mehrere Möglichkeiten.

Die erste Möglichkeit besteht darin, den Hypothesenkatalog nicht vollständig, sondern in *gezielten Schritten* stufenweise abzuarbeiten. Dieses Vorgehen darf aber keinesfalls auf eine willkürliche Einschränkung des Hypothesenkatalogs hinauslaufen; einige der bisher diskutierten Beispiele [siehe z. B. Gleichungen (5.132), (5.150) . . . (5.152), (7.1) . . . (7.3)] haben wohl deutlich genug gezeigt, wie gefährlich ein solcher Weg wäre. Dabei werden die Erkenntnisse aus der einen Stufe bei der Formulierung der Ansätze für die nächste Stufe genutzt. Dieses Vorgehen in Stufen, das insbesondere auch bei einem Dialogbetrieb mit dem Rechner geeignet ist, entspricht im Prinzip einem Entscheidungsprozeß mit einer Reihe von „wenn – dann"-Entscheidungen und gestattet eine ganz wesentliche Reduzierung der Zahl der zu berechnenden gegenüber den kombinatorisch denkbaren Gleichungen. Für den Aufbau der einzelnen Stufen gibt es allerdings kein allgemein gültiges Rezept, sondern hier spielen vor allem Erfahrungen eine große Rolle, wobei natürlich die speziellen Gegebenheiten der zu untersuchenden Serie berücksichtigt werden müssen. Das Grundprinzip besteht immer darin, auf Grund chemischer und biologischer Überlegungen zu versuchen, unter den vielen möglichen Varianten zunächst diejenigen mit der höchsten Wahrscheinlichkeit zu erkennen und zu formulieren. Die weniger wahrscheinlichen Varianten werden dann in den einzelnen Stufen schrittweise durch ausgewählte Gleichungen geprüft.

Insbesondere dann, wenn die Stichprobe unübersichtlich und nicht nach den in Abschnitt 8.1. erläuterten Prinzipien zusammengesetzt ist, kann als zweite Möglichkeit das Vorschalten einer *Faktoranalyse* vor die eigentliche Regressionsanalyse empfohlen werden [501]. Mit Hilfe der Faktoranalyse ist es möglich, die erfolgversprechendsten Ansätze zu erkennen und gezielt auszuwählen. Die Auswahl erfolgt dabei in der Weise, daß Kollinearitäten vermieden werden. Da diese Verfahrensweise recht leistungsfähig und zudem noch relativ einfach ist, soll sie in einem gesonderten Abschnitt etwas ausführlicher dargestellt werden (siehe Abschnitt 8.4.).

Eine dritte Möglichkeit der Vereinfachung besteht in der Anwendung sogenannter *schrittweiser Regressionsverfahren* (siehe hierzu beispielsweise auch [19]), bei denen statistisch nicht signifikante Variable automatisch eliminiert werden. Dabei kann nach dem Aufbauprinzip (die signifikanten Variablen werden eine nach der anderen in die Rechnung einbezogen) oder dem Abbauprinzip (die nicht-signifikanten Variablen werden eine nach der anderen eliminiert) gearbeitet werden; es gibt auch kombinierte Verfahren (Vorwärtselimination), die beide Prinzipien in sich vereinigen. Allerdings kann die resultierende Gleichung nicht als das einzig mögliche, d. h. objektiv richtige Ergebnis angesehen werden, da verschiedene Verfahrensvarianten unter Umständen zu unterschiedlichen Ergebnissen führen können. Es empfiehlt sich daher stets, letzte Feinheiten durch die Berechnung ausgewählter Gleichungen mittels eines festen Ansatzes zu ermitteln. Diese Einschränkung gilt nicht, wenn mit Auf- und Abbauverfahren das gleiche Ergebnis erhalten wird. Bei komplexen Problemen ist es auch bei diesen Verfahren zweckmäßig, die Komplexität der Ansätze zu staffeln, um bei der Auswertung einen Gesamteindruck über den „Gang" der Gleichungen zu erhalten.

Häufig ist es zweckmäßig, das Gesamtproblem zunächst in *Teilprobleme* zu zerlegen. Jedes Teilproblem entspricht einer bestimmten Untergruppe von Substanzen mit einem gemeinsamen speziellen Strukturmerkmal wie z. B. Variation von Substituenten an nur einem Substitutionsort, cis- oder trans-Stellung einer bestimmten Gruppe, Substitution oder Nicht-Substitution bzw. Einfach- oder Mehrfachsubstitution an einer bestimmten Position usw. Der Komplexitätsgrad für diese Untergruppen ist wesentlich geringer als für die gesamte Serie, so daß einfachere Ansätze formuliert und genauere Informationen über die Substituenteneigenschaften, die an verschiedenen Positionen für die biologische Wirkquantität wichtig sind, erhalten werden können. Mit diesen Informationen ist es möglich, gezieltere Ansätze für die gesamte Stichprobe zu formulieren und damit auch den Komplexitätsgrad für das Gesamtproblem herabzusetzen. Dies gilt insbesondere hinsichtlich möglicher Positionsabhängigkeiten von Substituenteneinflüssen. Hier kann als Vorschaltschritt auch die FREE-WILSON-Analyse genutzt werden, die bei mehrfachsubstituierten Molekülen positionsbezogene Substituentenbeiträge zur biologischen Aktivität liefert; diese Substituentenbeiträge können dann ihrerseits zu Molekülparametern korreliert werden (siehe Abschnitt 11.1.3.).

Sind quantitative Struktur-Wirkungs-Beziehungen für Variationen an einzelnen Molekülpositionen bekannt, kann leicht entschieden werden, hinsichtlich welcher Molekülparameter Additivität oder Positionsabhängigkeit besteht, so daß dann einzelne Gleichungen zu entsprechenden neuen Ansätzen zusammengefaßt werden können. Dabei ist es häufig möglich und nützlich, Unterschiede zwischen Untergruppen durch sogenannte *Hilfsparameter,* die in einigen der bisher aufgeführten Beispiele bereits aufgetreten sind, zu berücksichtigen.

Wenn derartige Unterschiede in zwei Untergruppen unabhängig von sonstigen Variationen einen gleichbleibenden Unterschied in log A bedingen, würde das z. B. für den Fall, daß sich log A in zwei Untergruppen I und II durch einen einfachen linearen Zusammenhang mit π beschreiben läßt bedeuten, daß zwei parallel laufende Geraden mit unterschiedlichen Ordinatenabschnitten resultieren

$$\log A_I = a\pi + b_I \tag{8.3}$$

$$\log A_{II} = a\pi + b_{II}. \tag{8.4}$$

Als Regressionsansatz für die Gesamtserie kann nun folgende Gleichung gewählt werden:

$$\log A = a\pi + \alpha X + b \tag{8.5}$$

mit dem Hilfsparameter X gemäß

$$X = \begin{cases} 1 & \text{für Verbindungen der Untergruppe I} \\ 0 & \text{für Verbindungen der Untergruppe II} \end{cases} \tag{8.6}$$

Die Regressionsrechnung ergibt dann für α in (8.5) gerade den Wert $\alpha = b_I - b_{II}$, so daß mit der Festlegung von X gemäß (8.6) zu allen Punkten auf der Geraden (8.3) gerade der Betrag des Ordinatenabschnittes, um den sie von der Geraden (8.4) abweicht, addiert wird und auf diese Weise beide Geraden vereinigt werden. Dieses Prinzip ist natürlich auch für n-dimensionale Koordinatensysteme, also für Gleichungen mit n Einflußgrößen, anwendbar. Außerdem ist es auch möglich, mehrere Untergruppen durch Anwendung mehrerer Hilfsparameter zusammenzufassen. Ein Beispiel dafür bietet Gleichung (8.5), die die bakteriostatische Wirkung von Lyndomycinderivaten gegen *S. lutea* beschreibt (aus [502]):

$$\log A = -0{,}24\ \pi^2 + 1{,}39\ \pi + 0{,}23\ X_1 - 0{,}20\ X_2 - 0{,}41 \tag{8.7}$$

$$n = 25 \qquad r = 0{,}960 \qquad s = 0{,}162.$$

Der Hilfsparameter X_1 unterscheidet hier zwischen cis- (X_1 = 0) und trans-substituierten (X_1 = 1) Verbindungen, und der Hilfsparameter X_2 unterscheidet zwischen N-Methyl- (X_2 = 0) und N-Äthylderivaten (X_2 = 1). Aus Gleichung (8.7) folgt, daß trans-Verbindungen etwa 1,7mal aktiver sind, als die entsprechenden cis-Verbindungen, während N-Äthylderivate etwa 1,6mal weniger aktiv sind, als die entsprechenden N-Methylderivate. Ein weiteres interessantes Beispiel dieser Art findet sich für die Hemmung von Dihydrofolatreduktase aus zwei verschiedenen Tumoren durch strukturell sehr unterschiedliche Phenyltriazine (aus [463]):

$$\log A = 0{,}68\ \pi_3 - 0{,}12\ \pi_3^2 + 0{,}23\ MR_4 - 0{,}02\ MR_4^2 + 0{,}24\ X_1 - 2{,}53\ X_2 - 1{,}99\ X_3 + 0{,}88\ X_4 + 0{,}69\ X_5 + 0{,}70\ X_6 + 6{,}49 \quad (8.8)$$

$$n = 244 \qquad r = 0{,}923 \qquad s = 0{,}377.$$

(Die Indices an den Molekülparametern π und MR beziehen sich auf die entsprechenden Molekülpositionen.)

In diesem Falle werden durch die Hilfsparameter allein bereits 76 % der Varianz von log A erklärt. Während die Hilfsparameter $X_2, \ldots, X_6$ wie in dem vorangegangenen Beispiel die An- bzw. Abwesenheit bestimmter Strukturelemente anzeigen, ist mit dem Hilfsparameter X_1 ein neuer Aspekt verknüpft. Dieser Hilfsparameter unterscheidet zwischen dem aus WALKER-Tumoren und dem von der Mäuseleukämie L 1210 isolierten Enzym und gestattet damit, die Hemmdaten für die beiden Enzyme verschiedenen Ursprungs in einer Gleichung zusammenzufassen. In ähnlicher Weise konnten von MARTIN [19] quantitative Struktur-Wirkungs-Beziehungen für fünf verschiedene biologische Wirkungen von Barbituraten mittels entsprechender Hilfsparameter zu einer einzigen Gleichung vereinigt werden.

Hilfsparameter können auch multiplikativ mit Variablen verknüpft werden wie beispielsweise in Gleichung (8.9), die von HANSCH und Mitarbeitern [467] für die Hemmung von Dihydrofolatreduktase durch Chinoxaline erhalten wurde:

$$\log A = 0{,}810\ MR_6 - 0{,}064\ MR_6^2 + 0{,}775\ \pi_5 - 0{,}734\ X_1 - 2{,}145\ X_2 - 0{,}544\ X_3 - 1{,}395\ X_4 + 0{,}776\ X_6 - 0{,}197\ X_1 MR_6 + 4{,}924 \quad (8.9)$$

$$n = 101 \qquad r = 0{,}961 \qquad s = 0{,}441.$$

Die Indices kennzeichnen die einzelnen Molekülpositionen, und die Hilfsparameter $X_1, \ldots, X_6$ charakterisieren bestimmte strukturelle Besonderheiten. Der Hilfsparameter X_1 ist dabei gemäß

$$X_1 = \begin{cases} 1, & \text{wenn OH oder SH vorkommt} \\ 0, & \text{sonst} \end{cases} \tag{8.10}$$

definiert. Wie aus dem negativen Vorzeichen des X_1-Terms in (8.10) folgt, hat die Anwesenheit von OH oder SH einen ungünstigen Einfluß auf die biologische Aktivität. Das negative Kreuzprodukt $X_1 MR_6$ ist dann so zu deuten, daß dieser ungünstige Einfluß mit wachsender Größe der Substituenten in Position 6 zunimmt.

Bei der Formulierung der Ansätze für den Rechner werden zunächst die Werte der zur Berechnung aller Gleichungen benötigten Molekülparameter x_i zusammengestellt. Bei einer routinemäßigen Anwendung der quantitativen Struktur-Wirkungs-Analyse empfiehlt es sich, die wichtigsten Molekülparameter wie z. B. π, log P, E_s, MR, σ, σ^-, σ^+, σ_I, σ^* usw. für eine möglichst große Zahl von Substituenten EDV-gerecht zu speichern. Dabei muß sorgfältig darauf geachtet werden, nur wirklich zuverlässige und untereinander kompatible Werte in den Speicher aufzunehmen. Die benötigten x_i werden dann einfach vom Rechner abgerufen, wobei viel Zeit und Aufwand gespart werden kann. Als nächstes werden die x_i zusammen mit log A zeilenweise für jede Verbindung der Stichprobe in einer sogenannten *Urliste* zusammengefaßt; dabei können simultan Aktivitätsdaten aus verschiedenen biologischen Tests aufgenommen werden. Die Urliste, die in den Rechner eingegeben wird, ist eine Wertetabelle in Form einer Matrix mit n Zeilen und m Spalten, wobei n die Zahl der in der Stichprobe enthaltenen Verbindungen und m die Gesamtzahl aller Variablen (einschließlich log A) ist. Die Formulierung der konkreten Ansätze erfolgt durch Festlegung der jeweils zu berücksichtigenden Spalten der Urliste und Vorgabe der funktionellen Zusammenhänge, durch die die in diesen Spalten enthaltenen Molekülparameter mit log A verknüpft sind, über sogenannte *Variablenauswahlvektoren.* Die Bildung von Untergruppen erfolgt durch eine Auswahl von Zeilen aus der Urliste mittels sogenannter *Zeilenauswahlvektoren.* Variablen- und Zeilenauswahlvektoren lassen sich beliebig zu sogenannten *Problemvektoren* kombinieren, wobei jeder Problemvektor einen Ansatz bildet. Als Antwort erhält man vom Rechner die Regressionskoeffizienten für alle Ansätze, wobei eine hierarchische Anordnung nach Zeilenvektoren und innerhalb der Zeilenvektoren nach Variablenauswahlvektoren günstig ist. Im Rechnerausdruck sollten zu jedem Problemvektor zweckmäßigerweise mindestens folgende Angaben erscheinen:

1. Regressionskoeffizienten mit Vertrauensintervallen bei einem frei wählbaren statistischen Signifikanzniveau (zweckmäßig ist P = 0,95);
2. für jeden Regressionskoeffizienten das Signifikanzniveau, bei dem er von Null verschieden ist;
3. F-Wert und das Signifikanzniveau für die Gesamtgleichung;
4. multipler Korrelationskoeffizient r sowie r^2;
5. s (Reststreuung);
6. Tabelle, in der die mittels der jeweiligen Regressionsgleichung berechneten Werte für log A (mit Vertrauensintervall) den eingegebenen Werten gegenübergestellt werden. Die Tabelle sollte zweckmäßigerweise auch für jede Verbindung die Differenz log A (berechnet) – log A (eingegeben) sowie die Defektpromille angeben;
7. Zahl der statistischen Freiheitsgrade;
8. Korrelationsmatrix;
9. bei Gleichungen mit einem nicht-linearen Zusammenhang zwischen log A und irgendeinem Parameter x_i den zum Extremum gehörenden Wert für x_i mit Vertrauensintervall.

Um nicht unnötigen Ballast mitzuschleppen, ist es zweckmäßig, alle Gleichungen, die insgesamt und/oder in bezug auf einen Regressionskoeffizienten bei einem frei wählbaren Signifikanzniveau (zu empfehlen ist P $\geqq$ 0,90; prinzipiell ist es günstig, für einzelne Regressionskoeffizienten und die Gesamtgleichung verschieden wählbare Signifikanzniveaus zuzulassen) nicht gesichert sind, im Rechnerausdruck zu unterdrücken.

Die Auswahl der besten Gleichung(en) erfolgt nach statistischen und inhaltlichen Kriterien. Aus statistischer Sicht ist diejenige Gleichung zu wählen, die bei einer genügend hohen Zahl von Freiheitsgraden die niedrigste Reststreuung hat, wobei natürlich alle Terme statistisch signifikant sein müssen. Die zulässige Zahl der Freiheitsgrade ist dabei etwas problematisch. Wird ein relativ großer Satz verschiedener Molekülparameter betrachtet, sollten nach TOPLISS [458] etwa fünf Meßpunkte pro Term in der Regressionsgleichung vorliegen, um Zufallskorrelationen zu vermeiden. Diese Forderung ist mitunter schwer zu realisieren.

WOOTTON u. a. [461] weisen darauf hin, daß für praktische Zwecke mit der Zahl der Freiheitsgrade durchaus herunter gegangen werden kann und lassen beispielsweise Gleichungen mit 4 Termen bei 12 Meßpunkten bzw. sogar Gleichungen mit 6 Termen bei 12 Meßpunkten zu. Gemäß unseren eigenen Erfahrungen würden wir für quantitative Struktur-Wirkungs-Beziehungen, bei denen eine mechanistische Interpretation angestrebt wird, mindestens vier Meßpunkte pro Term fordern und ansonsten weitgehend den Angaben in [461] folgen. Eine weitere wichtige Rolle spielen die bereits mehrfach diskutierten Kollinearitäten. Das Auftreten von Kollinearitäten kann zur Folge haben, daß mehrere Gleichungen gleichberechtigt nebeneinander betrachtet werden müssen, woraus sich natürlich entsprechende Konsequenzen (siehe unten) für das weitere Vorgehen ergeben [vgl. z. B. Gleichungen (7.1) und (7.2)]. Inhaltliche Überlegungen spielen eine ebenso wichtige Rolle, wie statistische Gesichtspunkte. Eine statistisch gute Gleichung ist auch dann abzulehnen, wenn sie ihrer Form nach grundlegenden Gesetzmäßigkeiten oder Erfahrungen der theoretischen Chemie widerspricht; so wäre z. B. eine Gleichung mit einem ρ-Wert von 100 inakzeptabel. Auch Gleichungen, die mit fundierten Kenntnissen über biologische Reaktionsmechanismen nicht in Einklang zu bringen sind, erfordern eine gewisse Skepsis. Allerdings sollten solche Gleichungen nicht sofort abgelehnt werden, denn der vermutete Reaktionsmechanismus kann falsch sein und der gefundene Zusammenhang den entscheidenden Hinweis auf den wirklich vorliegenden Mechanismus enthalten. Wenn alle anderen Aspekte gleich sind, wird schließlich das einfachste Modell akzeptiert.

Wichtig sind solche Verbindungen der Serie, deren Verhalten von den gefundenen Gleichungen nur schlecht beschrieben werden. Sofern es sich nur um ein oder zwei Verbindungen handelt, empfiehlt es sich, die Rechnungen ohne diese Verbindungen zu wiederholen, gleichzeitig aber Überlegungen anzustellen, weshalb gerade diese Verbindungen herausfallen. Solche Überlegungen können durchaus zu wertvollen Erkenntnissen über den Wirkmechanismus, aber auch zu neuen Syntheselinien führen [503], und gerade hier liegt ein besonders wichtiger Aspekt der quantitativen Struktur-Wirkungs-Analyse, denn ohne diese ließe sich das abweichende Verhalten einzelner Verbindungen in den meisten Fällen überhaupt nicht erkennen. Wenn sich allerdings ein größerer Prozentsatz der Verbindungen der Stichprobe abweichend verhält und sich dafür keine fundierte Erklärung finden läßt, ist der Schluß zu ziehen, daß die quantitative Struktur-Wirkungs-Analyse mit den betrachteten Ansätzen versagt hat und eine Wiederholung mit einem erweiterten und verschärften Hypothesenkatalog notwendig ist. Hierzu kann es mitunter nützlich sein, die Abweichungen zwischen den experimentellen und den aus der Regressionsgleichung berechneten Werten für log A gegen verschiedene Molekülparameter aufzutragen. Finden sich dabei Trends, sind die entsprechenden Molekülparameter in die neuen Ansätze einzubeziehen.

Ist (sind) die beste(n) Gleichung(en) gefunden, können anhand der auftretenden Molekülparameter sowie der Art ihrer funktionellen Verknüpfung mit log A auf der Grundlage der in den vorangegangenen Abschnitten erläuterten Gesetzmäßigkeiten gewisse Schlußfolgerungen inhaltlicher Art gezogen werden; dabei ist es allerdings stets günstig, nicht nur die beste(n) Gleichung(en) zu betrachten, sondern immer den *gesamten Gang* im Auge zu haben. Zunächst ist es möglich zu erkennen, welche Molekül- bzw. Substituenteneigenschaften für die betrachtete biologische Wirkung wichtig sind und in welcher Weise sie die Wirkquantität beeinflussen. In vielen Fällen können auch relativ weitgehende Hinweise auf den Mechanismus der Wechselwirkungen mit dem Rezeptor, auf Eigenschaften des Rezeptors und auf den molekularen Mechanismus der biologischen Reaktion erhalten werden. Wenn dieses Ziel angestrebt wird, ist es häufig günstig, abschließende Rechnungen mit ausgewählten quantenchemischen Molekülparametern zur Verschärfung der Aussage durchzuführen. Bei solchen Interpretationsversuchen müssen natürlich Kollinearitäten zwischen Einflußgrößen stets berücksichtigt werden. Sie können, wie bereits ausgeführt wurde, die Interpretierbarkeit stark einschränken oder gänzlich verhindern. Der einzige Ausweg besteht dann darin, die Stichprobe um einige Verbindungen derart zu erweitern, daß in der erweiterten Stichprobe die Kollinearitäten verschwinden. Dieses Ziel läßt sich im allgemeinen relativ leicht mit nur wenigen Verbindungen erreichen, wobei natürlich die Auswahl dieser Verbindungen sehr gezielt gemäß den Ausführungen in Abschnitt 8.1. erfolgen muß. Die hinzugenommenen Verbindungen werden nachgetestet, und anschließend wird die Analyse für die erweiterte Stichprobe wiederholt.

Die beste(n) Gleichung(en) wird (werden) schließlich zur Vorausberechnung der Wirkquantität weiterer Verbindungen genutzt, und die aktivsten Verbindungen werden dann zur Synthese und Testung vorgeschlagen. Auch hier können Kollinearitäten zum Problem werden. Wenn es auf Grund von Kollinearitäten beispielsweise nicht möglich ist, mit hinreichender Sicherheit zwischen zwei Gleichungen zu unterscheiden, müssen Vorausberechnungen mit beiden Gleichungen durchgeführt werden. Dabei kann es durchaus vorkommen, daß diese Gleichungen für bestimmte Verbindungen unterschiedliche Resultate liefern. Hier sind für das weitere Vorgehen zwei Entscheidungen möglich. Einmal können die Synthesevorschläge auf solche Verbindungen beschränkt werden, deren Wirkquantität von beiden Gleichungen übereinstimmend vorhergesagt wird. Dabei besteht eine hohe Wahrscheinlichkeit, daß diese Vorhersagen richtig sind, die aber insgesamt durch einen Informationsverlust und mit dem Risiko, die möglicherweise aktivsten Verbindungen nicht zu finden, erkauft wird. Besser ist es, zur weiteren Synthese solche Verbindungen vorzuschlagen, die einmal mit genügend hoher Wahrscheinlichkeit aktive Wirkstoffe sind, zum anderen aber in dem bereits oben erläuterten Sinne die störenden Kollinearitäten beseitigen.

Die vorgeschlagenen Verbindungen werden synthetisiert und getestet, und die quantitative Struktur-Wirkungs-Analyse wird unter Einbeziehung aller Daten wiederholt, wobei auf Grund der bereits vorliegenden Kenntnisse im allgemeinen mit einem stark eingeschränkten Hypothesenkatalog bzw. mit wenigen gezielten Ansätzen gearbeitet werden kann. Die neue Analyse liefert möglicherweise zusätzliche oder verschärfte Informationen (z. B. durch Beseitigung von Kollinearitäten oder auf Grund höherer Varianzen der Molekülparameter bzw. von log A), die für weitere Vorhersagen genutzt werden können. Das Wechselspiel zwischen quantitativer Struktur-Wirkungs-Analyse, Vorhersage und Experiment wird so lange fortgeführt, bis das durch die Stichprobe im Sub-System überstreichbare Gebiet genügend genau abgetastet ist, oder, in anderen Worten, bis alle in diesem Gebiet und damit aus der Stichprobe erhältlichen Informationen gewonnen und die in diesem Gebiet aktivsten Verbindungen mit hinreichender Wahrscheinlichkeit gefunden wurden.

Bisher wurde explizit nur der Fall betrachtet, daß nur eine einzige biologische Wirkung untersucht wird. In der Praxis tritt jedoch häufig der Fall auf, daß mehrere biologische Wirkungen nebeneinander geprüft werden, so daß dann die Optimierung von Wirkstoffstrukturen ein mehrdimensionales Problem wird. Auf diesen Fall soll in Kapitel 13. näher eingegangen werden.

Es empfiehlt sich, die resultierenden quantitativen Struktur-Wirkungs-Beziehungen EDV-gerecht zu speichern. Quantitative Struktur-Wirkungs-Beziehungen stellen eine gegenüber den Testergebnissen für Einzelverbindungen unerhört komprimierte Information dar, so daß Recherchen im Raum dieser komprimierten Information wieder zu neuartigen Informationen höherer Qualität und größerer Verallgemeinerungsfähigkeit führen können. Mit diesem Problem hat sich bisher vor allem die Gruppe um HANSCH [504 – 506] beschäftigt und dabei interessante Resultate erzielt (bereits 1972 hatte diese Gruppe rund 1000 quantitative Struktur-Wirkungs-Beziehungen, die das Verhalten von rund 15 000 Verbindungen in verschiedenen biologischen Systemen beschreiben, EDV-gerecht gespeichert). Im Raum gespeicherter quantitativer Struktur-Wirkungs-Beziehungen lassen sich zahlreiche Recherchen unter verschiedensten Gesichtspunkten durchführen, wobei folgende Aspekte besonders wichtig erscheinen:

1. Vergleich quantitativer Struktur-Wirkungs-Beziehungen für verschiedene Serien, die auf das gleiche Biosystem wirken;
2. Vergleich quantitativer Struktur-Wirkungs-Beziehungen der gleichen oder mehrerer Serien für die Wirkung auf verschiedene Biosysteme;
3. Vergleich quantitativer Struktur-Wirkungs-Beziehungen für verschiedene biologische Integrationsstufen;

4. Verknüpfung bestimmter Strukturelemente bzw. Eigenschaftskombinationen mit bestimmten Wirkungsspektren.

Mit derartigen Recherchen ist es zunächst möglich, Eigenschaften zu erkennen, die für die Auslösung einer bestimmten biologischen Wirkung notwendig oder günstig sind und damit durch eine Komprimierung vieler Struktur-Wirkungs-Quantitäts-Beziehungen zu einer gewissen Vorstufe von Struktur-Wirkungs-Qualitäts-Beziehungen zu kommen (siehe auch [507]). Diese können dann zur Konzipierung neuer Leitverbindungen genutzt werden, d. h. von Verbindungen neuartiger Struktur, die aber genau die als wichtig erkannten Eigenschaften haben. Eine Vorstufe hierzu ist z. B. die bereits erwähnte Regel, daß ZNS-wirksame Verbindungen einen optimalen log P-Wert um Zwei haben. Es könnte sich die Frage stellen, ob diese Regel, die aus quantitativen Struktur-Wirkungs-Beziehungen von rund 20 Serien ermittelt wurde, auch ohne EDV-Speicherung hätte gefunden werden können. Das wäre natürlich möglich, wenn z. B. nur ZNS-aktive Verbindungen untersucht worden wären; es wäre auch möglich, wenn diese quantitativen Struktur-Wirkungs-Beziehungen alle etwa zum gleichen Zeitpunkt bekannt geworden wären. Es ist aber nicht mehr möglich, wenn die Gesamtzahl der quantitativen Struktur-Wirkungs-Beziehungen in die Tausende geht und die interessierenden Zusammenhänge regellos in dieser (ständig wachsenden) Gesamtmenge verstreut sind. Hier ist die Hilfe eines Rechners unerläßlich. Ein anderes Beispiel dieser Art ist der als Modellgleichung für Membranperturbationen anzusehende Zusammenhang (4.52).

Durch solche Recherchen ist es auch möglich, auf empirischem Wege Gesetzmäßigkeiten zu finden. Beispielsweise ergibt sich die in Abschnitt 4.2. theoretisch abgeleitete a_B-Regel – wie bereits erwähnt – auch bei einer EDV-Recherche aller linearen Beziehungen zwischen log A und π bzw. log P; dieses Ergebnis zeigt nicht nur die Leistungsfähigkeit solcher Recherchen, sondern ist zugleich natürlich auch eine befriedigende Bestätigung der theoretischen Vorhersage.

Der Vergleich quantitativer Struktur-Wirkungs-Beziehungen für verschiedene Biosysteme kann entscheidene Informationen sowohl zum Problem der Selektivität als auch hinsichtlich der Auswahl aussagekräftiger Kombinationen von Testsystemen liefern. Werden verschiedene Integrationsstufen verglichen, sollte es weiterhin prinzipiell möglich sein, Struktureinflüsse auf pharmakokinetische und pharmakodynamische Prozesse zu separieren.

Bedeutung und Nutzen der Speicherung quantitativer Struktur-Wirkungs-Beziehungen können nicht hoch genug eingeschätzt werden. Mit der Entwicklung des Erkenntnisstandes und der Einbeziehung neuer Fragestellungen in die Wirkstofforschung ergeben sich ständig wechselnde Gesichtspunkte, unter denen vorhandene quantitative Struktur-Wirkungs-Beziehungen nützliche Informationen liefern können. Jeder neue Gesichtspunkt bedeutet eine Neusortierung und Neuselektierung dieser Beziehungen, deren Zahl explosionsartig zunimmt. Diese Aufgabe wäre mit der Hand nicht zu bewältigen.

Das gesamte bisher erläuterte Vorgehen ist für den eindimensionalen Fall (Betrachtung nur einer biologischen Wirkung) nochmals in Abbildung 9 zusammengestellt.

8.3. Beispiele

8.3.1. Virostatisch aktive Isatin-β-Thiosemikarbazone

Dieses Beispiel wurde ausgewählt, weil es in leicht überschaubarer Form das Vorgehen bei der Formulierung des Hypothesenkatalogs, dessen schrittweise Abarbeitung sowie die Zerlegung eines Gesamtproblems in Unterprobleme zu demonstrieren gestattet [343]. Es muß aber betont werden, daß es sich hier in erster Linie um ein *Modellbeispiel* zur Demonstration der grundsätzlichen Strategie handelt; *sowohl hinsichtlich der Zahl der statistischen Freiheitsgrade als auch der Substituentenauswahl bestehen bei diesem Beispiel ernsthafte Mängel.*

Isatin-β-Thiosemikarbazone der Struktur XXXVII sind bekannt für ihre virostatische Aktivität [508, 509] und bieten damit einen aussichtsreichen Ansatzpunkt, durch gezielte Strukturvariationen zu potentiellen Virostatika zu kommen. Von BAUER und SADLER [508] wurden Daten über die Aktivität einer Reihe von Isatin-β-Thiosemikarbazonen gegen Vaccinia-Viren publiziert, und mit Hilfe einer quantitativen Struktur-Wirkungs-Analyse sollte die Frage beantwortet werden, ob sich durch weitere Variationen von R_1 und R_2 Verbindungen erhalten lassen, die noch aktiver als die bereits geprüften Substanzen sind.

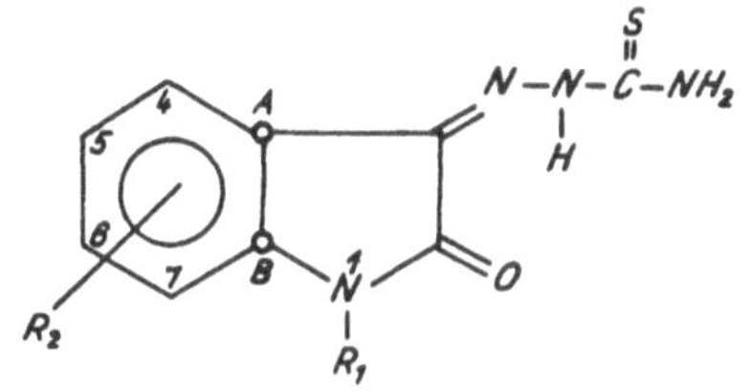

Formelbild XXXVII

R_1 : H, F, Cl, Br, J, CH_3, C_2H_5, OCH_3, CF_3

R_2 : H, CH_3, C_2H_5, n-C_3H_7, i-C_3H_7, n-C_5H_{11}

Das erste Problem ergibt sich daraus, daß hier Substituenten an mehreren Positionen (Positionen 1, 5, 6 und 7) variiert wurden und nichts über die Positionsabhängigkeit der Substituenteneinflüsse bekannt ist. Falls hinsichtlich aller Terme der allgemeinen Grundgleichung (3.17) Positionsabhän-

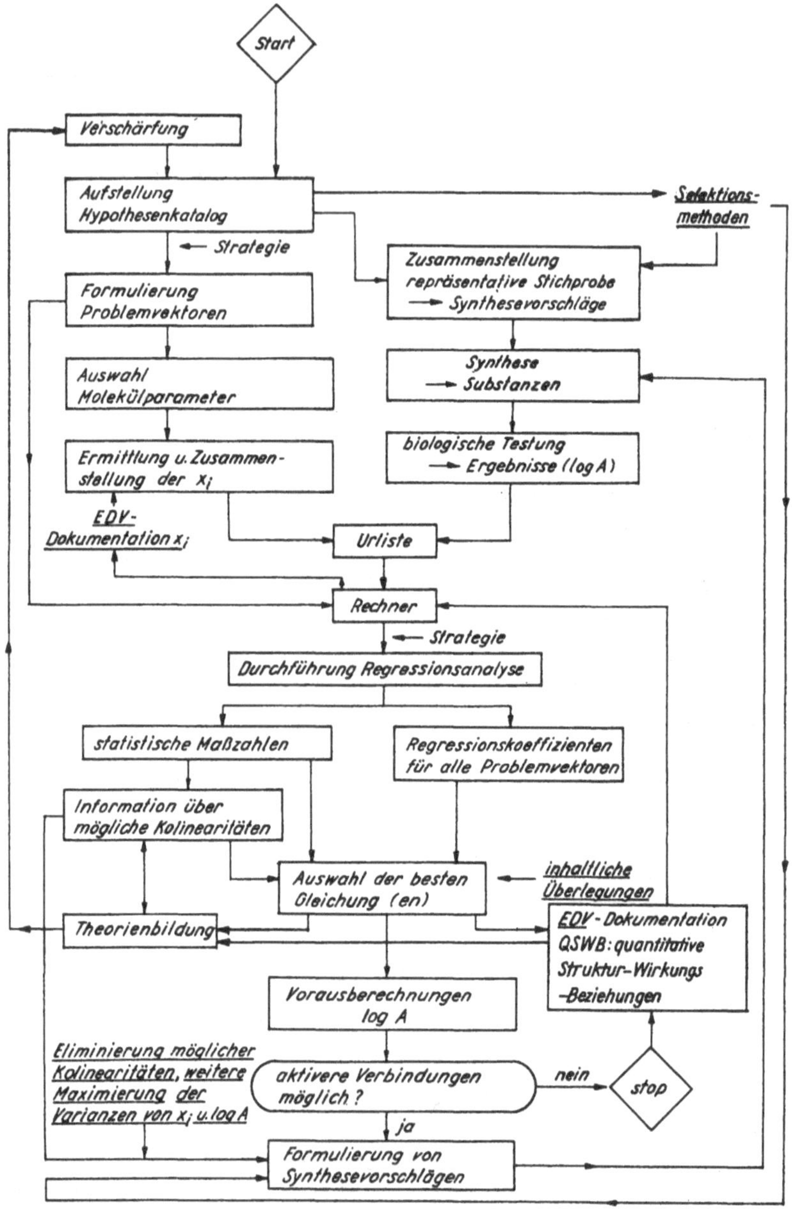

Abb. 9. Vorgehen bei der quantitativen Struktur-Wirkungs-Analyse nach dem extrathermodynamischen Ansatz

gigkeit bestünde, müßte diese zunächst unter Vernachlässigung möglicher Kreuzprodukte gemäß (8.11) formuliert werden:

$$\log A = [f_h(x_h) + f_e(x_e) + f_s(x_s)]_1 + [f_h(x_h) + f_e(x_e) + f_s(x_s)]_5 + [f_h(x_h) + f_e(x_e) + f_s(x_s)]_6 + [f_h(x_h) + f_e(x_e) + f_s(x_s)]_7 + \text{const.} \quad (8.11)$$

Bei vollständiger Additivität der Substituenteneinflüsse in den verschiedenen Positionen würde dagegen gelten:

$$\log A = f_h(\Sigma x_h) + f_e(\Sigma x_e) + f_s(\Sigma x_s) + \text{const.} \quad (8.12)$$

Dazwischen sind alle möglichen Übergänge denkbar. Bestünde beispielsweise nur Positionsabhängigkeit hinsichtlich des sterischen Effektes, ergäbe sich Gleichung (8.13), und Gleichung (8.14) würde für den Fall gelten, daß Additivität über alle Ringpositionen besteht:

$$\log A = f_h(\Sigma x_h) + f_e(\Sigma x_e) + [f_s(x_s)]_1 + [f_s(x_s)]_5 + [f_s(x_s)]_6 + [f_s(x_s)]_7 + \text{const.} \quad (8.13)$$

$$\log A = f_h(x_{h,5} + x_{h,6} + x_{h,7}) + f_e(x_{e,5} + x_{e,6} + x_{e,7}) + f_s(x_{s,5} + x_{s,6} + x_{s,7}) + [f_e(x_e)]_1 + [f_h(x_h)]_1 + [f_s(x_s)]_1 + \text{const.} \quad (8.14)$$

Werden alle denkbaren Positionsabhängigkeiten berücksichtigt, ergeben sich bereits rund 80 mögliche Formen für die allgemeine Grundgleichung, und es gibt keinerlei Informationen, um unter diesen möglichen Formen *a priori* mit Sicherheit die richtige auszuwählen. Da es weiterhin für die Funktionen $f_h(x_h)$, $f_e(x_e)$ und $f_s(x_s)$ eine große Zahl von Formulierungsmöglichkeiten gibt, würde die Berücksichtigung aller sinnvoll denkbaren Möglichkeiten zu einer sehr großen Zahl von Ansätzen für die quantitative Struktur-Wirkungs-Analyse führen.

Der erste Schritt zur Reduzierung der Zahl der Ansätze besteht in der Zerlegung des Gesamtproblems in Unterprobleme derart, daß 1-, 5-, 6- und 7-substituierte Verbindungen getrennt untersucht werden; dies ist möglich, wenn zunächst nur monosubstituierte Verbindungen betrachtet werden. Auf diese Weise wird die Frage der Positionsabhängigkeit vollständig eliminiert.

Der nächste Schritt besteht in der Formulierung von Hypothesenkatalogen für die Untergruppen. Genau genommen wird dabei zunächst ein Katalog von Fragen formuliert und versucht, diesen Katalog mit Hypothesen zu beantworten. Die daraus folgenden Konsequenzen führen direkt zur Formulierung der Ansätze. Für die Untergruppen der ringsubstituierten Verbindungen wird dieses Vorgehen in Tabelle 11 demonstriert. Die Hypothesen führen zu folgenden Schlußfolgerungen:

1. Der elektronische Substituenteneinfluß läßt sich durch die einfache HAMMETT-Konstante σ beschreiben;
2. da nicht klar ist, ob der elektronische Substituenteneinfluß auf A oder B gerichtet ist, müssen beide Möglichkeiten geprüft werden, wobei u. U. ein besonderes Verhalten von Substituenten in 7-Position zu erwarten ist (Ansätze sowohl mit σ_m als auch mit σ_p für alle Positionen);
3. Ansätze mit x_e^2 oder mit σ_I und σ_R (bzw. $\mathcal{F}$ und $\mathcal{R}$) werden nur dann geprüft, wenn sich mit der einfachen HAMMETT-Gleichung kein gutes Ergebnis erzielen läßt;
4. ein möglicher hydrophober Substituenteneinfluß läßt sich durch π-Werte aus dem Phenoxyessigsäuresystem beschreiben; Kreuzprodukte sind nicht zu erwarten. Wenn ein Zusammenhang mit π besteht, ist er wahrscheinlich linear; daher wird ein π^2-Term nur in 1 ... 2 ausgewählten Ansätzen geprüft;
5. ein möglicher sterischer Substituenteneinfluß kann durch E_s beschrieben werden. Er ist wahrscheinlich linear, so daß ein E_s^2-Term nur in 1 ... 2 ausgewählten Ansätzen zu prüfen ist.

Wie bereits ausgeführt, wird mit einfachen Ein-Parameter-Ansätzen begonnen, die dann schrittweise erweitert werden; dabei wurden folgende Ergebnisse erhalten:

1. Für alle 3 Untergruppen ringsubstituierter Verbindungen:

$$\begin{aligned} \log A &= a_0 + a_1\pi && \text{nicht signifikant} \\ &= a_0 + a_1\pi^2 + a_2\pi && \text{nicht signifikant} \\ &= a_0 + a_1 E_s && \text{nicht signifikant} \\ &= a_0 + a_1 E_s^2 + a_2 E_s && \text{nicht signifikant} \end{aligned} \qquad (8.15)$$

2. 5-substituierte Verbindungen (n = 5):

$$\log A = 8{,}90\,\sigma_m - 2{,}43 \qquad r = 0{,}861 \quad s = 0{,}405 \qquad (8.16)$$

$$= 14{,}06\,\sigma_m - 2{,}17\,\pi - 2{,}95 \qquad r = 1{,}000 \quad s = 0{,}028 \qquad (8.17)$$

$$= 12{,}90\,\sigma_m + 2{,}47\,E_s - 4{,}77 \qquad r = 1{,}000 \quad s = 0{,}059 \qquad (8.18)$$

Tabelle 11
Fragen- und Hypothesenkatalog für die Untergruppen der ringsubstituierten Verbindungen

Frage		Hypothese
1.	*Generelle Fragen*	
1.1.	Gibt es spezielle Kenntnisse über den Reaktionsmechanismus, die zu besonderen Ansätzen führen müßten?	Nein
1.2.	Sind spezielle metabolische Reaktionen zu erwarten, die in speziellen Ansätzen zu berücksichtigen wären?	Nein
2.	*Fragen zu elektronischen Substituenteneinflüssen*	
2.1.	zu erwarten?	Ja
2.2.	auf A oder auf B gerichtet?	Keine Hypothese möglich
2.3.	Kopplungseffekt zu erwarten?	Für Substituenten in Position 5 prinzipiell denkbar, wenn der Substituenteneinfluß auf B gerichtet ist. Bei der Art der Substituenten aber auf jeden Fall zu vernachlässigen
2.4.	$f_e(x_e)$ linear oder nicht-linear?	Mit großer Wahrscheinlichkeit linear
2.5.	Separierung induktiver und mesomerer Effekte nötig?	Unwahrscheinlich, außer möglicherweise für Position 7
3.	*Fragen zu hydrophoben Substituenteneinflüssen*	
3.1.	zu erwarten?	Wahrscheinlich
3.2.	besondere intramolekulare Wechselwirkungen im Vergleich zur Standardserie Phenoxyessigsäuren zu erwarten?	Nein
3.3.	$f_h(x_h)$ linear oder nicht-linear?	Wahrscheinlich linear, da nur ein geringer Bereich von π überstrichen wird
4.	*Fragen zu sterischen Substituenteneinflüssen*	
4.1.	zu erwarten?	Wahrscheinlich
4.2.	E_s geeigneter sterischer Molekülparameter?	Ja
4.3.	$f_s(x_s)$ linear oder nicht-linear?	Wahrscheinlich linear (Substituenten unterscheiden sich nicht sehr in ihrer Größe)

3. 6-substituierte Verbindungen (n = 6):

$$\log A = 3{,}61\ \sigma_m - 0{,}24 \qquad r = 0{,}971 \quad s = 0{,}456 \qquad (8.19)$$

$$= 4{,}27\ \sigma_m - 1{,}05\ \pi + 0{,}31 \qquad r = 1{,}000 \quad s = 0{,}028 \qquad (8.20)$$

$$= 3{,}07\ \sigma_m + 1{,}12\ E_s - 0{,}31 \qquad r = 0{,}999 \quad s = 0{,}054 \qquad (8.21)$$

4. 7-substituierte Verbindungen (n = 7):

$$\log A = 66{,}31\ \sigma_I^2 + 99{,}66\ \sigma_p^2 + 141{,}5\ \sigma_I\sigma_p + 0{,}55 \qquad (8.22)$$

$$r = 0{,}959 \qquad s = 0{,}137.$$

Aus (8.15), (8.16) und (8.19) folgt, daß elektronische Substituenteneffekte in den Positionen 5 und 6 eine dominierende Rolle spielen, denn nur mit x_e lassen sich statistisch signifikante Ein-Parameter-Gleichungen erhalten. Etwas überraschend ist zunächst, daß für beide Positionen Gleichungen mit σ_m auftreten, denn eine dieser beiden Positionen müßte – gleichgültig, ob der Substituenteneffekt auf A oder B gerichtet ist – eigentlich eine para-Position sein. Der elektronische Substituenteneffekt zeigt eine starke Positionsabhängigkeit und ist aus Position 5 viel stärker als aus Position 6. σ_m-Werte enthalten nur einen relativ geringen Resonanzanteil und haben hauptsächlich induktiven Charakter. Wenn primär ein induktiver Substituenteneffekt vorliegt, der auf den Punkt A gerichtet ist, läßt sich sowohl der größere Einfluß der Substituenten in Position 5 als auch das Auftreten von σ_m für beide Positionen erklären. In diesem Falle sollte eine Korrelation mit σ_I zu noch besseren Ein-Parameter-Gleichungen führen, und das ist auch der Fall, wie ein Vergleich der nachträglich errechneten Zusammenhänge (8.23) und (8.24) mit (8.16) und (8.19) zeigt:

5-substituierte Verbindungen

$$\log A = 11{,}26\ \sigma_I - 0{,}43 \qquad r = 0{,}992 \quad s = 0{,}195 \qquad (8.23)$$

6-substituierte Verbindungen

$$\log A = 3{,}32\ \sigma_I - 0{,}43 \qquad r = 0{,}957 \quad s = 0{,}269. \qquad (8.24)$$

Aus den Gleichungen (8.16) ... (8.21) sowie (8.23) und (8.24) folgt, daß elektronenziehende Substituenten über einen induktiven Effekt die virostatische Aktivität erhöhen. Dieser induktive Effekt wird allerdings gemäß (8.17) und (8.18) sowie (8.20) und (8.21) von einem positionsabhängigen hydrophoben oder sterischen Effekt derart überlagert, daß die virostatische Aktivität mit zunehmender Hydrophobizität bzw. Größe der Substituenten zurückgeht. Leider besteht bei den hier betrachteten Substituenten Kollinearität zwischen π und E_s, so daß nicht zu entscheiden ist, ob primär ein hydrophober oder ein sterischer Substituenteneffekt vorliegt. In Richtung eines hydrophoben Effektes deutet die geringere Reststreuung der Gleichungen mit π gegenüber denen mit E_s (der Unterschied ist aber nur sehr gering), und für einen sterischen Einfluß spricht, daß bereits eine Substitution mit Fluor die Aktivität gegenüber der unsubstituierten Verbindung stark herabgesetzt, denn Fluor ist kaum hydrophober als Wasserstoff (π_F = 0,13, π_H = 0), aber doch schon deutlich größer ($E_{s,H}$ = 1,24, $E_{s,F}$ = 0,78). Für den Fall, daß primär ein hydrophober Substituenteneffekt vorliegt, könnten wesentlich stärker wirksame Verbindungen durch Einführung stark elektronenziehender Substituenten mit negativen π-Werten in die Positionen 5 und 6 erhalten werden; einige solche Substituenten sind in Tabelle 12 zusammengestellt. Wenn andererseits ein echter sterischer Substituenteneinfluß vorliegt, läßt sich kein Substituent finden, dessen elektronenziehende und damit aktivitätsfördernde Wirkung die Aktivitätsabnahme auf Grund der Substituentengröße kompensieren könnte. In diesem Falle wäre für die Positionen 5 und 6 Wasserstoff der günstigste Substituent. Eine Entscheidung zwischen diesen beiden Möglichkeiten ließe sich durch Testung von ein oder zwei Derivaten mit den in Tabelle 12 aufgeführten Substituenten in den Positionen 5 oder 6 leicht fällen.

Tabelle 12
Einige elektronenziehende Substituenten mit negativem π-Wert

Substituent	π	σ_m
CN	-0,57	0,56
JO_2	-3,46	0,68
NO_2	-0,28	0,71
$\overset{+}{N}(CH_3)_3$	-5,96	0,88
$SOCH_3$	-1,58	0,52
SO_2CH_3	-1,63	0,60

Gleichung (8.22) stellt die nicht-lineare Form des ortho-Ansatzes nach CHARTON [vgl. Gleichung (5.27)] dar und ist der einzige signifikante Zusammenhang, der für diese Untergruppe erhalten werden konnte. Inhaltlich ließe sich die Form von (8.22) u. U. dadurch verstehen, daß Substituenten in Position 7 durch die benachbarte NR_1-Gruppe sterisch stark behindert werden; dies folgt auch aus Kalottenmodellen. Trotzdem ist – auch und besonders unter Berücksichtigung der geringen Zahl von Freiheitsgraden – diese Gleichung mit Skepsis zu betrachten und für Vorausberechnungen nur mit einem sehr hohen Risiko anwendbar (ein nach dieser Gleichung möglicherweise günstiger Substituent in Position 7 wäre die OH-Gruppe).

Im Prinzip ist damit die Frage nach dem Einfluß der Ringsubstitution in dem Umfang, wie es das Datenmaterial von SADLER und BAUER gestattet, beantwortet.

Das Vorgehen bei den in *Position 1 am Stickstoff substituierten Verbindungen* erfolgt völlig analog; Fragen- und Hypothesenkatalog entsprechen vom Vorgehen her dem in Tabelle 11, wobei hier noch die Frage hinzukommt, ob zur Charakterisierung des sterischen Effektes besser E_s oder E_s^C geeignet ist; außerdem muß natürlich beachtet werden, daß sich die Substituenten in einer aliphatischen Umgebung befinden, so daß also aliphatische Substituentenkonstanten zu wählen sind. Da weiterhin ein größerer Hydrophobizitätsbereich überstrichen wird, hat das Auftreten eines π^2-Terms eine größere Wahrscheinlichkeit.

Begonnen wird wieder mit Gleichungen, die nur einen Molekülparameter enthalten (n = 6):

$$\log A = -0{,}68\,\pi + 2{,}50 \qquad r = 0{,}833 \quad s = 0{,}435. \tag{8.25}$$

Gleichung (8.25) läßt sich durch Hinzufügen eines π^2-Terms statistisch nicht verbessern.

$$\begin{aligned} \log A &= a_0 + a_1 E_s && \text{nicht signifikant} \\ &= a_0 + a_1 E_s^2 + a_2 E_s && \text{nicht signifikant} \\ &= a_0 + a_1 E_s^C && \text{nicht signifikant} \\ &= a_0 + a_1 (E_s^C)^2 + a_2 E_s^C && \text{nicht signifikant} \\ &= a_0 + a_1 \sigma^* && \text{nicht signifikant.} \end{aligned} \tag{8.26}$$

Aus den Gleichungen (8.25) und (8.26) folgt zunächst, daß der dominierende Einfluß der Substituenten in Position 1 hydrophober Natur ist, wobei die biologische Wirkquantität mit steigender Hydrophobizität der Substituenten linear abnimmt. Elektronische und sterische Einflüsse spielen offenbar nur eine sekundäre Rolle. Dabei ist zu beachten, daß elektronische Eigenschaften innerhalb der betrachteten Alkylsubstituenten nur sehr ungenügend variiert sind, so daß Aussagen über mögliche elektronische Substituenteneinflüsse aus Position 1 nur sehr eingeschränkt gemacht werden können.

Als nächstes werden Kombinationen von 2 Molekülparametern geprüft; da π die dominierende Größe ist, werden diese Kombinationen alle so aufgebaut, daß π enthalten ist. Dabei ergibt sich als beste Gleichung der folgende Zusammenhang:

$$\log A = -1{,}07\,\pi - 1{,}86\,\sigma^* + 2{,}93 \qquad (8.27)$$

$$r = 0{,}947 \qquad s = 0{,}291.$$

Gleichung (8.27) bestätigt zunächst den negativen Hydrophobizitätseinfluß. Dieser Einfluß wird durch einen elektronischen Effekt derart überlagert, daß elektronenschiebende Substituenten aktivitätsfördernd wirken.

Aus Gleichung (8.27) ergibt sich, daß in Position 1 elektronenschiebende Substituenten geringer Größe bzw. niedriger Hydrophobizität günstig für die biologische Aktivität sind. In der Serie der in Position 1 betrachteten Substituenten überwiegt offenbar beim Übergang von H zu CH_3 und C_2H_5 zunächst der günstige elektronische Effekt den ungünstigen hydrophoben Einfluß. Bei höheren Alkylresten verändert sich σ^* nur noch wenig, und hier überwiegt dann der ungünstige hydrophobe Effekt und bewirkt eine Aktivitätsabnahme. Innerhalb der Alkylsubstituenten wurde das Maximum bei $R_1 = C_2H_5$ in der untersuchten Stichprobe bereits gefunden, und weitere Variationen von Alkylsubstituenten in Position R_1 (einschließlich solcher Substituenten wie etwa CH_2X) sind nicht sinnvoll. Die Aussage ist allerdings nicht auf Nicht-Alkyl-Substituenten übertragbar. Für weiterreichende Aussagen aus quantitativen Struktur-Wirkungs-Analysen ist es stets sehr ungünstig, wenn an einer Position nur Alkylreste variiert werden. Häufig überwiegt dann der hydrophobe Einfluß so stark, daß alle anderen Effekte verwischt werden und nicht mehr erkennbar sind.

Durch die Einteilung in Untergruppen, die Formulierung des Hypothesenkatalogs und seine systematische schrittweise Abarbeitung war es möglich, mit relativ wenigen Ansätzen zum Ziel zu kommen; den Vergleich zwischen den aus den ermittelten Gleichungen berechneten und den experimentellen Werten der virostatischen Aktivität zeigt Abbildung 10. Die Substituenteneinflüsse sind so stark positionsabhängig, daß weitere Rechnungen unter

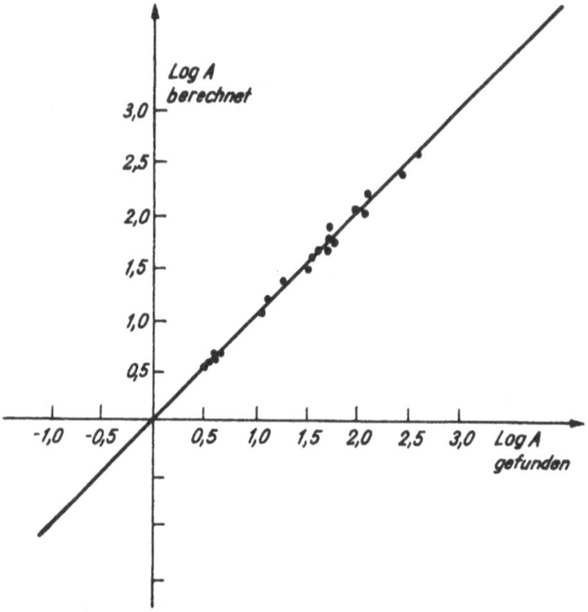

Abb. 10. Auftrag der gemessenen gegen die berechnete virostatische Aktivität (Vaccinia-Virus) substituierter Isatin-β-thiosemikarbazone (aus [343])

Zusammenfassung der Untergruppen nicht sinnvoll erscheinen; sie würden auch keine prinzipiell neuen Informationen liefern.

Es muß nochmals betont werden, daß dieses Beispiel primär auf Grund seiner leichten Überschaubarkeit und der Möglichkeit der anschaulichen Demonstration des Vorgehens ausgewählt wurde; unter dem Aspekt der Aussagekraft ist es nicht eben besonders repräsentativ. Bei komplizierten Problemen sind natürlich auch weitaus umfangreichere Hypothesenkataloge und ein komplexeres Vorgehen notwendig. Für jedes Problem müssem im Grunde Hypothesenkatalog und Strategie der quantitativen Struktur-Wirkungs-Analyse neu formuliert werden.

8.3.2. Carcinogene und enzyminduzierende Aktivität polycyclischer aromatischer Kohlenwasserstoffe

An diesem Beispiel soll demonstriert werden, wie mit Hilfe von quantitativen Struktur-Wirkungs-Analysen relativ weitreichende Schlüsse auf mögliche biologische Reaktionsmechanismen gezogen werden können; nähere Einzelheiten sowie Literaturzitate zu den in diesem Abschnitt erwähnten experimentellen Befunden finden sich in den Referenzen [510 – 514].

Polycyclische aromatische Kohlenwasserstoffe sind *carcinogen* wirksam und außerdem potente *Induktoren der mikrosomalen mischfunktionalen Oxydase,* wobei sowohl eine arylhydroxylierende (AH) als auch eine N-demethylierende (ND) Enzymaktivität induziert wird. Sowohl Carcinogenese als auch Enzyminduktion hängen in empfindlicher Weise von der Struktur der Kohlenwasserstoffe ab. Die PULLMANS (z. B. [515]) konnten durch umfangreiche quantenchemische Untersuchungen wahrscheinlich machen, daß die carcinogene Aktivität mit der chemischen Reaktivität verknüpft ist. Kohlenwasserstoffe haben zwei reaktive Zentren im Molekül, und zwar die sogenannte *L-Region* und die sogenannte *K-Region.* Die K-Region ist die reaktivste Doppelbindung im Molekül (meist vom Typ der 9,10-Doppelbindung im Phenanthren), und die L-Region ist vom Typ der 9,10-para-Positionen im Anthrazen; an beiden Zentren können prinzipiell andere chemische Reaktionen ablaufen. Nach der Theorie der PULLMANS soll der für die Carcinogenese entscheidende Schritt eine *chemische Reaktion an der K-Region* sein, so daß die carcinogene Aktivität mit wachsender Reaktivität der K-Region zunimmt. An der *L-Region* kann eine anders geartete *Konkurrenzreaktion* ablaufen, die nicht zur Cancerisierung führt; demzufolge ist eine reaktive L-Region ungünstig für die carcinogene Aktivität. Auf der Grundlage dieser Hypothese waren die PULLMANS über die Betrachtung von Lokalisierungsenergien für beide Regionen in der Lage, die Kohlenwasserstoffe weitgehend korrekt in carcinogene und nicht-carcinogene Verbindungen einzuteilen. Die Einteilung erfolgte derart, daß für carcinogen aktive Verbindungen ein bestimmter Wert für die Lokalisierungsenergie der K-Region unterschritten und zugleich ein bestimmter Wert für eine gleichzeitig vorhandene L-Region überschritten werden muß (zur Erinnerung: die Lokalisierungsenergien haben den Charakter von Aktivierungsenergien, d. h. die Reaktivität an einem bestimmten Molekülzentrum nimmt mit wachsender Lokalisierungsenergie ab; vgl. Abschnitt 5.3.). Allerdings ist eine korrekte Abstufung der aktiven Kohlenwasserstoffe gemäß ihrer carcinogenen Wirkquantität mit den PULLMANschen Indices für K- und L-Region nicht möglich. Dies ist aus mindestens zwei Gründen nicht überraschend.

Zunächst ist es nicht richtig, Grenzwerte für die Reaktivitäten von K- und L-Region getrennt festzulegen, denn die noch für eine carcinogene Aktivität ausreichende Reaktivität der K-Region ist sicherlich abhängig von der Reaktivität einer gleichzeitig vorhandenen L-Region und keine charakteristische Größe *per se.* Diese Tatsache berücksichtigt der sogenannte $|K|$-*Wert* nach CHALVET [516], der die Reaktivitäten beider Regionen auf der Grundlage eines kinetischen Modells zusammenfaßt. Der $|K|$-Wert ist ein direktes Maß für die Fähigkeit der Kohlenwasserstoffe, eine chemische Reaktion über die K-Region einzugehen, wenn gleichzeitig an der L-Region eine Konkurrenzreaktion abläuft. Der zweite Grund besteht darin, daß sich innerhalb der Serie polycyclischer aromatischer Kohlenwasserstoffe nicht nur die chemische Reaktivität, sondern auch die *Hydrophobizität* außerordentlich stark verändert. Da die Hydrophobizität von genereller Bedeutung für Wechselwirkungen mit biologischen Reaktionspartnern ist, kann eine isolierte Betrachtung der chemischen Reaktivität allein kaum zu quantitativen Zusammenhängen führen. Unter diesen Gesichtspunkten wurde eine quantitative Struktur-Wirkungs-Analyse mit folgenden Hypothesen durchgeführt:

1. Die PULLMANsche Theorie über den Zusammenhang zwischen carcinogener Aktivität und chemischer Reaktivität ist grundsätzlich richtig.
2. Die chemische Reaktivität im Sinne dieser Theorie wird am besten durch den $|K|$-Wert nach CHALVET ausgedrückt.
3. Neben dem elektronischen Einfluß auf die chemische Reaktivität hängt die carcinogene Aktivität außerdem noch von der Hydrophobizität ab.
4. Ein geeigneter Molekülparameter zur Charakterisierung der Hydrophobizität ist $\log K_B$, wobei K_B die Bindungskonstante für die Bindung der Kohlenwasserstoffe an Humanserumalbumin als Modellprotein ist.
5. Die Funktion $f_h(x_h)$ kann sowohl linear als auch nicht-linear sein; beide Formen müssen geprüft werden.
6. Sterische Effekte rühren nur von der unterschiedlichen Größe der Kohlenwasserstoffe her und werden vollständig durch die Funktion $f_h(x_h)$ erfaßt.

34 polycyclische Kohlenwasserstoffe, für die die benötigten Parameter verfügbar waren, wurden gemäß ihrer carcinogenen Aktivität in 4 Klassen (sehr stark aktiv, stark aktiv, schwach aktiv, inaktiv) eingeteilt; als carcinogene Wirkquantität A_c wurden diesen 4 Klassen die Werte 3, 2, 1 und 0 zugeteilt, wobei einigen Verbindungen Zwischenstellungen eingeräumt wurden. Infolge des groben Aktivitätsmaßes ist es hier relativ gleichgültig, ob die Struktur-Wirkungs-Analyse mit A_c oder $\log A_c$ durchgeführt wird. Folgende Beziehungen wurden als beste Gleichungen ermittelt (aus [510]):

$$A_c = 0{,}71 \log K_B + 0{,}75 \log |K| - 1{,}79 \qquad (8.28)$$

$$n = 34 \qquad r = 0{,}93$$

$$A_c = 0{,}92 \log K_B + 0{,}91 \log |K| - 2{,}93 \quad (8.29)$$
$$n = 21 \qquad r = 0{,}89$$

$$\log A_c = 0{,}22 \log K_B + 0{,}23 \log |K| - 0{,}93 \quad (8.30)$$
$$n = 21 \qquad r = 0{,}86.$$

Gleichung (8.28) beschreibt die Wirkquantität für 21 Carcinogene und 13 Nicht-Carcinogene, und die Gleichungen (8.29) und (8.30) gelten nur für die Gruppe der Carcinogene.

In Anbetracht der groben biologischen Daten ist die Beschreibungsgüte dieser Gleichungen recht befriedigend. Sie gestatten eine korrekte Zuordnung aller untersuchten Kohlenwasserstoffe zu den 4 Klassen unterschiedlicher carcinogener Aktivität. Eigentlich ist die Regressionsanalyse auf so grobe biologische Daten nicht korrekt anwendbar. Trotzdem kann das Ergebnis als gesichert angesehen werden, denn eine quantitative Struktur-Wirkungs-Analyse mittels Verfahren der Zeichenerkennung, die in Kapitel 11. näher erläutert werden, führte zur gleichen Aussage [16]: im Merkmalsraum $\log K_B$ (= x_1) und $\log |K|$ (= x_2) lassen sich Trennebenen finden, die die einzelnen Klassen vollständig separieren (siehe Abbildung 11).

Während mit $\log |K|$ eine statistisch signifikante Ein-Parameter-Gleichung erhalten werden konnte, war dies mit $\log K_B$ nicht möglich. Daraus folgt, daß der primäre Faktor für die carcinogene Aktivität die Reaktivitäten der K- und L-Region sind, während hydrophobe Wechselwirkungen eine sekundäre, aber nicht zu vernachlässigende Rolle spielen. Offen bleibt dabei die Frage, ob die Kohlenwasserstoffe im Initialschritt der chemischen Carcinogenese mit einem biologischen Reaktionspartner (DNS, RNS oder Protein) direkt reagieren oder vorher in einem geschwindigkeitsbestimmenden Schritt bioaktiviert werden. Zwar sprechen viele experimentelle Befunde für den zweiten Fall, aber die Auffassungen über diese Frage sind noch geteilt, und eine endgültige Entscheidung anhand der ermittelten Struktur-Wirkungs-Beziehungen allein ist nicht möglich. Hier können *vergleichende quantitative Struktur-Wirkungs-Analysen* für die Induktion von AH durch polycyclische Kohlenwasserstoffe weiterhelfen. Unter Anwendung des gleichen Hypothesenkatalogs wie für die carcinogene Aktivität wurden solche Analysen für die AH-induzierende Aktivität der Kohlenwasserstoffe (A_{AH}) unter Nutzung biologischer Ergebnisse verschiedener Autoren durchgeführt und dabei stets ein Resultat erzielt, wie es in den Gleichungen (8.31) . . . (8.33) für die experimentellen Daten von DAO [517] demonstriert werden soll (aus [513]):

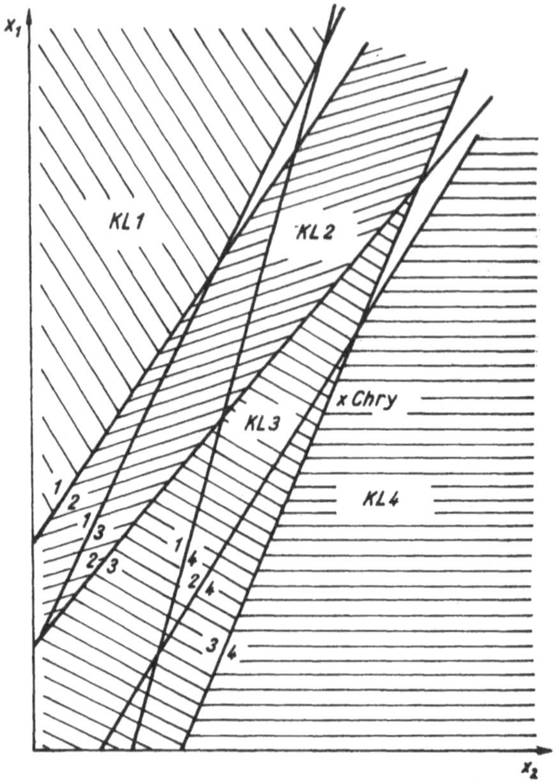

Abb. 11. Trennebenen zur Separierung von polycyclischen aromatischen Kohlenwasserstoffen unterschiedlicher carcinogener Aktivität (Klasse 1: sehr stark aktiv; Klasse 2: stark aktiv; Klasse 3: schwach aktiv; Klasse 4: inaktiv) im Merkmalsraum log |K| (x_1), log K_B (x_2). Die Ziffern an den Trennebenen geben an, welche Klassen durch diese Ebenen getrennt werden, wobei zur Klassifizierung nur die benachbarte Klassen trennenden Ebenen (dicke Linien) wichtig sind. Alle 34 Kohlenwasserstoffe der Stichprobe sowie das nicht in die Berechnung der Trennebenen einbezogene Chrysen (Chry) werden korrekt klassifiziert. Da hier ein zweidimensionaler Fall vorliegt, lassen sich die Trennebenen als Geraden darstellen

$$\log A_{AH} = 0{,}76 \log K_B - 5{,}43 \tag{8.31}$$
$$n = 13 \qquad r = 0{,}947 \qquad s = 0{,}152$$

$$\log A_{AH} = 0{,}20 \log |K| - 0{,}26 \tag{8.32}$$
$$n = 8 \qquad r = 0{,}841 \qquad s = 0{,}154$$

$$\log A_{AH} = 0{,}49 \log K_B + 0{,}14 \log |K| - 3{,}40 \tag{8.33}$$
$$n = 8 \qquad r = 0{,}982 \qquad s = 0{,}084.$$

Als primärer Faktor treten hier hydrophobe Wechselwirkungen auf. Daneben spielt auch die Reaktivität eine wesentliche Rolle, wobei wie bei der Carcinogenese die enzyminduzierende Aktivität mit wachsender Reaktivität der K-Region und sinkender Reaktivität der L-Region zunimmt. Offensichtlich ist der erste Schritt der Enzyminduktion die Inaktivierung eines Repressors über eine chemische Reaktion, an der die K-Region beteiligt ist, wobei sich wieder die Frage stellt, ob diese Reaktion mit dem intakten Kohlenwasserstoff abläuft oder ob eine Bioaktivierung vorausgeht. Glücklicherweise läßt sich die Frage im Falle der AH-Induktion mit einiger Sicherheit beantworten. Ein erster wichtiger Hinweis läßt sich direkt aus den Gleichungen selbst erhalten. Wenn eine Biotransformation notwendig ist, kann diese natürlich nur durch zelleigene konstitutive AH erfolgen. Dabei könnte es in einem für die Enzyminduktion geschwindigkeitsbestimmenden Schritt zur Bildung eines reaktiven K-Region-Metaboliten kommen, und in diesem Falle würden die für die Enzyminduktion gefundenen Beziehungen die Bildungsgeschwindigkeit dieses Metaboliten beschreiben. In diesem Falle wäre der $\log K_B$-Term in (8.31) ein Ausdruck für die hydrophobe Bindung an das Enzym und könnte näherungsweise als Schätzwert für den pK_M-Wert angesehen werden, wobei dann das Absolutglied in (8.31) ein Maß für die Suzeptibilität des biologischen Systems wäre. Von MARTIN und HANSCH [518] wurde folgende Beziehung für die Oxydation einer Reihe hydrophober, zumeist aromatischer Substanzen durch mischfunktionelle mikrosomale Oxydase gefunden:

$$pK_M = 0{,}641 \log P_{Okt./W.} + 2{,}996 \tag{8.34}$$
$$n = 8 \qquad r = 0{,}967 \qquad s = 0{,}230.$$

Da $\log P_{Okt./W.}$ linear mit $\log K_B$ verknüpft ist [155], läßt sich (8.34) zu einem Zusammenhang zwischen pK_M und $\log K_B$ umformen, wobei die folgende Beziehung resultiert:

$$pK_M \approx 0{,}9 \log K_B. \qquad (8.35)$$

Gleichung (8.35) stimmt sehr gut mit dem aus (8.31) abschätzbaren Ausdruck für pK_M überein:

$$pK_M \approx 0{,}8 \log K_B. \qquad (8.36)$$

Mit (8.36) läßt sich aus $\log K_B$ der pK_M-Wert für 3,4-Benzpyren als Substrat für AH zu 5,6 schätzen, und dieser Wert stimmt ebenfalls sehr gut mit dem für diesen Kohlenwasserstoff vorhandenen experimentellen Wert von 5,7 überein. Diese Ergebnisse sprechen für eine Biotransformation an der K-Region durch konstitutive AH als aktivitätsbestimmenden Schritt für die AH-Induktion. Auch einige experimentelle Befunde sprechen dafür:

1. Die erste Phase bei der Enzyminduktion ist durch eine Neusynthese von m-RNS (nach Inaktivierung des Repressors) gekennzeichnet. Während dieser Phase kommt es zu einer massiven kovalenten Bindung von Kohlenwasserstoffen an Proteine. Durch SKF 525, einem potenten Inhibitor der AH, wird sowohl die Enzyminduktion als auch diese Proteinbindung verhindert.
2. AH kann in Geweben, in denen keine zelleigene AH vorhanden ist, nicht induziert werden.
3. In Kulturen fötaler und neonataler Hamsterzellen nehmen Konzentration der konstitutiven AH und AH-Induzierbarkeit parallel mit steigendem Alter zu.
4. Bestimmte K-Region-Metabolite (Dihydroxyverbindungen) sind potentere Enzyminduktoren, als die entsprechenden Stammkohlenwasserstoffe.

Damit folgt für die AH-Induktion der in Abbildung 12 dargestellte Mechanismus. Die Kohlenwasserstoffe werden in einem geschwindigkeitsbestimmenden Schritt durch konstitutive AH zu reaktiven K-Region-Metaboliten aktiviert. An der L-Region läuft dabei eine Konkurrenzreaktion ab, so daß eine reaktive L-Region ungünstig ist, da die Reaktion über die L-Region nicht zur Enzyminduktion führt. Ein wichtiger Faktor für den enzymatischen Prozeß ist die hydrophobe Bindung an das Enzym. Die gebildeten K-Region-Metabolite inaktivieren schließlich in einer chemischen Reaktion einen Repressor, wodurch es zur Synthese von m-RNS und schließlich zur *de-novo*-Enzymsynthese kommt. Entscheidend für die enzyminduzierende Aktivität sind nicht die Eigenschaften der entstehenden Metabolite, sondern die Fähigkeit der Kohlenwasserstoffe, metabolisiert zu werden. Dies folgt

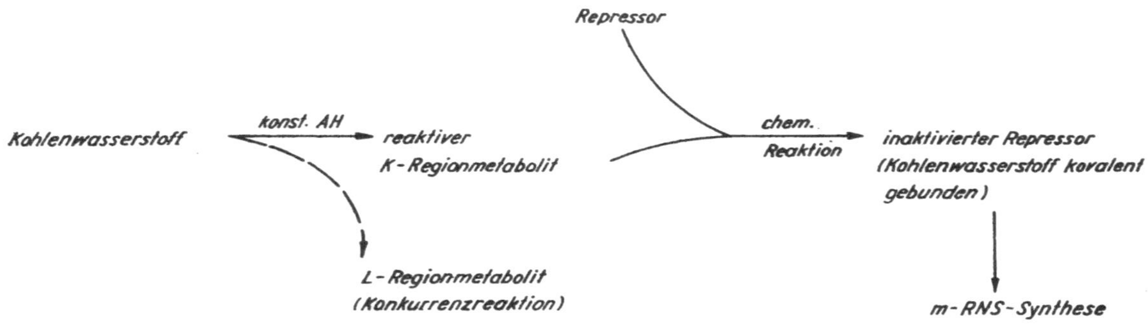

Abb. 12. Möglicher Mechanismus der AH-Induktion durch polycyclische aromatische Kohlenwasserstoffe

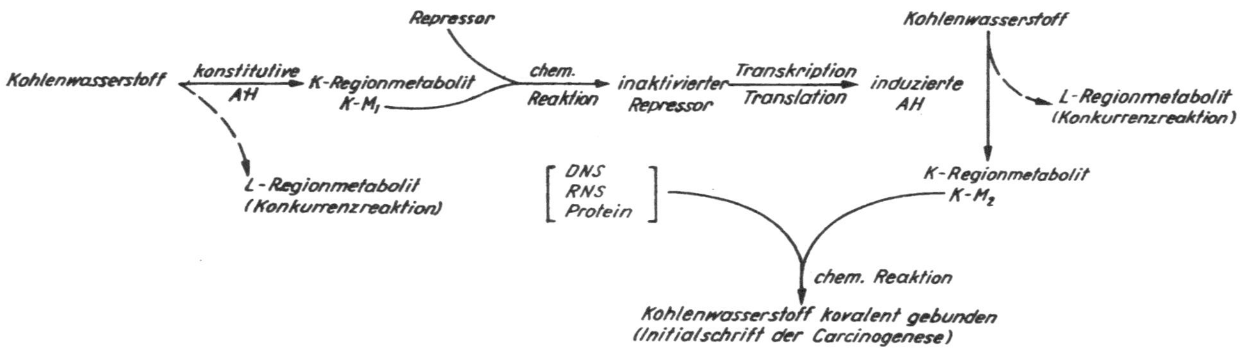

Abb. 13. Möglicher Mechanismus der chemischen Carcinogenese durch polycyclische aromatische Kohlenwasserstoffe

daraus, daß die resultierenden Struktur-Wirkungs-Beziehungen Molekülparameter enthalten, die die intakten Kohlenwasserstoffe und nicht die Metabolite beschreiben.

Die Struktur-Wirkungs-Beziehungen für AH-Induktion und carcinogene Aktivität sind *der Form nach völlig analog;* in beiden Fällen wird ein Zusammenhang der allgemeinen Form

$$\log A = a_0 + a_1 \log K_B + a_2 \log |K| \tag{8.37}$$

gefunden.

Dies läßt auf einen *gleichartigen Schlüsselprozeß* in beiden Fällen schließen, so daß der erste und aktivitätsbestimmende Schritt in der Carcinogenese durch polycyclische aromatische Kohlenwasserstoffe offenbar ebenfalls eine metabolische Aktivierung durch AH ist. Dafür spricht beispielsweise, daß sich die Tumorbildung durch lokale Applikation von AH-Hemmern und durch Antioxydantien stark hemmen läßt. Allerdings bestehen doch grundlegende Unterschiede zwischen AH-Induktion und Carcinogenese. Im Falle der AH-Induktion überwiegt der Einfluß der Hydrophobizität auf die biologische Wirkquantität, während bei der Carcinogenese die Aktivität in erster Linie von der chemischen Reaktivität abhängt. Diese Unterschiede bedingen nicht nur, daß es keinerlei direkte Zusammenhänge zwischen der carcinogenen und der AH-induzierenden Aktivität der Kohlenwasserstoffe gibt, sondern sie weisen auch darauf hin, daß es im *Detailmechanismus des gemeinsamen Schlüsselprozesses Unterschiede geben muß.* Unterschiede könnten darin bestehen, daß in den beiden Fällen unterschiedliche Metabolite über unterschiedliche Mechanismen gebildet werden. Wenn aber die Metabolisierung durch das gleiche Enzym erfolgt, ist eine solche Erklärung zwar nicht auszuschließen, aber doch relativ unwahrscheinlich. Es könnte aber sein, daß die Bildung der für die Carcinogenese verantwortlichen K-Region-Metabolite nicht durch die konstitutive, sondern durch die *induzierte* AH erfolgt. Dann müßte allerdings die induzierte AH andere Eigenschaften haben, als das konstitutive Enzym, und das ist tatsächlich der Fall: die induzierte AH unterscheidet sich sowohl hinsichtlich ihrer Inhibierbarkeit als auch hinsichtlich des Spektrums der aus polycyclischen aromatischen Kohlenwasserstoffen gebildeten Metabolite (!) beträchtlich von dem konstitutiven Enzym. Insgesamt läßt sich dann der in Abbildung 13 dargestellte Mechanismus für die Carcinogenese durch polycyclische aromatische Kohlenwasserstoffe als wahrscheinliche Hypothese formulieren. Danach wird im ersten Schritt über einen durch das konstitutive Enzym gebildeten K-Region-Metabolit K-M_1 AH induziert. Durch Reaktion mit der induzierten AH entsteht ein zweiter K-Region-Metabolit K-M_2, der dann im Initialschritt der chemischen Carcinogenese chemisch mit einem Biomakromolekül der Zelle reagiert. In beiden Schritten tritt eine Konkurrenzreaktion über die L-Region ein. Der Metabolisierungsschritt, der von den Eigenschaften der intakten Kohlenwasserstoffe abhängt, ist entscheidend für die Aktivität; ein Zusammenhang zwischen den Eigenschaften der Metabolite und der biologischen Aktivität ist nicht zu erwarten oder ist mindestens nicht von vordergründiger Bedeutung.

Dieser Mechanismus kann nahezu alle bekannten Fakten über die chemische Carcinogenese durch polycyclische aromatische Kohlenwasserstoffe erklären, kann aber natürlich noch nicht als bewiesen angesehen werden. Im Einklang mit diesem Mechanismus steht die Tatsache, daß solche K-Region-Metabolite, die stark AH-Induktoren sind, keine carcinogene Aktivität haben und umgekehrt.

Wichtig ist, daß es möglich war, durch vergleichende quantitative Struktur-Wirkungs-Analyse überhaupt erst einmal zu einer vernünftigen Hypothese zu kommen, die nun experimentell gezielt überprüft werden kann und die auf andere Weise kaum in dieser Form hätte abgeleitet werden können.

8.4. Die Faktoranalyse als Vorschaltschritt

8.4.1. Grundlagen[9]

Werden mehrere Objekte in verschiedenen Systemen untersucht, entstehen Datenmatrizen, die in den meisten Fällen viel zu komplex sind, um die sich in den Daten widerspiegelnden Gesetzmäßigkeiten über die Wechselwirkung zwischen Objekten und Systemen bzw. zwischen den Systemen erkennen zu lassen. Auch die Urliste für den extrathermodynamischen Ansatz ist eine solche Datenmatrix: die Wirkstoffe bzw. Substituenten (Objekte) werden in einer Reihe von Systemen (biologische, physikochemische usw.) hinsichtlich verschiedener Eigenschaften durch entsprechende Daten (biologische Wirkquantität sowie hydrophobe, elektronische und sterische Molekülparameter) charakterisiert. Die Faktoranalyse, die ursprünglich speziell für das Gebiet der psychologischen Forschung entwickelt wurde, hat nun zum Ziel, grundsätzliche Gesetzmäßigkeiten, die sich hinter der Gesamtheit solcher Daten verbergen, aufzufinden und dabei zugleich die Dimension des Datenraumes zu erniedrigen. Auf den mathematischen Formalismus der Faktoranalyse soll hier nur insoweit eingegangen werden, als es

9 Hinsichtlich einiger statistischer Grundlagen sei auf Kapitel 15. verwiesen. Spezielle statistische Kenntnisse sind jedoch zum Verständnis dieses Abschnittes nicht erforderlich.

zum Verständnis dieses Abschnittes unbedingt erforderlich ist; ausführliche Darstellungen finden sich beispielsweise in den Referenzen [519 – 524].

Wenn an n Objekten (Substanzen bzw. Substituenten; $i = 1, \ldots, n$) m Merkmale (im folgenden als Variable bezeichnet; $j = 1, \ldots, m$) ermittelt werden, ergibt sich eine Datenmatrix **X** der Form[10]

$$\mathbf{X} = (x_{ji})_{m,n}. \tag{8.38}$$

Dabei ist das Element x_{ji} der Datenmatrix der Wert der j-ten Variable für das i-te Objekt. Die Variablen werden gemäß

$$z_{ji} = (x_{ji} - \bar{x}_j) / s_j \tag{8.39}$$

standardisiert, wobei $\bar{x}_j$ der Mittelwert und s_j die Standardabweichung (siehe Kapitel 15.) der j-ten Variablen sind. Die standardisierten Variablen haben den Mittelwert Null und die Streuung Eins; sie bilden die standardisierte Datenmatrix

$$\mathbf{Z} = (z_{ji})_{m,n}. \tag{8.40}$$

Mit Hilfe der Faktoranalyse werden nun die z_{ji} als Linearkombination einer möglichst kleinen Zahl neuer Variabler f_{ki} ($k = 1, \ldots, p$) und q_{ji} dargestellt, die als Faktoren bezeichnet werden:

$$z_{ji} = \sum_{k=1}^{p} a_{jk} f_{ki} + q_{ji}. \tag{8.41}$$

Die Faktoren sind orthogonale Vektoren, die zunächst nur rein abstrakten Charakter haben und sich inhaltlich nicht interpretieren lassen. Dabei wird zwischen den *gemeinsamen Faktoren* f_{ki} (common factors) und den *Einzelrestfaktoren* q_{ji} (unique factors) unterschieden. Die Gewichte a_{jk} charakterisieren den Anteil des k-ten gemeinsamen Faktors an der j-ten Variablen; sie können als Korrelationskoeffizienten zwischen den gemeinsamen Faktoren und den Variablen angesehen werden. Hohe Beträge von $|a_{jk}|$ bedeuten demnach, daß zwischen dem k-ten gemeinsamen Faktor und der j-ten Variablen ein enger Zusammenhang besteht. Sie zeigen an, daß die entspre-

10 Diese Datenmatrix unterscheidet sich in ihrer Form von der Urliste des extrathermodynamischen Ansatzes dadurch, daß Zeilen und Spalten vertauscht sind, d. h. sie ist die Transponierte der Urliste.

chenden Variablen in den dazugehörigen Faktoren hoch „geladen" sind und werden daher als *Faktorladungen* bezeichnet.

Die gesuchten Gesetzmäßigkeiten für den gesamten Datenraum werden von den gemeinsamen Faktoren repräsentiert, während die Einzelrestfaktoren spezifische Eigenschaften (z. B. Fehler) jeweils nur einer Variablen widerspiegeln. Aus diesem Grunde werden in der Faktoranalyse nur die gemeinsamen Faktoren betrachtet, die den sogenannten *gemeinsamen Faktorenraum* (common factor space) aufspannen. Der gemeinsame Faktorenraum ist der kleinste Raum, in dem sich die m Variablen ohne Informationsverlust darstellen lassen.

In Matrizenschreibweise lautet Gleichung (8.41):

$$Z = A\,F + Q. \tag{8.42}$$

Die Elemente der Matrix A sind die Faktorladungen a_{jk}. Sie wird als *Faktorladungsmatrix* oder *Faktormuster* (factor pattern) bezeichnet, und die Ermittlung dieser Matrix ist das eigentliche Ziel der Faktoranalyse. Dabei wird von der folgenden Grundgleichung ausgegangen:

$$\hat{R} = A\,A^T. \tag{8.43}$$

$\hat{R}$ ist die reduzierte Korrelationsmatrix, die sich nach (8.43) als Produkt aus der Faktorladungsmatrix und ihrer Transponierten ergibt. Die reduzierte Korrelationsmatrix unterscheidet sich von der wirklichen Korrelationsmatrix dadurch, daß die Einsen in der Diagonale durch die *Kommunalitäten* h_j^2 ersetzt sind; sie enthält nur noch den Anteil der Datenvarianz, der dem gemeinsamen Faktorenraum zuzuordnen ist. Die Kommunalität für die j-te Variable ist definiert gemäß

$$h_j^2 = \sum_{k=1}^{p} a_{jk}^2. \tag{8.44}$$

Die Nicht-Diagonalelemente von $\hat{R}$ enthalten wie die Korrelationsmatrix die Korrelationskoeffizienten zwischen den Variablen, wobei für den Korrelationskoeffizienten r_{jl} zwischen der j-ten und der l-ten Variablen gilt:

$$r_{jl} = \sum_{k=1}^{p} a_{jk} a_{lk}. \tag{8.45}$$

Die Kommunalitäten müssen vor der Lösung von (8.43) geschätzt werden. Hierzu gibt es verschiedene Möglichkeiten, auf die hier allerdings nicht eingegangen werden kann. Während der Rechnung lassen sich diese Schätzungen über iterative Zyklen verbessern. Die Lösung von (8.43) erfolgt dann mittels Hauptkomponentenmethode (nicht zu verwechseln mit der noch zu erläuternden Hauptkomponentenanalyse; siehe Abschnitt 9.1.). Dabei wird die Nebenbedingung eingeführt, daß der erste Faktor den größten Anteil und die folgenden Faktoren in ihrer Reihenfolge abnehmende Anteile der Varianz von $\hat{\mathbf{R}}$ ausschöpfen sollen; diese Nebenbedingung führt zu einem Eigenwertproblem. Die resultierenden *Eigenwerte* entsprechen den relativen Varianzanteilen, die durch die entsprechenden Faktoren ausgeschöpft werden, und aus den zugehörigen *Eigenvektoren* läßt sich die Faktorladungsmatrix A erhalten. Geometrisch entsprechen die Wurzeln der Eigenwerte den Längen der Hauptachsen des Streuungsellipsoids, das sich ergibt, wenn die n Objekte im Raum der m Variablen dargestellt werden. Es werden nur diejenigen Faktoren berücksichtigt, deren Eigenwert einen bestimmten Grenzwert überschreitet (Festlegung von p) und die also mehr als einen bestimmten Mindestbetrag der Varianz repräsentieren (varianzstarke Faktoren). Als Grenzwert wird meist ein Eigenwert von Eins oder ein Wert entsprechend 5 % der Summe aller positiven Eigenwerte gewählt. Die Frage, ob alle bzw. wie viele Faktoren berücksichtigt werden müssen, hängt von der relativen Länge der Hauptachsen des Streuungsellipsoides ab. Sind bestimmte Hauptachsen im Verhältnis zu den anderen sehr klein (die entsprechenden Eigenwerte sind dann auch klein), kann auf die entsprechenden Faktoren verzichtet werden.

Die Folge der der Hauptkomponentenmethode zugrunde liegenden Nebenbedingung ist, daß sich alle hohen Ladungen im ersten Faktor befinden. Dadurch wird die Interpretation des Faktormusters entscheidend erschwert. Um diesen Nachteil auszuschalten und „innerhalb des einmal festgelegten gemeinsamen Faktorenraumes das Zueinander von Variablen und Faktoren möglichst einfach zu gestalten" [519] werden die Faktoren so rotiert, daß die einfachst mögliche Struktur des Faktormusters **A** entsteht. Diese Struktur wird als *THURSTONsche Einfachstruktur* bezeichnet. Sie hat die Eigenschaft, daß möglichst viele Variablenvektoren mit den Koordinatenachsen des Faktorenraumes zusammenfallen, so daß möglichst viele Faktorladungen Null werden. In anderen Worten heißt das, daß die Variablen beim Vorliegen einer Einfachstruktur in einander ausschließende Gruppen eingeteilt werden, die in verschiedenen Faktoren hoch geladen sind (siehe Abbildung 14). Die Rotation kann orthogonal oder schiefwinklig erfolgen. Bei der orthogonalen Rotation (z. B. Varimax-Methode) werden alle Achsen des Faktorenraumes um den gleichen Winkel gedreht, während bei der schiefwinkligen Rotation (z. B. Oblimax-Methode) für die einzelnen Achsen unter-

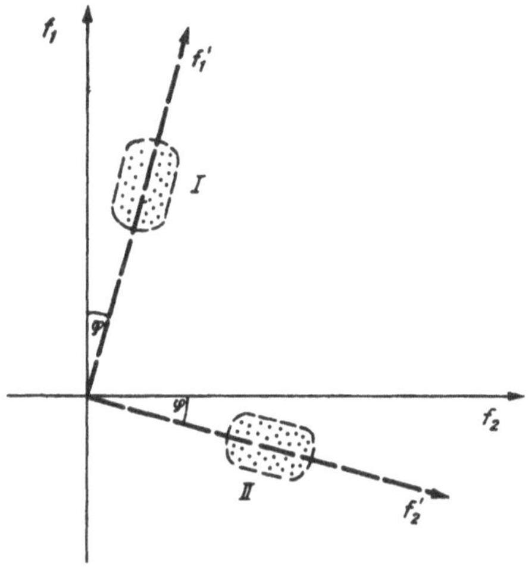

Abb. 14. Prinzip der Rotation (Orthogonalrotation) zur THURSTONschen Einfachstruktur beim Vorliegen von zwei Faktoren f_1 und f_2. Die Variablen lassen sich als Vektoren bzw. Punkte in dem durch die Faktoren aufgespannten Raum darstellen; die Koordinaten der Punkte sind die entsprechenden Faktorladungen a_{j1} und a_{j2}. In dem durch die unrotierten Faktoren f_1 und f_2 gebildeten Koordinatensysteme sind die Koordinaten der Punkte hinsichtlich beider Achsen von Null verschieden, d. h. alle Variablen haben in beiden Faktoren von Null verschiedene Ladungen. Werden nun die Koordinatenachsen um den Winkel ψ rotiert, so daß die Koordinatenachsen f_1' und f_2' entstehen (rotierte Faktoren), haben die Variablen in der Gruppe I nur noch in Faktor 1 und die Variablen der Gruppe II nur noch in Faktor 2 hohe Ladungen

schiedliche Drehwinkel zugelassen werden. Wird die Faktorenanalyse als Vorschaltschritt für die Regressionsanalyse eingesetzt, ist nur die Orthogonalrotation sinnvoll, da bei der schiefwinkligen Rotation die Orthogonalität der Faktoren verlorengeht und sich demzufolge Kollinearitäten bei der Formulierung von Ansätzen zur Regressionsanalyse nicht mehr ausschließen lassen. Mitunter läßt sich allerdings mit einer einfachen Orthogonalrotation keine Einfachstruktur erzielen; in solchen Fällen sind keine sicheren Interpretationen möglich.

Liegt nach Faktoranalyse einer Datenmatrix für den extrathermodynamischen Ansatz zumindest annähernd eine THURSTONsche Einfachstruktur vor, lassen sich aus dem Faktorenmuster folgende Aussagen erhalten:

1. Nur diejenigen Faktoren liefern einen Beitrag zu der Variablen „Loga-

rithmus der biologischen Wirkquantität (log A)", in denen diese Variable eine von Null verschiedene Ladung hat. Die Zahl der Terme in den log A beschreibenden Regressionsgleichungen sollte demnach gleich der Zahl dieser Faktoren sein.

2. Variable, die eine hohe Ladung im gleichen Faktor haben, sind untereinander korreliert, wobei die Korrelation um so enger ist, je höher die Beträge der Ladungen sind. Variable, die nur in verschiedenen Faktoren hoch geladen sind, sind nicht korreliert.
3. Aus den Punkten 1. und 2. folgt, daß nur die Variablen, die in den gleichen Faktoren wie log A von Null verschiedene Ladungen haben, zur Beschreibung von log A von Bedeutung sind.
4. Aus Punkt 2. folgt weiter, daß nur solche Variable, die in verschiedenen Faktoren hohe Ladungen besitzen, in den Ansätzen zur Regressionsanalyse miteinander kombiniert werden dürfen; auf diese Weise werden Kollinearitäten ausgeschlossen.
5. Aus dem Faktormuster läßt sich abschätzen, ob in dem betrachteten Variablenraum eine hinreichend gute Beschreibung von log A überhaupt möglich ist. Ist dies nicht der Fall, kann sofort zu einem anderen Variablenraum übergegangen und damit die Berechnung einer unter Umständen großen Zahl nicht sinnvoller Regressionsgleichungen vermieden werden. Einfache Korrelationskoeffizienten lassen sich aus (8.45) abschätzen.

Als Resultat der Faktoranalyse ergeben sich also bereits recht detaillierte Informationen über die Zusammenhänge zwischen log A und Molekülparametern, und diese Informationen können genutzt werden, um aus einer gegebenen Menge von Molekülparametern gezielt die günstigsten und aussagekräftigsten Ansätze für die Regressionsanalyse im Sinne des extrathermodynamischen Ansatzes auszuwählen [501, 525, 526] (siehe auch [19]). Das Schema in Abbildung 15 faßt nochmals die wichtigsten Schritte des Verfahrens zusammen. Natürlich muß bei der Anwendung der Faktoranalyse kritisch vorgegangen werden; Schwierigkeiten können insbesondere dann auftreten, wenn der Varianzanteil der Einzelrestfaktoren im Vergleich zu den gemeinsamen Faktoren zu hoch ist.

Das multivariate Verfahren der Faktoranalyse kann auch für andere Fragestellungen der quantitativen Struktur-Wirkungs-Analyse sinnvoll eingesetzt werden. Ein besonders wichtiges Problem ist dabei die Analyse von Datenmatrizen, die aus der Untersuchung einer Stichprobe von Verbindungen in mehreren biologischen Testsystemen resultieren. Ziel einer solchen Analyse ist es, mögliche Beziehungen zwischen den einzelnen Testsystemen im Sinne einer Modellbildung aufzudecken. Dieses Problem entspricht genau

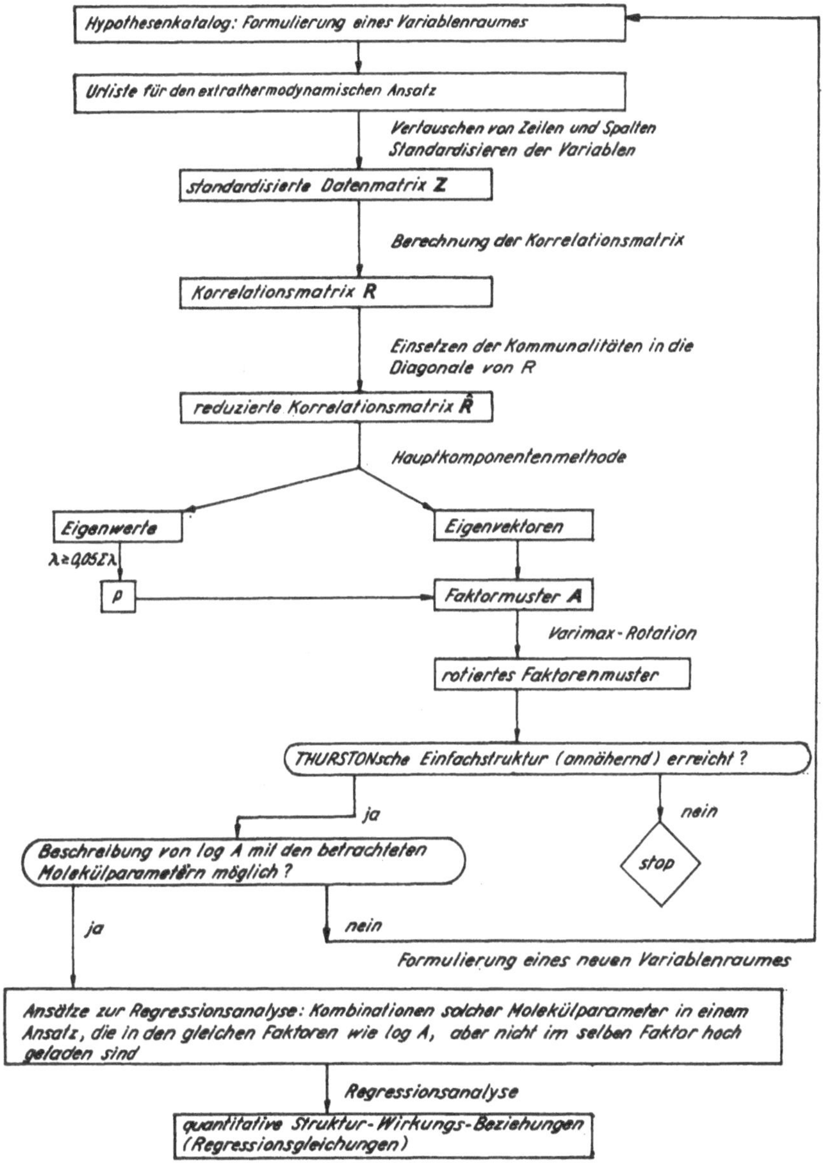

Abb. 15. Ablaufschema zum Einsatz der Faktoranalyse als Vorschaltschritt zur Regression

der eigentlichen Zielstellung, für die die Faktoranalyse auf dem Gebiet der psychologischen Forschung formuliert worden war; es soll in Abschnitt 13.2. kurz erläutert werden.

8.4.2. Beispiele

8.4.2.1. Hemmung der NADH-Oxydase durch substituierte Phenoxyessigsäuren

Für 17 ringsubstituierte Phenoxyessigsäuren mit den Substituenten H, 4-Br, 4-CH_3, 4-NO_2, 3-Br, 3-Cl, 3-CH_3, 3-OCH_3, 2-Br, 2-NO_2, 2-CH_3, 2,4-Cl_2, 2,3-Cl_2, 2,4,5-Cl_3 und penta-Cl lagen Daten für die Hemmung des NADH-Oxydasesystems aus ETP vor (pI_{50}; aus [527]), die mittels Faktor- und Regressionsanalyse untersucht wurden [528]. Zur Beschreibung hydrophober, elektronischer und sterischer Substituenteneffekte wurden die Substituentenkonstanten π, σ, σ^-, S, P und E_s eingesetzt; dabei wurden für π, σ, σ^- und E_s auch die Quadrate einbezogen. Die Eigenwerte der resultierenden Faktoren sind in Tabelle 13 zusammengestellt. Gemessen an diesen Eigenwerten sind nur die drei ersten Faktoren für die Ausschöpfung der Varianz des gemeinsamen Faktorenraumes relevant.

Tabelle 13
Eigenwerte der gemeinsamen Faktoren für die Hemmung des NADH-Oxydasesystems durch 17 ringsubstituierte Phenoxyessigsäuren (siehe Text)

Faktor Nr.	Eigenwert
1	7,95
2	1,70
3	0,55
4	0,22
5	0,01
6	0,00
7	-0,02
8	-0,04
9	-0,05
10	-0,05
11	-0,08

Das nach Varimax-Rotation erhaltene Faktormuster ist in Tabelle 14 enthalten (nur die hohen Nicht-Nulladungen sind angegeben). Die Variable pI_{50} (biologische Wirkquantität) ist im ersten und dritten Faktor geladen, so daß nur diese beiden Faktoren für die biologische Wirkquantität von Bedeutung sind. Daraus folgt, daß in dem betrachteten Merkmalsraum zur Beschreibung der Hemmwirkung der Phenoxyessigsäuren auf das NADH-Oxydasesystem zwei Einflußgrößen erforderlich sind. Außerdem ist zu erwarten, daß für pI_{50} mit den im ersten und dritten Faktor hoch geladenen Substituentenkonstanten statistisch signifikante Einparametergleichungen existieren. Da im ersten Faktor elektronische Substituentenkonstanten hoch geladen sind und im dritten Faktor E_s eine hohe Ladung hat, hängt die Hemmwirkung offensichtlich von elektronischen und sterischen Effekten ab; der elektronische Einfluß ist dabei wahrscheinlich wichtiger, da pI_{50} im ersten (varianzstärksten) Faktor höher geladen ist, als im dritten. Hydrophobe Einflüsse spielen keine Rolle, da π nur in dem für die biologische Aktivität unwichtigen zweiten Faktor eine hohe Ladung aufweist. Aus den Ladungen im ersten Faktor folgt weiter, daß die elektronischen Substituentenkonstan-

Tabelle 14
Faktorenmuster (nach Varimax-Rotation) für die Hemmung des NADH-Oxydasesystems durch 17 ringsubstituierte Phenoxyessigsäuren (siehe Text); es sind nur die hohen Nicht-Nulladungen angegeben

Variable	Faktorenmuster: erster Faktor	zweiter Faktor	dritter Faktor
pI_{50}	0,77		0,54
π		0,76	
π^2		0,70	
σ	0,92		
σ^2	0,82		
σ^-	0,93		
σ^{-2}	0,83		
S	0,78		
P		−0,76	
E_s			−0,86
E_s^2			−0,87

ten σ, σ^- und S hoch untereinander korreliert sind. Bei der Auswahl der Substituenten überrascht dies ebensowenig wie die Korrelation von σ und σ^- mit ihren Quadraten. E_s korreliert mit keinem anderen Molekülparameter, da E_s nur im dritten Faktor und dort als einziges Merkmal hoch geladen ist. Überraschend ist die Korrelation zwischen π bzw. π^2 und P, die sich in den hohen Ladungen dieser Größen im zweiten Faktor ausdrückt.

Ausgehend von dem Faktormuster sind in den Ansätzen zur Regressionsanalyse jeweils eine der im ersten Faktor hoch geladenen elektronischen Substituentenkonstanten mit E_s zu kombinieren, so daß sich die folgenden Ansätze ergeben:

$$\begin{aligned} pI_{50} &= f(\sigma, E_s) \\ &= f(\sigma^-, E_s) \qquad (8.46) \\ &= f(S, E_s). \end{aligned}$$

Ansätze mit σ^2, σ^{-2} und E_s^2 können ausgeschlossen werden, da in den Ansätzen nur zwei Terme vorkommen dürfen und eine enge Korrelation dieser Größen zu σ, σ^- bzw. E_s besteht.

Zur Kontrolle dieser Schlußfolgerungen wurden alle mit den betrachteten Molekülparametern kombinatorisch möglichen Regressionsgleichungen berechnet. Die Ergebnisse bestätigen völlig die Aussage der Faktoranalyse:

1. Mit σ, σ^-, S und E_s lassen sich statistisch signifikante Einparametergleichungen erhalten, nicht aber mit π.
2. Das Hinzufügen von σ^2, σ^{-2}, π oder E_s^2 zu diesen Gleichungen bringt keine Verbesserung.
3. Eine wesentliche Verbesserung gegenüber den Einparametergleichungen ergeben die Ansätze gemäß (8.46).
4. Durch Hinzufügen weiterer Terme zu (8.46) läßt sich keine weitere Verbesserung erzielen. Es gibt keine Gleichung, in der ein π-Term signifikant ist.

Die Ansätze gemäß (8.46) sind also tatsächlich die besten, die sich in dem betrachteten Merkmalsraum finden lassen. Die statistisch beste Beziehung lautet:

$$pI_{50} = 0{,}75\ \sigma^- - 0{,}23\ E_s + 3{,}34 \qquad (8.47)$$

$$n = 17 \qquad r = 0{,}923 \qquad s = 0{,}249.$$

Wären nur die Gleichungen gemäß (8.46) berechnet worden, hätte sich gegenüber der Berechnung aller kombinatorisch möglichen Gleichungen eine Einsparung von weit über 90 % ergeben.

8.4.2.2. Hemmung des Wachstum von *S. alba* Hypocotyl durch Piperidinoazetanilide

Eine Serie von in ortho-, meta- und para-Position mit den Substituenten H, F, Cl, Br, J, CH_3, CF_3, OCH_3, OC_2H_5 und NO_2 monosubstituierter Piperidinoazetanilide (Formelbild XXV) wurde hinsichtlich ihrer wachstumshemmenden Wirkung auf *S. alba* Hypocotyl geprüft (pI_{50}) [525]. Zur Beschreibung der Hemmwirkung wurde eine große Zahl hydrophober, elektronischer und sterischer Molekülparameter (σ, σ^-, F, R, S, P, π, E_s, MR, $E_{s,ortho}$) betrachtet. Aus noch zu erläuternden Gründen wurden neben dem Gesamtproblem noch die Gruppe der meta- und para-substituierten Verbindungen (n = 18) sowie die der ortho-substituierten Verbindungen (n = 9) getrennt untersucht.

Die Eigenwerte für die drei Probleme sind in Tabelle 15 enthalten; in jedem Fall ergeben sich drei relevante Faktoren. In Tabelle 16 sind diejenigen Variablen zusammengestellt, die in den für die biologische Aktivität relevanten Faktoren (hohe Ladung für pI_{50}) ebenfalls eine hohe Ladung haben.

Tabelle 15
Eigenwerte der gemeinsamen Faktoren für die wachstumshemmende Wirkung substituierter Piperidinoazetanilide; m + p + o: alle Verbindungen (n = 27), m + p: meta- und parasubstituierte Verbindungen (n = 18), o: ortho-substituierte Verbindungen (n = 9)

Faktor Nr.	Eigenwerte m + p + p	m + p	o
1	4,44	4,50	5,49
2	3,29	1,56	3,30
3	1,69	1,33	1,01
4	0,53	0,21	0,30
5	0,35	0,15	0,08
6	0,10	0,00	0,06

Tabelle 16
Wachstumshemmende Wirkung von Piperidinoazetaniliden auf *S. alba* Hypocotyl: Variable mit gesicherten hohen Ladungen in den Faktoren, in denen auch die biologische Aktivität (pI_{50}) hoch geladen ist für die drei Probleme meta-, para- und ortho-substituierte Verbindungen (n = 27), meta- und para-substituierte Verbindungen (n = 18) und ortho-substituierte Verbindungen (n = 9)

Faktor Nr.	meta + para + ortho	meta + para	ortho
1	σ^-, R, E_s, P	σ^-, R, E_s, P	–
2	$E_{s,ortho}$, S_{ortho}, X_1	π, (MR)	–
3	π, (MR)	–	(π), MR

Für das Gesamtproblem ist pI_{50} in allen drei Faktoren hoch geladen, so daß also in der Regressionsanalyse Gleichungen mit drei Termen zu erwarten sind. Der erste Faktor repräsentiert elektronische und/oder sterische Effekte. Eine Entscheidung ist nicht möglich, da E_s zu den elektronischen Parametern korreliert. Der zweite Faktor bezieht sich ausschließlich auf spezielle Eigenschaften der ortho-Substituenten; X_1 ist eine Indikatorvariable, die gemäß

$$X_1 = \begin{cases} 1 & \text{für ortho-Substituenten} \\ 0 & \text{für meta- und para-Substituenten} \end{cases} \tag{8.48}$$

definiert ist. Im dritten Faktor schließlich sind hydrophobe (π) und/oder sterische (MR[11]) Einflüsse enthalten; auch hier ist eine Entscheidung wegen der Korrelation zwischen π und MR nicht möglich. Insgesamt folgt, daß in den Regressionsansätzen ein elektronischer Molekülparameter oder E_s (erster Faktor) mit einem Indikator für die ortho-Position (zweiter Faktor) und mit π oder MR (dritter Faktor) kombiniert werden sollten. Auch hier wurden zum Vergleich sämtliche kombinatorisch möglichen Regressionsgleichungen berechnet, und die genannten Ansätze liefern tatsächlich die bestmöglichen Beziehungen im betrachteten Variablenraum. Drei dieser Beziehungen seien als Beispiel angegeben (n = 27):

11 Zu beachten ist, daß E_s und MR unterschiedliche sterische Eigenschaften von Substituenten charakterisieren (siehe Kapitel 6.). Es ist daher kein inhaltlicher Widerspruch, wenn diese beiden Parameter gleichzeitig auftreten und dabei in verschiedenen Faktoren geladen sind.

$$pI_{50} = -0{,}64\ E_s + 0{,}78\ E_{s,ortho} + 1{,}15\ \pi + 1{,}08 \quad (8.49)$$
$$r = 0{,}872 \qquad s = 0{,}470$$

$$pI_{50} = 0{,}88\ \sigma^- + 0{,}72\ E_{s,ortho} + 1{,}39\ \pi + 0{,}88 \quad (8.50)$$
$$r = 0{,}830 \qquad s = 0{,}540$$

$$pI_{50} = -0{,}36\ E_s - 1{,}02\ X_1 + 1{,}25\ \pi + 1{,}26 \quad (8.51)$$
$$r = 0{,}842 \qquad s = 0{,}520.$$

Die getrennte Analyse der meta- und para-substituierten sowie der ortho-substituierten Verbindungen erfolgte wegen der speziellen Rolle der ortho-Substituenten, die sich im zweiten Faktor abzeichnet. Nach den Ergebnissen für das Gesamtproblem sind für die Gruppe der meta- und para-substituierten Verbindungen zwei und für die ortho-substituierten Verbindungen ein Faktor zu erwarten, in denen pI_{50} hoch geladen ist. Wie Tabelle 16 zeigt, ist dies auch der Fall. Für die Gruppe der meta- und para-substituierten Verbindungen repräsentiert der erste Faktor elektronische oder sterische (Substituentendurchmesser) Effekte, während im zweiten Faktor hydrophobe oder Volumeneffekte der Substituenten enthalten sind. Ansätze zur Regressionsrechnung sollten also einen elektronischen oder E_s-Term mit einem π- oder MR-Term kombinieren. Diese Kombinationen liefern wiederum die besten unter allen kombinatorisch möglichen Gleichungen. Die folgenden Beziehungen seien als Beispiel angegeben (n = 18):

$$pI_{50} = -0{,}56\ E_s + 1{,}26\ \pi + 1{,}79 \quad (8.52)$$
$$r = 0{,}876 \qquad s = 0{,}520$$

$$pI_{50} = 0{,}49\ P + 1{,}39\ \pi + 0{,}36 \quad (8.53)$$
$$r = 0{,}851 \qquad s = 0{,}570$$

$$pI_{50} = -0{,}86\ E_s + 0{,}08\ MR + 2{,}77 \quad (8.54)$$
$$r = 0{,}765 \qquad s = 0{,}700.$$

Für die ortho-substituierten Verbindungen ergibt sich ebenfalls in Übereinstimmung mit den Ergebnissen der Faktoranalyse als beste aller kombinatorisch möglichen Gleichungen (n = 9):

$$pI_{50} = 0{,}08\ MR - 0{,}03 \qquad (8.55)$$
$$r = 0{,}813 \qquad s = 0{,}270.$$

Die Ergebnisse der Faktor- und Regressionsanalyse weisen darauf hin, daß der erste Faktor für das Gesamtproblem sowie für die Gruppe der meta- und para-substituierten Verbindungen primär sterischen und nicht elektronischen Charakter hat [bessere Statistik von (8.49) und (8.52) gegenüber (8.50) und (8.53)] und daß weiter der zweite Faktor für die Gruppe der meta- und para-substituierten Verbindungen (dritter Faktor für das Gesamtproblem) wahrscheinlich hydrophobe und nicht sterische Effekte repräsentiert [bessere Statistik von (8.52) gegenüber (8.54)]; dieser Schluß ist jedoch keinesfalls als gesichert anzusehen. In ortho-Position liegen sterische Effekte vor.

Obgleich alle angegebenen Beziehungen statistisch hochsignifikant sind, ist ihre Anpassungsgüte insgesamt nur mäßig. Sehr wahrscheinlich ist der Grund hierfür nicht in dem betrachteten Merkmalsraum, sondern in dem biologischen Aktivitätsmaß pI_{50} zu suchen. Bei einer anderen quantitativen Struktur-Wirkungs-Analyse für die Hemmung pflanzlichen Wachstums *(B. napus)* durch die gleiche Serie von Piperidinoazetaniliden konnten nur dann gute Ergebnisse erzielt werden, wenn die klassischen pI_{50}-Werte durch biologische Wirkparameter aus (2.10) ersetzt wurden [43]. Auch in diesem Falle spielte die ortho-Position eine besondere Rolle (Veränderung des Wirkungsmechanismus), und der Einfluß der ortho-Substituenten auf die biologische Aktivität war ebenfalls rein sterischer Natur.

9. Andere Verfahren zur quantitativen Struktur-Wirkungs-Analyse mit extrathermodynamischen Molekülparametern

Die multiple Regressionsanalyse ist natürlich nicht die einzige Möglichkeit, Zusammenhänge zwischen Molekülparametern und der biologischen Wirkquantität aufzufinden. Dieses Verfahren ist vor allem dann einzusetzen, wenn außer einer geeigneten Strukturvariation in der Stichprobe folgende Voraussetzungen erfüllt sind:

1. Die biologische Wirkquantität ist eine kontinuierliche Größe ausreichender Präzision.
2. Es wird entweder nur eine oder ein Satz unkorrelierter Zielgrößen betrachtet.

Diese Voraussetzungen sind häufig nicht erfüllt. Dies gilt insbesondere für die erste Bedingung auf der Ebene des Grob-Screenings, wo die biologische Aktivität meist in Form einer *Bonitur* (diskrete Größe) oder sogar nur als ja/nein-Aussage (logische Größe), d. h. also in Form einer *Klasseneinteilung* anfällt. Klasseneinteilungen können sich auch in anderen Zusammenhängen (z. B. Struktur-Selektivitätsbeziehungen; Differenzierung zwischen Agonisten, Partialagonisten und Antagonisten usw.) ergeben. Für derartige Daten müssen *Klassifizierungsverfahren* wie z. B. die Diskriminanzanalyse oder Zeichenerkennungsverfahren eingesetzt werden; letztere sollen allerdings erst in Abschnitt 11.2. im Zusammenhang mit strukturellen Molekülparametern behandelt werden.

Für den Fall, daß mehrere miteinander mehr oder weniger verknüpfte Zielgrößen (z. B. Testergebnisse aus verwandten biologischen Tests oder Testergebnisse, die im gleichen Test unter verschiedenen Bedingungen ermittelt wurden) analysiert werden sollen, sind *multivariate Verfahren* notwendig. Nur mit diesen Verfahren ist es dann möglich, die Zusammenhänge innerhalb der Datenstruktur wirklich zu erkennen und aussagekräftige Beziehungen entsprechend der Gesamtheit aller Daten zu finden. Ein derartiges multivariates Verfahren wurde mit der Faktoranalyse bereits vorgestellt. In diesem Kapitel soll noch der Einsatz der Hauptkomponentenanalyse zur Ermittlung multivariater quantitativer Struktur-Wirkungs-Beziehungen erläutert werden. Eine Alternative zur Hauptkomponentenanalyse ist das klassische Verfahren der multivariaten Regression, auf das jedoch hier nicht eingegangen werden soll; hinsichtlich dieses Verfahrens sei auf Standardlehrbücher der Statistik sowie hinsichtlich einiger Aspekte seiner Anwendung in der quantitativen Struktur-Wirkungs-Analyse auf [271, 529, 530] verwiesen. Eine in bestimmten Fällen günstige Alternative zur Regressionsanalyse ist die Rangkorrelationsanalyse, die deshalb ebenfalls in diesem Kapitel kurz vorgestellt wird.

Es muß betont werden, daß es außer den in diesem Beitrag erwähnten mathematischen Verfahren noch eine Reihe weiterer Möglichkeiten gibt, die aber hinsichtlich ihrer Leistungsfähigkeit für die quantitative Struktur-Wirkungs-Analyse erst noch untersucht werden müssen. Weiterhin ist nicht beabsichtigt, die folgenden Verfahren im mathematischen Detail zu erläutern, sondern sie sollen vom Prinzip her unter den speziellen Aspekten der Anwendbarkeit und Aussagekraft vorgestellt werden.

9.1. Die Hauptkomponentenanalyse

9.1.1. Grundlagen

Die Hauptkomponentenanalyse ist der bereits besprochenen Faktoranalyse sehr ähnlich. Auch hier werden Matrizen von Daten untersucht, die aus der Messung einer Reihe von Objekten in einer Reihe von Systemen resultieren. Die Variablen werden wieder als Linearkombination neuer Variabler dargestellt, die im Fall der Hauptkomponentenanalyse als *Hauptkomponenten* bezeichnet werden; wie die Faktoren sind auch die Hauptkomponenten orthogonale Vektoren. Der einzige, allerdings entscheidende Unterschied zur Faktoranalyse besteht darin, daß die gesamte Varianz der Datenmatrix als gemeinsame Varianz betrachtet und damit auf das Konzept der Einzelrestfaktoren verzichtet wird. Dies hat zur Folge, daß die Hauptkomponentenanalyse nicht wie die Faktoranalyse zur Modellbildung im Sinne des Erkennens grundlegender Gesetzmäßigkeiten, die ja nur in dem bei der Faktoranalyse betrachteten gemeinsamen Faktorenraum gelten, eingesetzt werden kann. Sie ist vielmehr zunächst nichts weiter als ein mathematisches Verfahren, um die Variablen einer Datenmatrix durch einen neuen Satz zueinander orthogonaler Variabler (die Hauptkomponenten) zu beschreiben.

In diesem Abschnitt soll eine spezielle Variante der Hauptkomponentenanalyse erläutert werden, die von WEINER und MALINOWSKI für die verschiedensten Probleme (vorwiegend aus der analytischen und physikalischen Chemie) eingesetzt wurde [531 – 542]; methodische Grundlagen finden sich vor allem in [531, 538, 541, 542] (siehe auch [543, 544]), und in [538] sowie [543] finden sich erste Anwendungen der Hauptkomponentenanalyse auf Probleme der quantitativen Struktur-Wirkungs-Analyse. Das Verfahren dieser Autoren bietet die Möglichkeit, die zunächst „abstrakten" Hauptkomponenten mit konkreten physikalisch-chemischen oder ähnlichen Größen zu identifizieren und sie damit inhaltlich interpretierbar zu machen. Ist eine Identifizierung aller Hauptkomponenten möglich, entsteht ein System von Gleichungen, das multivariaten Regressionsgleichungen weitgehend entspricht. Der Einfachheit halber und auch, um die Hauptkomponentenanalyse klar von der Faktoranalyse abzugrenzen, soll im folgenden im wesentlichen die Symbolik von WEINER und MALINOWSKI verwendet werden. Das Modell der Hauptkomponentenanalyse lautet[12]:

$$z_{ij} = \sum_{k=1}^{r} u_{ik} v_{kj} . \qquad (9.1)$$

Dabei ist z_{ij} der standardisierte [siehe Gleichung (8.39)] Meßwert, der für das i-te Objekt (z. B. eine Verbindung; $i = 1, \ldots, n$) im j-ten System (z. B. ein biologischer Test, ein Verteilungssystem usw.; $j = 1, \ldots, m$) erhalten wurde. Wie bei der Faktoranalyse sollen die Meßwerte der Objekte in den verschiedenen Systemen als Variable bezeichnet werden. Die u_{ik} sind die Elemente der sogenannten *Objektkomponenten* und die v_{kj} die Elemente der sogenannten *Systemkomponenten;* r ($k = 1, \ldots, r$) ist die Zahl der Hauptkomponenten. u_{ik} beschreibt die k-te Eigenschaft des i-ten Objektes (Eigenschaft des i-ten Objektes, die sich in der k-ten Hauptkomponente widerspiegelt) und v_{kj} die k-te Eigenschaft des j-ten Systems (Eigenschaft des j-ten Systems, die sich in der k-ten Hauptkomponente widerspiegelt). Inhaltlich bedeutet dies, daß die Variablen z_{ij} als Summen von Produkten dargestellt werden, wobei der eine Faktor stets eine Eigenschaft des Objektes (Objektkomponente) und der andere Faktor eine Eigenschaft des Systems (Systemkomponente) repräsentiert.

In Matrizenschreibweise lautet Gleichung (9.1):

$$\mathbf{Z} = \mathbf{U}\,\mathbf{V}. \qquad (9.2)$$

Z ist die standardisierte Datenmatrix mit den Elementen z_{ij}, und die Matrizen **U** (mit den Elementen u_{ik}) bzw. **V** (mit den Elementen v_{kj}) sollen als *Objektkomponentenmatrix* bzw. *Systemkomponentenmatrix* bezeichnet werden. Ganz analog wie die Ermittlung der Faktoren in der Faktoranalyse

12 Aus verfahrenstechnischen Gründen stehen bei der Hauptkomponentenanalyse nach WEINER und MALINOWSKI im Gegensatz zu dem bei der Faktoranalyse üblichen Vorgehen die Objekte in den Zeilen und die Systeme in den Spalten der Datenmatrix; bei der Faktoranalyse ist es genau umgekehrt.

erfolgt auch die Ermittlung der Hauptkomponenten mittels Hauptkomponentenmethode, d. h. über die Lösung eines Eigenwertproblems. Da in der Hauptkomponentenanalyse die gesamte Datenvarianz ausgeschöpft wird (Unterschied zur Faktoranalyse), wird dabei von der echten und nicht von der reduzierten Korrelationsmatrix ausgegangen. Die Korrelationsmatrix **R** läßt sich unmittelbar aus der Datenmatrix **Z** ermitteln, und die Hauptkomponentenmethode liefert dann die beiden Matrizen **U** und **V**. Die Zahl r der Hauptkomponenten entspricht dem Rang der Korrelationsmatrix.

Mit dem Modell gemäß (9.1) bzw. (9.2) werden die Variablen zusammen mit ihren Fehlern beschrieben. Das Ziel ist aber, nur die sachlich begründete Varianz der Variablen zu erfassen, oder, in anderen Worten, nur so viele Hauptkomponenten zu berücksichtigen, wie zur Beschreibung der inhaltlich bedingten Varianz der Datenmatrix bzw. der Beschreibung der Variablen innerhalb ihrer Meßfehler notwendig sind. Mit diesem Schritt soll letztlich doch wieder eine Modellbildung ermöglicht werden. Damit gehen die Gleichungen (9.1) und (9.2) in die Gleichungen (9.3) und (9.4) über:

$$\hat{z}_{ij} = \sum_{k=1}^{s} u_{ik} v_{kj} - e_{ij} \tag{9.3}$$

$$\hat{\mathbf{Z}} = \mathbf{U}_s \mathbf{V}_s - \mathbf{E}. \tag{9.4}$$

Dabei gilt $s \leqslant r$, d. h. die Zahl s der als relevant anzusehenden Hauptkomponenten ist im allgemeinen kleiner als die maximal mögliche Zahl r. Das Dach über $\hat{z}_{ij}$ bzw. $\hat{\mathbf{Z}}$ in (9.3) bzw. (9.4) bedeutet, daß sich die mittels der s Hauptkomponenten reproduzierten Werte der Variablen von den ursprünglichen Werten unterscheiden, und zwar um den jeweiligen Fehleranteil e_{ij} (Fehler des i-ten Meßwertes im j-ten System); die e_{ij} sind in (9.4) zu der Fehlermatrix **E** zusammengefaßt:

$$z_{ij} = \hat{z}_{ij} + e_{ij} \tag{9.5}$$

$$\mathbf{Z} = \hat{\mathbf{Z}} + \mathrm{E}. \tag{9.6}$$

Die Matrizen $\mathbf{U}_s$ und $\mathbf{V}_s$ unterscheiden sich von den Matrizen **U** und **Z** dadurch, daß sie nicht mehr r, sondern nur noch s Spalten bzw. Zeilen haben. Zur Ermittlung der Zahl s der relevanten Hauptkomponenten werden zunächst Objekt- und Systemkomponentenmatrix schrittweise aus den einzelnen Hauptkomponenten, die nach fallenden Eigenwerten hinzugefügt werden, aufgebaut. Jede neue hinzugefügte Komponente erweitert die Objektkomponentenmatrix um eine Spalte und die Systemkomponentenmatrix um eine Zeile. Nach jedem Schritt wird die Datenmatrix gemäß (9.4) reproduziert, und dieser Prozeß wird solange fortgeführt, bis ein geeignetes Gütekriterium erfüllt ist. Dabei kommen im wesentlichen drei derartige Gütekriterien in Frage:

1. Die durchschnittliche Abweichung bei der Reproduktion der Datenmatrix:
   Die Abweichung $\bar{\delta}_h$ bei der Reproduktion der Datenmatrix nach Hinzufügen der h-ten Hauptkomponente ergibt sich zu

$$\bar{\delta}_h = \frac{\sum_{i=1}^{n} \sum_{j=1}^{m} (z_{ij} - \sum_{k=1}^{h} u_{ik} v_{kj})}{n\ m} \quad . \tag{9.7}$$

   Die Zahl s der relevanten Hauptkomponenten ist identisch mit derjenigen Zahl h, bei der $\bar{\delta}_h$ in der Größe des durchschnittlichen Meßfehlers $\bar{e}_{ij}$ liegt, denn genau dann wird die Forderung, die Datenmatrix innerhalb der Meßfehler zu reproduzieren, erfüllt. Natürlich muß bei diesem Verfahren der Meßfehler bekannt sein.
2. ψ-Werte nach EXNER [545]:
   Der ψ-Wert nach Hinzufügen der h-ten Hauptkomponente

$$\psi_h = \sqrt{\frac{\sum_{i=1}^{n} \sum_{j=1}^{m} (z_{ij} - \sum_{k=1}^{h} u_{ik} v_{kj})^2}{\sum_{i=1}^{n} \sum_{j=1}^{m} (z_{ij} - \frac{1}{m\,n} \sum_{i=1}^{n} \sum_{j=1}^{m} z_{ij})^2} \cdot \frac{m\,n}{m\,n \cdot h}} \tag{9.8}$$

   stellt die Wurzel des Quotienten aus dem durch die betrachteten h Hauptkomponenten nicht erfaßten Anteil der Datenvarianz zur Gesamtdatenvarianz dar. Nach EXNER sollte für eine sehr gute Reproduktion der Datenmatrix $\psi_h \leq 0{,}1$ sein. Für biologische Daten ist dieser Wert sicher zu niedrig. Hier dürfte die sachlich erklärbare Datenvarianz kaum über 90 ... 95 % liegen, und dies entspricht ψ-Werten von 0,2 ... 0,3.
3. Korrelationskoeffizient:
   Für große n und m besteht zwischen ψ_h und dem multiplen Korrelationskoeffizienten r_h zwischen den mittels h Hauptkomponenten reproduzierten und den experimentellen Werten der Variablen angenähert ein Zusammenhang gemäß

$$r_h \approx \sqrt{1 - \psi_h^2} . \tag{9.9}$$

Aus den Ausführungen unter 2. folgt damit, daß das Hinzufügen weiterer Komponenten bei Werten von r_h um 0,95 ... 0,97 abgebrochen werden kann.

4. Indikatorfunktion nach MALINOWSKI [541, 542]:
MALINOWSKI definierte eine sogenannte Indikatorfunktion IND gemäß

$$IND = \frac{RE}{(m-h)^2} . \tag{9.10}$$

Dabei ist RE eine in bestimmter Weise definierte Fehlergröße ("real error"), die sich leicht aus den z_{ij} sowie aus den Eigenwerten der Hauptkomponenten berechnen läßt; hinsichtlich näherer Einzelheiten sei auf die Originalarbeiten verwiesen. Die Indikatorfunktion hat die Eigenschaft, beim schrittweisen Hinzufügen der einzelnen Hauptkomponenten zunächst abzufallen, bei h = s ein Minimum zu durchlaufen und dann leicht anzusteigen. Die Zahl s der relevanten Hauptkomponenten ist also aus der Lage des Minimums erkennbar. Die Indikatorfunktion läßt auch erkennen, wenn eine gegebene Datenmatrix nicht adäquat mittels Hauptkomponentenanalyse beschrieben werden kann, d. h. wenn sich die Variablen nicht als Summe von Produkten gemäß Gleichung (9.1) darstellen lassen. In einem solchen Falle durchläuft IND kein Minimum, sondern steigt bereits zwischen h = 0 und h = 1 deutlich an.

Die ermittelten relevanten Hauptkomponenten sind, wie bereits erwähnt, abstrakte Rechengrößen zur Reproduktion der Datenmatrix. Um sie inhaltlich interpretieren zu können, werden sie nun im nächsten Schritt durch ein spezielles Rotationsverfahren mit vorgegebenen Testvektoren bekannter inhaltlicher Bedeutung identifiziert. Solche Testvektoren können z. B. Vektoren von Substituentenkonstanten sein (π, σ usw.); ihre Elemente sind die Werte der entsprechenden Größe für die Objekte (Verbindungen) der Datenmatrix. Die Rotation erfolgt nach dem Kriterium der kleinsten Quadrate in der Weise, daß die Summe der Abweichungsquadrate zwischen der rotierten Objektkomponente und dem Testvektor ein Minimum wird. Wird der k-te Testvektor mit $\bar{\bar{u}}_k$ und die durch Rotation transformierte k-te Objektkomponente mit $\bar{u}_k$ bezeichnet, muß demzufolge gelten:

$$(\bar{\bar{u}}_k - \bar{u}_k)^T (\bar{\bar{u}}_k - \bar{u}_k) = \text{Min!} \tag{9.11}$$

bzw.

$$\sum_{i=1}^{n} (\bar{\bar{u}}_{ik} - \bar{u}_{ik})^2 = \text{Min!} \tag{9.12}$$

Die Transformationsvorschrift lautet:

$$\bar{u}_k = U\, t_k, \tag{9.13}$$

wobei sich der Rotationsvektor t_k aus

$$t_k = \Lambda^{-1}\, U^T\, \bar{\bar{u}}_k \tag{9.14}$$

ergibt (Λ ist die Diagonalmatrix der Eigenwerte).
Die Rotation der gesamten Objektkomponentenmatrix erfolgt gemäß

$$\bar{U} = U\, T, \tag{9.15}$$

wobei die Rotationsvektoren t_k die Spaltenvektoren der Rotationsmatrix T sind. Die Transformation kommt einer Regression gleich, bei der der Testvektor die Zielgröße und die Hauptkomponenten die Einflußgrößen darstellen; als Regressionskoeffizienten treten die Elemente des Rotationsvektors auf. Bei dem Originalverfahren von WEINER und MALINOWSKI fehlt dabei allerdings in der resultierenden Regressionsgleichung das Absolutglied, d. h. die Regressionshyperebenen werden willkürlich durch den Koordinatenursprung gelegt. Daraus können Fehler resultieren, die sich leicht dadurch vermeiden lassen, daß die Testvektoren auf einen Mittelwert von Null normiert werden [544]; ein Zurückrechnen auf die ursprünglichen Daten, d. h. die Berechnung der Absolutglieder, ist auf diese Weise leicht möglich.

Ein Testvektor wird nach WEINER und MALINOWSKI dann als für das betrachtete Problem relevant akzeptiert, wenn die Abweichung zwischen rotierter Hauptkomponente und Testvektor im Bereich des Meßfehlers der entsprechenden Größe liegt. Bessere Kriterien sind nach DOVE [544] die Korrelationskoeffizienten zwischen den Testvektoren und den zu identifizierenden Hauptkomponenten bzw. der multiple Korrelationskoeffizient des Testvektors mit h Hauptkomponenten. Der Korrelationskoeffizient zwischen dem l-ten Testvektor und der k-ten Hauptkomponente ergibt sich zu:

$$r_{lk} = t_{lk} \sqrt{\frac{\lambda_k}{\sum_{i=1}^{n} \bar{\bar{u}}_{ik}^{\,2}}}\,. \tag{9.16}$$

(λ_k ist der Eigenwert der k-ten Hauptkomponente.) Für den multiplen Korrelationskoeffizienten zwischen dem k-ten Testvektor und h Hauptkomponenten gilt:

$$r_{k(h)} = \sqrt{\sum_{k=1}^{h} r_{lk}^2}. \tag{9.17}$$

Ein Vorteil des Rotationsverfahrens ist, daß die Testvektoren nicht komplett sein müssen, sondern Lücken aufweisen können. Diese Lücken werden bei der Rotation automatisch geschlossen, d. h. die Rotation liefert die fehlenden Werte. Auf diese Weise wurden z. B. von WEINER [537] Werte für die relativen Gasphasenaziditäten einiger substituierter Benzoesäuren erhalten. Es wäre z. B. denkbar, auf diese Weise auch angenäherte Werte für experimentell schwer zugängige Substituentenkonstanten zu ermitteln.

Eine spezielle Form von Testvektoren wird im *uniqueness-Test* verwendet. In diesem Test wird geprüft, ob sich eine oder mehrere der Hauptkomponenten auf ein besonderes Verhalten eines oder mehrerer Objekte der Datenmatrix zurückführen lassen. Der uniqueness-Testvektor enthält für das jeweils zu testende Objekt der Datenmatrix den Wert 1 und für alle anderen Objekte den Wert 0; für das i-te Objekt lautet er demnach:

$$\bar{\bar{u}}_i^T = \underset{1,\ 2,\ \ldots,\ i,\ i+1,\ \ldots,\ n.}{\{\ 0,\ 0,\ \ldots,\ 1,\ 0,\ \ldots,\ 0\ \}} \tag{9.18}$$

Die Rotation erfolgt wieder gemäß (9.13) und liefert die *uniqueness* für das i-te Objekt und einen zugehörigen Wert für jedes andere Objekt. Außerdem läßt sich auch die uniqueness in den einzelnen Komponenten berechnen, wobei gilt [543, 544]:

$$\bar{u}_{ik} = \frac{u_{ik}}{\lambda_k} u_k. \tag{9.19}$$

Die uniqueness liegt zwischen 0 und 1; Werte über 0,3 zeigen an, daß das i-te Objekt einen besonderen Einfluß auf die Variablen ausübt. Aus (9.19) läßt sich dabei die zusätzliche Information erhalten, durch welche Komponenten die hohe uniqueness zustande kommt.

Für hohe uniqueness-Werte gibt es unterschiedliche Interpretationsmöglichkeiten. Ein hoher Wert für ein einziges Objekt kann beispielsweise einfach Ausdruck eines Meßfehlers sein. Liefert der uniqueness-Test für mehrere Objekte hohe Werte, ist eine diese Objekte betreffende gemeinsame Gesetzmäßigkeit zu vermuten. Hieraus lassen sich unter Umständen inhaltliche Schlüsse ziehen, die wiederum für die Konstruktion geeigneter Testvektoren genutzt werden können.

Auch für die Spalten der Datenmatrix, also die Testsysteme, ist ein uniqueness-Test nach Wiederholung der Hauptkomponentenanalyse mit der transponierten Datenmatrix möglich. Die gleiche Information läßt sich aber viel einfacher durch Korrelation der Hauptkomponenten mit den Vektoren $\mathbf{z}_j$ (Spalten der Datenmatrix $\mathbf{Z}$) erhalten. Die resultierenden Korrelationskoeffizienten entsprechen formal den Faktorladungen der unrotierten Faktoren bei der Faktoranalyse; sie sind demzufolge ein Maß für das „Enthaltensein" der $\mathbf{z}_j$ in den einzelnen Hauptkomponenten. Wenn eines oder mehrere der betrachteten Systeme ein besonderes Verhalten im Sinne einer uniqueness zeigen und dadurch das Zustandekommen einer der relevanten Hauptkomponenten bedingen, wird dies aus den hohen Werten der entsprechenden Korrelationskoeffizienten erkennbar.

Sind alle Objektkomponenten mit Testvektoren identifiziert, kann die Objektkomponentenmatrix **U** durch eine aus den Testvektoren $\bar{\bar{\mathbf{u}}}_k$ als Spaltenvektoren aufgebaute Testvektorenmatrix

$$\bar{\bar{\mathbf{U}}} = (\bar{\bar{\mathbf{u}}}_1, \ldots, \bar{\bar{\mathbf{u}}}_k, \ldots, \bar{\bar{\mathbf{u}}}_s) \qquad (9.20)$$

ersetzt werden, und diese Testvektorenmatrix kann nun ebenfalls zur Reproduktion der Datenmatrix gemäß

$$\hat{\hat{\mathbf{Z}}} = \bar{\bar{\mathbf{U}}}\,\bar{\mathbf{V}} - \mathrm{E} \qquad (9.21)$$

dienen. $\bar{\mathbf{V}}$ ist die rotierte Systemkomponentenmatrix, die sich durch Prämultiplikation der Systemkomponentenmatrix **V** mit der Inversen der Rotationsmatrix **T** ergibt:

$$\bar{\mathbf{V}} = \mathbf{T}^{-1}\,\mathbf{V}. \qquad (9.22)$$

E ist die Matrix der Abweichungen mit den Elementen ϵ_{ij}. Für eine einzelne Variable gilt

$$\hat{\hat{z}}_{ij} = \sum_{k=1}^{s} \bar{\bar{u}}_{ik}\,\bar{v}_{kj} - \epsilon_{ij} \qquad (9.23)$$

und für einen Variablenvektor

$$\hat{\hat{\mathbf{z}}}_j = \sum_{k=1}^{s} \bar{\bar{\mathbf{u}}}_k\,\bar{v}_{kj} - \epsilon_j. \qquad (9.24)$$

Die ϵ_{ij} sind wegen der nicht vollkommenen, sondern nur im Sinne eines Regressionsmodells geltenden Identität der Testvektoren mit den Objektkomponenten größer als die e_{ij} in Gleichung (9.3); das Doppeldach in (9.21),

(9.23) und (9.24) soll anzeigen, daß sich die mittels dieser Gleichungen reproduzierten Daten von den mittels (9.3) bzw. (9.4) reproduzierten Daten unterscheiden; sie weichen stärker von den Originaldaten ab. Nur in dem praktisch nie auftretenden Idealfall der völligen Identität der Testvektoren mit den Objektkomponenten wird $\epsilon_{ij} = e_{ij}$, $\hat{\hat{\mathbf{Z}}} = \hat{\mathbf{Z}}$ und $\hat{\hat{z}}_{ij} = \hat{z}_{ij}$. Ein geeignetes Maß für die Güte der Reproduktion der Datenmatrix gemäß (9.21) ist der Korrelationskoeffizient

$$r = \sqrt{1 - \frac{\sum_{i=1}^{n} \sum_{j=1}^{m} \epsilon_{ij}^2}{\sum_{i=1}^{n} \sum_{j=1}^{m} z_{ij}^2}} \, . \tag{9.25}$$

Die Beziehung (9.21) ist das gewünschte Ergebnis der Hauptkomponentenanalyse; sie stellt ein multivariates System von „Regressions"-Gleichungen der Form (9.24) dar, in denen die Variablenvektoren als Zielgröße, die Testvektoren als Einflußgrößen und die Elemente der rotierten Systemkomponenten als Regressionskoeffizienten auftreten, d. h. also, ein multivariates System quantitativer Struktur-Wirkungs-Beziehungen.[13]

Die wichtigsten Schritte der Hauptkomponentenanalyse seien im folgenden nochmals zusammengefaßt:

1. Berechnung der Korrelationsmatrix **R** aus der standardisierten Datenmatrix **Z**;
2. Ermittlung der Hauptkomponenten mittels Hauptkomponentenmethode;
3. Festlegung der Zahl s der relevanten Hauptkomponenten;
4. Identifizierung der Objektkomponenten mit Testvektoren und uniqueness-Test;
5. Reproduktion der Datenmatrix mittels der Testvektorenmatrix und der rotierten Systemkomponentenmatrix.

Außer in den bereits zitierten Arbeiten von WEINER und MALINOWSKI ist die Hauptkomponentenanalyse (teilweise in modifizierter Form) auf viele Probleme der analytischen und physikalischen Chemie von den verschiedensten Arbeitsgruppen erfolgreich angewendet worden; Übersichten hierzu fin-

13 Im streng statistischen Sinne sind diese Beziehungen keine Regressionsgleichung, weil der Regressionsschritt für die Testvektoren und nicht für die Datenmatrix selbst durchgeführt wurde. Wenn jedoch eine gute Übereinstimmung zwischen den Matrizen $\bar{\mathbf{U}}$ und $\bar{\bar{\mathbf{U}}}$ besteht, ergibt sich eine hinreichende Ähnlichkeit zwischen diesen Beziehungen und den entsprechenden Regressionsgleichungen sowohl hinsichtlich der Regressionskoeffizienten als auch hinsichtlich der Anpassungsgüte.

den sich beispielsweise in [524] und [546]. Die Hauptkomponentenanalyse kann auch für Klassifizierungsprobleme (siehe Abschnitt 9.2.1.) eingesetzt werden. Die Anwendung der Hauptkomponentenanalyse setzt Daten genügend hoher Präzision und sachlich begründete Zusammenhänge zwischen den einzelnen Systemen voraus. Liegen derartige Zusammenhänge nicht vor, ist die Hauptkomponentenanalyse nicht anwendbar. Dies trifft beispielsweise auf die bereits zitierte Arbeit von WEINER und MALINOWSKI [538] zu, in der mittels Hauptkomponentenanalyse multivariate quantitative Struktur-Wirkungs-Beziehungen für eine Serie von Diphenylaminopropanolen ermittelt werden sollten. Die Testung dieser Verbindungen (Objekte) erfolgte in 11 relativ unterschiedlichen biologischen Tests (Systemen) an der Maus. Es resultierten acht relevante Hauptkomponenten, und diese im Vergleich zur Zahl der Tests sehr hohe Anzahl weist darauf hin, daß die Zusammenhänge (die Korrelationen) zwischen den einzelnen Tests recht gering sind. Offensichtlich darf in diesem Falle nicht die gesamte Datenvarianz als allen Variablen gemeinsam betrachtet werden. Daraus folgt, daß die Hauptkomponenten nur teilweise identifiziert werden konnten. Die Faktoranalyse wäre in diesem Falle ein geeigneteres Mittel gewesen, um zuerst über die Kommunalitäten den Anteil an gemeinsamer Varianz zu bestimmen.

In Tabelle 17 sind einige Anwendungsmöglichkeiten der Hauptkomponentenanalyse zusammengestellt.

9.1.2. Beispiele

9.1.2.1. Hauptkomponentenanalyse aromatischer π-Werte

Wie in den Abschnitten 4.1. und 7.2. bereits erläutert wurde, sind die Werte für die hydrophobe Substituentenkonstante π abhängig von der elektronischen Umgebung, in der sich die Substituenten befinden und somit für verschiedene Standardserien aromatischer Verbindungen unterschiedlich. Diese Unterschiede müssen bei der Auswahl von π-Werten für die quantitative Struktur-Wirkungs-Analyse unbedingt berücksichtigt werden. Sie spiegeln sich in elektronischen Korrekturfaktoren wie in den Gleichungen (7.11) ... (7.13) wider, wobei die bisher ermittelten Beziehungen dieser Art folgende Nachteile haben:

1. Die univariate Betrachtungsweise, d. h. der Vergleich von jeweils nur zwei Serien von π-Werten gestattet noch keine komplexe Systematisierung der Daten;
2. die den einzelnen Beziehungen zugrunde liegende Substituentenauswahl und auch die Anteile von meta-, para- und ortho-Substituenten sind

Tabelle 17
Einige Anwendungsmöglichkeiten der Hauptkomponentenanalyse

z_{ij}	Objekte ($i = 1, \ldots, n$)	Systeme ($j = 1, \ldots, m$)	Ergebnis
log A	Verbindungen	biologische Tests	multivariate quantitative Struktur-Wirkungs-Beziehungen
log A	Verbindungen	Testkonzentrationen	quantitative Struktur-Wirkungs-Konzentrations-Beziehungen
log A	Verbindungen	Testzeiten	quantitative Struktur-Wirkungs-Zeit-Beziehungen
log A	Testkonzentrationen	Testzeiten	quantitative Konzentrations-Zeit-Beziehungen
π, log P	Substituenten	Serien	multivariate Struktur-Hydrophobizitäts-Beziehungen
π, log P	Substituenten	Verteilungssysteme	

unterschiedlich, und es ist keine sichere Aussage darüber möglich, inwieweit derartige Zusammenhänge von diesen Unterschieden bebeinflußt werden.

Diese Nachteile können nur durch die multivariate Analyse von π-Werten für einen einheitlichen Satz von Substituenten, gemessen in mehreren aromatischen Standarserien, überwunden werden. Hierzu ist die Hauptkomponentenanalyse aus den folgenden Gründen hervorragend geeignet:

1. π-Werte sind Variable mit hoher und bekannter Präzision; ihr mittlerer Fehler beträgt etwa 0,05 π-Einheiten;
2. zwischen den π-Werten aus verschiedenen Standardserien ist begründet ein inhaltlicher Zusammenhang zu erwarten;
3. die Veränderung der π-Werte von Standardserie zu Standarserie läßt sich durch gegenseitige Perturbationen der Substituenten und der jeweiligen funktionellen Gruppe deuten. Derartige Perturbationen lassen sich meist als Summe von Produkten darstellen, und dies entspricht genau dem Modell der Hauptkomponentenanalyse.

Ziel einer derartigen Untersuchung war es, einen tieferen Einblick in die physikalische Natur der hydrophoben Substituentenkonstanten π zu erhalten und daraus entsprechende Schlußfolgerungen für die quantitative Struktur-Wirkungs-Analyse zu ziehen [133, 547]. Um unnötige Komplikationen durch sterische Nachbarschaftseffekte zu vermeiden, wurden nur π-Werte für Substituenten in meta- und para-Position disubstituierter Aromaten (Formelbild IX; X ist der Substituent und Y die funktionelle Gruppe) betrachtet. Dabei wurden meta- und para-Substituenten getrennt behandelt. Die Hauptkomponentenanalyse wurde mit π-Werten (Variable) für die folgenden 14 Substituenten (Objekte) F, Cl, Br, J, CH_3, CF_3, OCH_3, OH, NO_2, COOH, CN, $COCH_3$, CH_2OH, H aus den acht Standardserien (Systeme) Phenoxyessigsäuren (POA), Phenylessigsäuren (PA), Benzoesäuren (BA), Aniline (A), Nitrobenzole (NB), Piperidinoazetanilide (PAA), Phenole (P) und Benzole (B) durchgeführt. Die Daten wurden der Literatur entnommen.

In Tabelle 18 sind die Eigenwerte und Gütekriterien für die ermittelten Hauptkomponenten zusammengestellt (zur Bedeutung der Symbole siehe Abschnitt 9.1.1.). Wie die Eigenwerte zeigen, schöpft die erste Hauptkomponente bei beiden Einzelproblemen den größten Teil (etwa 95 %) der Datenvarianz aus (zur Erinnerung sei nochmals darauf hingewiesen, daß die Eigenwerte den relativen Varianzanteilen der Hauptkomponenten entsprechen). Die mittlere Abweichung $\bar{\delta}$ liegt bei den meta-Werten bei zwei und bei den para-Werten bei drei Hauptkomponenten im Bereich des Meßfehlers von etwa 0,05 π-Einheiten. Daraus folgt, daß für die meta-Werte zwei

Tabelle 18
Eigenwerte und Gütekriterien für die aus den π-Werten ermittelten Hauptkomponenten

k [1]	λ_k		$\bar{\delta}$ [4]		ψ [4]		r_h [4]		IND [4]	
	meta [2]	para [3]	meta [2]	para [3]	meta [2]	para [3]	meta [2]	para [3]	meta [2]	para [3]
1	7,630	7,482	0,089	0,123	0,208	0,245	0,978	0,970	0,0031	0,0038
2	0,265	0,304	0,053	0,081	0,147	0,169	0,989	0,986	0,0024	0,0036
3	0,047	0,117	0,041	0,056	0,094	0,126	0,996	0,992	0,0028	0,0037
4	0,030	0,054	0,029	0,040		0,083		0,997	0,0034	0,0044
5	0,014	0,024							0,0048	0,0060
6	0,008	0,011							0,0083	0,0113
7	0,004	0,007							0,0240	0,0310
8	0,001	0,002								

1) Nummer der Hauptkomponente
2) Werte für das Problem der meta-Substituenten
3) Werte für das Problem der para-Substituenten
4) Wert nach der Hinzunahme der k-ten Hauptkomponente

und für die para-Werte drei Hauptkomponenten zur Reproduktion der Daten innerhalb des Meßfehlers benötigt werden. Dieser Schluß ergibt sich auch aus den Korrelationskoeffizienten, den ψ-Werten sowie der Indikatorfunktion IND. Die Indikatorfunktion durchläuft in beiden Fällen ein deutliches Minimum; damit wird die Berechtigung der Modellannahme (Darstellung der Variablen π als Summe von Produkten) sowie die Uniformität und Zufälligkeit des Meßfehlers nachgewiesen. Die Tatsache, daß für die Reproduktion der π-Werte für para-Substituenten eine zusätzliche Hauptkomponente nötig ist, führt zu dem Schluß, daß zwischen den π-Werten für para- und meta-Substituenten ein gesetzmäßiger Unterschied besteht, wobei erstere einen komplexeren Charakter haben.

Tabelle 19 enthält die den unrotierten Faktorladungen entsprechenden Korrelationskoeffizienten r_{jk} zwischen den π-Werten der einzelnen Standardserien (Systeme; Spaltenvektoren $\mathbf{z}_j$ der Datenmatrix $\mathbf{Z}$) mit den relevanten Hauptkomponenten.

Tabelle 19
Korrelationskoeffizienten r_{jk} für den Zusammenhang zwischen den Vektoren der π-Werte für die einzelnen Standardserien und den Hauptkomponenten

Standardserie[1]	para-Hauptkomponenten			meta-Hauptkomponenten		
	1	2	3	1	2	3
POA	0,982	-0,051	-0,169	0,997	-0,026	0,020
PA	0,959	0,015	0,277	0,994	-0,030	0,026
BA	0,991	0,067	0,010	0,998	0,056	0,012
A	0,974	-0,156	-0,029	0,978	-0,160	0,029
NB	0,902	0,419	-0,006	0,908	0,407	-0,095
PAA	0,985	-0,134	-0,046	0,991	-0,107	-0,030
P	0,962	-0,254	0,048	0,965	-0,215	-0,118
B	0,973	0,121	-0,079	0,977	0,104	0,147

1) POA Phenoxyessigsäuren; PA Phenylessigsäuren; BA Benzoesäuren; A Aniline; NB Nitrobenzole; PAA Piperidinoazetanilide; P Phenole; B Benzole

Zunächst fallen die hohen Korrelationen der ersten Hauptkomponente mit allen Serien von π-Werten auf. Offenbar repräsentiert die sehr varianzstarke erste Hauptkomponente die „durchschnittliche" aromatische Hydrophobizität der Substituenten, und die Korrelationskoeffizienten stellen den Anteil dar, den diese „durchschnittliche" Hydrophobizität an den π-Werten der einzelnen Serien hat. Für Nitrobenzole ist dieser Anteil in beiden Substitutionspositionen deutlich geringer, was auf die stark elektronenziehenden Eigenschaften und die starken Wechselwirkungen dieser Gruppe mit anderen Substituenten zurückzuführen ist. Gerade diese Serie korreliert aber im Vergleich mit den anderen Serien sowohl für meta- als auch für para-Substituenten relativ hoch mit der zweiten Hauptkomponente. Ausgeprägt negative Korrelationskoeffizienten in der zweiten Komponente haben Aniline, Phenole und Piperidinoazetanilide, in deren funktionellen Gruppen freie Elektronenpaare auftreten und die zur Ausbildung gleichartiger Grenzstrukturen im Sinne eines negativen Kopplungseffektes (siehe Abbildung 6) befähigt sind. Es liegt daher nahe, eine enge Beziehung der zweiten Hauptkomponente zu elektronischen Eigenschaften zu vermuten.

Während die Korrelationen mit den ersten beiden Hauptkomponenten für die Gruppen der meta- und para-Substituenten sehr gut übereinstimmen, zeigen sich in der dritten (für die meta-Substituenten allerdings nicht mehr relevanten) Hauptkomponente deutliche Unterschiede. In dieser Komponente befindet sich demzufolge ein Teil der für die para-Substituenten spezifischen Wechselwirkungen mit der funktionellen Gruppe.

Der uniqueness-Test für die Substituenten (Objekte) wurde für jede Hauptkomponente separat durchgeführt, wobei sich für die ersten beiden Komponenten übereinstimmende Resultate für die Gruppen der meta- und para-Substituenten ergaben: die Substituenten NO_2, CN und $COCH_3$ zeigen uniqueness in der zweiten Hauptkomponente (uniqueness-Werte um 0,3, also nicht sehr ausgeprägt). Alle diese Substituenten sind stark elektronenziehend, so daß dieses Ergebnis ebenfalls auf einen elektronischen Charakter der zweiten Hauptkomponente hinweist.

Aus der Varianzstärke der Hauptkomponenten, den Korrelationen in Tabelle 19 und dem Ergebnis des uniqueness-Testes für die zweite Komponente ergeben sich hinsichtlich der Testvektoren zur Identifizierung der Hauptkomponenten folgende Schlußfolgerungen:

1. Hauptkomponente 1 sollte sich mit Größen identifizieren lassen, die die „normale" oder „durchschnittliche" Hydrophobizität aromatischer Substituenten beschreiben; solche Größen sind die π-Werte aus der Benzolserie (π_B) und die hydrophobe Fragmentkonstante f nach REKKER (siehe Abschnitt 4.1.).

2. Hauptkomponente 2 ist mit elektronischen Substituentenkonstanten identifizierbar.
3. Für die Hauptkomponente 3 (para) lassen sich keine Hinweise erhalten.

Tabelle 20, in der die Korrelationskoeffizienten [siehe Gleichungen (9.16) und (9.17)] der relevanten Hauptkomponenten mit physikochemischen Parametern enthalten sind, bestätigt völlig die Schlußfolgerungen hinsichtlich der ersten beiden Hauptkomponenten. Geeignete Testvektoren für den Rotationsschritt sind also die Hydrophobizitätsparameter π_B oder f (erste Hauptkomponente) sowie die HAMMETT-Konstante σ (zweite Hauptkomponente). Erwartungsgemäß reichen weder F noch R allein zur Beschreibung der elektronischen Effekte aus, jedoch läßt sich ein Testvektor als Linearkombination beider Größen konstruieren, der wie die HAMMETT-Konstante sehr gut zur zweiten Hauptkomponente korreliert.

Tabelle 20
Korrelationskoeffizienten der relevanten Hauptkomponenten mit den Substituentenkonstanten π_B (hydrophobe Substituentenkonstante nach HANSCH; Benzolserie), f (hydrophobe Fragmentkonstante nach REKKER), σ (HAMMETT-Konstante) sowie F und R (SWAIN-LUPTON-Konstanten); zur Berechnung der Korrelationskoeffizienten siehe Gleichungen (9.16) und (9.17)

	Substituentenkonstanten					
Hauptkomponenten	π_B	f	σ_m	σ_p	F	R
meta: 1	0,977	0,991	0,226		0,273	
2	0,104	0,042	-0,820		-0,652	
1 und 2 (multipel)	0,983	0,992	0,851		0,707	
para: 1	0,974	0,985		0,131	0,304	0,043
2	0,121	0,068		-0,915	-0,651	-0,737
3	-0,110	-0,084		0,104	0,265	-0,045
1 bis 3 (multipel)	0,988	0,991		0,930	0,766	0,740

Eine gute Identifikation der dritten Hauptkomponente des para-Problems gelang mit Hilfe der in Tabelle 20 angeführten Parameter auch dann nicht, wenn quadratische Terme und/oder Produktterme verschiedener Parameter berücksichtigt wurden. Ein wesentlicher Grund hierfür dürfte in der Varianzschwäche dieser Hauptkomponente liegen. In Tabelle 21 sind die Korrelationen zwischen einigen Testvektoren und der dritten Hauptkomponente zusammengestellt.

Tabelle 21
Korrelationskoeffizienten der dritten Hauptkomponente des para-Problems mit einigen Testvektoren (siehe auch Kopf zu Tabelle 20)

Testvektor

σ_p^2	$f \cdot \sigma_p$	F^2	R^2	$F \cdot R$	$\pi_B \cdot R$	σ_p, σ_p^2 1)	F^2, R^2 1)
0,232	-0,162	0,124	0,435	-0,112	0,576	0,434	0,440

1) multipel

Die Korrelation mit dem Produkt $\pi_B \cdot R$ ist zwar niedrig, aber statistisch signifikant. Inhaltlich ist demzufolge das Auftreten derartiger gemischter Terme [siehe auch Gleichung (7.9)] durchaus zu erwarten. Trotzdem läßt sich durch Hinzufügen dieses Terms zu den Größen f bzw. π_B (erste Hauptkomponente) und σ (zweite Hauptkomponente) auf Grund der Varianzschwäche der dritten Hauptkomponente sowie des nur losen Zusammenhanges zwischen dieser und dem $\pi_B \cdot R$-Term keine wesentliche Verbesserung bei der Reproduktion der π-Werte für die para-Substituenten erwarten. Aus diesem Grunde können auch die π-Werte für para-Substituenten durch eine Gleichung mit zwei Termen (siehe Tabellen 22 und 23) für praktische Zwecke hinreichend gut beschrieben werden. Dies darf aber nicht so interpretiert werden, daß die dritte Hauptkomponente für para-Substituenten keine Bedeutung hätte. Es können durchaus Fälle auftreten, wo derartig gemischte Terme auch aus statistischer Sicht notwendig werden. Dies trifft beispielsweise dann zu, wenn meta- und para-Substituenten nicht getrennt, sondern gemeinsam betrachtet werden. Weitere Beispiele hierfür sind die Gleichungen (7.13) und (7.16).

In Tabelle 22 sind die Koeffizienten der Gleichungen (j indiziert die Standardserie)

$$\pi_j = a_j\pi_B + b_j\sigma + c_j \tag{9.26}$$

für die Reproduktion der π-Werte gemäß Gleichung (9.24) aus den Testvektoren π_B und σ angegeben, und Tabelle 23 enthält die entsprechenden Zusammenhänge für die Reproduktion mit den Testvektoren f und σ gemäß

$$\pi_j = a_j' f + b_j' \sigma + c_j'. \tag{9.27}$$

Aus Tabelle 22 folgt zunächst, daß sich die π-Werte im Raum der betrachteten Standardserien und Substituenten sehr gut durch eine Linearkombination von π_B und σ beschreiben lassen. Die π_B-Werte charakterisieren die Hydrophobizität von Substituenten in einer „normalen" (durch andere Einflüsse ungestörten) aromatischen Umgebung, die als *„normale intrinsische aromatische Hydrophobizität"* der Substituenten bezeichnet werden kann. Mit

$$a_j = 1 + k_j \tag{9.28}$$

läßt sich Gleichung (9.26) in der folgenden Form schreiben:

$$\begin{aligned} \pi_j &= (1+k_j)\,\pi_B + b_j\sigma + c_j \\ &= \pi_B + k_j\pi_B + b_j\sigma + c_j. \end{aligned} \tag{9.29}$$

Die Konstante k_j hat bei den meisten Serien nur einen kleinen Wert, d. h. a_j liegt meist in der Nähe von Eins; nur die Nitrobenzole und Aniline zeigen eine deutliche Abweichung. Ein Vergleich von k_j mit den σ-Werten der entsprechenden funktionellen Gruppen (σ_Y, siehe Tabelle 24) läßt einen Zusammenhang zwischen diesen Größen erkennen. In Standardserien mit stark elektronenschiebenden funktionellen Gruppen hat k_j ein positives Vorzeichen, und in Serien mit stark elektronenziehenden funktionellen Gruppen wird k_j negativ; der Absolutwert $|k_j|$ geht dabei dem Absolutwert $|\sigma_Y|$ annähernd parallel. Die Konstante k_j und damit auch der Koeffizient a_j hängen also von den elektronischen Eigenschaften der funktionellen Gruppe Y ab, wobei a_j um so stärker von Eins abweicht, je ausgeprägter diese Eigenschaften sind. Dieser Zusammenhang läßt sich statistisch sichern. Inhaltlich kann der Term $k_j\pi_B$ in (9.29) als die Hydrophobizitätsänderung interpretiert werden, die eintritt, wenn die Substituenten aus der normalen aroma-

Tabelle 22

Koeffizienten a, b, c und Korrelationskoeffizienten r für die Gleichung $\pi_j = a_j\pi_B + b_j\sigma + c_j$ (9.26) zur Berechnung (Reproduktion) der π-Werte aus den Testvektoren π_B und σ (dritte Hauptkomponente für para-Substituenten vernachlässigt)

Standard-serie[1)]	para-π-Werte				meta-π-Werte			
	a_j	b_j	c_j	r	a_j	b_j	c_j	r
POA	1,05	0,37	0,10	0,981	0,92	0,42	0,03	0,987
PA	0,95	0,20	0,12	0,926	0,94	0,45	0,00	0,975
BA	0,92	0,10	0,12	0,986	0,99	0,17	0,11	0,988
A	1,46	0,84	0,14	0,967	1,23	1,20	0,06	0,970
NB	0,78	-0,49	0,21	0,945	0,87	-0,91	0,39	0,924
PAA	1,00	0,53	0,17	0,975	1,04	0,79	0,05	0,984
P	1,07	0,85	0,08	0,987	0,98	1,18	0,02	0,983
B	1,00	0,00	0,00	1,000	1,00	0,00	0,00	1,000

1) POA Phenoxyessigsäuren; PA Phenylessigsäuren; BA Benzoesäuren; A Aniline; NB Nitrobenzole; PAA Piperidinoazetanilide; P Phenole; B Benzole

Tabelle 23

Koeffizienten a'_j, b'_j, c'_j und Korrelationskoeffizienten r für die Gleichung $\pi_j = a'_j f + b'_j \sigma + c'_j$ (9.27) zur Berechnung (Reproduktion) der π-Werte aus den Testvektoren f und σ (dritte Hauptkomponente für para-Werte vernachlässigt)

Standard-serie[1]	para-π-Werte				meta-π-Werte			
	a'_j	b'_j	c'_j	r	a'_j	b'_j	c'_j	r
POA	0,97	0,25	-0,15	0,972	0,86	0,23	-0,15	0,989
PA	0,88	0,10	-0,11	0,935	0,88	0,25	-0,18	0,986
BA	0,85	0,00	-0,09	0,982	0,92	-0,05	-0,08	0,993
A	1,35	0,68	-0,20	0,969	1,14	0,93	-0,30	0,970
NB	0,72	-0,58	0,03	0,961	0,80	-1,09	0,09	0,931
PAA	0,93	0,42	-0,07	0,978	0,97	0,57	-0,15	0,982
P	0,99	0,74	-0,18	0,985	0,91	0,97	-0,17	0,993
B	0,92	-0,11	-0,23	0,984	0,93	-0,22	-0,19	0,984

1) POA Phenoxyessigsäuren; PA Phenylessigsäuren; BA Benzoesäuren; A Aniline; NB Nitrobenzole; PAA Piperidinoazetanilide; P Phenole; B Benzole

Tabelle 24
Vergleich der k_j-Werte aus Gleichung (9.28) mit den HAMMETT-Konstanten der funktionellen Gruppen (σ_Y) für die einzelnen Standardserien

Standardserie	Funktionelle Gruppe Y	para		meta	
		k_j	σ_Y	k_j	σ_Y
POA	$-OCH_2COOH$	0,05	-0,33	-0,08	–
PA	$-CH_2COOH$	-0,05	0,18	-0,06	(0,15)
BA	$-COOH$	-0,09	0,45	-0,01	0,37
A	$-NH_2$	0,46	-0,66	0,23	-0,16
NB	$-NO_2$	-0,22	0,78	-0,13	0,71
PAA	$-NHCOCH_2NC_5H_{11}$	0,00	0,10	0,04	0,11
P	$-OH$	0,07	-0,37	-0,03	0,12
B	$-H$	0,00	0,00	0,00	0,00

tischen Umgebung in monosubstituierten Benzolen in die durch die funktionelle Gruppe Y „gestörte" aromatische Umgebung in der betreffenden Standardserie gebracht wird (Wechselwirkungen zwischen dem Substituenten X und der funktionellen Gruppe Y sind dabei nicht eingeschlossen).

Der σ-Term unterscheidet sich in den einzelnen Serien erheblich, wie aus den Werten für den Koeffizienten b_j zu ersehen ist (für die als Referenzserie benutzten Benzole ist natürlich $b_j = 0$). Dabei besteht ein statistisch gesicherter linearer Zusammenhang zwischen dem Koeffizienten b_j und der HAMMETT-Konstanten σ_Y für die funktionelle Gruppe, wobei b_j mit zunehmenden Werten von σ_Y abnimmt. Der elektronische Korrekturterm hat demzufolge den Charakter eines Produkts zwischen σ_Y und den σ-Werten der Substituenten; sehr wahrscheinlich spiegelt er die wechselseitige Beeinflussung von Substituent und funktioneller Gruppe über das π-Elektronensystem des aromatischen Ringes wider. Überraschend und zunächst nicht ohne weiteres erklärbar ist die Tatsache, daß der Koeffizient b_j bei den meta-π-Werten höher als bei den para-π-Werten liegt; entsprechend verschieden sind auch die Beziehungen zwischen b_j und σ_Y in diesen beiden Gruppen. Hier spiegelt sich einmal mehr der Unterschied in den π-Werten für die meta- und para-Position wider.

Die Werte für die Ordinatenabschnitte c_j sind Null bzw. nicht signifikant von Null verschieden. Dies ist natürlich zu erwarten, da c_j dem π-Wert für den Substituenten H entspricht [$\pi(H) = \sigma(H) = 0$] und dieser definitionsgemäß gleich Null ist.

Tabelle 23 führt zunächst zu den gleichen Schlußfolgerungen, wie Tabelle 22. Trotzdem besteht ein interessanter Unterschied, der sich in der Beziehung für die π_B-Werte mit $a_j' < 1$ und $b_j' \neq 0$ ausdrückt. Die aromatischen f-Werte entsprechen demnach nicht der Hydrophobizität von Substituenten in einer normalen, ungestörten aromatischen Umgebung, sondern sie enthalten noch eine elektronische Komponente, die sich in dem elektronischen Korrekturterm in der Beziehung mit π_B widerspiegelt. Der Grund dafür ist die regressionsanalytische Ermittlung der f-Werte aus den log P-Werten einer Vielzahl di- und trisubstituierter Aromaten, die zwangsläufig dazu führen muß, daß sich in den f-Werten ein durchschnittlicher aromatischer Nachbarschaftseffekt anderer Substituenten niederschlägt. Im Unterschied zu den π_B-Werten charakterisieren also die f-Werte nicht die „normale", sondern die *„durchschnittliche intrinsische aromatische Hydrophobizität"* von Substituenten. Die besondere Natur der f-Werte hat zur Folge, daß die a_j'-Werte in Tabelle 23 niedriger liegen als die a_j-Werte in Tabelle 22. Außerdem sind natürlich die b_j'-Werte gegenüber den b_j-Werten etwa um den Betrag des b_j'-Wertes für die Benzolserie erniedrigt. Damit die gemäß (9.27) berechneten π-Werte für den Substituenten Wasserstoff korrekt den Wert Null annehmen, muß der Ordinatenabschnitt c_j' gleich $-a_j' f_H$ sein ($f_H = 0{,}18$). Für die meta-π-Werte wird diese Forderung mit einem Mittelwert von $\bar{c}_{j,meta}' = 0{,}17$ exakt erfüllt, während der Mittelwert der Ordinatenabschnitte bei den para-π-Werten ($\bar{c}_{j,para}' = 0{,}14$) vergleichsweise etwas zu niedrig liegt.

Die wichtigsten Schlußfolgerungen aus den vorliegenden Ergebnissen für die quantitative Struktur-Wirkungs-Analyse sind:

1. π-Werte für meta- und para-Substituenten zeigen einen deutlichen Unterschied hinsichtlich ihrer physikalischen Natur, der sich aber nur in einer geringen Differenz der Zahlenwerte niederschlägt. Diese Differenz kann meist (aber nicht immer) vernachlässigt werden. Aus diesem Grunde ist die positionsunabhängige Definition der aromatischen Fragmentkonstanten f grundsätzlich zu akzeptieren. In speziellen Fällen jedoch und insbesondere bei verfeinerten Untersuchungen muß der Unterschied zwischen meta- und para-π-Werten berücksichtigt werden; in solchen Fällen ist dann die Anwendung der hydrophoben Fragmentkonstante nicht zu empfehlen.

2. π-Werte von Substituenten in monosubstituierten Benzolen (π_B-Werte) spiegeln die „normale intrinsische aromatische Hydrophobizität" und die aromatischen Fragmentkonstanten die „durchschnittliche intrinsische aromatische Hydrophobizität" wider.
3. Gleichung (7.7) als grundlegende Beziehung zwischen aromatischen π-Werten aus verschiedenen Standardserien folgt unmittelbar aus den Gleichungssystemen (9.26) bzw. (9.27); die Gleichungen (7.9) und (7.10) sind als Sonderfälle anzusehen. Es gilt:

$$\alpha = \frac{1 + k_y}{1 + k_z} \tag{9.30}$$

und

$$\beta = \frac{1 + k_y}{1 + k_z} b_z + b_y . \tag{9.31}$$

Aus den in diesem Abschnitt erläuterten Zusammenhängen zwischen k_j bzw. b_j und der HAMMETT-Konstanten für die funktionelle Gruppe folgen damit sofort alle Regeln, die im Zusammenhang mit Gleichung (7.7) bereits angegeben wurden.[14]
4. Die mittels Hauptkomponentenanalyse ermittelten Ergebnisse, die daraus abgeleiteten Gesetzmäßigkeiten und die insgesamt resultierende Systematisierung der Daten hätten durch einfache univariate Analysen (isolierte paarweise Vergleiche von π-Werten aus verschiedenen Standardserien mittels multipler Regressionsanalyse) nicht erzielt werden können. Hier zeigt sich deutlich der Vorteil der Hauptkomponentenanalyse als multivariates Verfahren.

9.1.2.2. Multivariate Struktur-Wirkungs-Beziehungen bei bakteriziden Rifamycin-β-Amiden

Von SENSI u. a. [548] wurde die bakterizide Wirkung einer Serie von Rifamycin-Amiden (Objekte; Formelbild XXXVIII) an vier grampositiven Bakterien untersucht (Systeme: *M. aureus, S. faecalis, S. hemolyticus* und *B. subtilis).* Diese Daten sind als Modellbeispiel zur Anwendung der Hauptkomponentenanalyse für die Ermittlung multivariater quantitativer Struktur-Wirkungs-Beziehungen gut geeignet, da zwischen den Ergebnissen an den vier Bakterienarten ein inhaltlicher Zusammenhang und damit auch eine ausrei-

14 Streng genommen gelten diese Regeln nur für Substituenten am gleichen Substitutionsort.

chende Kovarianz der biologischen Variablen zu erwarten ist [549]. Ein weiterer Vorteil besteht darin, daß für diese Daten von QUINN u. a. [550] bereits HANSCH-Analysen durchgeführt wurden, so daß ein Vergleich mit direkt durch Regressionsanalyse ermittelten Resultaten möglich ist.

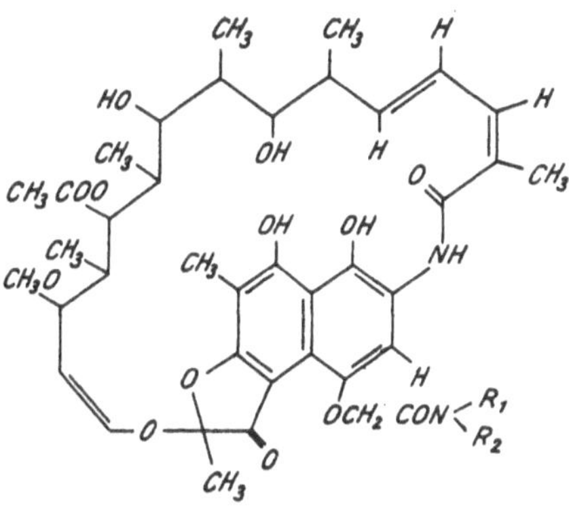

Formelbild XXXVIII

Die biologischen Hemmdaten für die vier Bakterien (log A) sowie die die hydrophoben, elektronischen und sterischen Substituenteneffekte beschreibenden Parameter log P, $\Sigma\sigma^*$ und ΣE_s wurden aus [550] entnommen. Eine Indikatorvariable X beschreibt das Vorliegen einer Disubstitution am Amidstickstoff:

$$X = \begin{cases} 1 \text{ für N,N-disubstituierte Verbindungen} \\ 0 \text{ für nicht- oder monosubstituierte Verbindungen} \end{cases} \quad (9.32)$$

Für die Hauptkomponentenanalyse [549] wurden diejenigen Verbindungen ausgewählt, die in allen in [550] für diese homologe Serie berechneten Regressionsgleichungen für alle vier Bakterienarten vorkamen (Verbindungen Nr. 1, 5, 8–11, 13–18, 20–22, 25, 26, 29, 30, 32–35, 39–46 in Tabelle I in [550]).

Tabelle 25 enthält die Eigenwerte und Gütekriterien der ermittelten Hauptkomponenten. Da für die vorliegenden biologischen Daten kein Meßfehler bekannt ist, wird die Zahl der relevanten Hauptkomponenten am besten mit Hilfe der Indikatorfunktion IND ermittelt. Diese Indikatorfunktion hat ein Minimum bei h = 1 (IND = 0,041 für h = 0), so daß die erste Hauptkomponente allein zur Reproduktion der Datenmatrix innerhalb des als uniform angenommenen Meßfehlers ausreichen sollte. Die Korrelationen der einzelnen Hauptkomponenten mit den Testsystemen (Tabelle 26) zeigen, daß diese Aussage für drei der vier Bakterienarten gilt. Die Hemmdaten an *S. hemolyticus* allerdings lassen sich unter Verwendung der ersten Hauptkomponente allein nur sehr ungenügend reproduzieren. Hier ist offen-

Tabelle 25
Eigenwerte und Gütekriterien für die aus den Logarithmen der antibakteriellen Aktivität (log A) ermittelten Hauptkomponenten

k[1]	λ_k	$\bar{\delta}$[2]	IND[2]	ψ[2]	r_h[2]
1	3,515	0,165	0,030	0,322	0,947
2	0,370	0,089	0,039	0,181	0,984
3	0,067	0,053	0,147	0,109	0,994
4	0,049	–	–	–	–

1) Nummer der Hauptkomponente
2) Wert nach Hinzufügen der k-ten Hauptkomponente

Tabelle 26
Korrelationskoeffizient r_{jk} für den Zusammenhang zwischen den Vektoren der log A-Werte für die vier Bakterienarten und den Hauptkomponenten

Bakterienart	Hauptkomponenten				
	1	2	1 und 2 (multipel)	3	1 bis 3 (multipel)
M. aureus	0,976	-0,010	0,976	0,206	0,998
S. faecalis	0,962	-0,194	0,982	-0,143	0,992
S. hemolyticus	0,854	0,516	0,998	-0,057	0,999
B. subtilis	0,952	-0,257	0,986	-0,016	0,986

sichtlich das Hinzufügen der zweiten Hauptkomponente notwendig, in der diese Bakterienart entsprechend dem Korrelationskoeffizienten eine deutliche uniqueness zeigt.

Der uniqueness-Test für die einzelnen Verbindungen ergab außer für das unsubstituierte Rifamycinamid in der ersten Hauptkomponente keinen auffälligen Wert. Die uniqueness des primären Amides überrascht nicht, da schon bei QUINN u. a. [550] die Bedeutung der Zahl der Amidsubstituenten hervorgehoben wird.

Bei der Identifikation der Hauptkomponenten ist zu beachten, daß global nur die erste Hauptkomponente als Grundlage für das Rotationsverfahren dienen darf; die zweite Hauptkomponente ist spezifisch (unique) für *S. hemolyticus.* Die Testvektoren wurden durch Korrelation der in [550] angegebenen Substituentenkonstanten zur ersten Hauptkomponente in Form der folgenden beiden Regressionsgleichungen ermittelt:

$$\bar{\bar{u}}_1 = 0{,}122 \log P^{(0)} - 0{,}510\ \Sigma\sigma^{*(0)} - \Sigma E_s^{(0)} \qquad (9.33)$$

$$n = 29 \qquad r = 0{,}967$$

$$\bar{\bar{u}}_1 = 0{,}337 \log P^{(0)} - 0{,}046\ (\log P)^{2(0)} + 0{,}567\ X^{(0)} \qquad (9.34)$$

$$n = 29 \qquad r = 0{,}954.$$

Diese Art der Ermittlung von Testvektoren ist immer dann angebracht, wenn weder anhand eines geeigneten Modells noch aus der Art der Daten bzw. aus Ergebnissen von uniqueness-Untersuchungen Testvektoren gezielt vorgegeben werden können. Der Exponent (0) in (9.33) und (9.34) bedeutet, daß die Parameter auf einen Mittelwert von Null normiert wurden; dadurch treten keine Absolutglieder auf. Unter Verwendung der beiden Testvektoren lassen sich über den Rotationsschritt die Gleichungen für die Rekombination der Daten gewinnen, die gemeinsam mit den entsprechenden Regressionsgleichungen aus [550] in den Tabellen 27 und 28 zusammengestellt sind.

Die aus der Hauptkomponentenanalyse erhaltenen Gleichungen stimmen gut mit den mittels multipler Regressionsanalyse erhaltenen Beziehungen überein. Die Gleichungen (9.35), (9.36) und (9.38) deuten auf den Einfluß hydrophober, elektronischer und sterischer Substituenteneffekte bei den entsprechenden Bakterienarten hin, während bei *S. hemolyticus* [Gleichung (9.37)] nur elektronische Effekte nachweisbar sind. In den Gleichungen (9.39) . . . (9.42) (Tabelle 28) wird der $\Sigma\sigma^*$-Term durch die hierzu hoch korrelierte Indikatorvariable X ersetzt; außerdem verschwindet der E_s-Term, und die lineare Beziehung zwischen log A und log P geht in einen parabelförmigen Zusammenhang über. Anhand der vorliegenden Daten und Ergebnisse ist es grundsätzlich nicht möglich, sich für einen der beiden Gleichungstypen zu entscheiden. Hier liegt wieder der Fall vor, daß innerhalb

Tabelle 27

Koeffizienten der Gleichung $\log A = a \log P + b\,\Sigma\sigma^* + c\,\Sigma E_s + d$ aus der Hauptkomponentenanalyse (HKA) mit dem Testvektor $\bar{\bar{u}}_1$ [Gleichung (9.33)] im Vergleich mit den entsprechenden Beziehungen aus der Regressionsanalyse (RA; aus [550]) (n Zahl der Verbindungen; r Korrelationskoeffizient)

Gleichung Nummer	Bakterienart	Analyse	a	b	c	d	r	n
(9.35) a	*M. aureus*	HKA	0,284	-1,111	-0,214	7,25	0,950	29
(9.35) b		RA	0,22	-1,20	-0,25	7,41	0,915	41
(9.36) a	*S. faecalis*	HKA	0,252	-1,052	-0,190	6,47	0,927	29
(9.36) b		RA	0,31	-0,78	-0,22	6,38	0,912	41
(9.37) a	*S. hemolyticus*	HKA	0,178	-0,744	-0,134	7,41	0,811	29
(9.37) b		RA	0,00	-0,93	0,00	7,83	0,858	36
(9.38) a	*B. subtilis*	HKA	0,214	-0,895	-0,161	5,84	0,929	29
(9.38) b		RA	0,27	-0,62	-0,15	5,74	0,924	39

Tabelle 28
Koeffizienten der Gleichung $\log A = a \log P + b (\log P)^2 + cX + d$ aus der Hauptkomponentenanalyse (HKA) mit dem Testvektor $\overline{\overline{u}}_2$ [Gleichung (9.34)] im Vergleich mit den entsprechenden Beziehungen aus der Regressionsanalyse (RA; aus [550]) (n Zahl der Verbindungen; r Korrelationskoeffizient)

Gleichung Nummer	Bakterienart	Analyse	a	b	c	d	r	n
(9.39) a	*M. aureus*	HKA	0,807	-0,110	1,357	5,762	0,933	29
(9.39) b		RA	0,51	-0,06	1,30	6,20	0,920	42
(9.40) a	*S. faecalis*	HKA	0,714	-0,097	1,202	5,144	0,919	29
(9.40) b		RA	0,74	-0,10	0,79	5,43	0,915	42
(9.41) a	*S. hemolyticus*	HKA	0,505	-0,069	0,849	6,472	0,814	29
(9.41) b		RA	0,48	-0,10	1,18	6,40	0,866	41
(9.42) a	*B. subtilis*	HKA	0,608	-0,083	1,022	4,713	0,903	29
(9.42) b		RA	0,41	-0,03	0,76	5,04	0,909	41

einer nicht fachgerecht zusammengesetzten Stichprobe Multikollinearitäten zur Mehrdeutigkeit führen.

Wie erwartet, sind die Gleichungen für *S. hemolyticus* in den Tabellen 27 und 28 wesentlich schlechter als für die anderen Bakterienarten. In diesem Falle muß, wie bereits erläutert, noch die zweite Hauptkomponente hinzugefügt werden. Unter Verwendung der Hauptkomponenten 1 und 2 resultieren dann die folgenden Beziehungen für die antibakterielle Wirkung gegen *S. hemolyticus:*

$$\log A = -0{,}991\ \Sigma\sigma^* + 7{,}809 \qquad (9.43)$$

$$n = 29 \qquad r = -0{,}881$$

$$\log A = -1{,}014\ \Sigma\sigma^* + 0{,}072 \log P + 7{,}692 \qquad (9.44)$$

$$n = 29 \qquad r = 0{,}895$$

$$\log A = -0{,}088\ (\log P)^2 + 0{,}426 \log P + 1{,}062\ X + 6{,}515 \qquad (9.45)$$

$$n = 29 \qquad r = 0{,}887.$$

Alle Gleichungen zeigen wesentliche Verbesserungen gegenüber den entsprechenden Beziehungen in den Tabellen 27 und 28. Hinzufügen eines E_s-Terms zu (9.44) ergibt keine Signifikanz. Für die Hemmwirkung an *S. hemolyticus* sind in erster Linie die elektronischen Effekte der Substituenten entscheidend; daneben besteht noch ein schwacher (linearer) hydrophober Einfluß. Ein Vergleich von Gleichung (9.43) mit Gleichung (9.37b) in Tabelle 27 läßt wieder gute Übereinstimmung erkennen.

Insgesamt zeigt sich an diesem Beispiel die Eignung der Hauptkomponentenanalyse zur Ermittlung multivariater quantitativer Struktur-Wirkungs-Beziehungen, wenn zwischen den einzelnen biologischen Tests bzw. Testsystemen ein inhaltlich begründeter Zusammenhang besteht, der sich in einer entsprechend hohen Kovarianz der Variablen ausdrückt. Die Resultate sind dann mit denen vergleichbar, die durch multiple Regressionsanalyse (für jeden Test separat) erhalten werden. Das Verfahren der Hauptkomponentenanalyse führt dabei schneller zum Ziel und hat außerdem den Vorteil, durch die Systematisierung der Daten zusätzliche Informationen (z. B. über ein besonderes Verhalten einzelner Objekte oder Systeme) zu liefern. Im vorliegenden Beispiel zeigt sich dies deutlich an der uniqueness der unsubstituierten Amidgruppe in der ersten Hauptkomponente sowie der Bakterienart *S. hemolyticus* in der zweiten Hauptkomponente.

9.1.2.3. Quantitative Struktur-Wirkungs-Zeit-Beziehungen für antiinflammatorische Salizylsäurederivate

Wie bereits erwähnt (siehe auch Tabelle 17), kann die Hauptkomponentenanalyse auch zur multivariaten Untersuchung einer zeitabhängigen biologischen Wirkung einer kongeneren Serie von Wirkstoffen dienen [551]. Die Objekte sind dabei wieder die Verbindungen, und die verschiedenen Meßzeiten treten an die Stelle der Systeme. Ein besonders interessanter Aspekt solcher Untersuchungen ist die Frage, ob es mit Hilfe der Hauptkomponentenanalyse prinzipiell möglich ist, zwischen pharmakodynamischen und pharmakokinetischen Effekten zu differenzieren. Es müßten sich dann aus der Datenmatrix zeitunabhängige und zeitabhängige Hauptkomponenten extrahieren lassen.

Für 14 Salizylsäurederivate (Formelbild XXXIX) wurde die antiinflammatorische Wirkung über die Hemmung des Carageenin-induzierten Pfotenödems bei weiblichen Wistarratten drei, vier und fünf Stunden nach oraler Applikation von 1 m Mol/kg gemessen (Daten aus [552]). Die Daten wurden

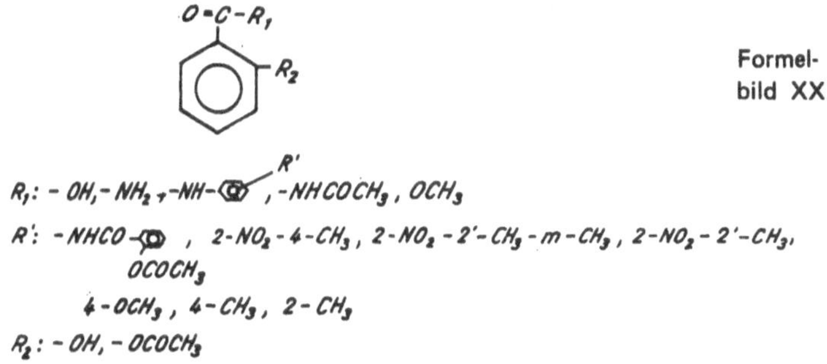

Formelbild XXXIX

einer Hauptkomponentenanalyse unterzogen [551]; Eigenwerte und Gütekriterien der resultierenden Hauptkomponenten sind in Tabelle 29 zusammengestellt. Die erste Hauptkomponente kann auf jeden Fall als gesichert angesehen werden, während die Relevanz der zweiten Hauptkomponente nicht eindeutig ist. Das ansteigende Verhalten der Indikatorfunktion läßt die zweite Hauptkomponente als fraglich erscheinen (die Aussagen aus der Indikatorfunktion sind aber nicht immer eindeutig), während Korrelationskoeffi-

Tabelle 29
Eigenwerte und Gütekriterien für die aus der zeitabhängigen antiinflammatorischen Wirkung von Salizylsäurederivaten ermittelten Hauptkomponenten

k[1]	λ_k	IND[2]	ψ_k[2]	r_h[2]
1	2,426	0,050	0,44	0,898
2	0,339	0,182	0,27	0,962
3	0,235			

1) Nummer der Hauptkomponente
2) Wert nach Hinzufügen der k-ten Hauptkomponente

zient und ψ-Wert auf die Notwendigkeit der zweiten Hauptkomponente zur Reproduktion der Datenmatrix hindeuten (vorausgesetzt, daß der Fehler der biologischen Daten, der nicht angegeben wurde, nicht zu hoch ist). Um die Eignung der Hauptkomponentenanalyse für die Ermittlung von Struktur-Wirkungs-Zeit-Beziehungen und vor allem zur Separierung pharmakodynamischer und pharmakokinetischer Effekte zu prüfen, wird auch die zweite Hauptkomponente als relevant angesehen.

In Tabelle 30 sind die Korrelationen der Hauptkomponenten mit den Logarithmen der zu verschiedenen Zeiten gemessenen Hemmwirkungen zusammengestellt. Aus den hohen Korrelationen der ersten Hauptkomponente

Tabelle 30
Korrelationskoeffizienten r_{jk} für den Zusammenhang zwischen den log A-Werten für die drei Meßzeiten und den Hauptkomponenten

log A nach	Hauptkomponenten			
	1	2	1 und 2 (multipel)	3
3 Stunden	0,914	0,189	0,933	0,360
4 Stunden	0,907	0,272	0,947	-0,322
5 Stunden	0,877	-0,479	0,999	-0,042

mit den log A-Werten für alle drei Meßzeiten folgt, daß diese Hauptkomponente offensichtlich einen zeitunabhängigen (also den pharmakodynamischen) Effekt enthält. Die zweite Hauptkomponente beinhaltet im wesentlichen die zeitabhängigen Anteile, wie insbesondere auch aus der hohen Korrelation mit dem Wert nach fünf Stunden folgt.

Zur Ermittlung von Struktur-Pharmakodynamik-Beziehungen wurde die erste Hauptkomponente mit einem kleinen Satz ausgewählter Molekülparameter korreliert (log P, berechnet aus f-Werten; σ_{R_1}, MR, verschiedene Indikatorvariable). Auf Grund der Kompliziertheit der Variationen in R_1, der komplexen intramolekularen Wechselwirkungen in den betrachteten Molekülen und der relativ geringen Zahl von nur 14 Verbindungen wurden dabei bei weitem nicht alle möglichen Ansätze berücksichtigt. Ziel war lediglich zu prüfen, ob sich grundsätzlich die Möglichkeit zur Auffindung quantitativer Beziehungen abzeichnet. Aus den wenigen geprüften Ansätzen resultierte als beste Regressionsgleichung für die erste Hauptkomponente:

$$u_1 = -0{,}26\ \Sigma MR + 0{,}03\ (\Sigma MR)^2 + 0{,}46\ X_1 + 0{,}25 \qquad (9.46)$$

$$n = 14 \qquad r = 0{,}744.$$

Die Indikatorvariable X_1 unterscheidet zwischen dem Vorkommen ($X_1 = 1$) und Nicht-Vorkommen ($X_1 = 0$) der Carboxylgruppe in R_1.

Gleichung (9.46) ist mit $p < 0{,}005$ statistisch signifikant, zeigt insgesamt aber nur eine mäßige Beschreibungsgüte; bei Betrachtung eines größeren Merkmalsraumes und Untersuchung aller möglichen Zusammenhänge ließe sich sicher eine bessere Beziehung finden. Auf jeden Fall weist (9.46) auf eine mögliche Bedeutung sterischer Faktoren für den pharmakodynamischen Effekt hin; außerdem scheint eine Carboxylgruppe in R_1 günstiger als eine Carboxamidgruppe zu sein.

Zur Identifizierung der zweiten Hauptkomponente wurde angenommen, daß die Änderung der antiinflammatorischen Wirkung mit der Zeit in erster Näherung durch eine Reaktion erster Ordnung gemäß

$$A_{i1} \xrightarrow{k_{i1}} A_{i2} \xrightarrow{k_{i2}} A_{i3} \qquad (9.47)$$

beschrieben werden kann; dabei ist A_{ij} der Meßwert der antiinflammatorischen Aktivität für die i-te Verbindung zur j-ten Meßzeit (j = 1: 3 Stunden; j = 2: 4 Stunden; j = 3: 5 Stunden), und die k_{ij} sind die entsprechenden Geschwindigkeitskonstanten. Wenn die A_{ij} den entsprechenden Konzentrationen c_{ij} am Rezeptor proportional sind, folgt aus der Geschwindigkeitsgleichung für eine Reaktion erster Ordnung:

$$\log A_{i2} - \log A_{i1} = k_{i1} (t_2 - t_1) = k_{i1} \qquad (9.48)$$

$$\log A_{i3} - \log A_{i2} = k_{i2} (t_3 - t_2) = k_{i2}. \qquad (9.49)$$

Eine Korrelation der zweiten Hauptkomponente mit diesen Geschwindigkeitskonstanten führte zu einer überraschend guten Beziehung:

$$u_2 = 0{,}57\ k_1 + 0{,}29\ k_2 \qquad (9.50)$$

$$n = 14 \qquad r = 0{,}996.$$

Gleichung (9.50) ist ein starker Hinweis darauf, daß die zweite Hauptkomponente tatsächlich die zeitabhängige Komponente der antiinflammatorischen Wirkung enthält. Es erscheint somit grundsätzlich möglich, aus innerhalb einer kongeneren Serie gemessenen Zeitabhängigkeiten der biologischen Aktivität mittels Hauptkomponentenanalyse pharmakodynamische und pharmakokinetische Effekte zu separieren und damit zu getrennten Struktur-Pharmakodynamik- und Struktur-Pharmakokinetik-Beziehungen zu kommen. Allerdings sollten dann [wenn eine Identifizierung der „pharmakokinetischen" Hauptkomponente(n) vorgesehen ist] Messungen zu mehr als nur drei Zeitpunkten vorliegen. Wegen dieser Einschränkung und der Varianzschwäche der zweiten Hauptkomponente wurde hier auf den Versuch einer Identifizierung dieser Hauptkomponente mit physikochemischen Molekülparametern verzichtet.

9.2. Klassifizierungsverfahren

Häufig tritt der Fall auf, daß sich irgendwelche Objekte (z. B. Wirkstoffe) hinsichtlich einer interessierenden Eigenschaft (z. B. Wirkquantität, Wirkqualität) in *Klassen* einteilen lassen. Die Aufgabe der Klassifizierungsverfahren besteht dann darin, einen Algorithmus *(Klassifizierungsregel)* zu finden, der die Klasseneinteilung in definierter Weise mit bekannten oder meßbaren Merkmalen der Objekte (z. B. Substituentenkonstanten) verknüpft. Dieser Algorithmus wird wieder an einer Stichprobe von Verbindungen (im Zusammenhang mit Klassifizierungsverfahren häufig als *Trainingsserie* bezeichnet) so ermittelt, daß die Klasseneinteilung möglichst gut widergespiegelt wird. Mit der Ermittlung dieses Algorithmus verbinden sich folgende Zielstellungen:

1. Aus der Art der Merkmale zur Beschreibung der Klasseneinteilung lassen sich inhaltliche Schlußfolgerungen ziehen, welche Eigenschaften der Objekte für die Klasseneinteilung von Bedeutung sind.

2. Mit Hilfe des Algorithmus (der Klassifizierungsregel) können noch nicht untersuchte Objekte klassifiziert, d. h. einer bestimmten Klasse zugeordnet und damit Vorhersagen über die interessierende Eigenschaft gemacht werden.
3. In manchen Fällen werden über die Klassifizierung hinaus noch Aussagen über das Verhalten bzw. die Lage der Objekte innerhalb der einzelnen Klassen angestrebt.

Welche dieser Zielstellungen im Vordergrund steht und inwieweit sie sich realisieren lassen, hängt von der Problemstellung, der Art der Daten und dem verwendeten Klassifizierungsverfahren ab.

In der Wirkstofforschung können Klassifizierungen nach folgenden Gesichtspunkten auftreten:

1. Klassifizierung nach der Wirkquantität in solchen Fällen, wo die Ergebnisse der biologischen Testung nur zu einer Bonitur führen. Jede Boniturstufe entspricht dann einer Klasse, so daß sich beispielsweise bei einer Bonitur in vier Stufen die Klassen unwirksame, schwach wirksame, stark wirksame und sehr stark wirksame Verbindungen ergeben. Liefert ein Test nur die Aussagen „wirkt" oder „wirkt nicht", ergeben sich zwei Klassen. Die Angabe der biologischen Aktivität in Form einer Klasseneinteilung (diskrete Größe) tritt sehr häufig auf der Ebene des biologischen Grob-Screenings auf, wo es darauf ankommt, möglichst viele Substanzen mit möglichst geringem Aufwand zu prüfen. Um bereits auf dieser Ebene die Wirkstoffsuche möglichst rationell und effektiv gestalten zu können, ist der Einsatz von Klassifizierungsverfahren für derartige Daten von großer Bedeutung; auch hier sind dann Hinweise auf weitere Synthesen und Testungen möglich.
2. Klassifizierung nach der intrinsischen Aktivität, wobei eine Einteilung in die Klassen Agonisten, Partialagonisten und Antagonisten resultiert.
3. Klassifizierung nach der Wirkqualität (z. B. hinsichtlich verschiedener ZNS-Wirkungen).
4. Klassifizierung hinsichtlich der Stärke von Haupt- und Nebenwirkungen. Werden z. B. in einer Stichprobe eine Hauptwirkung A_H und eine Nebenwirkung A_N ermittelt, ist folgende Klasseneinteilung denkbar:
   - Klasse 1: Verbindungen mit $A_H \gg A_N$ (bzw. $A_N = 0$)
   - Klasse 2: Verbindungen mit $A_H > A_N$
   - Klasse 3: Verbindungen mit $A_H \approx A_N$
   - Klasse 4: Verbindungen mit $A_H < A_N$
   - Klasse 5: Verbindungen mit $A_H \ll A_N$ (bzw. $A_H = 0$).

Diese Klasseneinteilung, die einen relativ großen Stichprobenumfang erforderlich macht, ist natürlich nicht die einzig mögliche. Für kleinere Stichproben müßte die Zahl der zu betrachtenden Klassen reduziert werden.

Es gibt eine große Zahl verschiedener Klassifizierungsverfahren, die in der Literatur häufig (z. T. gemeinsam mit ganz anderen Methoden) unter den recht allgemeinen Begriffen *„Verfahren der künstlichen Intelligenz"* oder *„Zeichenerkennungsverfahren"* zusammengefaßt werden. Diese Zusammenfassung ist willkürlich und keinesfalls zwingend, da der mathematische Apparat der verschiedenen Klassifizierungsverfahren teilweise sehr verschieden ist. Trotzdem wäre die gemeinsame Darstellung von für die quantitative Struktur-Wirkungs-Analyse wichtigen Klassifizierungsverfahren in einem Kapitel logisch sinnvoll, da alle diese Verfahren das gleiche Ziel, nämlich die Auffindung von Klassifizierungsregeln, haben. Da aber der Aufbau dieses Buches nicht an den mathematischen Verfahren, sondern an den Methoden zur Molekülbeschreibung orientiert ist und da Anwendbarkeit und Aussagekraft verschiedener Klassifizierungsverfahren von der Art der Molekülbeschreibung abhängen, soll hier nicht so verfahren werden. In diesem Abschnitt sollen zunächst zwei Verfahren vorgestellt werden, die das Vorliegen kontinuierlicher Merkmale wie etwa extrathermodynamische Molekülparameter voraussetzen, und im Abschnitt 11.2. werden dann bestimmte Zeichenerkennungsverfahren im engeren Sinne dieses Begriffes, die mit diskreten Merkmalen (strukturelle Parameter) arbeiten können und bisher im wesentlichen in dieser Weise eingesetzt wurden, erläutert werden. Diese Einteilung entbehrt allerdings nicht einer gewissen Willkür, da solche Zeichenerkennungsverfahren auch mit kontinuierlichen Merkmalen arbeiten können.

9.2.1. Klassifizierung mittels Hauptkomponentenanalyse (SIMCA-Methode)

Dieses von WOLD [553, 554] ausgearbeitete Verfahren ist sehr elegant und leistungsfähig. Es kann alle im vorangegangenen Abschnitt genannten Zielstellungen erfüllen. Da die Hauptkomponentenanalyse bereits erläutert wurde, sollen hier nur das Prinzip und die wichtigsten Schritte des Verfahrens vorgestellt werden; hinsichtlich rechnerischer Details sei auf die Originalarbeiten verwiesen.

Als Merkmale zur Molekülbeschreibung dienen extrathermodynamische Molekülparameter (also z. B. Substituentenkonstanten). Das Verfahren beruht auf Ähnlichkeitsbetrachtungen mittels Hauptkomponentenanalyse, wobei getrennt für jede Klasse aus den die Molekülparameter enthaltenden Datenmatrizen ein Hauptkomponentenmodell gemäß Gleichung (9.3) bzw.

(9.4) ermittelt wird. Geometrisch entspricht jedes dieser Modelle einer r-dimensionalen Hyperebene (bei r relevanten Hauptkomponenten) in dem von den Merkmalen aufgespannten Raum, wobei die Objektkomponenten die Position der zu der jeweiligen Klasse gehörigen Verbindungen auf dieser Hyperebene und damit einen bestimmten Ausschnitt dieser Hyperebene festlegen.

Durch die Fehlergröße e_{ij} wird außerdem ein bestimmter Streubereich um diesen Ausschnitt auf der Hyperebene definiert, innerhalb dessen alle Verbindungen liegen müssen, die noch als zu der entsprechenden Klasse gehörig betrachtet werden können. Auf diese Weise werden die einzelnen Klassen als eine Art „Hypervolumina" im Merkmalsraum repräsentiert. Der Radius dieser Hypervolumina im Merkmalsraum ergibt sich aus der durch die Hauptkomponentenmodelle nicht ausgeschöpften Datenvarianz s_q^2 zu

$$s_q = \left[\sum_{i=1}^{n_q} \sum_{j=1}^{m} \frac{(e_{ij}^q)^2}{(n_q - r_q - 1)\,(m - r_q)} \right]^{\frac{1}{2}} \qquad (9.51)$$

Dabei sind s_q die Reststandardabweichung für die q-te Klasse, n_q die Zahl der Verbindungen der Trainingsserie in der q-ten Klasse, m die Zahl der Merkmale, e_{ij}^q der Fehler in der q-ten Klasse und r_q die Zahl der relevanten Hauptkomponenten in der q-ten Klasse.

Das Kriterium für die Klassifizierung einer neuen Verbindung ist, in welches der Hypervolumina bzw. Hauptkomponentenmodelle diese paßt. Dabei wird so vorgegangen, daß eine Regressionsanalyse mit dem (standardisierten) Variablenvektor dieser Verbindung als Zielgröße und den Systemkomponenten als Einflußgrößen für das Hauptkomponentenmodell jeder Klasse durchgeführt wird. Ist die dabei resultierende Restvarianz nicht signifikant größer als die Restvarianz s_q^2 (F-Test), kann die betreffende Verbindung als zur q-ten Klasse gehörig betrachtet werden. Dieses Kriterium ist nicht immer eindeutig, d. h. es kann der Fall eintreten, daß eine Zuordnung zu mehreren Klassen möglich ist. Ein weiterer Spezialfall ist, daß eine neue Verbindung keiner Klasse zugeordnet werden kann; sie gehört dann nicht zu der durch die Stichprobe repräsentierten Grundgesamtheit.

Erfolgt die Klassifizierung nicht nach der Wirkquantität (Bonitur) selbst, sondern beispielsweise nach der intrinsischen Aktivität oder der Wirkqualität, unterscheiden sich die Verbindungen innerhalb der einzelnen Klassen noch hinsichtlich der Wirkquantität. Die Position der Verbindungen innerhalb der Klassen wird durch die Objektkomponenten festgelegt. Es ist dann möglich, außer der Klassifizierung selbst auch Aussagen über die Wirkquantität innerhalb der einzelnen Klassen zu machen. Hierzu können einfache lineare Modelle (z. B. Regressionsmodelle) dienen, in denen die Wirkquantität innerhalb der Klassen als Funktion der entsprechenden Objektkomponenten definiert wird; dieses Verfahren hat eine gewisse Ähnlichkeit mit dem bereits erläuterten Rotationsverfahren nach WEINER und MALINOWSKI (siehe Abschnitt 9.1.1.).

Wie bei der HANSCH-Analyse ist auch bei der SIMCA-Methode die Festlegung des Merkmalsraums (Auswahl relevanter Molekülparameter) ein kritischer Schritt. Die Relevanz der Molekülparameter spiegelt sich in zwei Eigenschaften wider:

1. ihre Bedeutung für die Separierung der Klassen (Diskriminationsstärke);
2. ihre Fähigkeit, die relative Position (Abstufung der Wirkquantität) der Objekte (Verbindungen) innerhalb der Klassen und damit die Klassenstruktur zu beschreiben (Modellierungsstärke).

Die Diskriminationsstärke D ist ein Maß für den Abstand zwischen jeweils zwei Klassen. Werden zwei Klassen q und p betrachtet, ergibt sich die Diskriminationsstärke $D_j^{q,p}$ der j-ten Variablen für die Separierung der beiden Klassen zu

$$D_j^{q,p} = \left[\frac{(s_{jp}^q)^2 + (s_{jq}^p)^2}{(s_{jp}^p)^2 + (s_{jq}^q)^2} \right] . \tag{9.52}$$

Dabei sind $(s_{jp}^q)^2$ bzw. $(s_{jq}^p)^2$ die Restvarianz für die Anpassung der Objekte aus der q-ten bzw. p-ten Klasse an das Hauptkomponentenmodell für die p-te bzw. q-te Klasse, und $(s_{jp}^p)^2$ bzw. $(s_{jq}^q)^2$ sind die Restvarianzen für die Anpassung der Objekte in der q-ten bzw. p-ten Klasse an das Hauptkomponentenmodell ihrer eigenen Klasse. $D_j^{q,p}$ ist $\geqslant 1$, und Werte > 2 zeigen eine gute Separierung der Klassen an.

Die Modellierungsstärke M_j für die j-te Variable kann aus dem Vergleich der dieser Variablen zuzuordnenden Restvarianz im Hauptkomponentenmodell (s_j^2) mit der Gesamtvarianz der Variablen (s_g^2) abgeschätzt werden. Dabei gilt

$$s_g^2 = \sum_{q=1}^{Q} \sum_{i=1}^{n_q} (y_{ij}^{(q)} - \bar{\bar{y}}_j)^2 \;/\; [(\sum_q n_q) - 1] \tag{9.53}$$

(y_{ij} Wert der j-ten Variablen für das i-te Objekt; Q Zahl der Klassen)
mit

$$\bar{\bar{y}}_j = \sum_{q=1}^{Q} \sum_{i=1}^{n_q} y_{ij}^{(q)} \; / \; \sum_q n_q \qquad (9.54)$$

und

$$s_j^2 = \sum_{q=1}^{Q} \sum_{i=1}^{n_q} (e_{ij}^q)^2 \; / \; \sum_q (n_q - r_q - 1). \qquad (9.55)$$

Der Quotient s_j^2/s_g^2 ist um so kleiner, je größer die Modellierungsstärke der j-ten Variablen ist. Ein Maß für die Modellierungsstärke der j-ten Variablen M_j ist daher der Ausdruck

$$M_j = 1 - s_j^2/s_g^2. \qquad (9.56)$$

Wenn dieser Wert nahe bei Eins liegt, ist die Modellierungsstärke der j-ten Variablen hoch, während ein Wert von Null anzeigt, daß die j-te Variable keinen Beitrag zur Beschreibung der Klassenstruktur liefert. Variable mit niedrigen Werten für $D_j^{q,p}$ und M_j sind als nicht-relevant aus den Datenmatrizen zu entfernen. Die Hauptkomponentenanalyse wird dann mit den reduzierten Datenmatrizen wiederholt.

Die wichtigsten Schritte der SIMCA-Methode sind:

1. Aufstellung und Standardisierung der Datenmatrizen für die einzelnen Klassen;
2. Hauptkomponentenanalyse innerhalb jeder Klasse und Ermittlung der Zahl der relevanten Hauptkomponenten (das Verfahren hierzu unterscheidet sich von dem in Abschnitt 9.1.1. beschriebenen);
3. Aussonderung nicht-relevanter Parameter anhand der Kriterien $D_j^{q,p}$ und M_j;
4. Wiederholung der Hauptkomponentenanalyse;
5. Klassifizierung unbekannter Objekte;
6. Beschreibung der Datenstruktur (Abstufung der Wirkquantität in den einzelnen Klassen) mittels linearer Modelle aus den Objektkomponenten.

Eine erste erfolgreiche Anwendung dieses Verfahrens auf pharmakologische Probleme erfolgte durch DUNN, WOLD und MARTIN [555] bei einer quantitativen Struktur-Wirkungs-Analyse für die Wirkung von mehrfach substituierten Phenylalkylaminen auf adrenerge β-Rezeptoren (die Ausführungen in diesem Abschnitt folgen teilweise dem in [555] beschriebenen Vorgehen). Die Klassifizierung erfolgte nach der intrinsischen Aktivität in Agonisten (15 Verbindungen) und Antagonisten (17 Verbindungen). Sowohl für die

Agonisten als auch für die Antagonisten waren Wirkquantitäten verfügbar. Die Aktivität der Agonisten wurde durch die Stimulation der Synthese von Adenylcyclase charakterisiert, und als Aktivitätsmaß für die Antagonisten diente die Hemmung der durch Isoproterenol stimulierten Adenylcyclasesynthese. Als Merkmale wurden die Bindungskonstanten an den β-Rezeptor (gemessen über die Hemmung der ^{3}H-Aloprenol-Bindung), der pK_a-Wert sowie hydrophobe (f), elektronische (σ) und sterische Substituentenkonstanten verwendet. Für beide Klassen wurden Hauptkomponentenmodelle mit drei relevanten Hauptkomponenten erhalten, und mit Hilfe dieser Modelle konnten 100 % der Agonisten und 88 % der Antagonisten korrekt reklassifiziert werden.

Wie bereits erwähnt, wird die Position der Objekte innerhalb der Klassen durch die Objektkomponenten beschrieben. Werden die Verbindungen in einem durch die Objektkomponenten aufgespannten Raum als Punkte dargestellt, läßt sich sowohl bei den Agonisten als auch bei den Antagonisten eine deutliche Clusterung nach der Wirkquantität erkennen. Bereits eine einfache Linearkombination der beiden ersten Objektkomponenten liefert in beiden Fällen einen signifikanten Zusammenhang mit der Wirkquantität. Mit dem Ergebnis dieser Analyse ist demnach folgendes möglich:

1. Klassifizierung neuer Verbindungen (Vorhersage, ob sie Agonisten oder Antagonisten sind);
2. Abschätzung der Wirkquantität dieser Verbindungen aus dem Zusammenhang zwischen Wirkquantität und der Linearkombination der beiden ersten Objektkomponenten;
3. Schlußfolgerungen hinsichtlich der für Klassifizierung und Wirkstärke wichtigen Moleküleigenschaften aus den Merkmalen mit hoher Diskriminations- bzw. Modellierungsstärke.

Der Vollständigkeit halber sei erwähnt, daß von CAMMARATA [556, 557] ebenfalls Versuche zur Klassifizierung von Wirkstoffen mittels Hauptkomponentenanalyse vorgenommen wurden. Das Vorgehen ist allerdings grundsätzlich anders: alle Verbindungen werden in einer gemeinsamen Datenmatrix zusammengefaßt und gemeinsam einer Hauptkomponentenanalyse unterworfen. Dabei werden über spezielle Strukturvergleiche festgelegte Merkmale zur Molekülbeschreibung verwendet. Die Verbindungen werden dann im Raum der Hauptachsen dargestellt, wobei sich eine gewisse Clusterung nach Wirkqualitäten ergibt. In der gegenwärtigen Form ist das Verfahren noch nicht sehr leistungsfähig, wobei insbesondere die Festlegung der Merkmale unbefriedigend ist.

9.2.2. Die lineare Diskriminanzanalyse

9.2.2.1. Grundlagen

Als Klassifizierungsalgorithmus dienen bei der Diskriminanzanalyse sogenannte *Diskriminanzfunktionen,* die gewichtete Linearkombinationen der für die Klassentrennung relevanten Merkmale darstellen. Als Merkmale werden wieder die gleichen Molekülparameter wie beim extrathermodynamischen Ansatz (Substituentenkonstanten usw.) verwendet. Es gibt verschiedene Typen von Diskriminanzfunktionen, unter denen die sogenannten *nicht-elementaren* Diskriminanzfunktionen bestimmte noch zu erläuternde optimale Eigenschaften haben. Aus diesem Grunde sollen sich die folgenden Ausführungen auf diese nicht-elementaren Diskriminanzfunktionen und ihre Anwendung in der quantitativen Struktur-Wirkungs-Analyse und dabei auf die Grundlagen und wichtigsten Schritte beschränken. Hinsichtlich einer ausführlichen Darstellung des mathematischen Apparates der Diskriminanzanalyse sei auf [558] und [559] verwiesen (siehe auch [524]).

Beim Vorliegen von Q Klassen (k = 1, ..., Q) existieren Q−1 nicht-elementare Diskriminanzfunktionen w_q (q = 1, ..., Q−1) der allgemeinen Form

$$w_q = \sum_{j=1}^{m} a_{qj}\, x_j. \tag{9.57}$$

Die Größe a_{qj} ist der Gewichtsfaktor (Koeffizient) des j-ten Molekülparameters x_j (j = 1, ..., m) in der q-ten Diskriminanzfunktion; die w_q werden auch als nicht-elementare *Diskriminanzmerkmale* bezeichnet. Mit diesem Formalismus werden die einzelnen Klassen als (Q−1)-dimensionale Punktwolken (die Punkte entsprechen den Objekten) in einem (Q−1)-dimensionalen Raum mit den Koordinaten w_q abgebildet, und die a_{qj} werden so bestimmt, daß sich diese Punktwolken nicht oder nur wenig überlappen. Dieses Prinzip ist schematisch in Abbildung 16 für den Fall eines Problems mit Q = 3 Klassen zur Veranschaulichung noch einmal graphisch dargestellt. Für Q = 3 ergeben sich zwei Diskriminanzfunktionen w_1 und w_2, die einen zweidimensionalen Raum mit den Achsen w_1 und w_2 aufspannen. In diesem Raum bilden die drei Klassen zweidimensionale Punkthaufen, die sich im Idealfalle – also bei vollständiger Separierung der Klassen – nicht überlappen. Der Abstand der Schwerpunkte der Punkthaufen (Klassenmittelpunkte) ist dabei in Richtung der Koordinate w_1 größer als in Richtung w_2, da die erste Diskriminanzfunktion aus noch zu erläuternden Gründen stets den größten Beitrag zur Klassentrennung liefert.

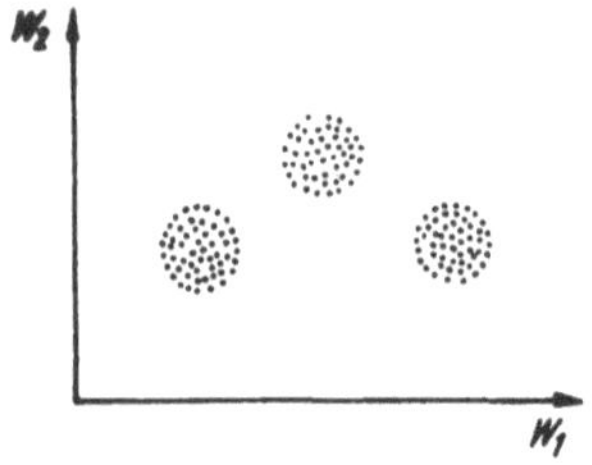

Abb. 16. Prinzip der Diskriminanzanalyse

Nach Ermittlung der Diskriminanzfunktionen aus den Daten einer Stichprobe können noch nicht untersuchte Verbindungen klassifiziert und damit Vorhersagen über die der Klasseneinteilung zugrundeliegende biologische Eigenschaft (z. B. Wirkquantität) gemacht werden. Weiter lassen sich ähnlich wie bei dem extrathermodynamischen Ansatz aus Art und Vorzeichen der in den Diskriminanzfunktionen auftretenden Molekülparameter Hinweise auf die für die Klasseneinteilung und damit für die interessierende biologische Eigenschaft wichtigen Moleküleigenschaften sowie in gewissen Grenzen auch Informationen über Wirkungsmechanismen erhalten. Allerdings ist es im allgemeinen nicht möglich, Aussagen über die Anordnung der Objekte innerhalb der Klassen zu treffen. In dieser Beziehung ist die Diskriminanzanalyse der im vorigen Abschnitt erläuterten SIMCA-Methode unterlegen.

Die wichtigsten Schritte bei der Durchführung einer Diskriminanzanalyse sind:

1. Zusammenstellung von Molekülparametern und Formulierung von Ansätzen;
2. Prüfung, ob mit diesen Molekülparametern eine Trennung der Klassen möglich ist und Aussonderung von für die Klassentrennung nicht relevanten Molekülparametern;
3. Berechnung der nicht-elementaren Diskriminanzfunktionen;
4. inhaltliche Interpretation der Diskriminanzfunktionen und Reklassifizierung der Verbindungen der Stichprobe zur Überprüfung der Trenngüte;
5. Klassifizierung noch nicht untersuchter Verbindungen und damit (sowie unter Berücksichtigung inhaltlicher Schlußfolgerungen aus der Form der Diskriminanzfunktionen) Konzipierung weiterer Synthesen und Testungen.

Der erste Schritt, die Zusammenstellung von Molekülparametern und von Ansätzen, erfolgt völlig analog wie beim extrathermodynamischen Ansatz, wobei in der gleichen Weise auch quadratische Terme oder beispielsweise auch Produktterme berücksichtigt werden. Ein Ansatz für die Diskriminanzanalyse unterscheidet sich also zunächst in keiner Weise von den Ansätzen zur Regressionsanalyse. Da, wie wir noch sehen werden, die Aussonderung nicht relevanter Molekülparameter im zweiten Schritt automatisch erfolgt, sind allerdings am Anfang nur relativ wenige oder grobe Hypothesen notwendig. Nach den Ergebnissen der ersten Rechnungen lassen sich diese

Hypothesen dann entsprechend verfeinern, wie an den Beispielen in Abschnitt 9.2.2.2. gezeigt werden soll. Auch bei der Diskriminanzanalyse stören Kollinearitäten bzw. Multikollinearitäten zwischen den Merkmalen, so daß auch hier eine gezielte Stichprobenauswahl nach den in Abschnitt 8.1. erläuterten Prinzipien sinnvoll ist. Eine Systematisierung der Merkmale kann auch hier über eine vor- bzw. nachgeschaltete Faktoranalyse (siehe Abschnitt 8.4.) erfolgen, wie an einem Beispiel (Abschnitt 9.2.2.2.1.) demonstriert werden soll.

Im zweiten Schritt wird eine multivariate Varianzanalyse durchgeführt. Als Testkriterium dient dabei das sogenannte Trennmaß T^2, das ein Maß für den Abstand der Klassen im Raum der betrachteten Merkmale ist und für das gilt:

$$T^2 = \frac{1}{n-Q} \sum_{k=1}^{Q} n_k (x_{k\cdot} - x_{\cdot\cdot})^T \, S^{-1} \, (x_{k\cdot} - x_{\cdot\cdot}) \qquad (9.58)$$

n Zahl der Verbindungen in der Trainingsserie (Stichprobe) $(i = 1, \ldots, n)$

Q Zahl der Klassen $(q = 1, \ldots, Q)$

n_k Zahl der Verbindungen in der k-ten Klasse

$x_{k\cdot}$ Vektor der Mittelwerte der Merkmale (Molekülparameter) innerhalb der k-ten Klasse

$x_{\cdot\cdot}$ Vektor der Gesamtmittelwerte der Merkmale

S Kovarianzmatrix, gemittelt über alle Klassen.

In einem ersten Test wird die Annahme (Nullhypothese) geprüft, daß im betrachteten Merkmalsraum alle Klassenmittelpunkte zusammenfallen; in diesem Falle wären die Klassen mit Hilfe der ausgewählten Molekülparameter nicht separierbar. Dazu wird eine Testgröße $\tilde{F}$ gemäß

$$\tilde{F} = [n-Q-M + \frac{1}{(n-Q)\,M}]\, T^2 \qquad (9.59)$$

M Zahl der betrachteten Molekülparameter bzw. der Terme in dem formulierten Ansatz $(j = 1, \ldots, M)$

berechnet und bei den Freiheitsgraden g_1 und g_2 sowie der Irrtumswahrscheinlichkeit p (meist wird $p = 0{,}05$ gewählt) mit dem entsprechenden Vergleichswert $F_{g_1, g_2; p}$ aus einer F-Tafel (F-Test) verglichen. Die Nullhypothese wird abgelehnt, wenn

$$\tilde{F} > F_{g_1, g_2; p} \qquad (9.60)$$

mit

$$g_1 = \begin{cases} \dfrac{(Q-1)\,M\,(n-Q-M)}{n-(Q-1)\,M-2} & \text{für } n-(Q-1)M-2 > 0 \\ \infty & \text{für } n-(Q-1)M-2 < 0 \end{cases} \tag{9.61}$$

und

$$g_2 = n - Q - M + 1. \tag{9.62}$$

Analoge Tests lassen sich auch für den paarweisen Vergleich von jeweils zwei Klassen durchführen. Nur wenn die Nullhypothese in allen Fällen abgelehnt wird, ist eine Separierung aller Klassen mit Hilfe des gewählten Ansatzes bzw. der darin enthaltenen Molekülparameter möglich.

Als nächstes werden diejenigen Merkmale ausgewählt, die einen signifikanten Beitrag zur Klassentrennung leisten; die anderen, für die Klassentrennung nicht relevanten Merkmale werden eliminiert. Dabei wird schrittweise vorgegangen, wobei in jedem Schritt ein Merkmal hinzugefügt (oder eliminiert) und die Irrtumswahrscheinlichkeit p aus den Gleichungen (9.59) und (9.60) berechnet wird. Diejenige Menge von Merkmalen, bei denen p einen Minimalwert annimmt, ist optimal für die Klassentrennung *(optimale Merkmalsmenge).*

Im dritten Schritt erfolgt schließlich die Berechnung der Diskriminanzfunktionen gemäß (9.57) aus den m $(j = 1, \ldots, m)$ in der optimalen Merkmalsmenge verbliebenen Molekülparametern über die Lösung eines Eigenwertproblems gemäß

$$\mathbf{H}\,\mathbf{a}_q = \lambda_q\,\mathbf{G}\,\mathbf{a}_q \tag{9.63}$$

mit

$$\mathbf{H} = \sum_{k=1}^{Q} n_k\,(\mathbf{x}_{k\cdot} - \mathbf{x}_{\cdot\cdot})\,(\mathbf{x}_{k\cdot} - \mathbf{x}_{\cdot\cdot})^T \tag{9.64}$$

$$\mathbf{G} = \sum_{k=1}^{Q} \sum_{i=1}^{n_q} (\mathbf{x}_{ki} - \mathbf{x}_{k\cdot})\,(\mathbf{x}_{ki} - \mathbf{x}_{k\cdot})^T. \tag{9.65}$$

Die Matrix **H** enthält die Varianz der Merkmale zwischen den Klassen und die Matrix **G** die innerhalb der Klassen. Die Elemente der Eigenvektoren $\mathbf{a}_q$ sind die Gewichtsfaktoren a_{qj} in (9.57), d. h. der q-te Eigenvektor hat die Form

$$\mathbf{a}_q = \left\{ a_{q1}, \ldots, a_{qj}, \ldots, a_{qm} \right\}, \tag{9.66}$$

wobei a_{qj} der Koeffizient des j-ten Merkmals (x_j) in der q-ten Diskriminanzfunktion ist. Die λ_q sind die zugehörigen Eigenwerte, die den Trennmaßen der Diskriminanzfunktionen entsprechen:

$$T^2(w_q) = \lambda_q. \tag{9.67}$$

Da die Eigenwerte in der Reihenfolge $\lambda_1 > \lambda_2 \ldots > \lambda_q \ldots > \lambda_{Q-1}$ abnehmen, folgt mit (9.67), daß sich auch die Trennstärke der Diskriminanzfunktionen in dieser Reihenfolge verringert. Diese Eigenschaft ist sehr vorteilhaft, denn sie gestattet es, diejenigen der letzten Diskriminanzfunktionen wegzulassen, die keinen signifikanten Beitrag zur Klassentrennung liefern und dadurch die Dimensionalität des Diskriminationsproblems zu erniedrigen. Ein weiterer Vorteil ist, daß der weitaus größte Beitrag zur Trennung der Klassen von der ersten Diskriminanzfunktion geleistet wird, so daß sich inhaltliche Interpretationen meist auf diese beschränken können. Zur Ermittlung der optimalen Anzahl von Diskriminanzfunktionen wird die Prüfgröße

$$\widetilde{F}_t = \frac{n - Q - t + 1}{(Q - 1)\, t} \sum_{q=1}^{t} \lambda_q \tag{9.68}$$

berechnet und mit der entsprechenden Prüfgröße $F_{g_1,g_2;p}$ aus einer F-Tafel (F-Test) mit den Freiheitsgraden

$$g_1 = \begin{cases} \dfrac{(Q-1)\, t\, (n-Q-t)}{(n-Q-1)\, t-2} & \text{für } n-(Q-q)t - 2 > 0 \\ \infty & \text{für } n-(Q-1)t - 2 < 0 \end{cases} \tag{9.69}$$

$$g_2 = n - Q - t + 1$$

verglichen. Dabei wird die Zahl t der relevanten Diskriminanzfunktionen so festgelegt, daß die Irrtumswahrscheinlichkeit p bei Gültigkeit der Ungleichung

$$\widetilde{F}_t > F_{g_1,g_2;p} \tag{9.70}$$

minimal wird.

Zur Reklassifizierung der Verbindungen der Stichprobe werden zunächst für alle Verbindungen die Werte der t relevanten nicht-elementaren Diskriminanzmerkmale ermittelt. Der Wert des q-ten Diskriminanzmerkmals für die i-te Verbindung ergibt sich dabei zu

$$w_{qi} = \sum_{j=1}^{m} a_{qj}\, x_{ji}, \tag{9.71}$$

wobei x_{ji} der Wert des j-ten Merkmals (Molekülparameters) für die i-te Verbindung ist. Danach werden für jede Verbindung Q Prüfgrößen (für jede Klasse eine)

$$\tilde{F}_{k/i} = \frac{n-Q-t+1}{t(n-Q)} \; \frac{n_k}{n_k+1} \sum_{q=1}^{t} (w_{qi} - \bar{w}_{qk})^2 \tag{9.72}$$

berechnet; $\bar{w}_{qk}$ ist der Mittelwert des q-ten Diskriminanzmerkmals in der k-ten Klasse gemäß

$$\bar{w}_{qk} = \frac{1}{n_k} \sum_{i=1}^{n_k} w_{qi}. \tag{9.73}$$

Eine Verbindung i wird der Klasse k zugeordnet, wenn

$$\tilde{F}_{k/i} \leqslant F_{t,n-Q-t+1;p}. \tag{9.74}$$

Dabei kann es vorkommen, daß dieses Kriterium für mehrere Klassen erfüllt und somit mittels (9.74) keine eindeutige Klassifizierung möglich ist. In solchen Fällen kann die Verbindung i derjenigen Klasse zugeordnet werden, für die die Prüfgröße $\tilde{F}_{k/i}$ den kleinsten Wert annimmt. Im Idealfalle werden alle Verbindungen der Stichprobe korrekt reklassifiziert. Die Trenngüte der Diskriminanzfunktionen ist dann optimal, wobei allerdings dieser Schluß streng nur für die Verbindungen der Trainingsserie und nicht unbedingt für die Klassifizierung neuer Verbindungen gilt (siehe unten).

Die Klassifizierung noch nicht untersuchter Verbindungen erfolgt in völlig analoger Weise wie die Reklassifizierung. Hier kann auch der Fall eintreten, daß für bestimmte Verbindungen das Kriterium (9.74) für keine der betrachteten Klassen erfüllt ist, so daß sich diese Verbindungen keiner dieser Klassen zuordnen lassen. Solche Verbindungen gehören dann offensichtlich zu einer anderen Grundgesamtheit als die Verbindungen der Trainingsserie oder zu einer Klasse, die innerhalb der Trainingsserie nicht repräsentiert war. Wie bei der Regressionsanalyse kann auch bei der Diskriminanzanalyse ein derartiges abweichendes Verhalten zu neuen Suchrichtungen führen.

Der beste Test für die Güte der ermittelten Diskriminanzfunktionen ist natürlich eine Prüfung ihrer Vorhersagekraft bei der Klassifizierung noch nicht untersuchter Verbindungen. Ist die Stichprobe biologisch getesteter Verbindungen umfangreich genug, können einige Verbindungen bei der Berechnung der Diskriminanzfunktionen herausgelassen und dann als „unbekannte" Verbindungen klassifiziert werden. Ein derartiges Vorgehen kann auch mit Hilfe der sogenannten 'leave-one-out' Technik simuliert werden. Dabei wird jede Verbindung einmal aus der Diskriminanzanalyse herausgelassen und dann mittels der aus den übrigen Verbindungen erhaltenen Diskriminanzfunktionen klassifiziert. Ergibt auch diese Art des Vorgehens eine hohe Übereinstimmung zwischen experimentell ermittelten und der durch Klassifizierung gefundenen Klassenzugehörigkeit, ist die Güte der Diskriminanzfunktionen nachgewiesen.

Die erste Anwendung der Diskriminanzanalyse in der quantitativen Struktur-Wirkungs-Analyse erfolgte in etwas modifizierter Form durch MARTIN u. a. [560] für die Hemmwirkung von Aminotetralinen und Aminoindanen auf Monoaminooxydase *in vitro,* wobei mit einer sterischen Substituentenkonstante und einer Indikatorvariablen als Molekülparameter eine gute Klassentrennung erreicht werden konnte. Auch wir konnten bei verschiedenartigen Problemen (vor allem bei virostatisch, herbizid und fungizid wirksamen Verbindungen sowie zur Wirkungsdifferenzierung bei adrenergen Substanzen) gute Erfahrungen mit dieser Methode sammeln [561–572]. Die erste Diskriminanzfunktion kann auf Grund ihrer Eigenschaft, den größten Beitrag zur Klassentrennung zu leisten, tatsächlich meist in analoger Weise wie eine HANSCH-Gleichung interpretiert werden. In solchen Fällen, wo am gleichen biologischen Objekt in einer Grobtestung die Wirkquantität als diskrete Größe (Bonitur) und in einer anschließenden Feintestung als kontinuierliche Größe ermittelt wird, hat die mit den Bonituren ermittelte erste Diskriminanzfunktion oft eine erstaunliche Ähnlichkeit mit der für die kontinuierlichen Daten ermittelten Regressionsgleichung. Dies zeigte sich beispielsweise bei einer Struktur-Wirkungs-Analyse für die virostatische Aktivität einer Serie disubstituierter Isatin-β-Isothiosemikarbazone gegen Mengo-Virus [561]. Die biologischen Ergebnisse aus einem Plaque-Reduktions-Test lagen in Form einer ja/nein-Aussage (wirkt/wirkt nicht) vor, so daß ein 2-Klassen-Problem resultierte. Folgende Diskriminanzfunktionen wurden erhalten:

Aktivität gegen Vaccinia-Virus

$$w = -0{,}12\ (\Sigma\pi)^2 + 0{,}19\ \Sigma\pi + 2{,}03\ (\Sigma E_s)^2 - 1{,}52\ \Sigma E_s \qquad (9.75)$$

Aktivität gegen Mengo-Virus

$$w = -1{,}28\ \pi_1{}^2 + 4{,}12\ \pi_1 - 1{,}00\ \pi_2{}^2 + 2{,}84\ \pi_2 - 3{,}14\ E_{s,1}^2 + 3{,}49\ E_{s,1} + 4{,}91\ \Sigma\sigma^*. \qquad (9.76)$$

Aus (9.75) ergibt sich der Hinweis, daß für die virostatische Aktivität gegen Vaccinia-Virus nicht-positionsabhängige und nicht-lineare hydrophobe und sterische Substituenteneffekte von Bedeutung sind. Anders ist die Situation bei der Wirkung gegen Mengo-Virus. Hier ergab sich nur dann eine signifikante Diskriminanzfunktion, wenn hinsichtlich des hydrophoben und sterischen Substituenteneinflusses eine Positionsabhängigkeit zugelassen wurde; beide Effekte sind nicht-linear und werden von einem nicht-positionsabhängigen elektronischen Substituenteneinfluß überlagert. Für die virostatische Aktivität gegen Mengo-Virus waren außerdem quantitative Daten aus einem Test einer nachgeschalteten Ebene (Senkung des Virusertrages) verfügbar, mit denen eine Regressionsanalyse mit folgendem Ergebnis durchgeführt werden konnte:

$$\log A = -0{,}78\ \pi_1{}^2 + 2{,}98\ \pi_1 - 0{,}93\ \pi_2{}^2 + 3{,}08\ \pi_2 - 1{,}77\ E_{s,1}^2 + 2{,}40\ E_{s,1} + 2{,}37\ \Sigma\sigma^* - 4{,}92 \qquad (9.77)$$

$$n = 15 \qquad r = 0{,}950 \qquad s = 0{,}139.$$

Die Regressionsgleichung (9.77) enthält völlig gleichartige Terme wie die Diskriminanzfunktion (9.76) und führt demzufolge auch zu gleichartigen Schlußfolgerungen hinsichtlich der Substituenteneinflüsse auf die biologische Aktivität.

Dieses Ergebnis ist – trotz der recht geringen Zahl von Freiheitsgraden – recht befriedigend, wenn man bedenkt, daß die biologischen Daten für (9.76) und (9.77) *aus verschiedenen biologischen Tests* (aber natürlich am gleichen biologischen Objekt) kommen. Ein ganz ähnliches Resultat konnten wir auch bei einem anderen Beispiel erhalten [562]. Substituierte Phenylthioharnstoffe lassen sich mit Daten aus einem Screening-Test in zwei Klassen unterschiedlicher cytotoxischer Aktivität einteilen. Die Klasseneinteilung läßt sich durch die Diskriminanzfunktion (9.78) beschreiben:

$$w = 1{,}56\ (\Sigma\pi)^2 + 0{,}71\ E_{s,para} - 1{,}49\ X. \qquad (9.78)$$

Der Hilfsparameter X berücksichtigt das Auftreten eines bestimmten Strukturmerkmals. Für einige der Verbindungen lagen genauere Testergebnisse vor, so daß eine Regressionsanalyse durchgeführt werden konnte. Für die cytotoxische Aktivität ergab sich dabei folgender Zusammenhang:

$$\log A = 1{,}29\ (\Sigma\pi)^2 + 1{,}53 \qquad (9.79)$$

$$n = 13 \qquad r = 0{,}905 \qquad s = 0{,}153.$$

In dieser Gleichung kann der Hilfsparameter X entfallen, da das durch diesen Hilfsparameter charakterisierte Strukturmerkmal bei allen Verbindungen konstant war. Demzufolge sind die Diskriminanzfunktion (9.78) und die Regressionsgleichung (9.79) bis auf den E_s-Term nahezu identisch. Da dieser E_s-Term in (9.78) im Vergleich zu $(\Sigma\pi)^2$ wesentlich weniger zur Klassentrennung beiträgt, kann auch hier wieder von einer weitgehenden inhaltlichen Übereinstimmung zwischen der Diskriminanz- und der Regressionsgleichung gesprochen werden. Ein ähnliches Verhalten zeigt sich auch in einem der im nächsten Abschnitt vorgestellten Beispiele. Damit bietet sich an, die Diskriminanzanalyse nicht nur zur Optimierung auf der Ebene des Grob-Screenings zu nutzen, sondern auch *als Prädiktor dafür, welche Molekülparameter wahrscheinlich in einem Regressionsansatz auf einer höheren Testebene zu erwarten sind.* Diese Information kann nicht nur bei der Anwendung des Parameterselektionsverfahrens zur Erzeugung einer optimalen Stichprobe nützlich sein, sondern auch von vornherein zur Verschärfung von Regressionsansätzen führen.

Voraussetzung für Varianz- und Diskriminanzanalyse ist eine Normalverteilung der Daten. Diese Voraussetzung ist für diskrete Merkmale nicht erfüllt. In solchen Fällen ist es dann beispielsweise sinnvoll, zu Verfahren der Zeichenerkennung überzugehen (siehe Abschnitt 11.2.). Die Erfahrung hat allerdings gezeigt, daß die Verwendung einer im Vergleich zur Zahl der kontinuierlichen extrathermodynamischen Molekülparameter möglichst geringen Zahl von Indikatorvariablen (diskrete Größen) trotz der daraus im strengen Sinne resultierenden Verletzung der statistischen Voraussetzungen eine zumindest im deskriptiven Sinne gute Diskriminanzanalyse erlaubt [544].

In den folgenden Abschnitten sollen zum genaueren Verständnis des Verfahrens und einiger Anwendungsprobleme zwei Beispiele relativ detailliert vorgestellt werden.

9.2.2.2. Beispiele

9.2.2.2.1. Fungizide Carboxamide

THORN und WHITE [573] ermittelten pI_{50}-Werte für die Hemmwirkung von 93 Carboxamidverbindungen der Struktur XL auf die Succinatdehydrogenase von Mitochondrienpräparationen von *C. laurentii;* diese Hemmwirkung korreliert mit der fungiziden Aktivität derartiger Verbindungen [574, 575].

$$R_x - X - Z - Y - Ry$$

Z: $-CONH-$ (in 84 Verbindungen), $-CONCH_3-$, $-COCH_2-$, $-COO-$, $-CSNH-$, $-SO_2NH-$

X: 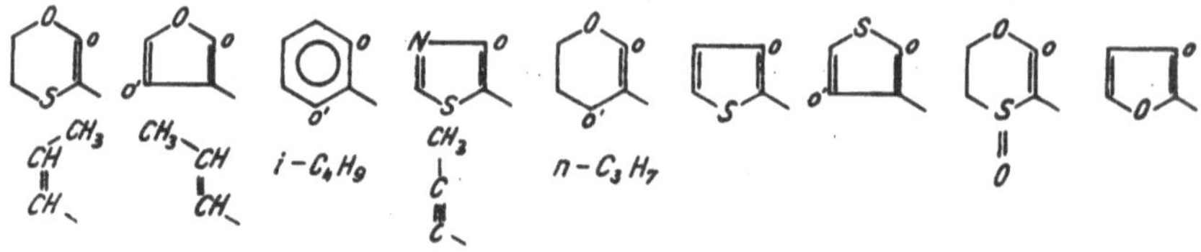

R_x: meta und / oder para: H, CH_3, NH_2
ortho oder di-ortho: H, CH_3, C_2H_5, OH, Br, Cl

Formelbild XL.

Y: C_6H_5 (in 81 Verbindungen), C_6H_{11}, n-C_4H_9, CH_3, H

Ry: (Mono- und Disubstitutionen): H, CH_3, C_6H_5, OCH_3, Cl, $-OCH_2O-$, NO_2, Br,

Innerhalb der Stichprobe treten drastische Strukturänderungen auf, deren Parametrisierung im Sinne der strengen Gültigkeit von LFEB-Annahmen, wie sie für den extrathermodynamischen Ansatz gefordert wird, schwierig ist. Bei der Diskriminanzanalyse ist dieses Problem nicht so gravierend, da hier nicht wie bei der Regressionsanalyse ein über den ganzen Wertebereich gültiger, genau definierter funktioneller Zusammenhang zwischen log A und den Molekülparametern gefordert wird. Hier ist es hinreichend, wenn die Molekülparameter die Eigenschaften der Verbindungen im Sinne der Klasseneinteilung, also auf einem viel gröberen Niveau, widerspiegeln. Aus diesem Grunde und auch, um die inaktiven Verbindungen in die Analyse mit einbeziehen zu können (ein grundsätzlicher Vorteil der Klassifizierungsverfahren), wurde bei dem vorliegenden Problem trotz des kontinuierlichen Charakters der Daten eine Diskriminanzanalyse durchgeführt [565, 570]. Parallel hierzu wurden trotzdem auch Regressionsansätze geprüft, um einen Vergleich beider Verfahren zu ermöglichen. Die Untersuchungen haben weitgehend Modellcharakter und sollen einige grundsätzliche Probleme sowie strategische Aspekte beim Einsatz der Diskriminanzanalyse deutlich machen:

Zunächst wurde ein 4-Klassenproblem mit den Klassen

Klasse 1: sehr stark aktive Verbindungen

$pI_{50} \geq 3{,}0 \qquad n_1 = 14$

Klasse 2: stark aktive Verbindungen

$3{,}0 > pI_{50} \geqslant 1{,}66 \qquad n_2 = 37$

Klasse 3: schwach aktive Verbindungen

$1{,}66 > pI_{50} \geqslant 0{,}32 \qquad n_3 = 19$

Klasse 4: inaktive Verbindungen

$0{,}32 > pI_{50} \qquad n_4 = 21$

behandelt. Die Klassenbildung erfolgte anhand einer Häufigkeitsverteilung der Verbindungen entsprechend ihrer biologischen Aktivität, welche eine deutliche Clusterung innerhalb der oben angegebenen Grenzen erkennen läßt. Zur Molekülbeschreibung dienten insgesamt 47 Merkmale: verschiedene hydrophobe, elektronische und sterische Substituentenkonstanten, aufgeschlüsselt auf die verschiedenen Molekülpositionen, Quadrate dieser Parameter, wenn die Variationsbreite der betreffenden Moleküleigenschaft genügend groß ist, und Indikatorvariable zur Beschreibung struktureller Besonderheiten (siehe Tabelle 31).

Die Merkmale sind z. T. untereinander korreliert. Um eine Systematisierung der Merkmale und einen besseren Überblick über innere Zusammenhänge zu erhalten, wurde mit der Datenmatrix für die gesamte Trainingsserie eine Faktoranalyse durchgeführt. Dabei ergaben sich 7 relevante Faktoren. In Tabelle 32 sind die in diesen Faktoren hochgeladenen Merkmale sowie Aussagen über die inhaltliche Bedeutung der Faktoren zusammengestellt. Insgesamt ergeben sich aus der Faktoranalyse folgende Schlußfolgerungen:

1. Hinsichtlich der Eigenschaften der einzelnen variablen Fragmente in XL sowie der ortho-, meta- und para-Positionen der Ringsysteme X und Y besteht Unabhängigkeit.
2. Die elektronischen Molekülparameter aller Fragmente korrelieren nicht zu hydrophoben und sterischen Molekülparametern.
3. Hydrophobe und sterische Molekülparameter sind eng korreliert, so daß zwischen hydrophoben und sterischen Einflüssen nicht differenziert werden kann.
4. In vielen Fällen bestehen zwischen einer Variablen und ihrem Quadrat hohe Korrelationen.

Varianzanalyse ergab eine optimale Merkmalsmenge von 15 Merkmalen, aus denen drei nicht-elementare Diskriminanzfunktionen w_1, w_2 und w_3 (Eigenwerte: $\lambda_1 = 7{,}62$; $\lambda_2 = 0{,}48$; $\lambda_3 = 0{,}24$) berechnet wurden; nur die

Tabelle 31
Merkmale zur Molekülbeschreibung von XL

Fragment	Merkmale
Gesamtmolekül	log P, $(\log P)^2$
Z	I_{01} = 1, wenn NH vorhanden; = 0, wenn nicht I_{02} = 1, wenn CO vorhanden; = 0, wenn nicht $I_{03} = I_{01} + I_{02}$
X	$f, f^2, \sigma_o, \sigma_o^2, \sigma_m, \sigma_m^2, \Sigma\sigma, (\Sigma\sigma)^2$ I_{11} = 2, wenn X ein Sechsring; = 1, wenn X ein Fünfring; = 0, sonst. I_{12} = 2, wenn X aromatisch; = 1, wenn X ungesättigt; = 0, sonst. $I_{13} = I_{11} + I_{12}$
R_X	$\Sigma\pi, (\Sigma\pi)^2, \pi_o, \pi_o^2, \sigma_o, \sigma_o^2, MR_o, MR_o^2$ I_{21} = 1, wenn cis-Position bezüglich Z besetzt ist; = 0, wenn nicht I_{22} = 1 für $R_X \neq H$ in meta-Position zu Z; = 0, sonst.
Y	f, f^2 I_{31} = 2, wenn Y = Φ; = 1, wenn Y = C_6H_{11}; = 0, sonst.
R_Y	$\pi_o, \pi_o^2, \pi_m, \pi_p, \Sigma\pi, (\Sigma\pi)^2, \Sigma\sigma, (\Sigma\sigma)^2, MR_o, MR_o^2, MR_m, MR_p, \Sigma MR, (\Sigma MR)^2$ I_{41} = 2 für Di-; = 1 für Mono-; = 0 für keine Substitution in ortho-Position von Y I_{42} = 2 für Di-; = 1 für Mono-; = 0 für keine Substitution in meta-Position von Y I_{43} = 1 für Substitution in para-Position von Y; = 0, sonst. $I_{44} = I_{41} + I_{42} + I_{43}$

Tabelle 32
Faktoranalyse für die 47 Merkmale zur Beschreibung von XL: in den 7 signifikanten Faktoren hoch geladene Merkmale und Zuordnung der Faktoren zu einzelnen Moleküleigenschaften (Anordnung der Variablen nach abfallender Faktorladung innerhalb jedes Faktors)

Faktor	Merkmale mit hoher Ladung	Moleküleigenschaften von XL, die durch diesen Faktor repräsentiert werden
1	R_Y: π_o, MR_o, $(\Sigma\pi)^2$, π_o^2, MR_o^2, ΣMR, I_{41}, $(\Sigma MR)^2$	hydrophobe und sterische Eigenschaften von R_Y (hauptsächlich ortho-Position)
	log P, (log P)^2	Hydrophobizität des Gesamtmoleküls
2	X: f^2, f	Hydrophobizität von X
	R_X: I_{22}	meta-Substitution von X
3	R_X: MR_o, π_o^2, π_o, $(\Sigma\pi)^2$, MR_o^2, $\Sigma\pi$	hydrophobe und sterische Eigenschaften der ortho-Substituenten in X
4	R_Y: I_{42}, π_m, MR_m	hydrophobe und sterische Eigenschaften der meta-Substituenten in Y
5	R_Y: MR_p, I_{43}, π_p	sterische und hydrophobe Eigenschaften der para-Substituenten in Y
6	R_X: I_{21}, σ_o, σ_o^2	ortho-(cis)-Substitution von X (Substitution am β-Kohlenstoffatom) und elektronische Eigenschaften in dieser Position
	Y: f	Hydrophobizität von Y
	I_{03}	Vorkommen der Carboxamidgruppe
7	X: σ_o^2, $(\Sigma\sigma)^2$, $\Sigma\sigma$, σ_o	elektronische Eigenschaften von X

ersten beiden sind bei p = 0,05 signifikant [F-Test gemäß (9.70)]. Zur Reklassifizierung der Verbindungen der Trainingsserie wurden zwar beide signifikanten Diskriminanzfunktionen w_1 und w_2 herangezogen, jedoch genügt für die weiteren inhaltlichen Betrachtungen die erste Diskriminanzfunktion w_1, da w_2 nur wenig zur Klassentrennung beiträgt (dies folgt sofort aus den Eigenwerten). Die in der optimalen Merkmalsmenge enthaltenen Merkmale und die dazugehörigen Koeffizienten a_{1j} in dieser ersten Diskriminanzfunktion sind in Tabelle 33 systematisiert nach den variablen Fragmenten in XL zusammengestellt. Die Mittelwerte von w_1 für die vier Klassen lauten:

	$\bar{w}_1$
Klasse 1	24,046
Klasse 2	23,385
Klasse 3	21,292
Klasse 4	16,924

Aus (9.72) und (9.74) folgt damit, daß die Wahrscheinlichkeit der Klassifizierung in die aktiveren Klassen mit wachsenden Werten von w_1 zunimmt.

Eine inhaltliche Interpretation von w_1 ist auf Grund der Kompliziertheit des Ausdrucks und insbesondere auch wegen der zahlreichen Kollinearitäten kaum möglich. Nur so viel kann gesagt werden (siehe auch die Ergebnisse der Faktoranalyse):

1. Die Eigenschaften der einzelnen Fragmente beeinflussen relativ unabhängig voneinander die biologischen Eigenschaften der Verbindungen.
2. Außer den durch die Indikatorvariablen angezeigten strukturellen Besonderheiten (siehe Tabelle 31) werden dabei Einflüsse der folgenden Eigenschaften sichtbar:

   - Hydrophobizität des Gesamtmoleküls
   - elektronische Eigenschaften von X
   - elektronische (ortho-Position) sowie hydrophobe und/oder sterische Eigenschaften von R_X
   - hydrophobe Eigenschaften von Y
   - elektronische sowie hydrophobe und/oder sterische Eigenschaften von R_Y.

Wird außerdem die aus der Varianzanalyse resultierende Information über die Unentbehrlichkeit jedes einzelnen Merkmals für die Separierung der Klassen berücksichtigt, ergeben sich noch folgende Zusatzinformationen:

Tabelle 33

Merkmale der optimalen Merkmalsmenge, für die simultane Separierung der Klassen 1 ... 4 und die dazugehörigen Koeffizienten a_{1j} der ersten Diskriminanzfunktion w_1, systematisiert nach den variablen Fragmenten in XL. Nach jeder Variablen ist in Klammern die Nummer des Faktors angegeben, in der diese hoch geladen ist (siehe Tabelle 32)

		Fragmente von XL							
Gesamtmolekül		X		R_X		Y		R_Y	
+1,56 log P	(1)	13,3 σ_m^2	(7)	+15,0 MR_o	(3)	−4,55 f	(6)	+0,60 I_{41}	(1)
−0,28 $(\log P)^2$	(1)			−5,67 MR_o^2	(3)	+1,23 f^2	(6)	−2,52 $(\Sigma\sigma)^2$	(1)
+6,11 I_{03}	(6)			−1,05 $\Sigma\pi$	(3)	+2,79 I_{31}	(6)	+1,56 MR_m	(4)
				−2,10 σ_o	(6)				
				+0,64 I_{22}	(2)				

3. Bereits mit den drei Indikatorvariablen I_{21}, I_{03} und I_{31} ist eine signifikante Separierung der Klasse 4 von den Klassen 1 ... 3 möglich, so daß offenbar insbesondere die durch diese Indikatorvariablen beschriebenen Strukturmerkmale für Aktivität oder Inaktivität entscheidend sind.
4. Der die elektronischen Eigenschaften des Ringsystems X beschreibende Term σ_m^2 ist für Separierung der Klassen 1 ... 3 untereinander von entscheidender Bedeutung. Elektronische Eigenschaften scheinen daher für die Abstufung der biologischen Aktivität innerhalb der aktiven Verbindungen wichtig zu sein.

In Tabelle 34 sind die aus der multivariaten Varianzanalyse erhaltenen statistischen Kriterien für die Klassentrennung zusammengestellt. Daraus folgt, daß die 15 Merkmale der Optimalmenge Klasse 4 sehr gut von allen anderen Klassen separieren, daß aber die Trennung innerhalb der Klassen 1 ... 3 (also der Klassen der aktiven Verbindungen) bei weitem nicht so gut ist. Dieses Bild spiegelt sich auch im Ergebnis der Reklassifizierung der

Tabelle 34
Statistische Kriterien für die Separierung der Klassen 1 ... 4 mit den 15 Merkmalen des optimalen Merkmalssatzes (vgl. Tabelle 33)

	Trennmaß T^2	Irrtumswahrscheinlichkeit p
Simultane Separierung aller Klassen	33,36	0
Paarweise Separierung von Klassen		
1 ... 2	1,649	$2,6 \cdot 10^{-2}$
1 ... 3	4,557	$2,5 \cdot 10^{-7}$
1 ... 4	20,08	0
2 ... 3	4,350	$1,0 \cdot 10^{-5}$
2 ... 4	25,96	0
3 ... 4	9,821	0

Trainingsserie wider, das in Tabelle 35 zusammengestellt ist. Dabei wird deutlich, daß die Klasse der inaktiven Verbindungen von den drei Klassen der aktiven Verbindungen sehr scharf abgetrennt ist (Reklassifizierungsfehler: 0 %), während in den drei aktiven Klassen ein relativ hoher Anteil der Verbindungen falsch reklassifiziert wird (durchschnittlicher Reklassifizierungsfehler bei den aktiven Verbindungen: 27 %). Dieses Ergebnis führt zu dem Schluß, daß für die Entscheidung über Aktivität oder Inaktivität der betrachteten Verbindungen andere Moleküleigenschaften (und damit Molekülparameter) wichtig sind als für die Abstufung der Aktivität innerhalb der aktiven Verbindungen. In anderen Worten heißt das, daß für die paarweise Separierung von Klassen bzw. bestimmter Untermengen von Klassen andere optimale Merkmalssätze nötig sind als für die simultane Separierung aller Klassen. Eine derartige Situation tritt in der Diskriminanzanalyse durchaus nicht selten auf. In solchen Fällen ist es dann zweckmäßig, das ursprüngliche Problem in Unterprobleme derart zu zerlegen, daß innerhalb eines

Tabelle 35
Resultat der Reklassifizierung der Verbindungen der Trainingsserie mittels der Diskriminanzfunktionen w_1 und w_2

	Klasse			
	1	2	3	4
n_k	14	37	19	21
Zahl der falsch reklassifizierten Verbindungen	5	7	7	0
Reklassifikationsfehler	35 %	19 %	36 %	0 %

jeden Unterproblems eine für die paarweise und für die simultane Separierung aller in diesen Unterproblemen enthaltenen Klassen gleich gut geeignete optimale Merkmalsmenge gefunden werden kann. Im vorliegenden Falle bietet sich auf Grund der bisherigen Resultate folgendes Vorgehen an:

Unterproblem 1: Separierung der inaktiven Verbindungen von der Gesamtheit aller aktiven Verbindungen (2-Klassen-Problem)

Klasse I: aktive Verbindungen (Klassen 1 . . . 3)
Klasse II: inaktive Verbindungen (Klasse 4)

Unterproblem 2: Separierung der drei Klassen der aktiven Verbindungen (Beschreibung der Abstufung der biologischen Aktivität).

Für das Unterproblem 1 wird die folgende nicht-elementare Diskriminanzfunktion erhalten:

$$w = 3{,}631\ I_{21} + 4{,}291\ I_{03} + 1{,}194\ I_{31} \tag{9.80}$$

$$T^2 = 3{,}666 \qquad p = 0$$

$$\bar{w}_1 = 14{,}34 \qquad \bar{w}_2 = 11{,}16.$$

Bei der Reklassifikation werden 85 der 91 Verbindungen der Trainingsserie richtig reklassifiziert (Reklassifizierungsfehler: 6,5 %); dieses Resultat ist sehr zufriedenstellend. Drei Indikatorvariable genügen, um die inaktiven von den aktiven Verbindungen abzutrennen. Unter Beachtung von $\bar{w}_1 > \bar{w}_2$ folgt aus (9.80), daß aktive Verbindungen einen Substituenten am β-Kohlenstoffatom von X in cis-Position zur Amidgruppe haben müssen, daß die NHCO-Gruppierung vorliegen muß und daß in Y ein Phenylring (evtl. auch ein Cyclohexylring) stehen muß. Diese Ergebnisse befinden sich in Übereinstimmung mit einigen empirischen Schlußfolgerungen [573, 576].

Bei dem Unterproblem 2 wurde zunächst wegen der aus den bisherigen Ergebnissen folgenden Redundanz der ursprünglich betrachteten 47 Merkmale eine Reduktion der Merkmalsmenge angestrebt. Hierzu wurden zunächst 10 „untypische" aktive Verbindungen (solche, die keine NHCO-Gruppe haben, bei denen Y kein Phenylring oder X aliphatisch ist) eliminiert, wodurch die Merkmale $I_{01} \ldots I_{03}$, f (Y), $[f\,(Y)]^2$ sowie I_{31} entfallen. Die verbliebenen Merkmale wurden unter Beachtung der Ergebnisse der Faktoranalyse (Tabelle 32), der optimalen Merkmalsmenge für das 4-Klassen-Problem (Tabelle 33) und der Variationsbreite der einzelnen Eigenschaften in den einzelnen Fragmenten weiter auf insgesamt 24 Merkmale reduziert, die in Tabelle 36 zusammengestellt sind.

Die aus der Varianzanalyse resultierende optimale Merkmalsmenge enthält 10 Merkmale, aus denen sich zwei signifikante Diskriminanzfunktionen w_1 und w_2 (Eigenwerte: $\lambda_1 = 2{,}35$, $\lambda_2 = 0{,}70$) ergeben. Obwohl für die Reklassifizierung der Trainingsserie wieder beide Diskriminanzfunktionen verwendet wurden, ist für die weiteren Ausführungen in diesem Abschnitt nur die erste, wesentlich trennstärkere Diskriminanzfunktion von Bedeutung. Die Koeffizienten dieser Diskriminanzfunktion sind zusammen mit den Merkmalen der Optimalmenge in Tabelle 37 zusammengestellt, und Tabelle 38 enthält die statistischen Gütekriterien für die Trennung der drei Klassen mittels der optimalen Merkmalsmenge.

Tabelle 36
Vorgegebene Merkmalsmenge für das Unterproblem 2, geordnet nach den variablen Fragmenten von XL

Fragment	Hydrophobe Merkmale	Elektronische Merkmale	Sterische Merkmale	Strukturelle Merkmale
Gesamtmolekül	log P, (log P)^2	–	–	–
X	f, f^2	σ_o, σ_m, σ_m^2	–	I_{11}
R_X	$\Sigma\pi$, $(\Sigma\pi)^2$	σ_o	MR_o	I_{22}
R_Y	π_o, π_o^2, π_m, π_p, $\Sigma\pi$, $(\Sigma\pi)^2$	$\Sigma\sigma$, $(\Sigma\sigma)^2$	ΣMR, $(\Sigma MR)^2$	–

Tabelle 37
Merkmale der optimalen Merkmalsmenge für die Separierung der Klassen 1 ... 3 und die dazugehörigen Koeffizienten a_{1j} der ersten Diskriminanzfunktion w_1, geordnet nach den variablen Fragmenten in XL

Fragmente	Merkmale	Koeffizient a_{1j}
X	σ_m^2	4,45
X	f	2,39
X	$\Sigma\sigma$	1,89
X	I_{11}	-0,73
R_X	MR_o	6,88
R_X	I_{22}	1,18
R_X	$\Sigma\pi$	-0,98
R_Y	$(\Sigma\sigma)^2$	-6,34
R_Y	π_m	2,93
R_Y	$(\Sigma MR)^2$	-0,41

Tabelle 38
Statistische Kriterien für die Separierung der Klassen 1 ... 3 mit den 10 Merkmalen der optimalen Merkmalsmenge (vgl. Tabelle 37)

	Trennmaß T^2	Irrtumswahrscheinlichkeit p
Simultane Separierung aller Klassen	9,16	0
1 ... 2	4,18	$3{,}1 \cdot 10^{-6}$
1 ... 3	7,01	$1{,}5 \cdot 10^{-9}$
2 ... 3	3,60	$2 \cdot 10^{-5}$

Tabelle 38 zeigt eine hochsignifikante Separierung aller drei Klassen untereinander. Im Gegensatz zu dem 4-Klassen-Problem sind hier auch die Klassen 1 und 2 gut voneinander separiert. Bei der Reklassifizierung werden 88 % der Verbindungen richtig reklassifiziert (Reklassifizierungsfehler: 12 %), so daß also erwartungsgemäß die Abstufung der biologischen Aktivität innerhalb der biologisch aktiven Verbindungen durch die Lösung des Unterproblems 2 wesentlich besser als durch das ursprüngliche 4-Klassen-Problem beschrieben wird.

Die Mittelwerte des nicht-elementaren Diskriminanzmerkmals w_1 für die drei Klassen lauten:

	$\bar{w}_1$
Klasse 1	10,62
Klasse 2	8,25
Klasse 3	6,13

Daraus folgt, daß hohe positive Werte der Terme der in Tabelle 37 zusammengestellten Diskriminanzfunktion günstig für eine hohe biologische Aktivität (für eine Zuordnung zu den Klassen 1 und 2) sind. Dies entspricht völlig den Verhältnissen bei dem Gesamtproblem (4-Klassen-Problem). Die Stabilität der Diskriminanzanalyse äußert sich auch darin, daß trotz verschiedener Ansätze die in den Optimalmengen des 4-Klassen-Problems (siehe Tabelle 33) und des 3-Klassen-Problems (siehe Tabelle 37) gleich bzw. analog erscheinenden Merkmale [$\sigma_m{}^2$ (X), MR_o (R_X), I_{22}, $\Sigma\pi$ (R_X), $(\Sigma\sigma)^2$ (R_Y),

$\pi_m(R_Y)$ statt $MR_m(R_Y)$] in den jeweils ersten Diskriminanzfunktionen gleiche Vorzeichen haben.

Die in Tabelle 37 angegebene Diskriminanzfunktion ist nicht nur viel besser überschaubar als die Diskriminanzfunktion für das 4-Klassen-Problem (Tabelle 33), sondern sie hat außerdem noch den Vorteil, daß die in dieser Funktion auftretenden Merkmale entsprechend den Ergebnissen der Faktoranalyse (siehe Tabelle 32) weitgehend unkorreliert sind. Damit sind die Voraussetzungen für den Versuch einer inhaltlichen Interpretation gegeben. Um die Berechtigung eines solchen Versuchs nachzuweisen, wurde für die in dem hier untersuchten 3-Klassen-Problem enthaltenen 60 aktiven Verbindungen mit den der Klasseneinteilung zugrunde liegenden pI_{50}-Werten unter Verwendung der gleichen 24 Merkmale (Tabelle 36) eine Regressionsanalyse nach dem Verfahren der automatischen Vorwärtselimination durchgeführt. Insgesamt wurden 186 Ansätze geprüft, die zu 18 signifikanten Regressionsgleichungen führten. Die beste Gleichung lautet:

$$pI_{50} = 0{,}51\ f(X) + 17{,}14\ \sigma_m^2(X) + 1{,}39\ MR_o(R_X) + 0{,}96\ \pi_m(R_Y) - 2{,}34\ (\Sigma\sigma)^2(R_Y) - 1{,}11 \quad (9.81)$$

$$n = 60 \qquad r = 0{,}784 \qquad s = 0{,}516.$$

Gleichung (9.81) ist mit $p < 0{,}001$ statistisch hochsignifikant, „erklärt" aber nur ungefähr 62 % der Datenvarianz. In Anbetracht der sehr drastischen Strukturveränderungen innerhalb der Stichprobe und der hieraus resultierenden relativ groben Parametrisierung sowie möglicherweise auch eingeschränkten Gültigkeit von Ansätzen auf der Grundlage linearer-freie-Enthalpie-Beziehungen ist dieses Resultat zunächst durchaus befriedigend.

Interessant und wichtig ist die Tatsache, daß die in (9.81) auftretenden Variablen genau diejenigen sind, die in der Diskriminanzfunktion gemäß Tabelle 37 den größten Beitrag zur Klassentrennung liefern. Die Reihenfolge der Merkmale in Tabelle 37 hinsichtlich ihrer Bedeutung für die Klassentrennung ergibt sich aus der multivariaten Varianzanalyse zu: $\sigma_m^2(X) > MR_o(R_X) > (\Sigma\sigma)^2(R_Y) > \pi_m(R_Y) > f(X) > I_{11} > \Sigma\sigma(X) > (\Sigma MR)^2(R_Y) > \Sigma\pi(R_X) > I_{22}$. Auch hinsichtlich der Vorzeichen stimmen die entsprechenden Terme in Tabelle 37 und Gleichung (9.81) überein.

Die wichtigsten Variablen in der Diskriminanzfunktion sind demnach mit denen in der Regressionsgleichung identisch, so daß die Resultate aus Diskriminanzanalyse und Regressionsanalyse als weitgehend äquivalent angesehen werden können. Damit stellt sich sofort die Frage, ob sich auch mit den fünf in (9.81) enthaltenen Merkmalen allein, d. h. also mit den fünf trennstärksten Merkmalen in Tabelle 37, eine signifikant trennende Diskriminanzfunktion finden läßt. Dies ist tatsächlich der Fall, wobei die folgende nicht-elementare Diskriminanzfunktion resultiert:

$$w_1 = 1{,}21\ f(X) + 43{,}61\ \sigma_m{}^2(X) + 4{,}41\ MR_o(R_X) + 2{,}40\ \pi_m(R_Y) - 5{,}83\ (\Sigma\sigma)^2(R_Y) \qquad (9.82)$$

$$T^2 = 4{,}80 \qquad p = 3{,}8 \cdot 10^{-8}$$

mit den Klassenmittelwerten

	$\bar{w}_1$
Klasse 1	7,93
Klasse 2	6,30
Klasse 3	4,24

In (9.82) stimmen nicht nur wieder die Vorzeichen der entsprechenden Terme (unter Beachtung der Klassenmittelwerte) mit der Regressionsgleichung (9.81) überein, sondern auch die relative Abstufung der Koeffizienten. Naturgemäß ist der Reklassifizierungsfehler für (9.82) mit 25,4 % höher als für die optimale Merkmalsmenge gemäß Tabelle 37.

Werden nur die fünf trennstärksten Merkmale der Optimalmenge betrachtet, ergibt sich aus Tabelle 37 und den Gleichungen (9.81) und (9.82) sowie unter Berücksichtigung der Wichtigkeit der einzelnen Merkmale zur Klassentrennung folgendes Bild:

1. Von besonderer Bedeutung für die biologische Aktivität sind die durch $\sigma_m(X)$ charakterisierten elektronischen Eigenschaften des Heteroatoms in meta-Position zur Carboxylgruppe im Ring X. Nach BARLIN und PERRIN [577] enthält diese elektronische Konstante in solchen Ringsystemen keinen Hinweis auf ein bestimmtes Reaktionszentrum, sondern sie ist ein allgemeiner Ausdruck für den elektronischen Zustand des Ringes. Der nicht-lineare Zusammenhang läßt sich wegen der hohen Korrelation zwischen $\sigma_m{}^2(X)$ und $\sigma_m(X)$ nicht sichern. Einen Hinweis darauf, daß der $\sigma_m{}^2$-Term nicht artifiziell an Stelle eines σ_m-Terms steht, ergibt sich allerdings daraus, daß bei Ersatz von $\sigma_m{}^2(X)$ durch $\sigma_m(X)$ der Korrelationskoeffizient für (9.81) um 0,15 abfällt. Eine mechanistische Deutung des nicht-linearen Zusammenhangs wäre auch dann, wenn er als völlig gesichert angesehen werden könnte, nicht möglich, da derartige Nichtlinearitäten auf ganz unterschiedliche Ursachen zurückzuführen sein können (siehe Abschnitt 5.1.).

2. Bei dem Unterproblem 1 hatte sich ergeben, daß für die biologische Aktivität die Anwesenheit eines Substituenten in ortho-Position in X von entscheidender Bedeutung ist. Aus dem $MR_o(R_X)$-Term ergibt sich nun die zusätzliche Information, daß die biologische Aktivität mit der Größe dieses Substituenten zunimmt. Dabei scheint es allerdings ein Optimum zu geben, da nach SNEL u. a. [578] eine Propylsubstitution in dieser Position zur Abnahme der fungiziden Aktivität führt. Dieses Optimum, das zu einem nicht-linearen Zusammenhang mit $MR_o(R_X)$ führen müßte, konnte mit den vorwiegend kleinen Substituenten in der vorliegenden Stichprobe nicht gefunden werden.
3. Im Phenylring Y steigern hydrophobe Substituenten die biologische Aktivität. Da allerdings $MR_m(R_Y)$ und $\pi_m(R_Y)$ im gleichen Faktor hoch geladen und demnach miteinander korreliert sind (Tabelle 32), können ebensogut sterische Eigenschaften dieser Substituenten von Bedeutung sein. In der optimalen Merkmalsmenge für das 4-Klassen-Problem (Tabelle 33) kommt daher $MR_m(R_Y)$ statt $\pi_m(R_Y)$ vor. Der $(\Sigma\sigma)^2(R_Y)$-Term ist schwer zu deuten und kann nur global dahingehend interpretiert werden, daß auch die elektronischen Eigenschaften von R_Y für die biologische Aktivität von Bedeutung sind.
4. Der f(X)-Term weist darauf hin, daß hydrophobere Ringe die biologische Aktivität begünstigen. Allerdings variiert die Hydrophobizität innerhalb der betrachteten Ringe nur um etwa eine Größenordnung, so daß diese Aussage mit Vorsicht zu betrachten ist.
5. In Übereinstimmung mit den Schlußfolgerungen von WHITE und THORN [573] besteht kein Zusammenhang zwischen der Abstufung der biologischen Aktivität und der Gesamthydrophobizität der betrachteten Moleküle.

Für die Konzipierung neuer Substanzen mit hoher Hemmaktivität ist die HANSCH-Gleichung (9.81) wegen des relativ niedrigen Korrelationskoeffizienten nur sehr bedingt brauchbar; sie kann nur zur Abschätzung von Trends, nicht aber zur Vorausberechnung von pI_{50}-Werten dienen. Im Gegensatz hierzu ist eine Vorausberechnung im Sinne einer Klassifizierung mit Hilfe der ermittelten Diskriminanzfunktionen sehr wohl möglich. Dabei wäre folgendermaßen vorzugehen:

1. Aufstellung einer Liste von synthetisch zugängigen weiteren Verbindungen bzw., wenn vorhanden, solcher Verbindungen, die bereits vorliegen, aber noch nicht getestet wurden;
2. Klassifizierung mit der Diskriminanzfunktion (9.80) und dabei Vorhersage darüber, welche Verbindungen aktiv und welche inaktiv sein werden;

3. Klassifizierung der als aktiv eingestuften Verbindungen mit den beiden aus der optimalen Merkmalsmenge in Tabelle 37 ermittelten Diskriminanzfunktionen;
4. Synthese bzw. biologische Testung der dabei in die Klasse 1 klassifizierten Verbindungen.

Möglicherweise könnten hier bei Anwendung der SIMCA-Methode noch weiterführende Aussagen (Anordnung der Verbindungen innerhalb der Klassen) erhalten werden.

Die wichtigsten methodischen Schlußfolgerungen aus diesem Beispiel sind:

1. In solchen Stichproben, wo sehr drastische Strukturvariationen und die sich daraus notwendigerweise ergebende grobe Parametrisierung die Anwendbarkeit des extrathermodynamischen Ansatzes stark einschränken oder sogar unmöglich machen, ist nach entsprechender Vergröberung der biologischen Daten eine quantitative Struktur-Wirkungs-Analyse mit Hilfe von Klassifizierungsverfahren doch noch möglich. Natürlich sind die Aussagen, die sich aus den resultierenden quantitativen Struktur-Wirkungs-Beziehungen erhalten lassen, ebenfalls gröber.
2. Für die Trennung inaktiver von aktiven Verbindungen und für die Graduierung der biologischen Aktivität (Trennung der Klassen der aktiven Verbindungen) können verschiedene Ursachen verantwortlich und damit unterschiedliche Merkmalsmengen erforderlich sein. In solchen Fällen ist eine Zerlegung des Gesamtproblems in Unterprobleme wie in diesem Beispiel zweckmäßig.
3. Diskriminanzfunktionen können inhaltlich ähnlich wie Regressionsgleichungen interpretiert werden, wenn sie die Verteilung der Verbindungen über die Klassen hinreichend gut beschreiben und insgesamt nicht zu komplex sind. Dabei müssen Kollinearitäten und Multikollinearitäten berücksichtigt und die Resultate der Varianzanalyse (Wichtigkeit der einzelnen Merkmale für die Klassentrennung) als zusätzliche Information genutzt werden.

9.2.2.2.2. Beeinflussung des Blutzuckerspiegels in Ratten durch ortho-Toluolsulfonylharnstoffe und -thioharnstoffe

Bei diesem Beispiel [563] erfolgt die Klasseneinteilung nach der Richtung des beobachteten Effektes. In einer Serie von 22 disubstituierten ortho-Toluolsulfonylharnstoffen und -thioharnstoffen der Struktur XLI wurde nach intraperitonealer Applikation bei Ratten der Blutzuckerspiegel teils erhöht, teils erniedrigt; einige Verbindungen zeigten keinen Einfluß [579]. Die Verbindungen dieser Serie lassen sich demnach in drei Klassen einteilen:

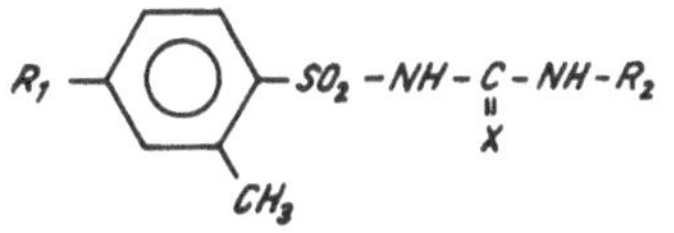

Formelbild XLI

R_1: CH_3O, C_2H_5O, n-C_3H_7O, n-C_4H_9O, n-$C_5H_{11}O$, CH_3CONH, CH_3
R_2: H, CH_3, C_2H_5, n-C_3H_7, n-C_4H_9, $C_6H_5CH_2$
X: O, S

Klasse 1: blutzuckersteigernde Verbindungen ($n_1 = 9$)
Klasse 2: inaktive Verbindungen ($n_2 = 8$)
Klasse 3: blutzuckersenkende Verbindungen ($n_3 = 5$).

Die Merkmale zur Durchführung der Diskriminanzanalyse sind in Tabelle 39 zusammengestellt. Tabelle 40 enthält die Resultate der multivariaten Varianzanalyse (Aufbauverfahren). Offensichtlich ist MR_2 allein ausreichend, um Klasse 1 von den beiden anderen Klassen zu trennen, nicht aber für die Separierung der Klassen 2 und 3. Hierfür muß die Merkmalsmenge um die Merkmale I_1 und R_M erweitert werden, wodurch aber dann

Tabelle 39
Merkmale zur Molekülbeschreibung von XLI

Fragment	Merkmale
Gesamtmolekül	R_M [1]
X	$I_1 = \begin{cases} 1 \text{ für } X = S \\ 0 \text{ für } X = O \end{cases}$
R_1	π_1, σ_1, MR_1
R_2	π_2, MR_2 $I_2 = \begin{cases} 1 \text{ für elektronenziehende Substituenten} \\ 0 \text{ sonst.} \end{cases}$

1 Berechnet aus dünnschichtchromatographischen R_f-Werten mit dem Laufmittel n-Butanol/7 m Ammoniak (7:3) auf Silufol UV 254 (Aluminiumoxid, Kieselgel, Stärke) [579].

Tabelle 40
Ergebnis der multivariaten Varianzanalyse für die Wirkung von XLI auf den Blutzuckerspiegel bei Ratten

Merkmalsmenge	Klassenvergleich	Trennmaß T^2	Irrtumswahrscheinlichkeit p[1]
MR_2	alle[2]	1,947	<u>0,009</u>
	1 ... 2[3]	1,212	<u>0,012</u>
	1 ... 3	1,520	<u>0,006</u>
	2 ... 3	0,072	0,508
MR_2, I_1	alle	2,823	<u>0,013</u>
	1 ... 2	1,212	<u>0,047</u>
	1 ... 3	2,243	<u>0,007</u>
	2 ... 3	0,774	0,127
MR_2, I_1, R_M	alle	5,175	<u>0,004</u>
	1 ... 2	1,216	0,114
	1 ... 3	4,126	<u>0,002</u>
	2 ... 3	2,724	<u>0,010</u>
MR_2, I_1, R_M, π_1 (optimale Merkmalsmenge)	alle	6,861	<u>0,004</u>
	1 ... 2	1,505	0,142
	1 ... 3	5,814	<u>0,001</u>
	2 ... 3	3,385	<u>0,012</u>

1 Die unterstrichenen Werte zeigen eine signifikante Klassentrennung an
2 Simultanvergleich aller Klassen
3 Einzelvergleiche von je zwei Klassen

die Trennung der Klassen 1 und 2 verlorengeht. Mit der optimalen Merkmalsmenge für die simultane Separierung aller Klassen mit den Merkmalen MR_2, I_1, R_M und π_1 erfolgt ebenfalls keine signifikante Trennung der Klassen 1 und 2. Daraus folgt insgesamt, daß hypo- und hyperglykämische Aktivität von unterschiedlichen Moleküleigenschaften abhängen.

Aus der optimalen Merkmalsmenge ergeben sich zwei nicht-elementare Diskriminanzfunktionen, von denen nur die erste statistisch signifikant ist:

$$w_1 = 0{,}258\ MR_2 + 2{,}297\ I_1 + 14{,}65\ R_M + 1{,}170\ \pi_1 \qquad (9.83)$$

	$\bar{w}_1$
Klasse 1	8,549
Klasse 2	9,499
Klasse 3	11,93

Mit (9.83) werden 19 der 22 Verbindungen der Stichprobe korrekt reklassifiziert (Reklassifizierungsfehler: 13 %). Mit den Klassenmitteln des Diskriminanzmerkmals folgt aus (9.83), daß hohe Werte von MR_2, R_M und π_1 sowie die Anwesenheit der Thioamidgruppe (X = S) günstig für das Auftreten einer blutzuckersenkenden Wirkung sind.

Da für hypo- und hyperglykämische Aktivität andere Moleküleigenschaften bzw. Merkmale entscheidend sind, ist es zweckmäßig, die Separierung der Klassen 1 und 2 sowie der Klassen 2 und 3 als zwei getrennte Unterprobleme zu behandeln:

Unterproblem 1: Trennung der Klassen 1 und 2
Unterproblem 2: Trennung der Klassen 2 und 3.

Für das Unterproblem 1 ergibt sich in Übereinstimmung mit den Ergebnissen in Tabelle 40, daß die Variable MR_2 zur Klassentrennung ausreichend ist (T^2 = 0,90, p = 0,02), wobei die folgende nicht-elementare Diskriminanzfunktion resultiert:

$$w = 0{,}143\ MR_2 \tag{9.84}$$

	$\bar{w}$
Klasse 1	1,474
Klasse 2	2,740

Mit dieser Diskriminanzfunktion werden 14 der 17 betrachteten Verbindungen korrekt reklassifiziert. Um die Trennstärke von (9.84) noch genauer zu überprüfen, wurde die bereits erwähnte "leave-one-out"-Technik angewendet. Dabei wurden 17 Diskriminanzanalysen durchgeführt und in jeder dieser Analysen eine der 17 Verbindungen herausgelassen. Die herausgelassene Verbindung wurde jeweils mittels der aus den Daten für die restlichen 16 Verbindungen erhaltenen Diskriminanzfunktion klassifiziert (simulierte Vorhersage). Auch bei diesem Test wurden wieder 14 Verbindungen korrekt reklassifiziert.

Die optimale Merkmalsmenge für das Unterproblem 2 enthält (ebenfalls in Übereinstimmung mit den Ergebnissen in Tabelle 40) die Merkmale MR_2, I_1 und R_M (T^2 = 4,06, p = 0,015). Die nicht-elementare Diskriminanzfunktion lautet:

$$w = 0{,}15\ MR_2 + 2{,}82\ I_1 + 8{,}53\ R_M \qquad (9.85)$$

	$\bar{w}$
Klasse 2	5,399
Klasse 3	8,092

Die Diskriminanzfunktion ergibt für 12 der 13 betrachteten Verbindungen eine korrekte Reklassifizierung, und im Resultat der "leave-one-out"-Technik werden 10 Verbindungen korrekt reklassifiziert.

Die Gesamtheit der Ergebnisse führt zu folgenden Schlußfolgerungen:

1. Die optimalen Merkmalsmengen für die Separierung der Klassen 1 bzw. 3 von der Klasse 2 sind verschieden, und diese Tatsache führt zum Auftreten des Merkmals π_1 in der optimalen Merkmalsmenge für die Separierung aller drei Klassen.
2. Entscheidend für die hyperglykämische Aktivität sind die Eigenschaften der Substituenten in R_2.
   Da MR_2 hoch zu π_2 korreliert ist, läßt sich allerdings nicht zwischen hydrophoben und sterischen Substituenteneffekten unterscheiden. Aus (9.83) und (9.84) folgt, daß Substituenten in R_2 für blutzuckersteigernde Verbindungen klein und/oder hydrophil sein sollten, während größere und/oder hydrophobere Substituenten günstig für die hypoglykämische Aktivität sind [siehe auch (9.85)]. Diese Schlußfolgerung befindet sich in Übereinstimmung mit Ergebnissen von RUSCHIG u. a. [580, 581], wonach hohe hypoglykämische Aktivität bei N-Alkylsubstituierten Sulfonylharnstoffen Substituenten mit mindestens 3 C-Atomen erfordert.
3. Die wichtigste Moleküleigenschaft für die hypoglykämische Aktivität wird durch den R_M-Wert widergespiegelt, da R_M den größten Anstieg von T^2 und die stärkste Erniedrigung von p für die Separierung der Klassen 2 und 3 zur Folge hat (Tabelle 40). R_M korreliert negativ mit der Summe aus π_1 und π_2 gemäß

$$R_M = -0{,}110\ (\pi_1 + \pi_2) + 0{,}502 \qquad (9.86)$$

$$n = 22 \qquad r = -0{,}859 \qquad s = 0{,}006$$

und kann damit als ein Maß für die Hydrophilie der Gesamtmoleküle angesehen werden. Das simultane Auftreten von R_M mit π_1 und MR_2 in (9.83) bzw. von R_M mit MR_2 in (9.85) könnte auf ein Optimum der Gesamthydrophobizität hinsichtlich der hypoglykämischen Aktivität hindeuten. Es ist allerdings auch möglich, daß dieser Sachverhalt lediglich den für die hypoglykämische Aktivität ungünstigen Einfluß großer Alkoxygruppen widerspiegelt [582].

4. Die Amidgruppe ist nicht essentiell für blutzuckersenkende Sulfonylharnstoffe. Von Bedeutung ist offensichtlich lediglich die Anwesenheit eines an Stickstoff gebundenen sp^2-hybridisierten Kohlenstoffes, wobei die Thioamidgruppe im Vergleich zur Amidgruppe die hypoglykämische Aktivität begünstigt.
5. Da verschiedene Molekülparameter für die Separierung der Klassen 1 und 3 von der Klasse der inaktiven Verbindungen notwendig sind, liegt der Schluß nahe, daß hyper- und hypoglykämische Aktivität über zwei verschiedene Mechanismen gesteuert werden. Diese Schlußfolgerung läßt sich durch experimentelle Resultate stützen. Die hypoglykämische Wirkung wird durch die Wechselwirkung mit Rezeptoren in den β-Zellen ausgelöst [583], während eine Steigerung des Blutzuckers wahrscheinlich auf eine erhöhte Adrenalinausschüttung zurückzuführen ist [584, 585]. Diese beiden entgegengerichteten Effekte überlappen sich offensichtlich, und es hängt von ihrer relativen Stärke ab, ob eine gegebene Verbindung den Blutzuckerspiegel steigert, senkt oder unverändert läßt. Da die Substituenteneffekte auf diese beiden Effekte verschieden sind, wird leicht verständlich, weshalb strukturell sehr ähnliche Verbindungen des Sulfonylharnstoff- bzw. Sulfonamidtyps den Blutzuckerspiegel in ganz unterschiedlicher Weise beeinflussen können.

9.3. Die Rangkorrelationsanalyse

Bei der Anwendung dieses Verfahrens in der quantitativen Struktur-Wirkungs-Analyse [586] wird davon ausgegangen, daß innerhalb homologer Serien zwischen der biologischen Wirkquantität und den für die biologische Wirkquantität relevanten Molekülparametern ein definierter und monotoner Zusammenhang besteht. Derartige Zusammenhänge lassen sich durch Rangkorrelationsanalyse [587] untersuchen. Zunächst werden die Werte der biologischen Wirkquantität und der zu betrachtenden Molekülparameter in Rangzahlen transformiert. Die Rangzahlen geben an, an welcher Stelle der jeweilige Wert stünde, wenn die Daten der Größe nach aufsteigend in einer Rangfolge geordnet werden. Mit diesen Rangzahlen läßt sich der Rangkorrelationskoeffizient nach SPEARMAN (siehe [587]) zur Charakterisierung der Verknüpfung eines Molekülparameters x_j mit der biologischen Wirkquantität A gemäß (9.87) berechnen:

$$r_{s,j} = 1 - 6 \sum_{i=1}^{n} d_i^2 / (n^3\text{-}n). \tag{9.87}$$

Dabei ist d_i die Differenz der Rangzahlen des Parameters x_j und der Wirkquantität für die i-te Verbindung, und n ist die Zahl der Verbindungen in der Stichprobe. Bei einer perfekten Korrelation zwischen A und x_j nimmt $(r_{s,j})$ den Wert $|1|$ an.

Das in [586] angegebene Verfahren gestattet neben dem normalen univariaten Fall auch die Einbeziehung von Linearkombinationen von zwei und drei Molekülparametern p_k in die Rangkorrelationsanalyse:

univariater Fall:

$$x_j = x_j \tag{9.88}$$

bivariater Fall:

$$x_j = ap_1 + bp_2 \tag{9.89}$$

trivariater Fall:

$$x_j = ap_1 + bp_2 + cp_3. \tag{9.90}$$

Die Gewichtsfaktoren der Linearkombinationen werden so festgelegt, daß der entsprechende Rangkorrelationskoeffizient einen maximalen Wert annimmt. Eine spezielle Programmvariante gestattet weiterhin die Einbeziehung monoextremaler Zusammenhänge, die durch Spiegelung am Extremum in monotone Zusammenhänge überführt werden. Die berechneten Rangkorrelationskoeffizienten müssen mittels eines speziellen verteilungsfreien Prüfungsverfahren geprüft werden, ob bzw. bei welchem Signifikanzniveau sie von Null verschieden sind; nur wenn der Unterschied von Null statistisch gesichert ist, kann ein Zusammenhang zwischen A und x_j angenommen werden. Ist nach der Analyse einer Stichprobe bekannt, welche Parameter (bzw. Parameterkombinationen) x_j am besten mit der biologischen Aktivität korrelieren, können mit Hilfe der entsprechenden Werte für x_j unbekannte Verbindungen in die bereits vorliegende Rangfolge eingeordnet und damit halbquantitative Schlüsse auf die zu erwartende biologische Wirkquantität dieser

Verbindungen gezogen werden (Strukturoptimierung); außerdem sind begrenzte Schlußfolgerungen hinsichtlich der für die biologische Aktivität wichtigen Moleküleigenschaften möglich.

Das Verfahren in der vorliegenden Form ist speziell dafür ausgelegt, eine sehr große Zahl von Molekülparametern ohne oder mit sehr wenigen Hypothesen über mögliche Wechselwirkungen zwischen Wirkstoffen und Biosystemen auf ihre Korrelation zur biologischen Wirkquantität zu prüfen. Eine solche Situation entsteht beispielsweise dann, wenn alle üblichen quantenchemischen Molekülparameter in die Betrachtung einbezogen werden sollen, und für diesen Zweck ist das Verfahren hauptsächlich gedacht. Für die Verbindungen der Stichprobe wird ein Standardsatz quantenchemischer Parameter berechnet und zusammen mit den Werten für die Wirkquantität auf Band gespeichert. Zusätzlich können noch weitere Parameter zur Charakterisierung hydrophober oder spezieller sterischer Moleküleigenschaften eingespeist werden. Wenn gewünscht, ist es auch möglich, analog zum Vorgehen bei der Regressionsanalyse Problemvektoren (hier sind dann allerdings Hypothesen notwendig) zu formulieren. Sämtliche Daten werden dann in Rangzahlen übertragen und der Rangkorrelationsanalyse unterworfen. Wegen der sehr großen Zahl von Parametern, die in die Untersuchung einbezogen werden können, wird eine spezielle Teststatistik zur Prüfung der Rangkorrelationskoeffizienten benutzt.

Das Verfahren kann hierarchisch mit der Regressionsanalyse gekoppelt werden. Ein Vorteil des Verfahrens besteht darin, daß die Meßwerte für A nur so genau bekannt sein müssen, wie es zur Aufstellung einer Rangfolge gerade notwendig ist.

10. Rechnerfreie Suchverfahren auf der Grundlage des extrathermodynamischen Ansatzes

Für den bereits erwähnten Fall, daß die biologische Testung schnell im Vergleich zur chemischen Synthese ist, kann die Rückinformation aus dem biologischen Test ständig für das weitere Vorgehen genutzt werden. Es entsteht eine Situation, die eine gewisse Ähnlichkeit mit einem Brettspiel hat. Ziel des Spieles ist es, mit möglichst wenigen Zügen zum Erfolg zu kommen, d. h. mit möglichst wenigen Synthesen und Testungen die biologisch aktivsten Mitglieder einer Familie von Verbindungen zu finden. Diese Art des Vorgehens wird in der Wirkstoffsuche schon lange geübt, wobei allerdings die Entscheidung über den jeweils nächsten Zug im allgemeinen rein intuitiv oder doch mindestens sehr empirisch gefällt wurde. Auf der Grundlage des extrathermodynamischen Ansatzes läßt sich nun diese Entscheidung bis zu einem gewissen Grade formalisieren und damit objektiver fällen, wodurch das Vorgehen effektiver und rationeller wird. Dabei wird der Grundgedanke des extrathermodynamischen Ansatzes übernommen, wonach zwischen der biologischen Wirkquantität und den die für die biologische Wirkung relevanten Moleküleigenschaften charakterisierenden Molekülparametern ein definierter Zusammenhang besteht. Es resultieren Strategien, die den Vorteil haben, einfach und doch leistungsfähig zu sein und ohne den Einsatz von Rechnern auszukommen. Mit ihrer Hilfe ist es möglich, in einer begrenzten Menge von Verbindungen sehr schnell die biologisch aktivsten zu finden oder aber eine Stichprobe so zusammenzusetzen, daß sie den Anforderungen für eine quantitative Struktur-Wirkungs-Analyse (vgl. Abschnitt 8.1.) weitgehend entspricht und dabei aber bereits stark aktive Verbindungen enthält.

Das Vorgehen basiert auf der Erfahrung, daß eine grobe Abstufung der biologischen Wirkquantität häufig bereits durch zwei oder mitunter sogar nur durch einen Molekülparameter relativ gut beschrieben werden kann, wobei der Hydrophobizitätseinfluß meist eine dominierende Rolle spielt.

10.1. Der Entscheidungsbaum nach TOPLISS

Bei dem von TOPLISS [588, 589] vorgeschlagenen Verfahren wird angenommen, daß die biologische Wirkquantität verschiedener Derivate primär von hydrophoben und elektronischen Substituenteneinflüssen (also von π und σ)

abhängt. Die Veränderung der Wirkquantität beim Austausch von Substituenten ist dann auf eine bestimmte und logische Weise mit den π- und σ-Werten der Substituenten verknüpft, und auf der Grundlage dieser Logik kann ein Entscheidungsbaum konstruiert werden, der die schnelle Auffindung von aktiven Verbindungen (bzw. der günstigsten Substituenten) gestattet. Das Prinzip soll anhand von Abbildung 17 erläutert werden, wobei im Interesse der Übersichtlichkeit die vereinfachende Annahme gemacht wird, daß keine bioisosteren Substituenten auftreten, d. h. daß jeder Austausch von Substituenten auch zu einer Veränderung der biologischen Wirkquantität führt. Eine Wirkungszunahme wird durch ein Plus-Zeichen angezeigt, eine Wirkungsabnahme durch ein Minus-Zeichen. In Abbildung 17 wird in Anlehnung an ein von HANSCH [459] diskutiertes fiktives Beispiel der Fall betrachtet, daß der günstigste Substituent für eine para-Position in einem aromatischen System gefunden werden soll. Begonnen wird mit der Testung der nicht-substituierten Stammverbindung. Die Auswahl des ersten Substituenten ist vom Verfahren her an sich gleichgültig, jedoch ist es zweckmäßig, die folgenden Gesichtspunkte zu beachten:

1. Der Substituent sollte keine extremen hydrophoben oder elektronischen Eigenschaften haben.
2. Er sollte hydrophober als Wasserstoff sein, da eine nicht zu große Hydrophobizitätssteigerung in den meisten Fällen zu einer Wirkungszunahme führt.
3. Die Synthese der entsprechenden Verbindung sollte möglichst einfach zu realisieren sein.
4. Der Substituent sollte nicht metabolisiert werden.

Bei Substituentenvariationen in einem Ringsystem werden diese Bedingungen am besten durch Halogene erfüllt, so daß die Herstellung des Brom-Derivates (hydrophober als F und Cl, aber noch nicht so hydrophob wie J; dabei meist leicht synthetisierbar) ein guter Eröffnungsschritt ist. Resultiert dabei eine Wirkungsverstärkung, gelangt man zum *linken Teil des Entscheidungsbaumes,* der zuerst erläutert werden soll. Eine Wirkungsverstärkung durch Brom kann auf die erhöhte Hydrophobizität (+ π-Effekt), die elektronenziehende Wirkung (+ σ-Effekt) oder auch auf beides zurückzuführen sein. Wird zunächst letzteres angenommen, sollte als nächstes ein Substituent eingeführt werden, der noch hydrophober und elektronenziehender ist; ein solcher Substituent ist beispielsweise die SCF_3-Gruppe. Resultiert wieder eine Wirkungsverstärkung, könnte als nächstes die noch hydrophobere Phenylgruppe eingeführt werden. Diese Gruppe hat kaum einen elektronischen Effekt, so daß im Falle einer erneuten Wirkungssteigerung der Schluß

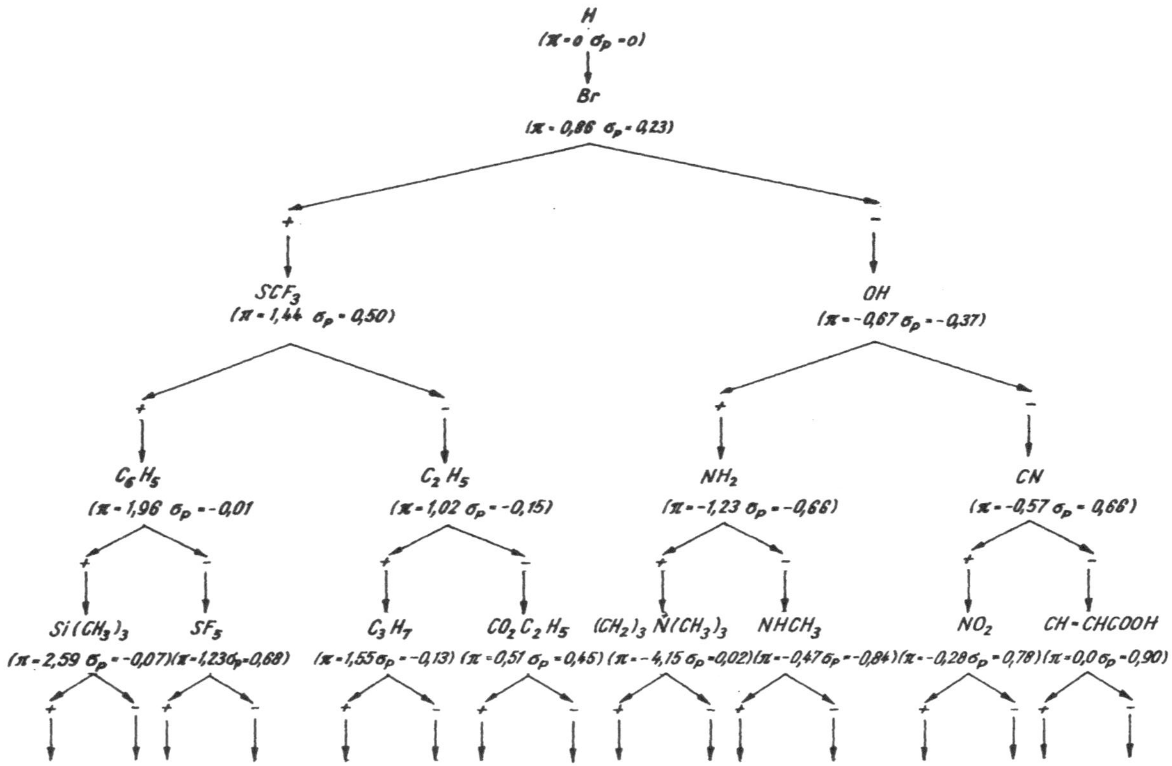

Abb. 17. Entscheidungsbaum nach TOPLISS

nahe liegt, daß die Wirkquantität in erster Linie von der Hydrophobizität abhängt. Als nächstes wäre dann ein noch hydrophoberer Substituent zu wählen, der aber sicherheitshalber keinen ausgeprägten elektronenschiebenden Charakter ($-\sigma$-Effekt) haben sollte. Ein solcher Substituent wäre beispielsweise die $Si(CH_3)_3$-Gruppe, die aber ohne weiteres auch durch eine längere Alkylkette oder durch eine hydrophob substituierte Phenylgruppe ersetzt werden könnte.

Wird durch die Phenylgruppe die Wirkung herabgesetzt, kann dies darauf zurückzuführen sein, daß die Phenylgruppe bereits das Hydrophobizitätsoptimum überschreitet und/oder daß der $+\sigma$-Effekt für die biologische Wirkung essentiell ist. Im nächsten Schritt wäre daher in diesem Falle ein etwas weniger hydrophober Substituent mit einem deutlichen $+\sigma$-Effekt wie etwa die SF_5-Gruppe zu wählen.

Ist das SCF_3-Derivat weniger aktiv als die Bromverbindung (rechte Hälfte des linken Teiles des Entscheidungsbaumes), kann dies daran liegen, daß diese Gruppe bereits zu hydrophob ist. Es ist aber auch möglich und fast wahrscheinlicher, daß ein $+\sigma$-Effekt für die biologische Wirkung ungünstig ist, wobei dieser ungünstige Einfluß zwar im Falle der Bromverbindung noch durch den günstigen $+\pi$-Effekt überkompensiert wird, aber nicht mehr im Falle der wesentlich stärker elektronenziehenden SCF_3-Gruppe. Diese Möglichkeit läßt sich beispielsweise über das Äthylderivat prüfen, da die Äthylgruppe einen $-\sigma$-Effekt hat; zugleich ist sie etwas weniger hydrophob. Resultiert eine Wirkungsverstärkung, wird beim nächsten Substituenten der $-\sigma$-Charakter beibehalten und die Hydrophobizität erhöht; ein geeigneter Kandidat hierfür wäre beispielsweise die Propylgruppe. Eine Wirkungsabnahme durch die Äthylgruppe, die nicht wesentlich hydrophober als Brom ist, könnte dahingehend gedeutet werden, daß der $+\pi$-Effekt des Substituenten klein sein muß und daß der $+\sigma$-Effekt von wesentlicher Bedeutung ist, wobei möglicherweise Brom bereits etwas zu hydrophob und nur auf Grund seines $+\sigma$-Effektes wirkungsverstärkend ist. In diesem Falle müßte als nächstes ein Substituent mit einem geringeren $+\pi$- und einem ausgeprägteren $+\sigma$-Effekt als Brom (z. B. $CO_2C_2H_5$) gewählt werden.

Wird durch Brom eine Herabsetzung der Wirkquantität hervorgerufen *(rechter Teil des Entscheidungsbaumes),* sind offenbar hydrophobe und/oder elektronenziehende Substituenten ungünstig. Ein zur Prüfung dieser Möglichkeiten geeigneter Substituent ist die OH-Gruppe, die einen $-\pi$- und $-\sigma$-Effekt hat. Bringt die OH-Gruppe eine Wirkungsverstärkung, sind offensichtlich solche Substituenten günstig, so daß im nächsten Schritt beispielsweise die NH_2-Gruppe eingeführt werden könnte. Nimmt die Wirkung weiter zu, könnte geprüft werden, ob $-\pi$- und $-\sigma$-Effekt gleich wichtig sind oder ob einer der beiden Effekte überwiegt. Würde z. B. die $(CH_2)_3\overset{+}{N}(CH_3)_3$-Gruppe wirkungsverstärkend wirken, wäre offensichtlich die Wirkquantität primär von dem $-\pi$-Effekt abhängig.

Bringt die OH-Gruppe keine Wirkungsverstärkung (rechte Hälfte des rechten Teiles), könnte es sein, daß zwar ein $-\pi$-Effekt prinzipiell günstig, dafür aber ein $-\sigma$-Effekt ungünstig ist. Um diese Möglichkeit zu prüfen, wäre beispielsweise die CN-Gruppe ($-\pi$-Effekt, $+\sigma$-Effekt) gut geeignet, die dann eine Wirkungssteigerung hervorrufen müßte. Ist dies der Fall, wäre als nächstes ein hydrophiler Substituent mit noch stärker ausgeprägtem $+\sigma$-Effekt wie etwa die NO_2-Gruppe auszuwählen. Tritt das Gegenteil ein, ist möglicherweise Br zwar zu hydrophob, aber CN bereits wieder zu hydrophil. In diesem Fall würde man sich für einen Substituenten entscheiden, dessen Hydrophobizität etwa zwischen Br und CN liegt und der einen sehr ausgeprägten elektronischen Einfluß hat, wobei es zunächst gleichgültig ist, ob es sich dabei um einen $+\sigma$- oder $-\sigma$-Effekt handelt, da über die zu erwartende Richtung des elektronischen Substituenteneinflusses an dieser Stelle keine klaren Annahmen zu machen sind. Wird zunächst ein $+\sigma$-Substituent gewählt, wäre CH = CH COOH ein geeigneter Kandidat, während als $-\sigma$-Substituent etwa die $N(CH_3)_2$-Gruppe (π = 0,18, σ_p = –0,83) in Frage käme.

Es muß betont werden, daß diese Substituentenauswahl keinesfalls die einzig mögliche ist. Das Vorgehen führt immer nur zu Schlußfolgerungen hinsichtlich der Eigenschaften, die der als nächstes zu prüfende Substituent haben sollte. Welcher Substituent dann wirklich ausgewählt wird, hängt nicht zuletzt auch von der Synthetisierbarkeit der entsprechenden Verbindung ab (dieser Aspekt wurde bei den Vorschlägen in Abbildung 17 in keiner Weise berücksichtigt).

Das Verfahren berücksichtigt zunächst keine sterischen Effekte. Solche Effekte können bis zu einem gewissen Grade dadurch diagnostiziert werden, daß die biologische Wirkquantität der Logik des reinen π-σ-Schemas nicht oder nur teilweise folgt und Abweichungen von dieser Logik in einem erkennbaren Zusammenhang mit sterischen Substituenteneigenschaften stehen. Dadurch ist es möglich – allerdings in relativ engen Grenzen und durchaus nicht immer –, sterische Substituenteneigenschaften in die Betrachtung mit einzubeziehen. Die TOPLISS-Methode kann auch bei Mehrfachsubstitution angewendet werden, wobei natürlich Additivitätsannahmen hinsichtlich der Substituenteneinflüsse gemacht werden müssen. Wird die Abhängigkeit von π und σ in zu komplizierter Weise von sterischen und Positionseffekten überlagert, dürfte die Anwendungsgrenze des Verfahrens sehr schnell erreicht sein. Ein weiteres Problem besteht darin, daß im allgemeinen zunächst nicht bekannt ist, ob die biologische Wirkquantität bei einem gegebenen Fall tatsächlich primär von π und σ abhängt; in einigen Fällen wäre beispielsweise ebensogut eine Kombination von σ und E_s denkbar. Auch dann ließe sich natürlich das TOPLISS-Verfahren anwenden, nur müßte eben eine Entscheidung möglich sein, in welchen Fällen mit σ und E_s anstelle von π und σ zu arbeiten wäre. Generell ist aber sicher das Vorgehen auf der Grundlage von π und σ am erfolgversprechendsten, da dieser Fall am häufigsten auftritt.

Das TOPLISS-Verfahren kann unter zwei etwas unterschiedlichen Zielstellungen angewendet werden. Einmal kann die Situation auftreten, daß aus einer relativ begrenzten Zahl bereits vorhandener oder potentiell synthetisierbarer Verbindungen (hier kann eine Begrenzung beispielsweise durch verfügbare Ausgangsprodukte gegeben sein) mit möglichst wenig Schritten die aktivste Verbindung gefunden werden soll. Mit dieser Zielstellung beschränkt man sich auf einen recht kleinen Teil des Sub-System-Raumes, der nicht sehr wesentlich über den Raum der Stichprobe hinausgeht, kann aber dafür diesen speziellen Raum sehr schnell und systematisch abtasten. Von MARTIN und DUNN [590] wurden bei einer retrospektiven Anwendung des TOPLISS-Schemas auf einige Literaturbeispiele die in Tabelle 41 zusammengestellten Ergebnisse erhalten. Danach läßt sich durch Anwendung des TOPLISS-Schemas eine durchschnittliche Einsparung von etwa 60 % erzielen. Die zweite Zielstellung besteht darin, eine Stichprobe mit systematisch variierten Substituenteneigenschaften (eine logische Folge des Vorgehens) zusammenzustellen, die für eine anschließende quantitative Struktur-Wirkungs-Analyse geeignet und repräsentativ ist, zugleich aber bereits stark aktive Verbindungen enthält.

Natürlich stellt das TOPLISS-Verfahren eine relativ grobe Vereinfachung dar, so daß zu erwarten ist, daß es nicht immer zum gewünschten Erfolg führen wird. Trotzdem ist die Anwendung dieses Verfahrens für den Fall „Testung schneller als Synthese" immer zu empfehlen: im Falle eines Erfolges läßt sich nicht nur eine wesentliche Einsparung erzielen, sondern es entstehen auch günstige Voraussetzungen für einen hohen Informationsgewinn durch eine anschließende quantitative Struktur-Wirkungs-Analyse; im Falle eines Mißerfolges dagegen entstehen keinerlei Nachteile, denn das TOPLISS-Verfahren führt in keinem Falle zu einer Erhöhung des experimentellen Aufwandes oder zu einer Senkung der Auffindungswahrscheinlichkeit.

10.2. Das sequentielle Simplex-Verfahren

Wird wieder vorangesetzt, daß sich die biologische Wirkquantität in vielen

Tabelle 41
Ergebnisse der retrospektiven Anwendung des TOPLISS-Schemas auf einige Literaturbeispiele (aus [590])

Substanzklasse	Biologische Wirkung	Zahl der untersuchten Verbindungen in der Stichprobe	Zahl der Verbindungen, deren Untersuchung bei Anwendung des TOPLISS-Schemas zur Auffindung des aktivsten Derivates innerhalb der Stichprobe notwendig gewesen wäre
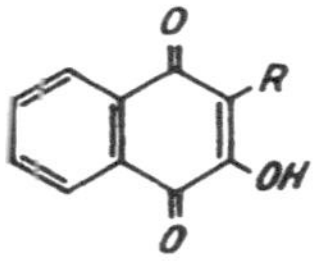	Antimalariawirkung	295	5 (Anmerkung: damit wird allerdings nur eine von 26 etwa äquipotenten Verbindungen gefunden)
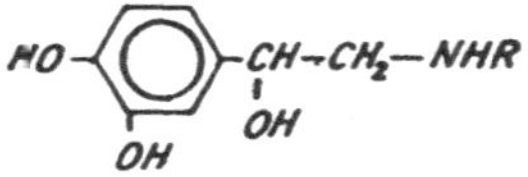	β_1-Wirkung β_2-Wirkung	9 9	3 3
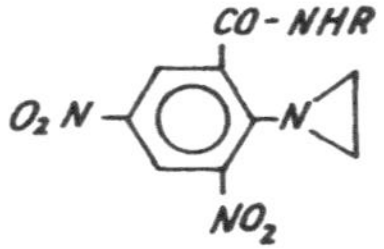	cytostatisch	11	5
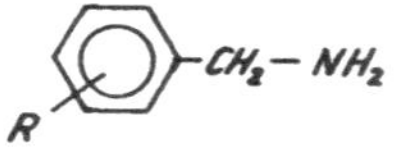	Oxydation durch Mono-Aminooxydase	13	5

noch **Tabelle 41**

Substanzklasse	Biologische Wirkung	Zahl der untersuchten Verbindungen in der Stichprobe	Zahl der Verbindungen, deren Untersuchung bei Anwendung des TOPLISS-Schemas zur Auffindung des aktivsten Derivates innerhalb der Stichprobe notwendig gewesen wäre
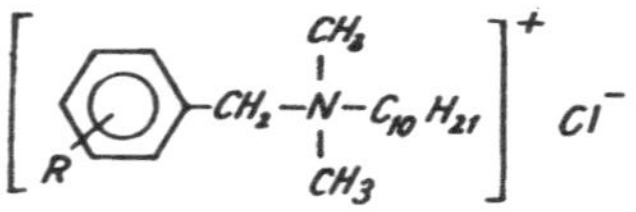	Hemmung *S. aureus*	7	3
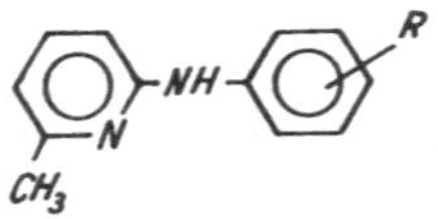	Hemmung *E. coli*	19	5
	Hemmung *S. aureus*	19	4

Fällen hinreichend gut durch π und σ (oder gegebenenfalls auch eine andere Kombination von zwei Molekülparametern) beschreiben läßt, läßt sich jeder Substituent bzw. jede Verbindung als Punkt in einem dreidimensionalen Koordinatensystem mit den Koordinaten A (Wirkquantität), π und σ darstellen. Diese Punkte liegen auf einer Fläche, die bei einem bestimmten Wertepaar π, σ in bezug auf A ein Maximum hat. Dieses Maximum und damit die aktivste Verbindung läßt sich mit einem von DARVAS [591] vorgeschlagenen geometrischen Verfahren, das auf die "simplex-self-directing"-Optimierungsmethode für nicht-kontinuierliche Felder [592] zurückgeht, leicht und schnell finden. Das Vorgehen ist denkbar einfach. Zunächst werden alle bereits vorhandenen oder potentiell interessierenden Verbindungen bzw. Substituenten als Punkte in der π-σ-Ebene dargestellt. Danach werden drei Verbindungen herausgegriffen und experimentell untersucht. Im allgemeinen werden dabei die nicht-substituierte Stammverbindung und zwei Substituenten derart ausgewählt, daß der eine Substituent einen relativ ausgeprägten π-Effekt bei geringem σ-Effekt und der andere einen deutlichen σ-Effekt bei relativ geringem π-Effekt hat. Die experimentelle Untersuchung liefert Werte für die dritte Koordinate A. Die drei Punkte werden zu einem Dreieck, dem sogenannten *Simplex,* verbunden, das in bezug auf die Koordinate A eine bestimmte Neigung hat (siehe Abbildung 18). Intuitiv ist leicht einzusehen, daß aktivere Verbindungen bzw. günstigere Substituenten in der „bergauf"-Richtung zu suchen sind. Der Punkt für die Verbindung mit der niedrigsten Aktivität wird mit dem Mittelpunkt der gegenüberliegenden Seite des Dreiecks durch eine Linie verbunden und die nächste, vermutlich aktivere Verbindung in Richtung der Projektion dieser Linie in die π-σ-Ebene gesucht. Als nächste Verbindung wird dann diejenige ausgesucht, die möglichst nahe an dieser Projektion, dabei aber genügend weit entfernt von den bereits untersuchten Verbindungen liegt. Mit dem ermittelten Wert von A für diese neue Verbindung läßt sich ein neuer Simplex konstruieren. Dabei werden der Punkt für diese Verbindung sowie zwei Punkte des ersten Simplex, und zwar die Punkte für die beiden aktiveren Verbindungen, wieder zu einem Dreieck verbunden. Dieses zweite Dreieck ist eine Art Spiegelung des ersten Dreiecks an der Seite, die die beiden aktiveren Punkte verbindet; diese Seite ist demnach Bestandteil beider Dreiecke. Nun wird an dem zweiten Simplex die gleiche Suchprozedur wiederholt und die nächste Verbindung in Richtung der Projektion der Verbindungslinie zwischen dem Punkt mit der niedrigsten Aktivität und dem Mittelpunkt der gegenüberliegenden Seite in die π-σ-Ebene ausgewählt. Mit dem Ergebnis für diese Verbindung läßt sich wieder ein neuer Simplex konstruieren, an dem dann die gleiche geometrische Operation durchgeführt wird. Dieses Vorgehen wird solange fortgesetzt, bis das Maximum gefunden ist. Das ist dann der Fall, wenn ein Simplex entweder in sich selbst zurückkehrt oder wenn sich in der angezeigten Richtung keine Punkte mehr befinden.

Die geometrischen Operationen werden der Einfachheit halber von vornherein nur in der π-σ-Ebene durchgeführt; die Koordinate A läßt sich dabei dadurch berücksichtigen, daß die ermittelten Werte für die Wirkquantität neben die entsprechenden Punkte geschrieben werden. Das Vorgehen soll in Abbildung 18 noch einmal schematisch für das von DARVAS untersuchte Beispiel der natriuretischen Aktivität von Sulfonamiden (nach [591]) dargestellt werden, wobei allerdings der Übersichtlichkeit halber nur die Punkte eingezeichnet sind, die tatsächlich in die einzelnen Simplexe aufgenommen werden. Als Startverbindung wurden die unsubstituierte Stammbindung, das 4-Azetyl- und das 4-Cl-Derivat gewählt (Simplex 1). Dabei zeigt die Stammverbindung die geringste Aktivität (niedrigster Punkt des Simplex), so daß sich die Suchrichtung aus der Richtung der Verbindungslinie zwischen dem Punkt R = H und dem Mittelpunkt der gegenüberliegenden Dreieckseite ergibt. In dieser Richtung bietet sich als nächster Substituent die 4-NO_2-Gruppe an, die tatsächlich auch eine höhere biologische Aktivität hat. Damit läßt sich der Simplex 2 konstruieren, in dem die 4-Cl-Verbindung die niedrigste Wirkquantität hat. Dieser Punkt wird wieder mit dem Mittelpunkt der gegenüberliegenden Dreieckseite verbunden, und die dabei resultierende

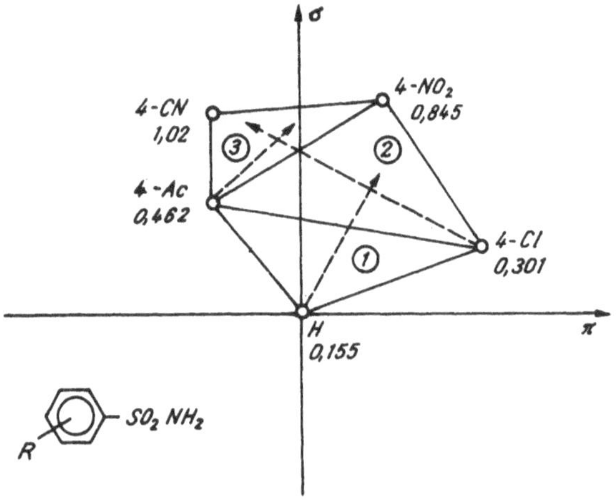

Abb. 18. Simplex-Verfahren

Linie weist auf die 4-CN-Gruppe. Diese Verbindung ist bereits die aktivste innerhalb der betrachteten Stichprobe von insgesamt 16 Verbindungen, die somit nach nur fünf Synthesen und Testungen gefunden werden konnte.

Das Simplex-Verfahren kann mit den gleichen Zielstellungen und etwa dem gleichen Ergebnis wie das TOPLISS-Verfahren eingesetzt werden. Auch hier wird eine Einsparung von etwa 60 % und eine systematische Strukturvariation in der Stichprobe erreicht. Gegenüber dem TOPLISS-Verfahren besteht der Vorteil eines noch objektiveren Vorgehens. Eindeutige Anwendungsbegrenzung ist die Gültigkeit des dreidimensionalen Falles. Werden höhere Dimensionen nötig, läßt sich eine entsprechende Computer-Variante anwenden [593]. Zu beachten ist, daß bei dieser Methode unter bestimmten Bedingungen die Gefahr besteht, daß nicht das globale, sondern ein lokales Maximum gefunden wird.

10.3. Die FIBONACCI-Suchtechnik

Die FIBONACCI-Technik [594] kann immer dann eingesetzt werden, wenn die biologische Aktivität innerhalb einer Stichprobe primär nur von einem Molekülparameter abhängt und diese Abhängigkeit einen *monoextremalen Charakter* hat. Das Extremum (und damit die aktivste Verbindung) wird mit einer festgelegten Zahl von Schritten entlang der sogenannten *FIBONACCI-Frequenz* (1, 2, 3, 5, 8, 13, 21, 34, ...) gefunden.

Die zur Synthese geplanten Verbindungen werden nach steigenden Werten des Molekülparameters (z. B. π) geordnet, mit dem ein monoextremaler Zusammenhang vermutet wird, und numeriert. Die erste Verbindung erhält dabei die Nummer Null, so daß die höchste Nummer bei einem Stichprobenumfang von n Verbindungen gleich n − 1 ist. Das weitere Vorgehen beruht auf den numerischen Angaben in Tabelle 42 und soll anhand eines Beispiels (aus [595]) kurz erläutert werden. Verbindungen vom Typ des Formelbildes XLII zeigen bakteriostatische und fungistatische Aktivität. Die untersuchten Verbindungen sind geordnet nach steigenden Werten für log P in Tabelle 43 zusammengestellt (d. h. zwischen log A und log P wird ein monoextremaler Zusammenhang vermutet).

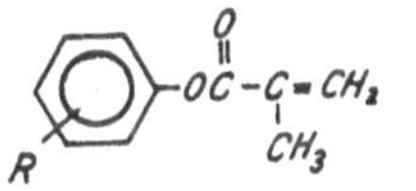

Formelbild XLII

Im ersten Schritt wird die Zahl der sogenannten *internen Punkte* ermittelt, die sich zu (n − 1) − 1 = (7 − 1) gleich 6 ergibt. Diese Zahl ist aber in Spalte 1 von Tabelle 42 nicht enthalten. Die nächstliegende Zahl in dieser Tabelle ist 7, und man hilft sich dadurch, daß man an das Ende

Tabelle 42
Numerische Beziehungen bei der FIBONACCI-Suche (aus [595])

Zahl der internen Punkte	Nummern der zu prüfenden Verbindungen	Gesamtzahl der zur Lokalisierung des Maximums notwendigen Verbindungen
2	1 und 2	2
4	2 und 3	3
7	3 und 5	4
12	5 und 8	5
20	8 und 13	6
33	13 und 21	7
54	21 und 34	8

Tabelle 43
Derivate von XLII, geordnet nach steigenden Werten von log $P_{Okt./W.}$ (aus [595])

Verbindung Nr.	R	log P	log A
0	H	1,99	2,89
1	4-Cl	2,69	3,25
2	2-Cl	2,75	3,08
3	2,4-Cl_2	3,45	3,49
4	2,4,5-Cl_3	4,21	3,84
5	2,4,6-Cl_3	4,21	3,76
6	2,4,5,6-Cl_4	4,97	3,97
7	Br_5	6,71	3,64
8			

der Serie einen fiktiven Punkt 8 hinzufügt. Die Zahl der internen Punkte beträgt jetzt 8 – 1 = 7, und aus Spalte 2 in Tabelle 42 folgt dann, daß die maximal wirksame Verbindung nach insgesamt vier Synthesen gefunden werden muß, wobei als erste Derivate die Verbindungen Nr. 3 und 5 zu prüfen sind. Die Prüfung ergibt, daß die Verbindung Nr. 3 die niedrigere Aktivität hat, so daß jetzt das Maximum zwischen den neuen Grenzen Verbindung Nr. 3 und Verbindung Nr. 8 zu suchen ist. Innerhalb dieser Grenzen liegen vier interne Punkte, und dafür ergeben sich aus Tabelle 42 die Zahlen 2 und 3. Diese Zahlen werden jetzt zu der Nummer des Punktes für die untere Grenze, also zu 3, addiert. Damit ergeben sich die Nummern der als nächste zu prüfenden Derivate zu 5 und 6, wobei die Verbindung Nr. 5 bereits im vorangegangenen Schritt geprüft wurde. Dieser Sachverhalt ist typisch für die FIBONACCI-Technik; stets ist eine von zwei in einem bestimmten Schritt betrachteten Verbindungen bereits im vorangegangenen Schritt enthalten gewesen. Die neuen Grenzen für das Maximum liegen jetzt bei den Punkten 5 und 8, und die Zahl der internen Punkte beträgt 2. Aus Tabelle 42 ergeben sich hierfür die Zahlen 1 und 2, die nach Addition zu Punkt 5 zu den Verbindungen Nr. 6 und 7 führen. Mit der Verbindung Nr. 6 wurde nach der vorgegebenen Zahl von vier Synthesen (Verbindungen Nr. 3, 5, 6 und 7) korrekt das aktivste Derivat gefunden.

Die FIBONACCI-Technik, die erstmalig von BUSTARD [596] in der Wirkstofforschung angewendet wurde, führt schnell und sicher zum Ziel, wenn die Voraussetzung eines monoextremalen Zusammenhanges mit einem bekannten Molekülparameter exakt erfüllt ist und aus einer gegebenen Menge von Verbindungen mit einem Minimum von Testschritten die aktivste gefunden werden soll. Die Voraussetzung eines monoextremalen Zusammenhanges mit einem einzigen Molekülparameter stellt natürlich eine sehr drastische Einschränkung für die Anwendbarkeit dieser Methode dar. Treten mehrere Extrema auf, kann leicht an Stelle des globalen Maximums ein lokales Maximum, das nicht der aktivsten Verbindung entspricht, gefunden werden. Wird die Wirkquantität von mehreren Molekülparametern beeinflußt, ist das Verfahren überhaupt nicht anwendbar. In [595] wird zwar auf die Möglichkeit verwiesen, Summen verschiedener Molekülparameter zu verwenden, aber in der Praxis wird diese Möglichkeit aus einer ganzen Reihe von Gründen nur schwer zu realisieren sein. Zwar werden in [595] einige Beispiele angegeben, bei denen mit Erfolg solche Summen wie z. B. ($\log P + \sigma$), die dann als ein Molekülparameter behandelt werden, angewendet werden konnten, jedoch handelt es sich hier um retrospektive Analysen, die immer die Möglichkeit zum Probieren bieten. Eine solche Möglichkeit besteht aber bei einer wirklich praktischen Anwendung der FIBONACCI-Technik nicht, so daß eine solche Verfahrensweise sehr leicht zu falschen Ergebnissen führen kann.

Das FIBONACCI-Verfahren kann für spezielle Problemstellungen durchaus sinnvoll angewendet werden (siehe z. B. auch [597]). Das trifft vor allem dann zu, wenn von vornherein mit einiger Sicherheit bekannt ist, daß tatsächlich ein monoextremaler Zusammenhang zwischen der Wirkquantität und einem bekannten Molekülparameter (z. B. bei vielen Serien ZNS-aktiver Verbindungen) besteht und wenn dieses Maximum mit möglichst wenig Syntheseschritten gefunden werden soll. Ein echter Vorteil gegenüber der in diesem Falle sehr einfachen Regressionsanalyse ergibt sich dabei allerdings nur dann, wenn die Wirkquantität nur auf einer semiquantitativen Skala vorliegt.

11. Verfahren mit strukturellen Parametern

11.1. Das FREE-WILSON-Modell

11.1.1. Grundlagen und Prinzip

Dieses von FREE und WILSON [598] 1964 eingeführte Verfahren beruht auf einer einfachen Inkrementregel; zusammenfassende Darstellungen finden sich in [9, 599 – 605]. Die Grundannahme des Verfahrens besteht darin, daß sich innerhalb homologer Serien von Wirkstoffen *einzelnen Molekülsegmenten additive und konstante Beiträge zur biologischen Wirkquantität zuordnen lassen.* Sind diese Wirkbeiträge bekannt, kann die biologische Wirkquantität durch einfache Addition für alle diejenigen Verbindungen abgeschätzt werden, die sich durch irgendeine Neukombination dieser Segmente erhalten lassen. Dabei werden zwei Arten von Segmenten betrachtet (siehe Abbildung 19): ein *konstantes Segment,* das identisch ist mit einem allen Verbindungen der Serie gemeinsamen *Grundkörper,* und *variable Segmente.*

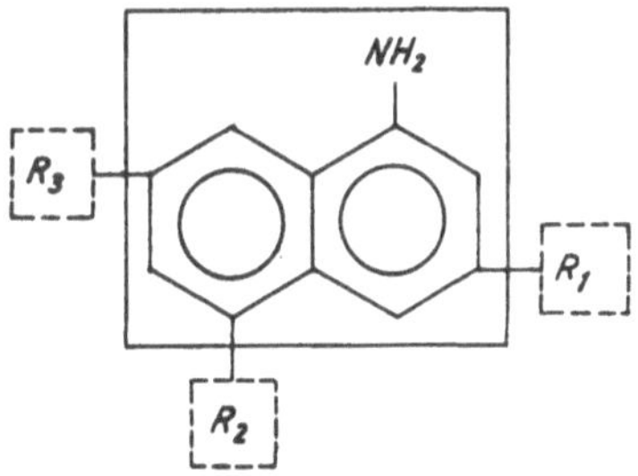

Abb. 19. Segmente bei der FREE-WILSON-Analyse

Diese variablen Segmente sind im allgemeinen die *Substituenten an den einzelnen Substitutionsorten.* Da der gleiche Substituent an verschiedenen Substitutionsorten die biologische Wirkquantität in unterschiedlicher Weise beeinflußt, folgt, daß diese variablen Segmente als begriffliche Einheit von einem gegebenen Substituenten an einem ganz bestimmten Substitutionsort zu verstehen sind.

Werden alle Substitutionsorte und die an jedem Substitutionsort möglichen Substituenten mit Nummern versehen, ist eine eindeutige Codierung jedes variablen Segmentes durch eine (im allgemeinen) zweistellige Zahl jk möglich, wobei die erste Ziffer j den Substitutionsort und die zweite Ziffer k den Substituenten identifiziert. Die Struktur jeder beliebigen Verbindung der Serie läßt sich dann durch einen Vektor von *Strukturparametern* b_{ijk} beschreiben, die die Form einer logischen Größe haben und entweder den Wert 0 oder 1 annehmen können. Der Strukturparameter b_{ijk} zeigt an, ob in der i-ten Verbindung der Serie das variable Segment jk, d. h. der k-te Substituent an der j-ten Position vorkommt ($b_{ijk} = 1$) oder nicht vorkommt ($b_{ijk} = 0$). Werden der Wirkbeitrag des Grundkörpers mit μ und die Wirkbeiträge der variablen Segmente jk (häufig wird vereinfacht von Wirkbeiträgen der Substituenten oder von Substituentenbeiträgen gesprochen) mit z_{jk} bezeichnet, folgt aus der Grundannahme des FREE-WILSON-Modells, daß sich die biologische Wirkquantität jeder Verbindung der Serie als Summe aus μ und der Summe der z_{jk} für die in der betreffenden Verbindung vorkommenden variablen Segmente ergeben muß. Die letztere Summe ist gleich dem Skalarprodukt des Vektors der Strukturparameter mit dem Vektor der z_{jk}, so daß gilt (A_i Wirkquantität der i-ten Verbindung):

$$\log A_i = \mu + \left\{ b_{ijk} \right\}^T \cdot \left\{ z_{jk} \right\}. \qquad (11.1)$$

Haben die Moleküle der Serie p Substitutionsorte (j = 1, . . ., p) und sind am j-ten Substitutionsort m_j Substituenten möglich (k = 1, . . ., m_j), folgt dann:

$$\log A_i = \mu + \sum_{jk} b_{ijk} z_{jk} \qquad (11.2)$$

$$= \mu + \sum_{j=1}^{p} \sum_{k=1}^{m_j} b_{ijk} z_{jk}.$$

Die Zahl N aller kombinatorisch möglichen Verbindungen beträgt unter Vernachlässigung möglicher Symmetrien

$$N = \prod_{j=1}^{p} m_j \qquad (11.3)$$

und die Gesamtzahl G aller Segmente und damit auch die Gesamtzahl der zur Beschreibung der biologischen Wirkquantität gemäß (11.2) notwendigen Wirkbeiträge ergibt sich zu

$$G = 1 + \sum_{j=1}^{p} m_j. \qquad (11.4)$$

Der Zusammenhang (11.2) stellt ein System linearer Gleichungen dar, das sich für μ und die z_{jk} mittels Regressionsrechnung lösen läßt, wobei die Zahl der Unbekannten gleich G ist. Um genügend statistische Freiheitsgrade zu haben, sind hierfür mindestens etwa G + 5 Gleichungen notwendig, d. h., es müssen Testergebnisse für eine Stichprobe von $n \geqslant G + 5$ Verbindungen verfügbar sein. Aus statistischen Gründen ist es dabei wünschenswert, daß die Stichprobe nach einem möglichst ausgeglichenen Versuchsplan (siehe Abschnitt 11.1.4.) zusammengestellt wird und daß jede Segmentvariante mindestens zweimal vorkommt. Sind μ und die z_{jk} bekannt, können mit Hilfe von Gleichung (11.2) die biologischen Wirkquantitäten für die restlichen (N – n) Verbindungen der Serie berechnet werden. Ein Vergleich von (11.3) und (11.4) zeigt, daß im allgemeinen $G \ll N$ sein wird, so daß sich ein solches Vorgehen in sehr vielen Fällen wegen $(N - n) \gg n$ durchaus lohnt.

Die eindeutige Lösbarkeit des Gleichungssystems (11.2) setzt voraus, daß keine linearen Abhängigkeiten zwischen Strukturparametern auftreten. Solche linearen Abhängigkeiten entstehen aber zwangsläufig dadurch, daß für jeden Substitutionsort gilt (n = Anzahl der Verbindungen in der Stichprobe = Zahl der Gleichungen des Gleichungssystems):

$$\sum_{i=1}^{n} \sum_{k=1}^{m_j} b_{ijk} = n. \tag{11.5}$$

Zur Beseitigung dieser Art von linearer Abhängigkeit gibt es verschiedene Möglichkeiten (siehe z. B. [605]).

Beim Originalverfahren nach FREE und WILSON werden zusätzliche Bedingungsgleichungen (sogenannte *Symmetriebedingungen)* formuliert, mit denen für jede Position die Summe der Wirkbeiträge für alle innerhalb der Stichprobe an dieser Position vorkommenden Substituenten gleich Null gesetzt werden:

$$\sum_{i=1}^{n} \sum_{k=1}^{m_j} b_{ijk}\, z_{jk} = 0. \tag{11.6}$$

Dies hat zur Folge, daß der Wirkbeitrag μ als *Gesamtmittelwert* aller $\log A_i$ festgelegt wird:

$$\mu = \frac{1}{n} \sum_{i=1}^{n} \log A_i. \tag{11.7}$$

Formal entspricht dieser Wirkbeitrag dem Logarithmus der biologischen Wirkquantität für die reine Grundstruktur, d. h. für eine hypothetische

Verbindung *ohne Substituenten an den variablen Positionen* (siehe Abbildung 19).

Eine zweite Möglichkeit zur Eliminierung der linearen Abhängigkeiten besteht darin, die *Wirkbeiträge für Wasserstoff an allen variierten Positionen gleich Null zu setzen* (an Stelle von Wasserstoff kann im Prinzip natürlich auch ein anderer Referenzsubstituent gewählt werden). Die linearen Abhängigkeiten verschwinden dabei dadurch, daß für jede variierte Position eine Spalte aus der Strukturmatrix (siehe Abschnitt 11.1.2.) herausgestrichen wird. Bei dieser von FUJITA und BAN [606] eingeführten Verfahrensweise werden wegen der Festlegung $z_{jH} = 0$ die Wirkbeiträge der Substituenten relativ zu Wasserstoff berechnet, und der Wirkbeitrag μ entspricht im Unterschied zu der Festlegung gemäß Abbildung 19 dem log A-Wert für die *nicht-substituierte Stammverbindung*[15]. Der Zusammenhang zwischen der Originallösung des FREE-WILSON-Modells (Index FW) unter Benutzung von Symmetriebedingungen gemäß Gleichung (11.6) und dem Ergebnis der FUJITA-BAN-Variante (Index FB) wird durch die Gleichungen (11.8) und (11.9) gegeben (z_{jH} Wirkbeitrag von Wasserstoff an der Position j):

$$[\mu]_{FB} = [\mu]_{FW} + \sum_{j=1}^{p} [z_{jH}]_{FW} \qquad (11.8)$$

$$[z_{jk}]_{FB} = [z_{jk}]_{FW} - [z_{jH}]_{FW}. \qquad (11.9)$$

Beide Lösungen sind also einander *äquivalent* und lassen sich durch eine lineare Transformation auseinander erhalten; in beiden Fällen gilt Gleichung (11.2). Die folgenden Ausführungen beziehen sich zunächst vorwiegend auf die Originallösung nach FREE und WILSON, wobei μ und die z_{jk} wieder ohne Indices gebraucht werden sollen; Lösungen gemäß der FUJITA-BAN-Variante werden im weiteren Text wie oben durch den Index FB kenntlich gemacht.

Eine zweite Art von linearer Abhängigkeit tritt dann auf, wenn zwei variable Segmente, d. h. zwei bestimmte Substituenten an zwei bestimmten Positionen, stets gemeinsam vorkommen. In diesem Falle ist eine Aufteilung des Wirkbeitrages dieser beiden Segmente nicht möglich, und das Gleichungssystem gemäß (11.2) hat keine eindeutige Lösung. Diese Art der

15 Natürlich handelt es sich dabei um den aus der Stichprobe geschätzten Wert. Von CAMMARATA und YAU [607] wird hier direkt der experimentelle Wert der nicht-substituierten Stammverbindung in die Rechnung eingegeben. Dieses Vorgehen berücksichtigt nicht, daß dieser Wert wie alle anderen Werte auch mit einem experimentellen Fehler behaftet ist; es ist daher abzulehnen.

linearen Abhängigkeit läßt sich, wenn sie nicht von vornherein bei der Versuchsplanung bewußt vermieden wurde, durch Anschauen der Strukturmatrix (siehe Abschnitt 11.1.2.) erkennen. Sie tritt immer dann auf, wenn zwei Spalten der Strukturmatrix identisch sind, und sie läßt sich dadurch beseitigen, daß die Verbindungen, die diese identischen Spalten aufbauen, herausgestrichen werden (siehe auch [600] und [608]). Eine andere Möglichkeit besteht darin, die entsprechenden Segmente zu einem Pseudosegment zusammenzufassen und den Wirkbeitrag für dieses Pseudosegment zu berechnen.

Das gesamt FREE-WILSON-Modell [Gleichung (11.2)] kann zusammenfassend folgendermaßen interpretiert werden. Aus den biologischen Wirkquantitäten der Verbindungen der Testserie werden die biologischen Effekte der einzelnen Strukturelemente (Segmente) durch die Berechnung und Zuordnung von Wirkbeiträgen z_{jk} bzw. μ bewertet, und zwar gerade so, daß die Abstufung der Wirkbeiträge die Einflüsse der variablen Segmente an einer bestimmten Position quantitativ angeben und außerdem den besten Ausgleich der Meßfehler der biologischen Wirkquantität in der betrachteten Stichprobe liefern. Die Wirkbeiträge z_{jk} stellen Veränderungen der biologischen Wirkquantität gegenüber den allen Verbindungen gemeinsamen Aktivitätsanteil μ dar.

Von PURCELL und CLAYTON [609] sowie von BAN und FUJITA [610] wurde die Frage diskutiert, ob die gemessene biologische Wirkquantität wie bei der Originalarbeit von FREE und WILSON [598] linear oder besser logarithmisch einzuführen ist. Ausgehend von der Grundidee des extrathermodynamischen Ansatzes, nach der der Logarithmus der Wirkquantität als lineare-freie-Enthalpie-bezogene Größe betrachtet werden kann, sind schon aus inhaltlichen Gründen logarithmische Ansätze vorzuziehen. Sie bieten weiterhin den Vorteil, daß die resultierenden Wirkbeiträge als biologische *de-novo*-Substituentenkonstanten im extrathermodynamischen Sinne zu betrachten sind und damit die Möglichkeit besteht, diese Wirkbeiträge mit anderen Substituentenkonstanten (z. B. π, σ, E_s usw.) zu vergleichen (siehe Abschnitt 11.1.3.). Aus statistischer Sicht ist allerdings eine Entscheidung schwierig und grundsätzlich problematisch. Der logarithmische Ansatz liefert zunächst eine bessere Anpassung. Wird jedoch entlogarithmiert und dann der Korrelationskoeffizient zwischen den aus den entlogarithmierten Wirkbeiträgen berechneten linearen und gemessenen Aktivitätsdaten A_i ermittelt, ist dieser Korrelationskoeffizient im allgemeinen schlechter, als für den linearen Ansatz. Dieses Resultat ist aber in keiner Weise ein Argument für den linearen Ansatz, denn die Anpassung mittels des der Methode der kleinsten Quadrate zugrunde liegenden Kriteriums der minimalen Restabweichung ist nur innerhalb der zugrunde gelegten Skala optimal. Entlogarithmieren führt insofern zur Verzerrung, als geringe Verschiebungen auf der logarithmischen Skala beträchtliche Veränderungen auf der linearen Skala zur Folge haben können. In keinem Fall verschiebt sich die relative Reihenfolge der z_{jk} beim Übergang von einer Skala zur anderen [601], so daß der Wahl der Skala keine grundsätzliche Bedeutung zukommt; aus inhaltlichen Gründen ist der logarithmische Ansatz zu bevorzugen.

Die Grundvoraussetzung des FREE-WILSON-Modells über Additivität und Konstanz der z_{jk} trifft nur zu, wenn innerhalb der Stichprobe (und bei Vorausberechnungen auch innerhalb der Gesamtmenge aller möglichen Verbindungen) *keine speziellen intramolekularen Wechselwirkungen zwischen den variablen Strukturelementen auftreten.* Diese Forderung wird aber nicht immer erfüllt sein. Beispielsweise ist bei zwei benachbarten Positionen 1 und 2, an denen unter anderem die beiden Substituenten OH und COOH auftreten können, die Grundannahme des FREE-WILSON-Modells nur solange erfüllt, solange nicht die Strukturvarianten (1,COOH) und (2,OH) bzw. (1,OH) und (2,COOH) gemeinsam vorkommen. Sobald aber OH und COOH in benachbarten Positionen auftreten, kommt es zur Ausbildung von Wasserstoffbrücken, und diese intramolekulare Wechselwirkung führt zu einer Inkonstanz der Wirkbeiträge für diese beiden variablen Segmente und damit zu einer Störung der Additivität. Ein möglicher Ausweg besteht darin, die beiden wechselwirkenden Substituenten gemeinsam als ein fiktives variables Segment, d. h. als einen Pseudosubstituenten an einer Pseudoposition, zu betrachten und dann in üblicher Weise die An- oder Abwesenheit dieses fiktiven Segmentes durch einen zusätzlichen Strukturparameter zu beschreiben (vgl. [602, 606, 611]). Der Wirkbeitrag für dieses fiktive Segment enthält dann die Wirkbeiträge dieser beiden Substituenten sowie einen durch die Wechselwirkungen verursachten Anteil.

Eine andere Möglichkeit besteht darin, Wechselwirkungen über Kreuzprodukte zu berücksichtigen [612 – 615]. So wurde z. B. von BOČEK und Mitarbeitern [612, 613] das folgende Modell für disubstituierte Benzole angegeben:

$$\log A_i = b_1 + b_2 + e_1 e_2. \tag{11.10}$$

Jedes der beiden variablen Segmente (Substituenten an den Positionen 1 und 2) hat einen eigenen unabhängigen Wirkbeitrag b_1 bzw. b_2 sowie einen von der Art des anderen Segments abhängigen Anteil e_1 bzw. e_2. Für praktische Zwecke ist allerdings das Vorgehen über Kreuzprodukte im allgemeinen nicht so günstig, da die zusätzlich zu ermittelnden Terme e_i die Zahl der Freiheitsgrade stark herabsetzen.

11.1.2. Praktisches Vorgehen

Das praktische Vorgehen soll anhand eines fiktiven Beispiels (in etwas modifizierter Form entnommen aus [9]) erläutert werden. Wenn die in Abbildung 19 dargestellte Serie untersucht werden soll und dabei an den Positionen 1 bis 3 die in Tabelle 44 aufgeführten Substituenten auftreten können, gibt es gemäß (11.3)

$$N = \prod_{j=1}^{p} m_j = 4 \cdot 4 \cdot 4 = 64 \qquad (11.11)$$

mögliche Verbindungen, in denen gemäß (11.4)

$$G = 1 + \sum_{1}^{3} m_j = 1 + 4 + 4 + 4 = 13 \qquad (11.12)$$

Tabelle 44
Substituentenvariation und Code-Bezeichnungen der Substituenten für das fiktive Beispiel gemäß Abbildung 19

Substituent	Nr. des Substituenten	Code-Beziehung jk des variablen Segments
Position 1 (R_1)		
H	1	11
F	2	12
Cl	3	13
Br	4	14
Position 2 (R_2)		
H	1	21
NO_2	2	22
CN	3	23
$COCH_3$	4	24
Position 3 (R_3)		
H	1	31
CH_3	2	32
C_2H_5	3	33
OCH_5	4	34

mögliche Segmentvarianten auftreten. Von den 64 möglichen Verbindungen soll für eine Stichprobe von n = 18 Verbindungen die biologische Wirkquantität A experimentell bestimmt worden sein. Die Aufgabe besteht jetzt darin, mit Hilfe dieser Stichprobe die 13 Wirkbeiträge zu berechnen und dann damit Vorhersagen über die zu erwartende Wirkquantität der verbleibenden N – n = 46 Verbindungen zu machen.

Als erster Schritt wird die *Strukturmatrix* aufgestellt, in der die Verbindungen der untersuchten Stichprobe zeilenweise angeordnet sind und in deren Spalten die Strukturparameter b_{ijk} und die Werte für log A stehen (Tabelle 45). In der Strukturmatrix ist mit Hilfe der Strukturparameter b_{ijk} die Struktur jeder Verbindung eindeutig festgelegt. Beispielsweise sind für die sechste Verbindung (i = 6) die Strukturparameter b_{612}, b_{623} und b_{632} gleich 1 und alle anderen Strukturparameter b_{6jk} gleich 0; daraus folgt sofort, daß diese Verbindung die Segmentvarianten 12, 23 und 32 enthält, d. h. in R_1 den Substituenten F, in R_2 den Substituenten CN und in R_3 den Substituenten CH_3. In praxi werden die Nullen weggelassen und nur die Einsen in die Strukturmatrix eingetragen.

Aus den Zeilen der Strukturmatrix ergibt sich gemäß (11.2) sofort das lineare Gleichungssystem (11.13):

$$\begin{aligned}
3{,}095 &= \mu + z_{11} + z_{21} + z_{31}\\
2{,}763 &= \mu + z_{11} + z_{21} + z_{32}\\
4{,}556 &= \mu + z_{11} + z_{22} + z_{33}\\
5{,}405 &= \mu + z_{11} + z_{22} + z_{34}\\
5{,}921 &= \mu + z_{12} + z_{23} + z_{31}\\
5{,}625 &= \mu + z_{12} + z_{23} + z_{32}\\
4{,}931 &= \mu + z_{12} + z_{24} + z_{33}\\
5{,}701 &= \mu + z_{12} + z_{24} + z_{34}\\
3{,}852 &= \mu + z_{13} + z_{21} + z_{31}\\
3{,}960 &= \mu + z_{13} + z_{21} + z_{32}\\
5{,}332 &= \mu + z_{13} + z_{22} + z_{33}\\
6{,}132 &= \mu + z_{13} + z_{22} + z_{34}\\
5{,}701 &= \mu + z_{14} + z_{23} + z_{31}\\
5{,}409 &= \mu + z_{14} + z_{23} + z_{32}\\
4{,}609 &= \mu + z_{14} + z_{24} + z_{33}\\
5{,}631 &= \mu + z_{14} + z_{24} + z_{34}\\
4{,}793 &= \mu + z_{11} + z_{23} + z_{34}\\
5{,}121 &= \mu + z_{13} + z_{22} + z_{31}.
\end{aligned} \qquad (11.13)$$

Tabelle 45
Strukturmatrix

i (Nr. der Verbindung)	Position	R_1				R_2				R_3				log A
	Substituent:	H	F	Cl	Br	H	NO_2	CN	$COCH_3$	H	CH_3	C_2H_5	OCH_3	
	Segment-Code jk:	11	12	13	14	21	22	23	24	31	32	33	34	
1	Struktur-parameter b_{ijk}:	1	0	0	0	1	0	0	0	1	0	0	0	3,095
2		1	0	0	0	1	0	0	0	0	1	0	0	2,763
3		1	0	0	0	0	1	0	0	0	0	1	0	4,556
4		1	0	0	0	0	1	0	0	0	0	0	1	5,405
5		0	1	0	0	0	0	1	0	1	0	0	0	5,921
6		0	1	0	0	0	0	1	0	0	1	0	0	5,625
7		0	1	0	0	0	0	0	1	0	0	1	0	4,931
8		0	1	0	0	0	0	0	1	0	0	0	1	5,701
9		0	0	1	0	1	0	0	0	1	0	0	0	3,852
10		0	0	1	0	1	0	0	0	0	1	0	0	3,960
11		0	0	1	0	0	1	0	0	0	0	1	0	5,332
12		0	0	1	0	0	1	0	0	0	0	0	1	6,132
13		0	0	0	1	0	0	1	0	1	0	0	0	5,701
14		0	0	0	1	0	0	1	0	0	1	0	0	5,409
15		0	0	0	1	0	0	0	1	0	0	1	0	4,609
16		0	0	0	1	0	0	0	1	0	0	0	1	5,631
17		1	0	0	0	0	0	1	0	0	0	0	1	4,793
18		0	0	1	0	0	1	0	0	1	0	0	0	5,121

Die Symmetriebedingungen gemäß (11.6) lauten:

$$\begin{aligned} 5\ z_{11} + 4\ z_{12} + 5\ z_{13} + 4\ z_{14} &= 0 \\ 4\ z_{21} + 5\ z_{22} + 5\ z_{23} + 4\ z_{24} &= 0 \\ 5\ z_{31} + 4\ z_{32} + 4\ z_{33} + 5\ z_{34} &= 0. \end{aligned} \tag{11.14}$$

Die beiden Gleichungssysteme werden vereinigt und gemeinsam der Regressionsanalyse unterworfen. Eine andere Möglichkeit besteht darin, mit Hilfe der Symmetriebedingungen je eine Segmentvariante pro Position zu eliminieren und den entsprechenden Wirkbeitrag durch die anderen Wirkbeiträge auszudrücken. Die Gleichungen (11.14) könnten beispielsweise folgendermaßen aufgelöst werden:

$$\begin{aligned} z_{11} &= -\ \frac{4}{5}\ z_{12} - z_{13} - \frac{4}{5}\ z_{14} \\ z_{21} &= -\ \frac{4}{5}\ z_{22} - \frac{4}{5}\ z_{23} - z_{24} \\ z_{31} &= -\ \frac{4}{5}\ z_{32} - \frac{4}{5}\ z_{33} - z_{34}. \end{aligned} \tag{11.15}$$

Die Ausdrücke (11.15) wären dann in das Gleichungssystem (11.13) einzusetzen. Die in [9] und [600] erwähnten möglichen Diskrepanzen zwischen diesen beiden Arten des Vorgehens entfallen, wenn die Symmetriebedingungen beim direkten Hinzufügen zu dem linearen Gleichungssystem (11.2) mit hohen Gewichtsfaktoren belegt werden [602]. Insgesamt ist diese Variante dem Vorgehen gemäß (11.15) deshalb vorzuziehen, weil sie einfacher ist und sich die Symmetriebedingungen nach Eingabe der Strukturmatrix automatisch durch den Rechner erzeugen lassen.

Mittels Regressionsrechnung werden nun μ, die z_{jk} sowie die bei der Regressionsrechnung üblichen statistischen Daten (siehe Kapitel 15.) wie Korrelationskoeffizient r, r^2, Reststreuung s, F-Werte, t-Werte usw. und eine Tabelle der Ausgleichsdifferenzen (Gegenüberstellung der experimentellen und der aus μ und den z_{jk} berechneten Werte für log A sowie die Abweichung zwischen beiden) ermittelt. Zeigt der F-Test Signifikanz der Lösung an, kann diese Lösung und damit die Gültigkeit des FREE-WILSON-Modells akzeptiert werden, wobei allerdings bei niedrigen Werten von r Vorsicht geboten ist. In solchen Fällen empfiehlt sich eine Inspektion der Tabelle der Ausgleichsdifferenzen, da eine insgesamt zwar signifikante, aber hinsichtlich der Beschreibungsgüte nur mäßig gute Lösung durchaus auf ein abweichendes Verhalten von nur wenigen Verbindungen zurückzuführen sein kann. Diese Verbindungen zeigen dann im allgemeinen eine relativ große Abweichung zwischen experimentellen und berechneten Werten für log A und können so erkannt werden (dies trifft aber leider nicht in jedem Falle zu). Abweichungen können beispielsweise auf das Auftreten nicht vermuteter intramolekularer Wechselwirkungen oder aber auf ein besonderes biologisches Verhalten (z. B. bedingt durch eine Metabolisierung der betreffenden Substituenten) zurückzuführen sein.

Sind diese Verbindungen erkannt, kann die Rechnung wiederholt werden, wobei im ersten Falle die Wechselwirkungen gemäß dem in Abschnitt 11.1.1. bereits erläuterten Vorgehen zu berücksichtigen wären, während im zweiten Falle die Zeilen für die entsprechenden Verbindungen aus der Strukturmatrix gestrichen werden; letzteres ist jedoch nur zulässig, wenn ihre Zahl klein gegen die Zahl n der in der Stichprobe enthaltenen Verbindungen ist.

Die Ergebnisse für das betrachtete Beispiel sind in den Tabellen 46 und 47 zusammengestellt (aus [9]). Die statistischen Daten sind extrem gut und zeigen bei einem hohen Signifikanzniveau eine sehr gute Anpassung, wobei durch die ermittelten Wirkbeiträge 99,94 % der Varianz der biologischen Daten „erklärt" werden. Erwartungsgemäß sind dementsprechend die Ausgleichsdifferenzen klein und Verbindungen mit abweichendem Verhalten nicht erkennbar. Es ist sinnvoll, zusätzlich zu den Angaben bei diesem Beispiel noch die Konfidenzintervalle der Wirkbeiträge sowie das Signifikanzniveau, bei dem die Wirkbeiträge von Null verschieden sind, berechnen und ausdrucken zu lassen.

Tabelle 46
Wirkbeiträge und statistische Daten für das betrachtete Beispiel (aus [9])

$z_{11} = -1{,}121$	$z_{21} = -0{,}435$	$z_{31} = -0{,}253$
$z_{12} = 1{,}032$	$z_{22} = 0{,}860$	$z_{32} = -0{,}581$
$z_{13} = -0{,}382$	$z_{23} = 0{,}246$	$z_{33} = -0{,}068$
$z_{14} = 0{,}846$	$z_{24} = -0{,}948$	$z_{34} = 0{,}772$

$\mu = 4{,}895$

$r^2 = 0{,}9994$

$r = 0{,}9996$

$F = 1181{,}6$

$p < 0{,}001$

Tabelle 47
Ausgleichsdifferenzen (Index e: experimenteller Wert für log A; Index b: aus μ und den z_{jk} berechneter Wert für log A; aus [9])

i	log A_e	log A_b	(log A_e – log A_b)
1	3,095	3,086	0,009
2	2,763	2,759	0,004
3	4,556	4,566	-0,010
4	5,405	5,407	-0,002
5	5,921	5,921	0,000
6	5,625	5,593	0,032
7	4,931	4,912	0,019
8	5,701	5,752	-0,051
9	3,852	3,826	0,026
10	3,460	3,498	-0,038
11	5,332	5,305	0,027
12	6,132	6,146	-0,014
13	5,701	5,735	-0,034
14	5,409	5,407	0,002
15	4,690	4,725	-0,035
16	5,631	5,565	0,066
17	4,793	4,793	0,000
18	5,121	5,121	0,000

Die günstigsten Substituenten sind F in R_1, NO_2 in R_2 und OCH_3 in R_3. Die Spannweite D_j der z_{jk} liefert Informationen über die Empfindlichkeit der biologischen Wirkquantität hinsichtlich der Variation von Substituenten an den einzelnen Positionen. Aus den z_{jk} ergibt sich für das vorliegende Beispiel:

$$\begin{aligned} D_1 &= z_{12} - z_{11} = 1{,}032 + 1{,}121 = 2{,}153 \\ D_2 &= z_{22} - z_{24} = 0{,}860 + 0{,}948 = 1{,}808 \\ D_3 &= z_{34} - z_{32} = 0{,}772 + 0{,}581 = 1{,}353. \end{aligned} \tag{11.16}$$

Hinsichtlich der Empfindlichkeit bestehen demnach keine allzu großen Unterschiede zwischen den 3 Positionen R_1, R_2 und R_3, obgleich sich eine Reihenfolge 1 > 2 > 3 abzeichnet und der Unterschied von R_3 zu R_1 bzw. R_2 durchaus deutlich ist.

Mit Hilfe von μ und der z_{jk} lassen sich jetzt mit Gleichung (11.2) die Wirkquantitäten der restlichen 46 möglichen Verbindungen der Serie abschätzen. Im allgemeinen interessieren jedoch nur die Verbindungen mit der höchsten oder, falls die betrachtete Wirkung unerwünscht ist, der niedrigsten Wirkquantität, die sich durch Kombination der jk mit den höchsten bzw. niedrigsten z_{jk} erhalten lassen. In der Strukturmatrix in Tabelle 48 sind einige solche Verbindungen mit den berechneten Werten für log A angegeben.

Tabelle 48
Strukturmatrix und nach (11.2) berechnete log A-Werte für einige Verbindungen mit besonders hoher oder niedriger Wirkquantität

i	R_1				R_2				R_3				log A_b
	11	12	13	14	21	22	23	24	31	32	33	34	
19		1				1						1	7,559
20		1					1					1	6,945
21				1		1						1	7,373
22	1							1		1			2,245
23	1							1	1				2,573
24			1					1		1			3,417

Die Verbindung 19 ist die aktivste, die sich durch eine Neukombination der möglichen Segmentvarianten überhaupt erhalten läßt, denn sie enthält die Segmente mit den höchsten Wirkbeiträgen. Die aktivste Verbindung innerhalb der betrachteten (experimentell untersuchten) Stichprobe ist die Verbindung 12 mit log A = 6,132, so daß also 19 eine Wirkungsverbesserung bringen würde, denn sie ist mehr als 10mal aktiver. Auch die Verbindungen 20 und 21 sind noch deutlich aktiver als 12, so daß diese 3 Verbindungen für weitere Synthesen und Testungen vorzuschlagen wären, wenn eine hohe Wirkquantität erwünscht ist. Soll dagegen die Wirkquantität minimiert werden, würden sich die Verbindungen 22 und 23 anbieten, deren Wirkquantität noch unter dem niedrigsten Wert (Verbindung 2) innerhalb der geprüften Stichprobe liegt.

Wäre gesichert, daß die Verbindungen 19 (bei angestrebter Maximierung der Wirkquantität) bzw. 22 (bei angestrebter Minimierung) nicht nur hinsichtlich der Wirkquantität, sondern auch hinsichtlich Synthetisierbarkeit, Syntheseaufwand und möglicherweise auch hinsichtlich weiterer biologischer Eigenschaften die günstigste Variante darstellen, wäre – je nach dem angestrebten Ziel – nur eine dieser beiden Verbindungen weiter zu bearbeiten; 20 und 21 bzw. 23 und 24 könnten dann außer acht gelassen werden. Diese Sicherheit ist jedoch *in praxi* nur selten gegeben; dazu kommt, daß vor allem bei größeren Serien die Zahl der kombinatorischen Möglichkeiten weit größer sein kann, als bei dem hier betrachteten Beispiel, wobei für verschiedene Kombinationen von Segmentvarianten unter Umständen ähnliche Werte für die Wirkquantität resultieren. Es empfiehlt sich daher prinzipiell, nicht nur einen einzigen Synthesevorschlag zu machen, sondern dem Synthetiker eine Reihe solcher Vorschläge zu unterbreiten, unter denen er dann unter Berücksichtigung der Synthetisierbarkeit oder anderer zusätzlicher Aspekte auswählen kann. Wenn (N – n) sehr groß ist, wäre es dabei unerwünscht (weil aufwendig), die Wirkquantitäten für alle noch nicht getesteten Verbindungen ermitteln und erst anschließend eine Auswahl treffen zu müssen. Es empfiehlt sich daher, in das Rechenprogramm zur FREE-WILSON-Lösung einen Programmteil „Vorausberechnung" einzufügen, der auf der Grundlage bestimmter Regeln die günstigsten Synthesevorschläge mit einem Minimum an Rechenschritten selbst findet. Bei dem von uns verwendeten Programm zur FREE-WILSON-Analyse [602] findet der Rechner für den Fall, daß eine Maximierung der Wirkquantität erwünscht ist, alle Verbindungen, deren Wirkquantität innerhalb des Bereiches

$$x \cdot \log A_{max} \leq \log A_i \leq \log A_{max} \qquad (11.17)$$

liegt. Dabei ist A_{max} die innerhalb der Serie durch Kombination der Segmente mit den höchsten Wirkbeiträgen erreichbare Maximalaktivität (bei dem hier betrachteten Beispiel gleich 7,559 für Verbindung 19), und $x \leq 1$ ist ein frei wählbarer Faktor. Die Verbindungen werden, geordnet nach fallenden Werten der Wirkquantität, ausgedruckt, wobei zusätzlich bei jeder Verbindung angegeben wird, ob der jeweilige Wert für die Wirkquantität bei einem vorzugebenden Niveau signifikant oder nur zufällig von $\log A_{max}$ verschieden ist.

Bei Vorausberechnung ist eine gewisse Vorsicht geboten, da sich bei neuen Segmentkombinationen biologische Wirkungsmechanismen verändern oder aber intramolekulare Wechselwirkungen auftreten können. In beiden Fällen würde die Grundvoraussetzung des FREE-WILSON-Modells verletzt, und die Voraussagen wären nicht korrekt. Es ist also damit zu rechnen, daß Voraussagen in einer bestimmten Zahl von Fällen falsch sein werden, wobei sich diese Zahl durch korrekte Handhabung des Verfahrens durchaus klein halten läßt.

11.1.3. Beziehungen zwischen dem FREE-WILSON-Modell und dem extrathermodynamischen Ansatz

Der lineare extrathermodynamische Regressionsansatz (HANSCH-Analyse) und das FREE-WILSON-Modell sind einander *formal äquivalent* [329, 599, 603, 606, 607, 616, 617]. In beiden Fällen wird der Logarithmus der biologischen Wirkquantität additiv aufgebaut, wobei beim FREE-WILSON-Modell über alle Wirkbeiträge und beim extrathermodynamischen Ansatz über Linearkombinationen gewichteter Molekülparameter summiert wird. Daraus folgt, daß zwischen den Wirkbeiträgen z_{jk} und den Substituentenkonstanten zur Charakterisierung hydrophober, elektronischer und sterischer Substituenteneinflüsse gesetzmäßige Beziehungen im Sinne des extrathermodynamischen Ansatzes bestehen, so daß sich also die z_{jk} wie log A als Funktion geeigneter Parameter x_h, x_e und x_s quantitativ beschreiben lassen. Derartige Zusammenhänge wurden bereits wiederholt publiziert (z. B. [175, 599, 607, 610]). Bei der FUJITA-BAN-Variante [606] des FREE-WILSON-Modells besteht nicht nur formale, sondern auch *numerische Äquivalenz* zum extrathermodynamischen Regressionsansatz [603][16], so daß sich aus den Regressionsgleichungen direkt die Wirkbeiträge $[z_{jk}]_{FB}$ abschätzen lassen; der Ordinatenabschnitt der Regressionsgleichung entspricht dabei dem Beitrag $[\mu]_{FB}$. Ein Beispiel soll dies erläutern (aus [603]). Regressionsrechnung liefert unter anderem den folgenden Zusammenhang für die adrenolytische Wirkung von ringsubstituierten N,N-Dimethyl-2-Brom-Phenyläthylaminen (Substituenten siehe Tabelle 49):

$$\log A = 0{,}83\ \pi_{meta} - 0{,}92\ \sigma^{+}_{meta} + 1{,}33\ \pi_{para} - 1{,}89\ \sigma^{+}_{para} + 7{,}80 \quad (11.18)$$

$$n = 22 \qquad r = 0{,}966 \qquad s = 0{,}164.$$

16 Voraussetzung ist natürlich, daß die in den Regressionsgleichungen auftretenden Subsituentenkonstanten wie die $[z_{jH}]_{FB}$ in der FUJITA-BAN-Variante alle für den Substituenten H den Wert Null haben. Bei einigen Substituentenkonstanten wie z. B. E_s oder σ^* trifft diese Voraussetzung nicht zu; in solchen Fällen müssen durch Subtraktion des Wertes für Wasserstoff entsprechende Transformationen vorgenommen werden (z. B. $E_s' = E_s - E_{s,H}$).

Damit ergibt sich für die Wirkbeiträge $[z_{jk}]_{FB}$:

1. Substituenten in meta-Position:

$$[z_{meta,k}]_{FB} = 0{,}83\ \pi_{meta} - 0{,}92\ \sigma^+_{meta} \qquad (11.19)$$

2. Substituenten in para-Position:

$$[z_{para,k}]_{FB} = 1{,}33\ \pi_{para} - 1{,}89\ \sigma^+_{para}. \qquad (11.20)$$

Die mittels (11.19) und (11.20) berechneten $[z_{jk}]_{FB}$ stimmen sehr gut mit den $[z_{jk}]_{FB}$ aus einer mit den gleichen Daten mit dem FUJITA-BAN-Formalismus durchgeführten FREE-WILSON-Analyse überein, wie aus Tabelle 49 hervorgeht. Auch der Ordinatenabschnitt von (11.18) ist eine sehr gute Schätzung von $[\mu]_{FB}$ ($[\mu]_{FB}$ = 7,82).

Tabelle 49
Vergleich der Wirkbeiträge $[z_{jk}]_{FB}$ aus einer FREE-WILSON-Analyse und berechnet nach den Gleichungen (11.19) und (11.20) für die Ringsubstituenten in adrenolytisch wirksamen N,N-Dimethyl-2-Brom-Phenyläthylaminen (modifiziert aus [603])

Substituent	$[z_{jk}]_{FB}$	
	FREE-WILSON-Analyse	berechnet aus (11.19) und (11.20)
m-H	0,00	0,00
m-F	-0,30	-0,21
m-Cl	0,21	0,26
m-Br	0,43	0,40
m-J	0,58	0,62
m-CH_3	0,45	0,49
p-H	0,00	0,00
p-F	0,34	0,33
p-Cl	0,77	0,72
p-Br	1,02	1,07
p-J	1,43	1,41
p-CH_3	1,26	1,28

Wenn ein nicht-linearer Zusammenhang zwischen log A und der Hydrophobizität besteht und eine Summation von x_h über mehrere Positionen vorgenommen werden muß, gilt das einfache FREE-WILSON-Modell nicht, wie von SINGER und PURCELL [614] gezeigt wurde.[17] In solchen Fällen ist das Modell von BOČEK und KOPECKY [612, 613] [Gleichung (11.10)] anzuwenden, das dann ebenfalls den entsprechenden Regressionsansätzen numerisch äquivalent ist [603, 614], sofern wieder der Wirkbeitrag für H gleich Null gesetzt wird. Auch hier sei ein Beispiel angegeben (aus [603]). Für die hypnotische Wirkung von N,N'-Diacylharnstoffen ergibt sich folgende Regressionsgleichung (n Gesamtzahl der C-Atome in beiden Acylresten):

$$\log A = -0{,}044\ n^2 + 0{,}760\ n - 0{,}862 \qquad (11.21)$$

$$n = 13 \qquad r = 0{,}918 \qquad s = 0{,}079.$$

Werden anstatt der Gesamtzahl der C-Atome die Zahlen der C-Atome in den beiden unterschiedlichen Acylresten R_1 und R_2 eingesetzt, folgt aus (11.21):

$$\log A = -0{,}044\ (n_1 + n_2)^2 + 0{,}760\ (n_1 + n_2) - 0{,}088\ n_1 n_2 - 0{,}862. \qquad (11.22)$$

Gleichung (11.22) entspricht formal Gleichung (11.10) mit $b_1 = -0{,}044\ n_1^2 + 0{,}760\ n_1$, $b_2 = 0{,}044\ n_2^2 + 0{,}760\ n_2$ und $e_1 e_2 = -0{,}088\ n_1 n_2$. Aus (11.22) lassen sich die $[z_{jk}]_{FB}$ berechnen und mit den Ergebnissen einer FREE-WILSON-Analyse nach dem BOČEK-KOPECKY-Formalismus [Gleichung (11.10)] vergleichen. Wie Tabelle 50 zeigt, besteht bei dem betrachteten Beispiel wieder eine gute Übereinstimmung.

Die numerische Äquivalenz der FREE-WILSON-Analyse in der FUJITA-BAN- bzw. der BOČEK-KOPECKY-Variante mit den entsprechenden extrathermodynamischen Regressionsansätzen gestattet es, das FREE-WILSON-Modell und den extrathermodynamischen Ansatz zu vermischen [604]. Dies kann in bestimmten Fällen sehr nützlich sein, wie beispielsweise beim Vorliegen eines nicht-linearen Zusammenhanges zwischen log A und x_h. Hier kann folgender Ansatz gewählt werden:

$$\log A_i = f\left(\sum_{j=1}^{p}\sum_{k=1}^{m_j} b_{ijk}\,\pi_{jk}\right)^2 + [\mu]_{FB} + \sum_{j=1}^{p}\sum_{k=1}^{m_j} b_{ijk}\,[z_{jk}]_{FB}. \qquad (11.23)$$

17 Von CAMMARATA [599, 611] wurde die Meinung vertreten, daß das FREE-WILSON-Modell auch in solchen Fällen gelte. Dies ist jedoch nur dann annähernd richtig, wenn der numerische Wert des quadratischen Terms klein ist [603].

Tabelle 50
Vergleich der Wirkbeiträge $[z_{jk}]_{FB}$ aus einer FREE-WILSON-Analyse nach dem BOČEK-KOPECKY-Formalismus und berechnet mit Hilfe von Gleichung (11.22) für Acylreste in hypnotisch wirksamen N,N'-Diacylharnstoffen (aus [603]). Als Referenzsubstituent dient hier die Azetylgruppe, deren Wirkbeitrag gleich Null gesetzt wurde[1]

Substituent	$[z_{jk}]_{FB}$	
	BOČEK-KOPECKY-Analyse	berechnet mit Hilfe von (11.22)[1]
CH_3CO	0,00	0,00
CH_3CH_2CO	0,43	0,54
$CH_3(CH_2)_2CO$	0,91	0,99
$CH_3(CH_2)_3CO$	1,25	1,36
$CH_3(CH_2)_4CO$	1,49	1,63
$CH_3(CH_2)_5CO$	1,81	1,82
Kreuzprodukt	$-0{,}085\ n_1n_2$	$-0{,}088\ n_1n_2$

1 In der betrachteten Serie kommt H als Substituent nicht vor. In einem solchen Falle kann irgendein beliebiger anderer Substituent als Referenzsubstituent gewählt werden. Zur Berechnung der $[z_{jk}]_{FB}$ mit Hilfe von (11.22) muß diese Festlegung durch eine entsprechende Transformation in der Weise berücksichtigt werden, daß sich auch hier für den Referenzsubstituenten ein Wirkbeitrag von Null ergibt. Auf diese Weise ergibt sich aus (11.22) die folgende Beziehung für die $[z_{jk}]_{FB}$:
$[z_{jk}]_{FB} = -0{,}044\ n_{jk}^2 + 0{,}760\ n_{jk} - 1{,}344$

Der quadratische Term enthält die Wechselwirkungsterme entsprechend der BOČEK-KOPECKY-Gleichung (11.10) (erfolgt z. B. die Summation über 2 Positionen mit den π-Werten π_1 und π_2, ergibt sich die Summe zu $\pi_1 + \pi_2$ und das Quadrat zu $\pi_1^2 + \pi_2^2 + 2\,\pi_1\pi_2$)[18]. Die linearen π-Terme sind bei diesem Ansatz in den Wirkbeiträgen enthalten.

Voraussetzung für die Anwendbarkeit des extrathermodynamischen Ansatzes in mehrfach substituierten Verbindungen ist, daß in allen Positionen eine genügend große Anzahl von Substituenten vorliegt (dies gilt insbesondere beim Auftreten von Positionsabhängigkeiten). Es kann jedoch vorkommen, daß diese Forderung nur für bestimmte Positionen erfüllt ist. Für den

18 Beim Auftreten von Positionsabhängigkeiten hinsichtlich des hydrophoben Substituenteneinflusses muß Gleichung (11.23) entsprechend modifiziert werden.

Fall, daß in den Positionen q (q = 1, ..., r) eine genügend große Substituentenvariation vorliegt, während in den Positionen j (j = 1, ..., p) nur wenige Substituenten auftreten, ist folgender Ansatz sinnvoll:

$$\log A_i = \sum_{q=1}^{r} [f_{h,q}(x_{h,i}) + f_{e,q}(x_{e,i}) + f_{s,q}(x_{s,i})] \qquad (11.24)$$
$$+ \sum_{j=1}^{p} \sum_{k=1}^{m_j} b_{ijk} [z_{jk}]_{FB} + \text{const.}$$

Für die Funktionen $f_h(x_h)$, $f_e(x_e)$ und $f_s(x_s)$ sind die in den vorangegangenen Kapiteln erläuterten Zusammenhänge einzusetzen; der Ordinatenabschnitt in (11.24) setzt sich aus dem Ordinatenabschnitt des extrathermodynamischen Teils von (11.24) und $[\mu]_{FB}$ zusammen. Gleichung (11.24) schließt die Beziehung (11.23) als Sonderfall mit ein. Regressionsgleichungen mit Hilfsparametern [siehe Gleichung (8.3)] zur Kennzeichnung des Auftretens bestimmter Strukturvarianten sind ebenfalls bereits als Sonderfälle von (11.24) anzusehen. Ein einfaches Beispiel dieser Art wird von KUBINYI [604] angegeben, der für die bakterizide Wirkung von im Phenylring (R_1) und am Stickstoff (R_2) substituierten Benzylammoniumverbindungen die folgende Beziehung erhielt:

$$\log A_i = -0{,}18\ (\pi_1 + \pi_2)_i^2 + 1{,}29\ \pi_{2,i} \qquad (11.25)$$
$$+ \left[\sum_{j=1}^{p} \sum_{k=1}^{m_j} b_{ijk} [z_{jk}]_{FB} \right]_{R_1} + 1{,}709$$
$$n = 44 \qquad r = 0{,}916 \qquad s = 0{,}281.$$

Die Wirkbeiträge in (11.25) beziehen sich auf die Substituenten im Phenylring; ihre Werte sind in Tabelle 51 zusammengestellt. Da die Indizierung in diesem Kapitel etwas anders ist, als in den Kapiteln über den extrathermodynamischen Ansatz, soll Gleichung (11.25) nochmals in der für die Regressionsgleichungen bisher geübten Schreibweise mit Hilfsparametern formuliert werden:

$$\log A = -0{,}18\ (\pi_1 + \pi_2)^2 + 1{,}29\ \pi_2 + 0{,}760\ X_1 \qquad (11.26)$$
$$+ 1{,}004\ X_2 + 0{,}449\ X_3 + 0{,}995\ X_4 - 0{,}010\ X_5$$
$$+ 0{,}123\ X_6 + 1{,}709$$
$$n = 44 \qquad r = 0{,}916 \qquad s = 0{,}281.$$

Tabelle 51
Wirkbeiträge $[z_{jk}]_{FB}$ für die aromatischen Substituenten [Gleichung (11.25)] in bakterizid wirkenden Benzylammoniumverbindungen (aus [604])

Substituent	$[z_{jk}]_{FB}$
2-H	0
3-H	0
4-H	0
2-Cl	0,760
4-Cl	1,004
4-NO_2	0,449
3-Cl	0,995
3,4-$(OCH_3)_2$	-0,010
3,4-OCH_2O-	0,123

Die Koeffizienten vor den Hilfsparametern $X_1 \ldots X_6$ sind identisch mit den $[z_{jk}]_{FB}$, und die Hilfsparameter selbst sind identisch mit den Strukturparametern b_{ljk}; ihre Definition folgt nochmals aus Tabelle 52.

Tabelle 52
Definition der Hilfsparameter in Gleichung (11.26)
Angegeben ist, wann die einzelnen Hilfsparameter den Wert 1 annehmen; in allen anderen Fällen ist ihr Wert gleich 0

Hilfsparameter	Substituent k	in Position j
X_1	Cl	2
X_2	Cl	4
X_3	NO_2	4
X_4	Cl	3
X_5	$(OCH_3)_2$	3, 4
X_6	-OCH_2O-	3, 4

11.1.4. Näherungsverfahren zur Lösung des FREE-WILSON-Ansatzes

Die exakte Lösung des FREE-WILSON-Ansatzes erfordert den Einsatz von Elektronenrechnern. Um dem Experimentator unmittelbar am Arbeitsplatz eine schnelle Vororientierung zu ermöglichen, wurde ein Näherungsverfahren entwickelt, mit dem Schätzwerte für die Wirkbeiträge μ und z_{jk} sehr schnell und leicht mit Hilfe eines einfachen Tischrechners ermittelt werden können [618 – 620].

Nach der Methode der kleinsten Quadrate (siehe Kapitel 15) muß die Lösung des linearen Gleichungssystems (11.2) die folgende Bedingung erfüllen:

$$\sum_{i=1}^{n} \left[\log A_i - \left(\sum_{j=1}^{p} \sum_{k=1}^{m_j} b_{ijk} z_{jk} + \mu \right) \right]^2 = \text{Min!} \tag{11.27}$$

Differenzieren von (11.27) nach den z_{jk} und Nullsetzen der ersten Ableitung liefert:

$$\sum_{j=1}^{p} \sum_{k=1}^{m_j} z_{jk} \sum_{i=1}^{n} b_{ijk} b_{iqr} = \sum_{i=1}^{n} (\log A_i - \mu) b_{iqr} \tag{11.28}$$

$$(q = 1, \ldots, p; \; r = 1, \ldots, m_q).$$

Zur Vereinfachung dieses Gleichungssystems werden folgende Abkürzungen eingeführt:

$$n_{jk;qr} = \sum_{i=1}^{n} b_{ijk} b_{iqr} \tag{11.29}$$

$$n_{jk} = n_{jk;jk} = \sum_{i=1}^{n} b_{ijk} \tag{11.30}$$

$$n_{qr} = n_{qr;qr} = \sum_{i=1}^{n} b_{iqr} \tag{11.31}$$

Die inhaltliche Bedeutung der eingefügten Symbole folgt aus den rechten Seiten der angegebenen Beziehungen. $n_{jk;qr}$ ist die Zahl der Verbindungen der Stichprobe, in denen die beiden variablen Segmente jk (k-ter Substituent an der j-ten Position) und qr (r-ter Substituent an der q-ten Position) gemeinsam vorkommen, und n_{jk} bzw. n_{qr} ist die Zahl der Verbindungen, in denen das variable Segment jk bzw. qr enthalten ist.

Aus den Gleichungen (11.28) – (11.31) ergibt sich mit (11.7):

$$\sum_{j=1}^{p} \sum_{k=1}^{m_j} z_{jk} (n_{jk;qr} - n_{jk}/n) = \sum_{i=1}^{n} \log A_i b_{iqr} - n_{qr}\mu. \tag{11.32}$$

Die Gesamtzahl der Verbindungen, die eine gegebene Segmentvariante jk oder qr enthalten, ist innerhalb der Stichprobe im allgemeinen wesentlich größer als die Zahl derjenigen Verbindungen, in denen diese beiden Segmentvarianten gemeinsam vorkommen. Aus diesem Grunde sind die in der Hauptdiagonale des Gleichungssystems (11.32) auftretenden Koeffizienten $n_{jk,jk} = n_{jk}$ viel größer als alle anderen Koeffizienten. Betrachtet man demzufolge nur die Koeffizienten der Hauptdiagonale und vernachlässigt weiter den Ausdruck n_{jk}/n, der für nicht zu kleine Stichproben sehr klein wird, ergibt sich aus (11.32):

$$z_{jk} \approx \frac{1}{n_{jk}} \sum_{i=1}^{n} \log A_i b_{ijk} - \mu \tag{11.33}$$

$$\approx \mu_{jk} - \mu$$

mit

$$\mu_{jk} = \frac{1}{n_{jk}} \sum_{i=1}^{n} \log A_i b_{ijk}. \tag{11.34}$$

Die Größe μ_{jk} ist der Mittelwert von log A aller Verbindungen der Stichprobe, die das variable Segment jk enthalten. Mit Gleichung (11.33) lassen sich Näherungslösungen für die Wirkbeiträge erhalten, die mit z'_{jk} bezeichnet werden sollen. Damit gilt:

$$z'_{jk} = \mu_{jk} - \mu. \tag{11.35}$$

Auf den ersten Blick könnten die bei der Ableitung von (11.35) eingeführten Annahmen und Vereinfachungen als relativ grob erscheinen. Das ist jedoch durchaus nicht der Fall. Wie bereits erläutert, ist der Stichprobenumfang n im allgemeinen klein gegen die Gesamtzahl N aller kombinatorisch möglichen Verbindungen, so daß gilt:

$$f = \frac{N}{n} \qquad \text{mit } f \gg 1. \tag{11.36}$$

Die Zahl N_{jk} aller kombinatorisch möglichen Verbindungen mit dem variablen Segment jk ergibt sich zu:

$$N_{jk} = N/m_j. \tag{11.37}$$

Analog folgt für die Zahl aller kombinatorisch möglichen Verbindungen, in denen die Segmentvarianten jk und qr gemeinsam vorkommen:

$$N_{jk;qr} = N/m_j m_q. \tag{11.38}$$

Bei der Auswahl der Verbindungen für die Stichprobe nach einem *ausgeglichenen Versuchsplan* gilt die Beziehung (11.39):

$$n_{jk;qr} = \begin{cases} N_{jk;qr}/f & \text{für } j \neq q \\ 0 & \text{für } j = q \text{ und } k \neq r \\ N_{jk}/f & \text{für } j = q \text{ und } k = r \end{cases} \qquad (11.39)$$

mit

$$n_{jk} = N_{jk}/f = N/fm_j. \qquad (11.40)$$

Aus den Gleichungen (11.32), (11.39) und (11.40) folgt:

$$\sum_{\substack{j=1 \\ j\neq q}}^{p} \sum_{k=1}^{m_j} z_{jk} (N_{jk;qr}/f - \frac{1}{m_j}) + \sum_{\substack{k=1 \\ k\neq r}}^{m_q} z_{qk} (0 - \frac{1}{m_q}) \qquad (11.41)$$

$$+ z_{qr} (N_{qr}/f - \frac{1}{m_q}) = \sum_{i=1}^{n} \log A_i b_{iqr} - (N_{qr}/f).$$

Gleichung (11.41) läßt sich umformen zu:

$$(N - fm_q)/N \sum_{\substack{j=1 \\ j\neq q}}^{p} (\sum_{k=1}^{m_j} z_{jk}/m_j) - fm_q/N \sum_{k=1}^{m_q} z_{qk}/m_q + z_{qr} \qquad (11.42)$$

$$= fm_q/N \sum_{i=1}^{n} \log A_i b_{iqr} - \mu.$$

Die Symmetriebedingung zur Lösung des FREE-WILSON-Ansatzes [Gleichung (11.6)] führt zu Gleichung (11.43):

$$\sum_{k=1}^{m_j} z_{jk}/m_j = 0. \qquad (11.43)$$

Damit folgt aus (11.42):

$$z_{qr} = fm_q/N \sum_{i=1}^{n} \log A_i b_{iqr} - \mu. \qquad (11.44)$$

Nach Austausch der Indizes qr gegen jk ergibt sich aus (11.44) mit (11.34) und (11.37):

$$z_{jk} = \frac{1}{n_{jk}} \sum_{i=1}^{n} \log A_i b_{ijk} - \mu \tag{11.45}$$

$$= \mu_{jk} - \mu.$$

Ein Vergleich von (11.45) mit (11.35) zeigt, daß die Näherung (11.35) im Falle eines ausgeglichenen Versuchsplanes *mit der exakten Lösung des FREE-WILSON-Ansatzes identisch ist.* Die Näherungslösung wird also um so besser mit der exakten Lösung übereinstimmen, je besser die Auswahl der untersuchten Stichprobe einem ausgeglichenen Versuchsplan entspricht, wobei diese Bedingung auf Grund des Bestrebens des Synthesechemikers, die Substituenten gut zu „mischen", meist recht gut erfüllt ist.

Zur Anschaulichkeit sei das Vorgehen zur Ermittlung der z'_{jk} für die Position 1 des in Abschnitt 11.1.2. erläuterten Beispiels dargestellt. Nach Gleichung (11.34) gilt:

$$\mu_{11} = \frac{1}{5} (\log A_1 + \log A_2 + \log A_3 + \log A_4 + \log A_{17}) \tag{11.46}$$

$$\mu_{12} = \frac{1}{4} (\log A_5 + \log A_6 + \log A_7 + \log A_8)$$

$$\mu_{13} = \frac{1}{5} (\log A_9 + \log A_{10} + \log A_{11} + \log A_{12} + \log A_{18})$$

$$\mu_{14} = \frac{1}{4} (\log A_{13} + \log A_{14} + \log A_{15} + \log A_{16}).$$

Das Gesamtmittel μ ergibt sich zu

$$\mu = \frac{1}{18} \sum_{i=1}^{18} \log A_i = 4{,}895, \tag{11.47}$$

und für die Wirkbeiträge folgt dann aus (11.35):

$$z'_{11} = -0{,}773$$

$$z'_{12} = 0{,}649$$

$$z'_{13} = -0{,}201$$

$$z'_{14} = 0{,}398.$$

Die z_{1k} und z'_{1k} stimmen zwar nicht im Absolutwert, wohl aber – was viel wichtiger ist – im Vorzeichen und in der relativen Abstufung überein.

Im nächsten Schritt des Verfahrens ist zu prüfen, ob die ermittelten Wirkbeiträge das Verhalten der Wirkquantität innerhalb der betrachteten

Stichprobe statistisch signifikant beschreiben. Hierzu werden die Wirkbeiträge z'_{jk} und μ in Gleichung (11.2) eingesetzt und die auf diese Weise berechneten Werte ($\log A_{i,b}$) zu den experimentellen Werten $\log A_i$ korreliert. Die Lösung wird akzeptiert, wenn der Korrelationskoeffizient zwischen $\log A_{i,b}$ und $\log A_i$ größer als 0,8 und bei $p < 0{,}05$ signifikant von Null verschieden ist. In diesen Fällen ist es dann möglich, mit Hilfe der z'_{jk} Synthesevorschläge für wirksamere Verbindungen zu formulieren. Dabei sollten unter Beachtung des Näherungscharakters der z'_{jk} im allgemeinen auf eine Vorausberechnung von log A-Werten mittels (11.2) verzichtet und einfach diejenigen Verbindungen zur weiteren Bearbeitung ausgewählt werden, die sich durch Kombinationen von Segmentvarianten mit hohen z'_{jk} ergeben. Eine Vorausberechnung lohnt sich nur, wenn der Korrelationskoeffizient sehr hoch ist ($r > 0{,}96$). Dabei muß dann allerdings beachtet werden, daß die z'_{jk} im Falle eines nicht exakt ausgeglichenen Versuchsplanes auf einer etwas anderen Skala liegen, als die z_{jk}; das gleiche gilt dann natürlich auch für die mit (11.2) berechneten bzw. vorausberechneten $\log A_{i,b}$ im Vergleich zu den entsprechenden experimentellen Werten $\log A_i$. Hier ist eine Korrektur nötig, die mittels eines einfachen Regressionsschrittes gemäß Gleichung (11.48) erfolgen kann:

$$\log A_i = a_0 + a_1 \log A_{i,b}. \tag{11.48}$$

Nach Ermittlung der Regressionskoeffizienten mit Hilfe der Daten aus der untersuchten Stichprobe können korrigierte log A-Werte ($\log A'_{i,b}$) für beliebige weitere Verbindungen der Gesamtserie aus Gleichung (11.49) berechnet werden:

$$\log A'_{i,b} = a_0 + a_1 \left(\sum_{j=1}^{p} \sum_{k=1}^{m_j} b_{ijk}\, z'_{jk} + \mu\right). \tag{11.49}$$

Der Vorhersageraum kann dann auf solche Verbindungen eingeschränkt werden, die die Ungleichung (11.50) erfüllen:

$$\log A'_{i,b,max} > \log A'_{i,b} > \log A'_{i,b,max} - 2\ s. \tag{11.50}$$

Die Reststreuung s ergibt sich bei der Berechnung von Gleichung (11.48); $A'_{i,b,max}$ in (11.50) ist die in der betrachteten Serie mögliche maximale Wirkquantität [vgl. Gleichung (11.17)].

Dem Vorteil des Näherungsprüfverfahrens, schnell und leicht auf einem Tischrechner durchführbar zu sein, steht der Nachteil entgegen, daß die ermittelten z'_{jk} nur Schätzwerte der wahren Wirkbeiträge und demzufolge stärker fehlerbehaftet sind; außerdem ergeben sich weniger statistische Informationen (keine Vertrauensintervalle, keine Testung der Wirkbeiträge gegen Null, keine automatische Vorausberechnung usw.), und die Möglichkeit zur Formulierung von Unterproblemen durch Zeilenvektoren entfällt (der Rechenaufwand wäre dann in den meisten Fällen zu groß). Wie eine Reihe von Vergleichsrechnungen gezeigt hat, liegt allerdings die Güte der Schätzung (gemessen am Korrelationskoeffizienten, der nicht von dem Korrekturschritt beeinflußt wird) in der überwiegenden Zahl der Fälle nicht wesentlich unter der Güte der exakten FREE-WILSON-Lösung (siehe Tabelle 53), und die z'_{jk} stimmen mit den z_{jk} in der relativen Abstufung gut überein; auch die Empfindlichkeit der einzelnen Positionen wird richtig wiedergegeben [619, 620].

Tabelle 53
Vergleich der multiplen Korrelationskoeffizienten r für die exakte und die Näherungslösung des FREE-WILSON-Ansatzes für einige Beispiele (aus [620])

Substanzklasse	Biologische Wirkung	r exakte Lösung	r Näherungslösung	Referenz für die exakte Lösung
Erythromyzinderivate	bakteriostatisch gegen *S. aureus*	0,991	0,963	[621]
Erythromyzinderivate	bakteriostatisch gegen *K. pneumoniae*	0,991	0,958	[621]
siehe Abb. 19	hypothetisch	1,000	0,930	[9]
N,N-Dimethyl-2-Brom-Phenyläthylamine	adrenolytisch	0,969	0,921	[603]
Phenanthrenaminoalkylkarbinole	gegen Malaria	0,924	0,830	[617]

Das Näherungsverfahren liefert also weitgehend korrekt die wichtigsten Informationen und kann demzufolge als eine Hilfe unmittelbar für den Experimentator bei der Planung und Durchführung von Synthesen und Testungen angesehen werden. Diese Näherung soll natürlich nicht die exakte FREE-WILSON-Analyse oder generell rechnergebundene Verfahren zur quantitativen Struktur-Wirkungs-Analyse ablösen; sie ist vielmehr als Vororientierung und Vorbereitung für die systematische Anwendung dieser Verfahren gedacht.

11.1.5. Vor- und Nachteile sowie Einordnung der FREE-WILSON-Analyse im Vergleich zum extrathermodynamischen Ansatz

Die FREE-WILSON-Analyse kann unter folgenden Zielstellungen eingesetzt werden:

1. als Alternative zum extrathermodynamischen Ansatz mit dem Ziel der Vorausberechnung biologischer Wirkquantitäten und der Formulierung von Synthesevorschlägen;
2. zur Auffindung der empfindlichsten Position, um dann gezielt eine repräsentative Stichprobe für den extrathermodynamischen Ansatz zusammenstellen zu können;
3. als Vorschaltschritt vor einen extrathermodynamischen Ansatz, um komplizierte Positionsabhängigkeiten zu eliminieren;
4. in Kombination mit extrathermodynamischen Ansätzen.

Die FREE-WILSON-Analyse ist eine echte Ergänzung zum extrathermodynamischen Ansatz (Fall 1). Sie ist gerade für solche Stichproben, bei denen relativ wenig Substituenten an vielen Positionen variiert werden, besonders gut geeignet, während der extrathermodynamische Ansatz hier im allgemeinen nicht anwendbar ist, da die Zahl der Freiheitsgrade bei auftretenden Positionsabhängigkeiten zu gering wird. Umgekehrt ist die FREE-WILSON-Analyse nicht oder nur sehr eingeschränkt anwendbar, wenn viele Substituenten an wenigen Positionen variiert werden, da dann die Häufigkeit des Vorkommens der einzelnen Segmentvarianten im allgemeinen für eine statistisch scharfe Aussage zu gering ist; gerade dieser Fall ist aber für den extrathermodynamischen Ansatz besonders günstig. Gegenüber dem extrathermodynamischen Ansatz hat die FREE-WILSON-Analyse weiter den Vorteil, daß keinerlei Molekülparameter zur Charakterisierung von Substituenteneigenschaften benötigt werden, so daß Wirkbeiträge auch für ausgefallene Substituenten ohne Schwierigkeiten ermittelt werden können. Dem gegenüber steht der Nachteil, daß zunächst nur Vorhersagen über solche Verbindungen möglich sind, die sich aus den in der Stichprobe enthaltenen Segmentvarianten zusammensetzen lassen; diese Einschränkung läßt sich jedoch durch die zusätzliche Einbeziehung externer Molekülparameter überwinden (siehe nächste Seite). Häufig findet sich in der Literatur die Meinung, daß die Beschreibung mittels FREE-WILSON-Analyse nicht so präzise und Vorausberechnungen nicht so zuverlässig seien, wie mittels des extrathermodynamischen Ansatzes. Diese Meinung läßt sich jedoch – mindestens in dieser generalisierten Form – nicht exakt begründen.

Der zweite Fall wurde bereits erläutert (siehe Abschnitt 8.1.). Hier geht es darum, unter mehreren Molekülpositionen die aussichtsreichtste(n) für eine weitere systematische Variation von Substituenten zu finden. An einer ersten Stichprobe mit etwa 3 ... 4 variablen Segmenten pro Position wird eine FREE-WILSON-Analyse durchgeführt, und für weitere Variationen werden dann die Position(en) mit maximalen D_j ausgewählt; natürlich müssen für eine begründete Aussage die Segmentvarianten chemisch genügend verschieden sein.

Die dritte Zielstellung ist ebenfalls sehr wichtig. Sie beruht darauf, daß der extrathermodynamische Ansatz und das FREE-WILSON-Modell einander formal äquivalent sind (siehe Abschnitt 11.1.3.), so daß die z_{jk} zu hydrophoben, elektronischen und sterischen Molekülparametern korreliert werden können. Damit wird es möglich, komplexe Positionsabhängigkeiten in multisubstituierten Molekülen, die den extrathermodynamischen Ansatz beträchtlich komplizieren, dadurch aufzulösen, daß in einer vorgeschalteten FREE-WILSON-Analyse zunächst die z_{jk} ermittelt und dann anstelle von log A als Zielgrößen im extrathermodynamischen Ansatz verwendet werden. Positionsabhängigkeiten brauchen dann nicht mehr berücksichtigt zu werden. Sind die Zusammenhänge zwischen den z_{jk} und Substituentenkonstanten für alle Positionen bekannt, läßt sich leicht erkennen, ob und hinsichtlich welcher Moleküleigenschaften und Positionen Additivität besteht. Derartige Additivitäten können dann, wenn nötig, in wenigen gezielten Ansätzen — nun wieder mit log A als Zielgröße — durch Zusammenfassen der entsprechenden Terme berücksichtigt werden.

Die vierte Einsatzmöglichkeit wurde in Abschnitt 11.1.3. bereits ausführlich erörtert. Der Vorteil besteht hier darin, daß bei einer Kombination des FREE-WILSON-Modells mit dem extrathermodynamischen Ansatz die Vorzüge beider Verfahren vereinigt werden und daß sich außerdem zusätzliche diagnostische Kriterien für Form und Richtigkeit der Lösungen gewinnen lassen [603, 604].

11.2. Zeichenerkennungsverfahren mit strukturellen Parametern

Die hier zu erläuternden Zeichenerkennungsverfahren haben die gleiche Zielstellung und können auch für die gleichen Probleme eingesetzt werden, wie die bereits in Abschnitt 9.2. erläuterten Klassifizierungsverfahren (siehe dort). Es geht um die Ermittlung eines Klassifizierungsalgorithmus, der die Verteilung von Objekten (z. B. Verbindungen) über verschiedene Klassen (z. B. unterschiedlicher Wirkquantität usw.) mit Hilfe geeigneter Merkmale der Objekte beschreibt und die Klassifizierung noch nicht untersuchter Objekte gestattet. Es sei nochmals betont, daß aus der Sicht dieser Zielstellung die in Abschnitt 9.2. erläuterten Methoden ebenfalls dem Oberbegriff Zeichenerkennungsverfahren untergeordnet werden können und daß der einzige Grund für die getrennte Behandlung der in diesem Abschnitt darzustellenden Verfahren darin besteht, daß diese mit diskreten, unmittelbar aus der chemischen Strukturformel ableitbaren Merkmalen arbeiten können.[19] Dies ist aus statistischen Gründen bei den in Abschnitt 9.2. behandelten Verfahren nicht möglich. Die Anwendung struktureller Parameter in Verbindung mit Verfahren der Zeichenerkennung hat den Vorteil, daß die Grenzen homologer Serien durchbrochen und Verbindungen mit sehr unterschiedlichen Strukturen betrachtet werden können. Außerdem ist es prinzipiell (allerdings mit einigen noch zu erläuternden Einschränkungen) möglich, die für die Auslösung einer bestimmten Wirkung wichtigen Strukturelemente zu erkennen und damit nicht nur Vorhersagen hinsichtlich der zu erwartenden Wirkquantität oder -qualität neuer Verbindungen zu ermöglichen, sondern auch durch Neukombination dieser Strukturelemente zu neuartigen Strukturen und damit zu neuen Leitverbindungen zu kommen. Wir wollen uns in diesem Abschnitt ausschließlich auf solche strukturellen Merkmale beschränken, die direkt aus der zweidimensionalen Strukturformel chemischer Verbindungen, also aus der Topologie der Moleküle, zugängig sind. Aussagekräftiger sind natürlich Merkmale, die auf die räumliche Struktur, also die Topographie chemischer Verbindungen, zurückgehen. Aus inhaltlichen Gründen sollen solche topographischen Untersuchungen jedoch erst in Kapitel 12. erläutert werden.

Auf Grund der oben genannten Vorteile bei der Verwendung struktureller Molekülparameter sind in den letzten Jahren eine ganze Reihe zum Teil vielversprechender Versuche zur Anwendung von Zeichenerkennungsverfahren in der quantitativen Struktur-Wirkungs-Analyse unternommen worden [16, 556, 557, 622 – 630]. Trotz der potentiellen Möglichkeiten dieser Verfahren ist ihr Einsatz in der Struktur-Wirkungs-Analyse jedoch problematisch und erfordert ein kritisches und sachkundiges Vorgehen [626, 631 – 633].

Die wichtigsten Schritte bei den Zeichenerkennungsverfahren sind im Prinzip die gleichen, wie bei der Diskriminanzanalyse (siehe dort). Für jeden dieser Schritte gibt es eine Vielzahl mathematischer Verfahren. Eine Übersicht hierzu würde diesen Beitrag sprengen, so daß auf einige zusammenfassende Darstellungen verwiesen werden muß [524, 546, 634 – 646].

Der erste Schritt besteht in der Festlegung geeigneter Merkmale zur Beschreibung der Verbindungen der Trainingsserie. Dazu werden die be-

19 Es sei aber nochmals darauf hingewiesen, daß auch kontinuierliche Merkmale wie z. B. Substituentenkonstanten in diesen Verfahren verwendet werden können.

trachteten Moleküle völlig in Substrukturen aufgelöst, d. h. die Zerlegung geht viel weiter, als bei der FREE-WILSON-Analyse. Diese Auflösung kann in verschiedener Weise bis zur Betrachtung einzelner Atome vorgenommen werden (siehe z. B. [647 – 649], wobei je nach der Art des Vorgehens verschiedene Typen von Substrukturen resultieren (siehe unten). Treten in der Gesamtheit der Verbindungen M Substrukturen auf, läßt sich die Struktur einer jeden Verbindung durch einen Satz (Vektor) von M Merkmalen beschreiben, die für jede Substruktur die Anzahl ihres Vorkommens in der betreffenden Verbindung angeben. Jede Substruktur führt also zu einem Merkmal, so daß ein M-dimensionaler Merkmalsraum entsteht. Jede Verbindung läßt sich in diesem Merkmalsraum als Punkt darstellen, und die einzelnen Klassen erscheinen als M-dimensionale Punktwolken, die sich im Idealfall nicht überlappen. Die eigentliche Aufgabe der Zeichenerkennungsverfahren besteht nun darin, die Lage der den einzelnen Klassen zugehörigen Gebiete des Merkmalsraumes durch geeignete Formalismen (Klassifizierungsregeln) zu beschreiben und dann mit Hilfe dieser Klassifizierungsregeln neue Verbindungen einem dieser Gebiete, d. h. also einer bestimmten Klasse zuzuordnen (Klassifizierung). Bevor dies jedoch geschehen kann, muß in einem Datenvorbehandlungsschritt die Dimension des Merkmalsraumes möglichst stark erniedrigt werden; der M-dimensionale Raum geht dann in einen m-dimensionalen mit $m \ll M$ über. Hierzu werden zunächst redundante (für die Klassentrennung nicht relevante) Merkmale mittels geeigneter Verfahren, auf die hier nicht eingegangen werden kann, eliminiert (zur Redundanz struktureller Merkmale siehe z. B. [650]). Eine weitere Dimensionserniedrigung läßt sich oft durch Zusammenfassen der ursprünglichen Merkmale zu neuen Merkmalen (z. B. durch logische Verknüpfungen oder durch Bildung von Linearkombinationen) erreichen. Häufig ist auch eine Transformation oder Skalierung der Merkmale notwendig, um aussagekräftige Klassifizierungsregeln finden zu können.

Die Festlegung des richtigen Merkmalsraumes ist ein Kernproblem der Zeichenerkennungsverfahren mit strukturellen Parametern und mindestens im ersten Schritt nicht frei von subjektiven Komponenten. Die Merkmale müssen hinsichtlich des Ziels der Klassifizierungsaufgabe inhaltlich sinnvoll und außerdem nicht nur für die Stichprobe (Trainingsserie), sondern auch für die Grundgesamtheit, aus der die Stichprobe stammt, repräsentativ sein. Dabei müssen insbesondere auch Korrelationen zwischen den Merkmalen beachtet werden, da es sonst zu Fehlinterpretationen kommen kann. Ein Beispiel hierfür bietet die Anwendung von Zeichenerkennungsverfahren zur Klassifizierung von 200 Purin- und Pyrimidinderivaten hinsichtlich ihrer Wirksamkeit gegen Adenocarcinom 755 [625] (Zweiklassenproblem mit den

Klassen aktive und inaktive Verbindungen). Aus diesen Verbindungen ergaben sich 50 verschiedene strukturelle Merkmale, von denen 16 durch Varianzwichtung und 14 weitere auf Grund ihrer Seltenheit eliminiert wurden. Mit den verbleibenden Strukturmerkmalen wurde die Klassifizierung durchgeführt, wobei als besonders wichtige Merkmale für aktive Verbindungen u. a. das Verhältnis der Zahl von C-S-Bindungen zur Gesamtzahl der C-Atome sowie die Zahl der SH-Gruppen in Erscheinung traten. Daraus wäre z. B. zu schließen, daß die Erhöhung der Zahl der C-S-Bindungen zu Molekülen führt, die eine hohe Wahrscheinlichkeit haben, aktiv zu sein. Eine genauere Inspektion der Stichprobe und der Daten zeigt jedoch, daß mit einer einzigen Ausnahme der Schwefel stets in der 6-Position der Purinmoleküle auftritt. Die oben genannten Merkmale sind daher irreführend und haben keine Vorhersagekraft im Sinne der obigen Schlußfolgerung. Die richtige Schlußfolgerung müßte vielmehr lauten, daß Schwefel in der 6-Position eines Purinringes eine für die betrachtete biologische Aktivität besonders günstige Substruktur ist [626]. Auf einige weitere Probleme, die sich bei diesem Beispiel durch Beziehungen zwischen den Strukturmerkmalen untereinander ergeben, wird von MATHEWS [633] hingewiesen, der bei der Anwendung von Zeichenerkennungsverfahren eine ständige Interaktion mit dem Chemiker fordert (zur Frage der Abhängigkeit von Merkmalen siehe auch [631]). Unter Berücksichtigung dieser Einschränkungen ist es aber doch grundsätzlich möglich, aus den als relevant für eine Klassentrennung ermittelten Merkmalen auf die für diese Klasseneinteilung wichtigen Substrukturen zu schließen.

Nach Festlegung des Merkmalsraumes erfolgt die Ermittlung des Klassifizierungsalgorithmus, also die eigentliche Zeichenerkennung. Hierfür gibt es viele, zum Teil grundsätzlich verschiedene Methoden (es sei nochmals auf die bereits zitierten Übersichten verwiesen), von denen hier nur zwei besonders häufig angewendete Verfahren kurz vorgestellt werden sollen.

Das erste dieser Verfahren ist die *lineare Lernmaschine (LLM)* nach NILSSON [634]. Der Einfachheit halber sei zunächst ein Zweiklassenproblem (z. B. Klasse 1: aktive Verbindung, Klasse 2: inaktive Verbindung) betrachtet und weiter angenommen, daß sich diese beiden Klassen mit Hilfe von zwei bekannten Merkmalen x_1 und x_2 trennen lassen. Alle Verbindungen der Stichprobe lassen sich dann als Punkte in einem zweidimensionalen Koordinatensystem mit den Koordinaten x_1 und x_2 darstellen (Abbildung 20), und die Aufgabe besteht darin, eine Gerade (Trenngerade) zu finden, die die beiden Klassen voneinander trennt. Im einfachen zweidimensionalen Fall ist diese Aufgabe natürlich graphisch lösbar, aber nicht mehr, wenn ein m-dimensionaler Raum (m Merkmale) vorliegt. In diesem Falle werden die

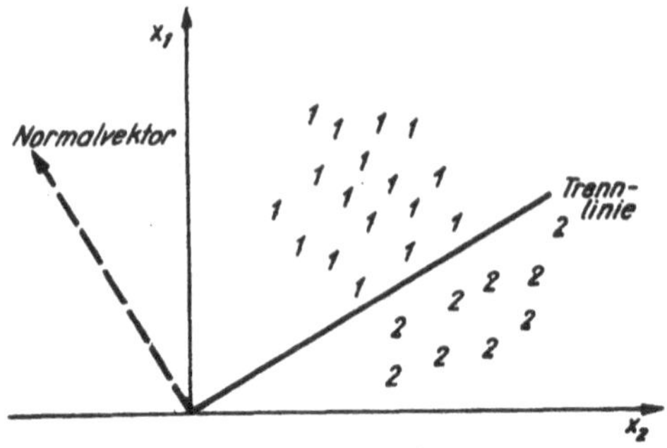

Abb. 20. Trennebene im zweidimensionalen Merkmalsraum (Trenngerade)

Klassen durch eine Hyperebene getrennt, die sich für den in Abbildung 20 betrachteten zweidimensionalen Fall zu einer Geraden vereinfacht.

Im m-dimensionalen Raum läßt sich jedes Objekt als Punkt mit den Koordinaten für die m Merkmale, d. h. als ein Vektor x aller Merkmale für dieses Objekt, darstellen, wobei der *Merkmalsvektor x* für die i-te Verbindung der Stichprobe die folgende Gestalt hat:

$$x_i = \begin{pmatrix} x_{1i} \\ \cdot \\ \cdot \\ \cdot \\ x_{ji} \\ \cdot \\ \cdot \\ \cdot \\ x_{mi} \end{pmatrix}. \qquad (11.51)$$

Dabei ist x_{ji} der Wert für das j-te Merkmal der i-ten Verbindung. Die Trennebene (bzw. Trenngerade im zweidimensionalen Fall) läßt sich durch ihren *Normalvektor* beschreiben, der genau senkrecht auf dieser Ebene steht (siehe Abbildung 20) und in dem jedem Merkmal x_j ein Element w_j zugeordnet ist:

$$w^T = (w_1 \ldots w_j \ldots w_m). \qquad (11.52)$$

Die Trennebene zwischen den Klassen wird so ermittelt, daß die Beziehung (11.53) innerhalb der Stichprobe möglichst gut, d. h. also für möglichst viele und im Idealfall für alle Objekte der Stichprobe erfüllt ist:

$$
w^T x = (w_1 \; \ldots \; w_j \; \ldots \; w_m \; w_{m+1}) \begin{pmatrix} x_1 \\ \cdot \\ \cdot \\ \cdot \\ x_j \\ \cdot \\ \cdot \\ \cdot \\ x_m \\ x_{m+1} \end{pmatrix} \tag{11.53}
$$

$$
= \sum_{j=1}^{m+1} x_j w_j = \begin{cases} > 0 \text{ für Verbindungen der Klasse 1} \\ < 0 \text{ für Verbindungen der Klasse 2.} \end{cases}
$$

Mit dem zusätzlichen Element w_{m+1} des Normalvektors wird die Lage der Trennebene im Raum fixiert; das zu diesem Element gehörende zusätzliche Element x_{m+1} des Merkmalsvektors hat den Wert Eins. Für den in Abbildung 20 dargestellten zweidimensionalen Fall würde sich ergeben:

$$
(w_1 \; w_2 \; w_3) \begin{pmatrix} x_1 \\ x_2 \\ 1 \end{pmatrix} = \sum_{j=1}^{3} x_j w_j = x_1 w_1 + x_2 w_2 + 1 \cdot w_3 \tag{11.54}
$$

$$
= \begin{cases} > 0 \text{ für Verbindungen der Klasse 1} \\ < 0 \text{ für Verbindungen der Klasse 2.} \end{cases}
$$

Nach Ermittlung des Normalvektors **w** können neue Objekte durch Multiplikation ihres Merkmalsvektors mit diesem Vektor klassifiziert werden. Gemäß (11.53) sind sie der Klasse 1 zuzuordnen, wenn dieses Produkt positiv wird und der Klasse 2, wenn es einen negativen Wert annimmt. Im Zweiklassenfall lassen dabei die Elemente w_j des Normalvektors gewisse Rückschlüsse auf die Bedeutung der einzelnen Merkmale x_j für die Klasseneinteilung zu. Ein hoher positiver Wert für ein bestimmtes w_j sagt z. B. aus, daß ein hoher Wert für das entsprechende Merkmal x_j günstig für die Zuordnung zu Klasse 1 ist.

Das Verfahren ist auch dann anwendbar, wenn mehr als zwei Klassen vorliegen. Für einen Fall mit J Klassen müssen dann J (J–1) / 2 Normalvektoren ermittelt werden. Voraussetzung ist immer, daß die Klassen linear separierbar sind.

Das zweite Verfahren, die *K-nearest-neighbours-Methode (KNN),* geht ebenfalls von einer Darstellung der Objekte im Merkmalsraum aus, benutzt aber einen völlig anderen Ansatz. Die beste Beschreibung von Daten sind die Daten selbst. Ein unbekanntes Objekt wird hier nach der Mehrheit der K nächsten in ihrer Klassenzugehörigkeit bekannten Objekte der Stichprobe klassifiziert. Es wird der euklidische Abstand des unbekannten Objektes zu allen Objekten der Stichprobe berechnet. Die K nächsten Nachbarn erhalten eine Stimme für die Klasse, der sie angehören, und das unbekannte Objekt wird dann derjenigen Klasse zugeordnet, die die meisten Stimmen erhalten hat. Dabei können verschiedene Methoden der Stimmenwichtung angewendet werden. Für den Zweiklassenfall gestaltet sich die Entscheidung wieder sehr einfach gemäß:

$$\sum_{i=1}^{K} \frac{V_i}{d_i^2} = \begin{cases} > 0: \text{ Zuordnung zu Klasse 1} \\ < 0: \text{ Zuordnung zu Klasse 2.} \end{cases} \qquad (11.55)$$

Dabei ist d_i der euklidische Abstand, und V_i ist gemäß

$$V_i = \begin{cases} 1 \text{ für Klasse 1} \\ -1 \text{ für Klasse 2} \end{cases} \qquad (11.56)$$

definiert.

Das allgemeine Vorgehen bei der Anwendung der besonders wichtigen LLM soll anhand eines konkreten Beispiels, das von CHU u. a. [624] beschrieben wurde, näher erläutert werden. Bei diesem Beispiel geht es um die Klassifizierung von Verbindungen gemäß ihrer antineoplastischen Wirkung.

Die Verbindungen (Objekte) wurden dabei in zwei Klassen eingeteilt, wobei Klasse 1 die aktiven und Klasse 2 die inaktiven Substanzen enthält. Die zur Auffindung des Klassifizierungsalgorithmus dienende Stichprobe (Trainingsserie) umfaßte 138 Verbindungen sehr unterschiedlicher Struktur wie Metallkomplexe, Antimetabolite, Alkylantien und Alkaloide. Als Merkmale dienten die Zahlen des Vorkommens bestimmter Substrukturen bzw. Molekülfragmente in den Verbindungen, wobei drei Arten solcher Fragmente verwendet wurden, und zwar sogenannte *Atomfragmente, Heteroweg-Fragmente* und *Ringfragmente.* Die Zerlegung in diese Fragmente und damit die Formulierung der Merkmalsvektoren erfolgte nach Speicherung der Verbindungen automatisch durch den Rechner.

Die *Atomfragmente,* die für jedes Atom außer Wasserstoff gebildet werden, sind definiert als das betrachtete Atom zusammen mit dem von diesem Atom ausgehenden Bindungen und den benachbarten Atomen. Einige einfache Beispiele für die Zerlegung von Verbindungen in Atomfragmente und die Formulierung von Merkmalsvektoren mittels dieser Fragmente sind in Tabelle 54 (aus [624]) zusammengefaßt.

Tabelle 54
Atomfragmente für drei einfache Verbindungen und die entsprechenden Merkmalsvektoren (aus [624])

Nr.	Fragmente	$CH_3\text{-}C(=O)\text{-}H$	$CH_3\text{-}C(=O)\text{-}CH_3$	$CH_3\text{-}C(=O)\text{-}OH$
1	C=O	1	1	1
2	$H_3C\text{-}C$	1	2	1
3	$C\text{-}C(=O)\text{-}H$	1	0	0
4	$C\text{-}C(=O)\text{-}C$	0	1	0
5	C-O-H	0	0	1
6	$C\text{-}C(=O)\text{-}O$	0	0	1

Für die drei hier betrachteten Verbindungen sind insgesamt 6 solcher Fragmente möglich. Die Anzahl des Vorkommens dieser Fragmente, d. h. also die Merkmale, stehen in den Spalten der Tabelle, und diese Spalten sind identisch mit den Merkmalsvektoren ohne den Zusatzterm x_{m+1}.

Die sogenannten *Heteroweg-Fragmente* geben die Anzahl der C-Atome zwischen zwei Heteroatomen wieder, wobei natürlich auch die Art der beiden Heteroatome spezifiziert werden muß. Die Einführung solcher Fragmente ist deshalb sinnvoll, weil bisherige Erfahrungen gezeigt haben, daß der Abstand zwischen Heteroatomen ein kritischer Faktor für die biologische Aktivität sein kann.

Weder die Heterowege noch die Atomfragmente enthalten Informationen über die in den Verbindungen auftretenden Ringe. Diese Information wird durch die *Ringfragmente* gegeben, wobei Ringgröße, Art und Position der Heteroatome im Ring und die Stellung der Ringe zueinander berücksichtigt werden; beispielsweise wird die Purinstruktur durch drei Ringfragmente einschließlich des Pyrimidinkerns repräsentiert (Formelbild XLIII).

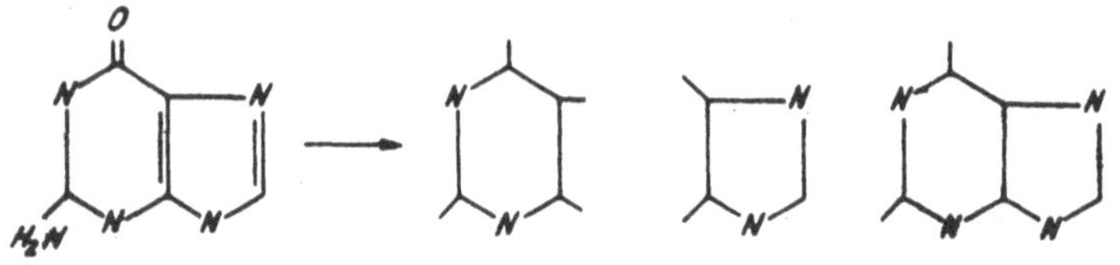

Formelbild XLIII

Mit diesen drei Typen von Fragmenten ergaben sich innerhalb der betrachteten Stichprobe insgesamt 421 Merkmale. Über ein Merkmalsreduktionsverfahren wurden schrittweise nicht-relevante Merkmale eliminiert, wobei schließlich ein Merkmalsraum mit 37 Merkmalen resultierte. Die entsprechenden Fragmente und ihre Gewichte w_j in dem ermittelten Normalvektor **w** sind in den Tabellen 55 bis 57 zusammengestellt. Die Anwesenheit von Fragmenten mit hohen positiven Werten für w_j begünstigt die antineoplastische Wirksamkeit, während Fragmente mit hohen negativen w_j zu inaktiven Verbindungen führen. Beispielsweise enthält die hypothetische Verbindung XLIV die Fragmente 2 (zweimal), 7 (einmal), 29 (einmal) und 33 (dreimal).

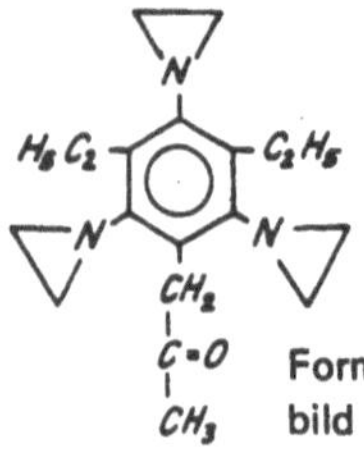

Formelbild XLIV

Das siebente und neunundzwanzigste Element des Merkmalsvektors für diese Verbindung ist also gleich 1, das zweite Element gleich 2, das dreiunddreißigste Element ist gleich 3 und alle anderen Elemente (außer dem zusätzlichen Element 38) sind Null. Multiplikation dieses Merkmalsvektors mit dem Gewichtsvektor gemäß (11.53) liefert:

$$\begin{aligned} w^T x &= 2w_2 + 1w_7 + 1w_{29} + 3w_{33} + w_{38} \\ &= 2 \cdot (-0{,}75) + 1 \cdot (-0{,}01) + 1 \cdot (-0{,}26) \\ &\quad + 3 \cdot 1{,}22 - 1{,}15 \\ &= 0{,}74 > 0. \end{aligned} \qquad (11.57)$$

Tabelle 55
Atomfragmente und die zugehörigen Gewichtselemente w_j (aus [624])

Nr.	Fragmente	w_j
1	C=C-C	0,57
2	H_3C-C	-0,75
3		0,14
4	H_3C-N	0,53
5	N-C(=O)-N	1,76
6		1,26
7	C-C(=O)-C	-0,01
8	Cl-C	0,29
9	Cl-Pt	0,71
10	H_2N-C	-0,05
11		-1,11
12		-1,52
13		1,39
14	C-N(-N)-C	0,12
15	N-N=O	1,72
16		-0,59
17	C=O	-0,16
18	C⋯O	-0,74

Tabelle 56
Heteroweg-Fragmente und die dazugehörigen Gewichtselemente w_j (aus [624])

Nr.	Heteroatom 1	Heteroatom 2	Zahl der C-Atome zwischen 1 und 2	w_j
19	N	N	0	-0,38
20	N	N	2	0,45
21	N	N	6	0,35
22	O	N	6	0,39
23	O	O	2	0,22
24	O	O	4	0,54
25	O	O	6	-0,95
26	S	N	3	0,61
27	S	O	0	-1,56

Demnach wäre diese Verbindung gemäß (11.57) der Klasse der aktiven Verbindungen (Klasse 1) zuzuordnen. In dieser Weise wurden von CHU u. a. [624] insgesamt 24 neue Verbindungen bezüglich der zu erwartenden antineoplastischen Aktivität klassifiziert. Die anschließende experimentelle Überprüfung ergab, daß die Klassifizierung in 92 % der Fälle richtig war. Unter Berücksichtigung der weitgehenden Strukturvariationen ist dieses Ergebnis befriedigend, obwohl die Zahl der Merkmale im Vergleich zum Umfang der Trainingsserie aus statistischer Sicht zu hoch ist.

Wie bereits erwähnt, haben Zeichenerkennungsverfahren den Vorteil, in ihrer Anwendung nicht auf homologe Serien begrenzt zu sein und im Falle der Anwendung struktureller Merkmale ohne zusätzliche Molekülparameter auszukommen. Allerdings ist zu beachten, daß Vorhersagekraft und Leistungsfähigkeit von Zeichenerkennungsverfahren durch die Repräsentanz der Stichprobe (Trainingsserie) bestimmt werden. Informationen, die dort nicht enthalten sind, können auch nicht in den Klassifizierungsalgorithmus eingehen, so daß dieser Algorithmus bei der Klassifizierung neuer Verbindungen dann versagen wird, wenn für diese Klassifizierung nicht in der Stichprobe erkennbare Merkmale notwendig sind. Bei der Zusammensetzung von Substrukturen zu neuen Molekülen können neue Eigenschaften entstehen, die von den substrukturellen Merkmalen nicht hinreichend berücksichtigt werden. In diesem Falle könnte vielleicht eine Kombination substruktureller

Tabelle 57
Ringfragmente und die dazugehörigen Gewichtselemente w_j (aus [624])

Nr.	Fragmente	w_j
28		0,58
29		-0,26
30		-2,15
31		-2,18
32		0,69
33		1,22
34		0,22
35	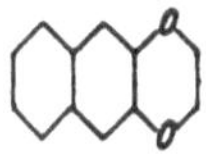	0,69
36		0,53
37	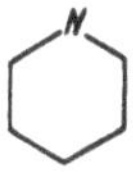	1,90
38	constant	-1,15

Merkmale mit Molekülparametern zur Charakterisierung hydrophober, elektronischer oder sterischer Eigenschaften nützlich sein.

Bisher wurde im wesentlichen eine Klasseneinteilung nach der Wirkquantität betrachtet, aber natürlich kann die Klasseneinteilung bei den Zeichenerkennungsverfahren auch nach den anderen in Abschnitt 9.2. aufgeführten Gesichtspunkten erfolgen. Von besonderem Interesse ist dabei die Einteilung nach Wirkqualitäten und der intrinsischen Aktivität, weil sich in diesem Falle aus dem Ergebnis Informationen über für die Wechselwirkung mit einem bestimmten Rezeptor bzw. zur Erzeugung einer bestimmten Wirkqualität „essentielle" Substrukturen erhalten lassen. Diese „essentiellen" Substrukturen sind eine spezielle Form der sogenannten *Pharmakophore,* die in Kapitel 12. näher erläutert werden sollen. Die Kenntnis von Pharmakophoren ermöglicht die gezielte Konstruktion neuer Leitverbindungen (Extrapolation zu neuen Sub-Systemen) und ist daher von großer Bedeutung. Bei der Konstruktion solcher Leitverbindungen können auch Kenntnisse über besonders aussichtsreiche Substrukturen zur Erhöhung einer gegebenen Wirkquantität (Substrukturen, die mit hoher Sicherheit aktive Verbindungen erzeugen) genutzt werden. Allerdings sind die Substrukturen auf Grund des zweidimensionalen (topologischen) Charakters der verwendeten Strukturmerkmale nur in Ausnahmefällen hinreichend repräsentativ für das dreidimensionale Geschehen am Rezeptor.

Abschließend sei noch kurz auf das von HILLER u. a. [627, 628] angewendete *perzeptronische Verfahren* eingegangen. Der Algorithmus dieses Verfahrens ist „selbstlernend", d. h. es müssen nicht mehr bestimmte strukturelle Merkmale vorgegeben werden. Sind die Moleküle einer Stichprobe auf einer in Segmente unterteilten Ebene in geeigneter Weise graphisch abgebildet, führt der Algorithmus automatisch eine bestimmte Anzahl von stochastischen Merkmalsauswahlen durch, wobei die Bildebene durch mehrere Sensoren abgetastet wird. Jede der herausgegriffenen Merkmalskombinationen wird auf ihre Trennfähigkeit untersucht, wobei außerdem jedes einzelne Merkmal durch mehrfache Rückführung des Trennergebnisses gewichtet wird, so daß die Gesamteffektivität jeweils optimal ist. Auf diese Weise kann sich das Perzeptron auch unterschiedlichen Molekülstrukturen anpassen (natürlich nur, soweit die Fragmentierung bzw. graphische Segmentierung relevante Merkmale liefert). Bei der Anwendung dieses Verfahrens auf biologisch aktive 1,3-Dioxane konnten allerdings nur 75 % der Verbindungen korrekt reklassifiziert werden.

11.3. Heuristische Verfahren mit strukturellen Parametern

11.3.1. Die Substrukturanalyse

Bei diesem von BERKOFF, CRAMER und REDL [651 – 653] entwickelten Verfahren werden die Moleküle der Stichprobe zunächst auf dem Rechner gespeichert und dann automatisch in Substrukturen zerlegt, wobei außerdem bestimmte molekulare Besonderheiten erfaßt und als Klassifizierungsmerkmale verwendet werden. Die Autoren verwenden ein Fragmentierungsschema, das die Moleküle bis zu einzelnen Atomen aufgliedert, bestimmte Atomgruppierungen (Ketten, Ringe, Verzweigungen, Mehrfachbindungen usw.) und deren Kombination zusätzlich ausweist und mit über 100 nicht allgemein angebbaren molekularen Besonderheiten zu über 1000 Strukturmerkmalen führt. Auf diese Weise wurden die 770 Verbindungen der Trainingsserie für ein untersuchtes Beispiel (antiarthritisch-immunoregulatorische Wirkung, Einteilung in aktive und inaktive Verbindungen) in 492 verschiedene Merkmale fragmentiert.

Für jedes Fragment j (Strukturmerkmal) wird der sogenannte SAF-Wert (substructure activity frequency) gemäß (11.58) berechnet:

$$SAF_j = \frac{\text{Zahl der aktiven Verbindungen mit dem Fragment j}}{\text{Gesamtzahl der Verbindungen mit dem Fragment j}} . \qquad (11.58)$$

Der SAF-Wert verkörpert den Wahrscheinlichkeitsanteil des betrachteten Fragments an der Gesamtwahrscheinlichkeit, daß eine Verbindung, die dieses Fragment enthält, biologisch aktiv ist. Zur Einschätzung der Aktivität noch nicht untersuchter Verbindungen wird der sogenannte MSAF-Wert (mean substructure activity frequency) berechnet. Für die i-te Verbindung ergibt sich dieser Wert zu

$$MSAF_i = \frac{1}{m_i} \sum_j b_{ij} \, SAF_j , \qquad (11.59)$$

m_i ist die Zahl der in der i-ten Verbindung vorkommenden Fragmente, und b_{ij} ist ein Hilfsparameter, der angibt, wie oft das j-te Fragment in der i-ten Verbindung auftritt.

Je stärker das Trennvermögen der verwendeten Klassifizierungsmerkmale ist, desto straffer sollte der Zusammenhang zwischen den berechneten MSAF-Werten und den experimentellen biologischen Befunden sein. Zum Vergleich wurden die untersuchten Verbindungen in eine Reihenfolge mit abnehmenden MSAF-Werten gebracht und in mehrere Gruppen eingeteilt, bei denen entweder die Zahl der Verbindungen oder die Breite der MSAF-Intervalle gleich ist. Anschließend wurden die Gruppenmittel der MSAF-Werte bestimmt und die mittleren relativen Häufigkeiten des Auftretens biologisch aktiver Verbindungen in allen Gruppen durch Auszählen bestimmt. Der Vergleich zwischen den Gruppen zeigte eine deutliche Parallelität der berechneten mittleren Wahrscheinlichkeiten und der gemessenen relativen Häufigkeit des Vorliegens von biologischer Aktivität.

Anhand der berechneten MSAF-Werte können zwar die Verbindungen in eine Reihenfolge gebracht, jedoch noch nicht alternativ klassifiziert werden,

Prinzipiell ist dazu die Kenntnis eines kritischen MSAF-Wertes nötig sowie die Anwendung einer Entscheidungsregel, womit auf Grund des Vergleichs von berechneten und kritischen MSAF-Werten die Zuordnung der Verbindungen zu den Aktivitätsklassen erfolgt. Darüber wird jedoch von den Autoren, die ihre Ergebnisse insgesamt und zu Recht als ermutigend betrachten, noch nicht berichtet.

11.3.2. Heuristische Klassifizierung

Von HODES und Mitarbeitern [654] wird ein Verfahren angegeben, das eine heuristische Klassifizierung noch nicht untersuchter Verbindungen gestattet und das zum Ziel hat, die Trefferquote im Screening durch eine auf diese Klassifizierung gestützte Vorauswahl von Substanzen zu erhöhen. Das Verfahren basiert auf der Betrachtung von Wahrscheinlichkeiten dafür, daß die Anwesenheit von Molekülfragmenten mit der Aktivität oder Inaktivität von Verbindungen hinsichtlich einer interessierenden biologischen Wirkung verknüpft ist. Die Verbindungen einer Trainingsserie werden wieder in Fragmente zerlegt, wobei aktive und inaktive Verbindungen zunächst getrennt betrachtet werden. Für jedes Fragment j wird dann untersucht, ob die Häufigkeit p_j seines Vorkommens in beiden Klassen von der zufällig zu erwartenden Häufigkeit p_j^0 abweicht. Als zufällig zu erwartende Häufigkeit wird dabei diejenige Häufigkeit angesehen, die sich aus der Häufigkeit p_j' des Vorkommens des betreffenden Fragments in dem insgesamt 280 000 Verbindungen umfassenden Substanzspeicher des National Cancer Institute (USA) ergibt.

Zunächst sei die Klasse der aktiven Verbindungen innerhalb der Trainingsserie betrachtet. Wenn in dieser Klasse n_a Verbindungen (Index a für „aktiv") enthalten sind, resultiert für die zufällig zu erwartende Häufigkeit des j-ten Fragments:

$$p_{j,a}^0 = n_a\, p_j' . \tag{11.60}$$

Wenn

$$p_{j,a}^0 = p_{j,a} \tag{11.61}$$

gilt, wird angenommen, daß das j-te Fragment für die biologische Aktivität unwichtig ist. Für die biologische Aktivität (Zugehörigkeit zur Klasse der aktiven Verbindungen) sind demzufolge nur solche Fragmente von Bedeutung, bei denen sich die Häufigkeit des Vorkommens in der Klasse der aktiven Verbindungen der Testserie von der zufällig zu erwartenden Häufigkeit unterscheidet. Dabei ist die Bedeutung eines Fragments um so größer, je größer dieser Unterschied ist. Ein Maß für die Bedeutung des j-ten Fragments ist der Kehrwert der Wahrscheinlichkeit $P_{j,a}$ dafür, daß der Unterschied zwischen $p^0_{j,a}$ und $p_{j,a}$ zufällig bedingt ist. Damit läßt sich für jedes Fragment ein Aktivitätsindex $I_{j,a}$ gemäß

$$I_{j,a} = 1/P_{j,a} \tag{11.62}$$

definieren.

Der Aktivitätsindex für irgendeine Verbindung X mit den Fragmenten $j = 1, \ldots, n$ ergibt sich dann aus den für die Klasse der aktiven Verbindungen berechneten $P_{j,a}$ der n Fragmente zu

$$I_{X,a} = \prod_{j=1}^{n} (1/P_{j,a}). \tag{11.63}$$

Aus numerischen Gründen ist es günstig, eine logarithmische Transformation vorzunehmen und den Aktivitätsindex gemäß (11.64) zu definieren

$$I'_{X,a} = \log I_{X,a} = \sum_{j=1}^{n} \log (1/P_{j,a}). \tag{11.64}$$

Der Aktivitätsindex ist ein Maß für die Wahrscheinlichkeit, daß die Verbindung X zur Klasse der aktiven Verbindungen gehört, wobei zunächst die Wahrscheinlichkeit, daß sie zur Klasse der inaktiven Verbindungen gehört, vernachlässigt wird. I_X wird Null, wenn alle in der betrachteten Verbindung enthaltenen Fragmente Gleichung (11.61) genügen. Bei der Summenbildung ist zu beachten, daß die Beiträge $\log 1/P_{j,a}$ ein negatives Vorzeichen erhalten, wenn $p_{j,a} < p^0_{j,a}$ ist.

In völlig analoger Weise läßt sich ein Inaktivitätsindex $I_{j,in}$ (Index in für „inaktiv") mit Hilfe der aus der Klasse der inaktiven Verbindungen ermittelten Wahrscheinlichkeiten $P_{j,in}$ definieren:

$$I'_{X,in} = \sum_{j=1}^{n} \log 1/P_{j,in}. \tag{11.65}$$

Der Inaktivitätsindex ist ein Maß für die Wahrscheinlichkeit, daß die Verbindung X zur Klasse der inaktiven Verbindungen gehört.

Zur Klassifizierung von Verbindungen müssen natürlich sowohl die Wahrscheinlichkeit ihrer Zugehörigkeit zur Klasse der aktiven als auch die Wahrscheinlichkeit ihrer Zugehörigkeit zur Klasse der inaktiven Verbindungen und damit sowohl $I'_{X,a}$ als auch $I'_{X,in}$ betrachtet werden. Am günstigsten ist es offenbar, eine Linearkombination von $I'_{X,a}$ und $I'_{X,in}$ zu bilden. Dazu werden die zu klassifizierenden Verbindungen als Punkte in einem Koordinatensystem mit den Koordinaten $I'_{X,a}$ und $I'_{X,in}$ dargestellt. Jede beliebige Linearkombination der beiden Indizes kann dann geometrisch als Projektion der Punkte auf eine Gerade dargestellt werden, wobei ein bestimmter Ort auf dieser Geraden der Klassengrenze entspricht. Die Gerade muß so gewählt werden, daß auf diese Weise eine optimale Klassentrennung erfolgt, und dies ist der Fall, wenn die Gerade entsprechend der sogenannten FISHER-Richtung (siehe [637]) gelegt wird.

Das Verfahren von HODES wurde bereits an mehreren Beispielen aus dem Gebiet des Screenings nach Cytostatika mit recht gutem Erfolg erprobt [654]. Es hat Ähnlichkeiten mit der im vorigen Abschnitt beschriebenen Substrukturanalyse, ist dieser jedoch in seiner Aussagekraft weit überlegen. Ein wichtiger Gesichtspunkt ist auch, daß von HODES und Mitarbeitern die Redundanz von Substrukturen berücksichtigt wird (siehe auch [649, 650]). Trotzdem muß beachtet werden, daß dieses Verfahren keine exakte Klassifizierung zum Ziel hat, sondern lediglich eine Erhöhung der Trefferquote im Screening durch eine Vorauswahl von Verbindungen. Diese Vorauswahl führt sicher zu einem „Anreicherungseffekt" aktiver Verbindungen, da die auf Grund der Indizes $I'_{X,a}$ und $I'_{X,in}$ als aktiv eingeschätzten Verbindungen einen signifikant größeren Prozentsatz wirklich aktiver Verbindungen enthalten werden als eine rein zufällige Auswahl von Verbindungen.

12. Interaktions-Rechnungen

Ein zentrales Problem der Wirkstofforschung ist das Verständnis der Wechselbeziehungen zwischen Wirkstoffstruktur und der Übertragung biologischer Information, denn hier liegt der Schlüssel für solche Fragen wie Spezifität, Zusammenhang zwischen Struktur und Wirkqualität, Wirkungsdissoziationen und Übergänge Agonist/Antagonist. Dieser Schlüssel öffnet das Tor zu wirklichen Struktur-Wirkqualitäts-Beziehungen und ermöglicht damit die gezielte Entwicklung neuartiger und hochspezifischer Wirkstoffe sowie eine theoretisch fundierte und rationelle Auffindung neuer Leitverbindungen mit genau spezifizierten Eigenschaften (Extrapolation in den Raum des chemischen Universums). Um dieses Ziel zu erreichen, ist es notwendig, die komplexen Prozesse zwischen Wirkstoff und Rezeptor [siehe Reaktionsfolge (3.1)] in ihrer Dynamik und Abhängigkeit von der Wirkstoffstruktur auf molekularer Ebene zu verstehen und zu analysieren. Dieses Vorhaben ist entsprechend der Komplexität und Kompliziertheit dieser Prozesse sehr schwierig und erfordert vor allem eine genaue Beschreibung schwacher inter- und intramolekularer Wechselwirkungen für die verschiedenen Schritte in (3.1). Aus diesem Grunde sollen die verschiedenen Ansätze, die in diese Richtung zielen, unter dem an sich bisher nicht in diesem Zusammenhang üblichen Begriff der Interaktions-Rechnungen zusammengefaßt werden. Diese Ansätze lassen sich unter verschiedenen Gesichtspunkten wie theoretischer Ansatzpunkt, Zielsetzung, Aussagekraft, methodisches Vorgehen oder Anwendungsgebiet ordnen. In diesem Kapitel soll vor allem auf Ansatzpunkte und Zielstellungen eingegangen werden, wobei der methodische Aspekt weitgehend in den Hintergrund tritt.

Um die Ansatzpunkte besser zu verstehen, ist es zweckmäßig, nochmals die Vorgänge zu betrachten, die bei der Annäherung und Bindung eines Wirkstoffs an den Rezeptor ablaufen und die zum Teil bereits in Kapitel 3. diskutiert wurden. Bei der Annäherung des Wirkstoffs an den Rezeptor setzen zunächst weitreichende Wechselwirkungen ein, wobei der Wirkstoff noch in seiner in Lösung bevorzugten Konformation vorliegt. An diesem Punkt entscheidet es sich, ob er vom Rezeptor als potentieller Reaktionspartner „erkannt" wird *(Erkennungsschritt)* und überhaupt mit dem gegebenen Rezeptor reagieren kann oder nicht („remote recognition of preferred conformation" [655, 656]). Ob dann allerdings diese Reaktion wirklich eintritt und welche biologischen Konsequenzen sie hat, entscheidet sich erst bei weiterer Annäherung. Die Wechselwirkungsenergie nimmt zunächst weiter zu, und gleichzeitig kommt es zu gegenseitigen Perturbationen von Wirkstoff und Rezeptor. Dabei können die Konformation und andere Eigenschaften des Wirkstoffmoleküls drastisch verändert werden, so daß in unmittelbarer Rezeptornähe durchaus Konformationen stabil werden können, die für das isolierte Wirkstoffmolekül in Lösung energetisch unmöglich sind (siehe z. B. [657]). Eine Bindung an den Rezeptor kommt dann zustande, wenn in unmittelbarer Rezeptornähe Komplementarität zwischen den Kraftfeldern des perturbierten Wirkstoffmoleküls und des perturbierten Rezeptors besteht. Entscheidend dafür sind also die Eigenschaften des Wirkstoffmoleküls in unmittelbarer Rezeptornähe und nicht die Eigenschaften des isolierten Wirkstoffmoleküls in Lösung. Beim Bindungsschritt erfolgt die endgültige Perturbation von Wirkstoff und Rezeptor im Sinne eines Aneinanderschmelzens. Dabei sind folgende Fälle möglich (vgl. Kapitel 2.):

1. Es entsteht nur SP: der Wirkstoff ist ein voller Agonist, und seine Wirkquantität hängt nur von der Wechselwirkungsenergie mit dem Rezeptor ab.
2. Es entsteht nur NSP: der Wirkstoff ist ein Antagonist, dessen Inhibitorstärke ebenfalls nur von der Wechselwirkungsenergie mit dem Rezeptor abhängt.
3. Es entstehen SP und NSP nebeneinander: in diesem Falle hängt es von dem Verhältnis SP/NSP ab, ob der Wirkstoff noch ein voller Agonist, ein Partialagonist oder bereits ein Antagonist ist. Seine Wirkstärke innerhalb dieser Kategorien hängt wiederum von der Wechselwirkungsenergie mit dem Rezeptor ab.

Wirkquantität und Wirkqualität sind also in komplexer Weise von den Wirkstoff-Rezeptor-Wechselwirkungen und den dabei auftretenden Energien und Perturbationen abhängig. Um umfassende Informationen zu erhalten, ist es offenbar notwendig, das interagierende System Wirkstoff/Rezeptor unmittelbar vor und beim Bindungsschritt zu untersuchen. Derartige Untersuchungen, auf die später noch kurz eingegangen wird, sind jedoch äußerst kompliziert und schon auf Grund der Unkenntnis der meisten Rezeptorstrukturen gegenwärtig nicht generell durchführbar. Aus diesem Grunde beschränken sich die meisten Untersuchungen zur Zeit noch auf den Erkennungsschritt, da für diesen Schritt die Eigenschaften der noch nicht durch den Rezeptor perturbierten Wirkstoffmoleküle entscheidend sind. Dabei wird die Frage gestellt, welche speziellen Eigenschaften Wirkstoffe haben müssen, um potentiell überhaupt mit einem gegebenen Rezeptor reagieren, d. h. von ihm „erkannt“ werden zu können, und diese Frage führt zum Konzept der *pharmakophoren Gruppen* oder auch *Pharmakophore,* das in Abeschnitt 11.2. bereits kurz erwähnt wurde und hier ausführlicher erläutert werden soll. Der Erkennungsschritt beruht, wie bereits erwähnt, auf weitreichenden Wechselwirkungen zwischen Wirkstoff und Rezeptor, wobei Komplementarität zwischen den Wechselwirkungszentren am Rezeptor und im Wirkstoffmolekül bestehen muß. Als Pharmakophor im allgemeinsten Sinne ist dann eine solche räumliche Anordnung von Wechselwirkungszentren (z. B. Ladungen usw.) zu verstehen, die diese Bedingung erfüllt und die damit für die Erkennung eines Wirkstoffs durch einen gegebenen Rezeptor notwendig ist. Dies bedeutet, daß alle Wirkstoffe, die mit einem bestimmten Rezeptor interagieren können, das für diesen Rezeptor spezifische Pharmakophor enthalten müssen. Wie aus den obigen Ausführungen folgt, ist allerdings das Vorhandensein eines definierten Pharmakophors nur eine notwendige, nicht aber unbedingt auch eine hinreichende Bedingung für die Reaktion mit einem gegebenen Rezeptor, wenn sich die Definition auf den Erkennungsschritt beschränkt. Die Definition eines für die Reaktion mit einem Rezeptor notwendigen und hinreichenden Pharmakophors müßte auf jeden Fall auch den Bindungsschritt mit einschließen. Aus diesem Grunde darf nicht geschlußfolgert werden, daß alle Wirkstoffe, die ein gegebenes Pharmakophor enthalten, nun tatsächlich auch mit dem betrachteten Rezeptor reagieren und dort einen biologischen Effekt auslösen.

Das Vorgehen bei der Auffindung von Pharmakophoren besteht einfach darin, die stereo-elektronischen Eigenschaften einer Reihe bekannter Wirkstoffe, die spezifisch mit dem interessierenden Rezeptor interagieren, zu vergleichen und dabei diejenigen Elemente zu finden, die allen diesen Wirkstoffen gemeinsam sind. Dabei kann auf verschiedenen Ebenen und mit verschiedenen Methoden vorgegangen werden. Grundlage ist in vielen Fällen die Konformation der Wirkstoffmoleküle in Lösung, die sich mittels Potentialfunktionen oder mittels quantenchemischer Verfahren ermitteln läßt. Dabei sollte auf jeden Fall Hydrat-Wasser erster Art berücksichtigt werden [658, 659]. Ein sehr leistungsfähiges Verfahren für diesen Zweck scheint die von HOPFINGER und Mitarbeitern [486, 660 – 662] entwickelte SCAP-Methode (solvent-dependent conformational analysis procedure) zu sein, bei der die Konformationsanalyse (unter Einbeziehung des Solvens) mittels empirischer Potentialmethoden erfolgt und anschließend elektronische Moleküleigenschaften an den Stellen konformationeller Energieminima quantenchemisch ermittelt werden. Das Verfahren soll den Vorteil haben, bei ausreichender Genauigkeit sehr schnell zu sein, d. h. mit geringen Rechenzeiten auszukommen.

Der oben gegebenen allgemeinen Definition eines Pharmakophors am nächsten kommt das sogenannte *Interaktions-Pharmakophor* nach WEINSTEIN [663 – 670], das auf einer Analyse elektrostatischer Potentiale der Wirkstoffe beruht [671]. Ausgangspunkt ist die Annahme, daß die räumliche Anordnung der Potentiale einer räumlichen Anordnung entgegengesetzter Potentiale am Rezeptor komplementär sein muß, wenn diese Verbindung mit dem entsprechenden Rezeptor reagieren soll. Potentielle Reaktionspartner für einen gegebenen Rezeptor müssen demnach über ein bestimmtes Verteilungsmuster positiver und negativer Regionen im Molekül verfügen, und dieses Verteilungsmuster entspricht dem Interaktions-Pharmakophor. Ein Vorteil dieser Betrachtungsweise ist, daß sich das gleiche Interaktions-Pharmakophor (das gleiche Potentialverteilungsmuster) durch ganz unterschiedliche Anordnungen von Atomen erzeugen läßt, so daß also die Grenzen rein strukturell-chemischer Betrachtungen weitgehend durchbrochen sind. Das Interaktions-Pharmakophor läßt sich dadurch finden, daß die Potentialverteilungsmuster von Verbindungen, die spezifisch mit einem bestimmten Rezeptor reagieren, berechnet und verglichen werden. Die Aussage läßt sich verschärfen, wenn zusätzlich zu den elektrostatischen Wechselwirkungen noch weitere Energiebeiträge wie z. B. Polarisationsenergien berücksichtigt werden [669, 672].

Wird das Potentialverteilungsmuster des Interaktions-Pharmakophors durch eine räumliche Anordnung von Ladungen und bestimmten Schlüsselatomen ersetzt, ergibt sich das sogenannte *statische Pharmakophor* nach KIER [390, 391, 397]. In diesem statischen Pharmakophor ist natürlich ein bestimmtes Interaktions-Pharmakophor verschlüsselt, jedoch kann ein einziges Interaktions-Pharmakophor mehrere statische Pharmakophore enthalten. Aus diesen und aus methodischen Gründen ist die Aussage des statischen Pharmakophors gegenüber dem Interaktions-Pharmakophor stark eingeschränkt. Eine noch stärkere Einschränkung entsteht, wenn auch auf die Ladungen verzichtet wird und das Pharmakophor lediglich als eine bestimmte räumliche Anordnung von Atomen definiert wird *(topographisches Pharmakophor).* Mit methodischen und anderen Aspekten dieses topographischen Pharmakophors haben sich vor allem die Arbeitskreise um KAUFMAN [673 – 676] und GUND [677 – 682] beschäftigt. Das topographische Pharmakophor wird durch Vergleich der räumlichen Struktur bekannter Wirkstoffe, die durch Konformationsanalyse ermittelt wird, gefunden. Dabei kann in hochautomatisierten Programmsystemen mit standardisierten Bindungslängen und -winkeln bzw. aus gespeicherten Röntgenstrukturdaten die räumliche Struktur aus der zweidimensionalen Strukturformel automatisch erzeugt werden.[20]

20 In Abschnitt 11.2. wurde der Begriff eines topologischen Pharmakophors gebraucht, das sich aus der zweidimensionalen Strukturformel ableitet. Die Aussagekraft eines derartigen Pharmakophors ist auf solche Fälle begrenzt, wo die Topographie der Moleküle hinreichend durch ihre Topologie bereits festgelegt ist; dies trifft allerdings vorwiegend nur für rigide Moleküle zu.

Ist das Pharmakophor für einen gegebenen Rezeptor einmal bekannt, ist es prinzipiell möglich, neue Strukturen zu konzipieren, die dieses Pharmakophor enthalten, wobei alle diese Strukturen *potentielle* Reaktionspartner für den entsprechenden Rezeptor darstellen. Auch angenäherte Aussagen über die zu erwartende Wirkquantität sind u. U. möglich, wenn zusätzlich untersucht wird, wieviel Energie einem Molekül unter Umständen zugeführt werden muß, damit es von irgendeinem Ausgangszustand in einen dem Pharmakophor entsprechenden Zustand übergeht.

Zur Zeit gibt es noch nicht viele Erfahrungen über die praktische Anwendung des Konzepts der Pharmakophore in der Wirkstofforschung. Erste Ergebnisse sind jedoch durchaus positiv und ermutigend, wie folgende Beispiele zeigen. Die Ermittlung des Interaktions-Pharmakophors für cholinerge Agonisten und Antagonisten konnte nicht nur enge Beziehungen zwischen wirkungsgleichen, aber von der chemischen Struktur her völlig unterschiedlichen Verbindungen sichtbar machen, sondern gestattete auch korrekte und experimentell bestätigte Vorhersagen über weitere cholinerg wirksame Substanzen [664, 667, 668]. Ausgehend vom Interaktions-Pharmakophor für Morphin konnten weiterhin die biologischen Eigenschaften einer Reihe narkotisch wirksamer Opiate richtig beschrieben werden [665]. BUSTARD und MARTIN [683] führten quantenchemische und konformationsanalytische Untersuchungen an einer Reihe gegen Magengeschwüre wirksamer Verbindungen durch, deren Wirkung nicht auf einen anticholinergen Mechanismus, sondern auf eine Sekretionshemmung zurückgeht. Alle diese Verbindungen sind Inhibitoren der durch Histamin bzw. über Gastrin induzierten Sekretion, und allen Verbindungen ist trotz großer struktureller Unterschiede das gleiche statische Pharmakophor gemeinsam. Interessanterweise tritt dieses Pharmakophor auch in der sekretorisch wirksamen Form von Histamin [684] auf. Ein Versuch, neue Antiparkinson-Mittel auf der Grundlage des statischen Dopamin-Pharmakophors zu finden, schlug allerdings fehl [685]. Dieses Ergebnis spricht aber keinesfalls prinzipiell gegen das Konzept der Pharmakophore, denn das Vorliegen des Pharmakophors garantiert noch nicht, daß tatsächlich eine Reaktion mit dem betrachteten Rezeptor im gewünschten Sinne eintritt, sondern es ist, wie bereits ausgeführt, als eine zwar notwendige, aber nicht unbedingt hinreichende Bedingung dafür anzusehen. Die in [685] betrachteten Verbindungen waren alle rigid, so daß die fehlende biologische Aktivität möglicherweise einfach auf eine Störung des Aneinanderschmelzens bei der Bindung an den Dopamin-Rezeptor zurückzuführen ist. Immerhin wurde insofern ein Teilerfolg erzielt, als die meisten der untersuchten Verbindungen eine zentrale narkotische Wirkung hatten und außerdem Inhibitoren des Enzyms Monoaminooxydase waren; beide Wirkungen werden ebenfalls von Substanzen mit dem Dopamin-Pharmakophor ausgelöst. GANELLIN und Mitarbeiter [686] konnten durch Vergleich der Konformationen von Histamin und 4-Methylhistamin zu Schlußfolgerungen über die für die Wechselwirkungen mit den beiden Histaminrezeptoren H_1 und H_2 essentiellen Konformationen gelangen; hier ist insbesondere die Art des Vorgehens bei dem Konformationsvergleich von Interesse. KAUFMAN und Mitarbeiter setzten das Konzept des topographischen Pharmakophors erfolgreich zur Analyse ZNS-aktiver Pharmaka ein und gelangten dabei auch zu experimentell bestätigten Vorhersagen [674 – 676]. GUND und Mitarbeiter konnten zu brauchbaren Schlußfolgerungen über das topographische Pharmakophor für Antileukemika und Analgetika kommen [682]. Topographische Analysen lieferten weiterhin fundierte Aussagen über die Wirkungsweise von Chloramphenicol [679] sowie den Angriffspunkt und Wirkungsmechanismus antiinflammatorischer Arylessigsäuren [681]. Auch die morphinähnliche Aktivität der Enkephaline läßt sich auf Grund topographischer Analysen verstehen [687, 688].

Sollen die Untersuchungen über den Erkennungsschritt hinaus auch auf den *Bindungsschritt* ausgedehnt werden, muß der Rezeptor in die Rechnungen mit einbezogen werden. Die Schwierigkeit hierbei besteht, abgesehen von dem hohen theoretischen und rechnerischen Aufwand, vor allem darin, daß die Rezeptorstruktur bzw. die Struktur der bindenden Region meist nicht bekannt ist. Glücklicherweise läßt sich offenbar in erster Näherung zunächst mit *Rezeptormodellen* unterschiedlicher Komplexität arbeiten, wobei im einfachsten Falle bereits Aminosäureseitenketten brauchbare Modelle dieser Art abgeben können, wie z. B. aus Ergebnissen von KIER und Mitarbeitern [689 – 693] folgt. Die Autoren berechneten die Wechselwirkungsenergie von Chloramphenicolderivaten mit Indol als Rezeptormodell sowie von Acetylaminosäuremethylestern mit Toluol als Rezeptormodell als Funktion des Abstandes und unter Berücksichtigung der Konformation. Bei einem Abstand von 4,5 Å ergab sich eine sehr gute Korrelation zwischen der bakteriostatischen Wirkung der Chloramphenicole bzw. der Spaltungsgeschwindigkeit der Ester durch Acylase und den berechneten Wechselwirkungsenergien. Inwieweit ein solches Vorgehen verallgemeinerungsfähig ist, läßt sich allerdings zur Zeit nicht abschätzen. Weitere Modellrechnungen zeigten, daß der bindende Partner der Oniumgruppe nicht, wie bisher angenommen, eine negative Ladung am Rezeptor, sondern sehr wahrscheinlich eine aromatische Aminosäureseitenkette ist. HOPFINGER und CRAMER [694] gingen in einer Analyse von Hemmern der Dihydrofolatreduktase (Triazine) von bestimmten Annahmen über die Art der Wechselwirkung mit dem Rezeptor aus und kamen über die Berechnung von Konformationsenergien und Verteilungsfunktionen zu Ergebnissen über die Abstufung der biologischen Wirkquantität. Von SCHERAGA und Mitarbeitern [695] wurde mittels empirischer Potentialfunktionen die Wechselwirkung von N-Acyl-Aminosäure-Amiden mit Chymotrypsin untersucht, wobei von der bekannten Struktur des reaktiven Zentrums des Enzyms ausgegangen wurde. Als Ergebnis wurde die richtige, durch Röntgenstrukturanalyse bestätigte Anordnung der Substratmoleküle auf dem Enzym gefunden und nachgewiesen, in welcher Konformation die Substratmoleküle im stabilen Komplex vorliegen müssen. Weiterhin korrelierten die berechneten Wechselwirkungsenergien gut mit den experimentellen Werten. Die Betrachtung solcher realer Systeme wird in dem Maße an Bedeutung gewinnen, wie die Struktur solcher Systeme bekannt wird; immerhin sind bereits jetzt die Raumstrukturen von fast 50 Proteinen in einer Datenbank gespeichert und von dort abrufbar [696]. Ausgehend von der bekannten Raumstruktur des Hämoglobins konnten beispielsweise bereits Substanzen entwickelt werden, die wie 2,3-Diphosphoglycerat eine Sauerstoff-Freisetzung aus Oxyhämoglobin bewirken [697, 698].

Es wird noch einige Zeit dauern, bis derartige Verfahren der Interaktions-Rechnung verläßlich und umfassend in der Praxis der Wirkstoffforschung eingesetzt werden können. Der theoretische Aufwand ist beträchtlich, und die bisher bekannten Methoden zur Beschreibung schwacher inter- und intramolekularer Wechselwirkungen müssen noch verbessert und erweitert werden. Dabei sind besonders auch Solvations-Desolvations-Prozesse (hydrophobe Wechselwirkungen) explizit einzubeziehen, beispielsweise auf der Grundlage des bereits erwähnten SCAP-Verfahrens [660 – 662], der Formalismen von HERMANN [699, 700] oder von BEN-NAIM [701, 702] oder durch eine Kombination quantenchemischer und statistisch-thermodynamischer Methoden [483 – 485]; eine gute Übersicht zu einigen speziellen Aspekten dieser Problematik findet sich in [703]. Trotzdem stellen die Verfahren der Interaktions-Rechnung eine der wichtigsten Entwicklungslinien der theoretischen Wirkstofforschung dar, denn nur mit Hilfe dieser Verfahren ist ein wirkliches Verständnis der Vorgänge am Rezeptor und vor allem die Ermittlung fundierter Struktur-Wirkqualitäts-Beziehungen möglich. Verfahren der dreidimensionalen Computergraphik (eine Übersicht hierzu findet sich beispielsweise in [704]) werden hierbei eine zunehmende Bedeutung erlangen.

13. Beziehungen zwischen verschiedenen biologischen Wirkungen

13.1. Struktur-Selektivitäts-Beziehungen

Aussagen über Zusammenhänge zwischen Struktur und Selektivität lassen sich mit allen bisher erwähnten Verfahren zur quantitativen Struktur-Wirkungs-Analyse ermitteln, indem einfach die Betrachtung nur einer biologischen Wirkung durch die simultane Betrachtung von zwei (oder auch mehreren) biologischen Wirkungen ersetzt wird. Dabei sind mehrere Arten des Vorgehens denkbar. Im einfachsten Fall werden die quantitativen Struktur-Wirkungs-Beziehungen für die interessierenden Wirkungen verglichen, wobei mehr oder weniger qualitative oder halbquantitative Schlüsse über die Art der Strukturvariationen, die die Selektivität erhöhen, resultieren. Ein Vorteil dieses Verfahrens besteht darin, daß die zu vergleichenden Beziehungen nicht unbedingt mit der gleichen Stichprobe ermittelt werden müssen. Es kommt vielmehr darauf an, die für die verschiedenen biologischen Wirkungen wichtigen Moleküleigenschaften und vor allem die Unterschiede in diesen Eigenschaften, die ja die Grundlage für die Selektivität bilden, genau zu verstehen. Dies gilt insbesondere auch dann, wenn die Selektivität beispielsweise auf unterschiedlichen Eigenschaften wirkungsgleicher Enzyme (etwa bei Wirt und Parasit) basiert. Ein interessantes Beispiel hierfür sind die vergleichenden Untersuchungen von HANSCH und Mitarbeitern [468] über Hemmer der Dihydrofolatreduktase aus Säugern und Bakterien. Weitere Beispiele für die vergleichende Betrachtung quantitativer Struktur-Wirkungs-Beziehungen finden sich bereits in vorangegangenen Kapiteln. So wirken z. B. substituierte Piperidinoazetanilide hemmend sowohl auf die HILL-Reaktion [Gleichung (5.150)] als auch auf das Wachstum von *Chlorella vulgaris* [Gleichung (5.153)], wobei die Wachstumshemmung wahrscheinlich auf eine Hemmung der Mitose zurückzuführen ist [705]. Sollen nun beispielsweise solche Anilide gefunden werden, die nur die HILL-Reaktion hemmen, die Mitose aber nicht oder nur schwach beeinflussen, läßt sich aus diesen beiden Gleichungen ziemlich klar erkennen, in welcher Weise sich solche Verbindungen erhalten lassen. Nach (5.150) steigt die Hemmwirkung in der HILL-Reaktion mit abnehmender Elektronendichte am Amidstickstoff, während die Hemmwirkung gegen *Chlorella* mit abnehmender Elektronendichte am Stickstoff fällt. Selektive HILL-Reaktionshemmer müssen demnach stark elektronenziehende Substituenten enthalten, und diese Schlußfolgerung konnte in ersten experimentellen Überprüfungen auch bestätigt werden [706]. Andere bereits erwähnte Beispiele betreffen die selektive Wirkung von Phenylborsäuren gegen Tumorgewebe im Hirn [siehe Gleichungen (4.105) – (4.107)] sowie die selektive Hemmung von Succinatdehydrogenase aus Leberegeln [siehe Gleichungen (4.77) – (4.78)]; in beiden Fällen wird die Selektivität durch die Hydrophobizität gesteuert.

Eine ähnliche Situation besteht bei cytostatisch wirksamen Nitrosoharnstoffen; nach einer Vorhersage von HANSCH sollten Wirkung und Selektivität dieser Verbindungen mit abnehmender Hydrophobizität steigen, und diese Vorhersage konnte auch bereits experimentell bestätigt werden [707].

Eine weitere Möglichkeit besteht darin, die quantitative Struktur-Wirkungs-Analyse mit einem geeigneten Ausdruck für die Selektivität durchzuführen, um direkt zu *quantitativen Struktur-Selektivitäts-Beziehungen* zu kommen. In Anlehnung an das in der chemischen Reaktionskinetik übliche Vorgehen ist es zweckmäßig, die Selektivität S gemäß Gleichung (13.1) zu definieren [708]; dabei ist A_1 die Wirkquantität der erwünschten und A_2 die Wirkquantität der unerwünschten biologischen Wirkung:

$$S = \log A_1/A_2 = \log A_1 - \log A_2. \qquad (13.1)$$

Ein Beispiel für eine quantitative Struktur-Selektivitäts-Beziehung wurde mit Gleichung (4.79) bereits angegeben, die die Selektivität von Dihydroxybenzoesäureaniliden gegen ein Parasitenenzym im Vergleich zu dem entsprechenden Wirtsenzym beschreibt. Zur Ergänzung seien in den folgenden Gleichungen noch einige weitere Beziehungen dieser Art aufgeführt:

1. *Selektivität für die herbizide Wirkung von Phenylthioharnstoffen gegen Gurke im Vergleich zu Weizen* (aus [709]):

$$S = -0{,}38\ MR + 0{,}69\ X + 3{,}28 \qquad (13.2)$$

$$n = 7 \qquad r = 0{,}999 \qquad s = 0{,}043.$$

Der Hilfsparameter X zeigt die Anwesenheit (X = 1) oder Abwesenheit (X = 0) von Sauerstoff in den Substituenten an. Aus (13.2) folgt, daß selektiv gegen Gurke wirkende Verbindungen große und sauerstoffreie Substituenten enthalten sollten.

2. *Selektivität für die β-adrenerge Wirkung von Dopaminderivaten im Vergleich zur α-adrenergen Wirkung* (aus [708]):

$$S = -0{,}58\ \pi^2 + 2{,}91\ \pi - 0{,}46 \qquad (13.3)$$

$$n = 6 \qquad r = 0{,}939 \qquad s = 0{,}570.$$

3. *Selektivität für die bakteriostatische Wirkung von N,N-Dimethylbenzylammoniumverbindungen gegen S. aureus im Vergleich zu Cl. welchii* (aus [708]):

$$S = -0{,}04\ (\log P_{Okt./W.})^2 - 0{,}01\ \log P + 0{,}937 \qquad (13.4)$$

$$n = 12 \qquad r = 0{,}883 \qquad s = 0{,}153.$$

4. *Selektivität für die bakteriostatische Wirkung von N,N-Dimethylbenzylammoniumverbindungen gegen Cl. welchii im Vergleich zu P. vulgaris* (aus [708]):

$$S = -0{,}03\ \log\ (P_{Okt./W.})^2 + 0{,}31\ \log P + 0{,}798 \qquad (13.5)$$

$$n = 10 \qquad r = 0{,}883 \qquad s = 0{,}201.$$

5. *Selektivität für die bakteriostatische Wirkung von N,N-Dimethylbenzylammoniumverbindungen gegen Cl. welchii im Vergleich zu S. typhosa* (aus [708]):

$$S = -0{,}04\ (\log P_{Okt./W.})^2 + 0{,}35\ \log P - 0{,}220 \qquad (13.6)$$

$$n = 10 \qquad r = 0{,}960 \qquad s = 0{,}132.$$

Wie leicht zu erkennen ist, haben diese Beispiele im wesentlichen noch Modellcharakter, und ihre Praxisrelevanz aus der Sicht der betrachteten biologischen Wirkungen ist gering. Das Vorgehen ist aber verallgemeinerungsfähig und in ähnlicher Weise auch mit dem Formalismus der FREE-WILSON-Analyse möglich [710], wobei allerdings stets ein gewisses Risiko besteht. Wenn die beiden betrachteten Wirkquantitäten in sehr unterschiedlicher Weise von den Moleküleigenschaften abhängen, kann es passieren, daß die Strukturabhängigkeit des Selektivitätsindexes S zu komplex und kompliziert wird, so daß keine aussagekräftigen quantitativen Beziehungen gefunden werden können. Es kann auch der Fall eintreten, daß zwei zu vergleichende Wirkungen untereinander korreliert sind, was an sich eine Selektivität ausschließt. Trotzdem können unter Umständen auch dann statistisch gute Struktur-Selektivitäts-Beziehungen erhalten werden, die aber auf Grund der Korreliertheit der beiden Wirkquantitäten ohne Aussage sind. Eine günstige Möglichkeit für die Erkennung der für die Selektivität wesentlichen Eigenschaften bieten auch die bereits erläuterten Klassifizierungsverfahren wie Diskriminanzanalyse bzw. Zeichenerkennungsverfahren.

Ein wichtiger Ansatzpunkt für die Entwicklung selektiv bzw. spezifisch wirkender Substanzen ergibt sich aus den im vorangegangenen Kapitel besprochenen Verfahren zur Interaktions-Rechnung. Beispielsweise können viele biogene Amine mit mehreren Rezeptoren in Wechselwirkung treten und dabei verschiedene Effekte auslösen. Es ist anzunehmen, daß bei der Bindung an die verschiedenen Rezeptoren verschiedene und für den jeweiligen Rezeptor typische Konformationen eingenommen werden (siehe z. B. [397, 711 – 716]). Damit besteht die Möglichkeit, Amine, die nur noch an einem der Rezeptoren wirken, durch solche Strukturveränderungen herzustellen, die nur noch die für die Reaktion mit diesem Rezeptor spezifische Konformation zulassen (z. B. gezielte Einschränkung der Flexibilität).

13.2. Multiple Beziehungen zwischen biologischen Testergebnissen und einige Konsequenzen für das Vorgehen bei der biologischen Testung: Aktivitäts-Aktivitäts-Beziehungen

In komplexen Testsystemen können einfache und multiple Beziehungen zwischen Ergebnissen aus verschiedenen Tests auftreten *(Aktivitäts-Aktivitäts-Beziehungen).* Es ist notwendig, diese Beziehungen systematisch zu untersuchen, weil ihre Kenntnis eine wichtige Voraussetzung für die Optimierung des Testsystems, der Teststrategie und des Informationsgewinns bei der Testung ist. Zielstellung dabei ist die Ermittlung mehrdimensionaler Struktur-Selektivitäts-Beziehungen, die Einsparung von Tests und Testungen sowie die Zerlegung komplexer Effekte in ihre Komponenten.

In vielen Testsystemen werden gleiche biologische Objekte verschiedener Spezies parallel untersucht, also z. B. verschiedene Pflanzen im Herbizid-Screening oder verschiedene Viren im Screening auf Virostatika. Dabei stellt sich die Frage, ob die Auswahl der Objekte optimal ist und ob möglicherweise einige Objekte bzw. Tests eingespart werden können. Diese Frage läßt sich kaum intuitiv beantworten, wohl aber durch eine mathematische Analyse der Struktur der biologischen Daten, wobei je nach der Art der Daten verschiedene Methoden anzuwenden sind. Im Falle einer Fungizidtestung an fünf Pilzen (Testergebnis in Form einer ja/nein-Aussage) zeigten beispielsweise informationstheoretische und diskriminanzanalytische Untersuchungen, daß die Testergebnisse an den betrachteten fünf Pilzen untereinander verknüpft sind und sich teilweise auseinander berechnen lassen [717, 718]. Damit wäre es möglich gewesen, beim Vorgehen nach einem bestimmten Schema die Testung an zwei Pilzen ganz und an einem dritten mindestens teilweise einzusparen. Es muß allerdings betont werden, daß sich diese Ergebnisse auf die Testung einer homologen Serie beziehen; inwieweit sie auch für die Testung beliebiger Verbindungen gelten, kann erst nach weiteren Untersuchungen mit einem umfassenderen Datenmaterial eingeschätzt werden. Bisher ist auch nicht bekannt, in welcher Häufigkeit derartige Beziehungen zu erwarten und wie ihre Gültigkeitsgrenzen exakt abzustecken sind. Da aber der hier aufgezeigte Weg zu einem ganz wesentlichen Rationalisierungseffekt führen kann, sind systematische Untersuchungen in dieser Richtung als äußerst wichtig anzusehen.

Speziell bei pharmakologischen Tests *in vivo* stellt sich häufig ein etwas anderes Problem. Hier kommt es oft vor, daß die beobachtete biologische Wirkung aus einer Überlagerung verschiedener Komponenten zustande kommt; dies ist beispielsweise dann zu erwarten, wenn der Wirkstoff gleichzeitig an mehreren Rezeptoren angreift. In vielen Fällen wäre es dann sehr nützlich, wenn es gelänge, die beobachtete Gesamtwirkung in diese Komponenten zu zerlegen oder wenigstens die Wirkquantität für besonders interessierende Komponenten in irgendeiner Form aus dem Gesamtwert zu extrahieren. Eine Möglichkeit hierzu könnte unter der Voraussetzung bestehen, daß sich die beobachteten Wirkquantitäten A_i eines Testsystems mit n $(i = 1, \ldots, k, \ldots, n)$ Testen alle als Linearkombination der gleichen sich überlappenden Einzelkomponenten darstellen lassen. Sind dabei insgesamt m $(j = 1, \ldots, m)$ solcher Komponenten K_j möglich, lassen sich die folgenden beiden Gleichungssysteme formulieren [(13.8) folgt unmittelbar aus (13.7)]:

$$A_i = \sum_{j=1}^{m} a_{ij} K_j \qquad (13.7)$$

$$A_k = \sum_{\substack{i=1 \\ i \neq k}}^{n} b_{ki} A_i. \qquad (13.8)$$

Dabei sind a_{ij} und b_{ki} Koeffizienten, die die j-te Komponente mit der i-ten Wirkung bzw. die i-te Wirkung mit der k-ten Wirkung verknüpfen und die positiv, negativ und gleich Null sein können. Die Lösung dieses Gleichungssystems sollte es prinzipiell gestatten, die Gesamtwirkungen A_i rechnerisch in die Komponenten zu zerlegen und damit eine genauere biologische Information zu erhalten. Zum anderen folgt, daß die Gesamtwirkungen A_i in einer solchen Gruppe von Tests durch multiple Beziehungen miteinander verknüpft sind. Diese Beziehungen könnten zur Formulierung von Regeln dienen, die es gestatten, über einen geeigneten Algorithmus Substanzen mit Hilfe der von Testung zu Testung anwachsenden Information gezielt durch Gruppen von Tests zu steuern, um mit einem Minimum an Testungen ein

Maximum an relevanter biologischer Information zu erhalten. Zur Aufstellung des Lenkungsalgorithmus könnten die Tests beispielsweise als Knoten eines Graphen dargestellt werden, wobei die erwähnten Regeln dann zur Kantenbewertung des Graphen dienen würden. Zusätzlich zu diesen Regeln könnten noch andere wichtige Kriterien wie Ergebnisse aus quantitativen Struktur-Wirkungs-Analysen, Kosten, verfügbare Substanzmenge usw. eingehen. Ob ein Vorgehen in dieser Form wirklich möglich ist, läßt sich zum gegenwärtigen Zeitpunkt noch nicht sagen; einiges spricht jedenfalls dafür. Der erste Schritt ist auch hier die Untersuchung multipler Beziehungen zwischen den Daten aus verschiedenen biologischen Tests, so daß also solchen Untersuchungen große Bedeutung zukommt. Geeignete Methoden hierfür sind beispielsweise die bereits erläuterten Verfahren der Faktor- und Hauptkomponentenanalyse, wobei die Hauptkomponentenanalyse zugleich auch zu multivariaten Struktur-Wirkungs- oder komplexen Struktur-Selektivitäts-Beziehungen führen kann. Die Ermittlung multivariater Struktur-Wirkungs-Beziehungen kann auch mit Hilfe der multivariaten Regressionsanalyse (siehe z. B. [529]) erfolgen.

Es gibt eine ganze Reihe von Hinweisen auf die Existenz multipler Beziehungen zwischen Ergebnissen aus verschiedenen biologischen Tests. So zeigten z. B. faktoranalytische Untersuchungen an in 51 verschiedenen Tests gewonnenen Testergebnissen für eine Serie substituierter Piperidinoazetatanilide, daß sieben Faktoren zur Beschreibung des gemeinsamen Faktorenraumes ausreichend waren [719]. Dieses Ergebnis zeigt eine verblüffend einfache Struktur und hohe Korreliertheit der biologischen Daten an, die allerdings wiederum nur für die betrachtete homologe Serie zutrifft. LEWI u. a. [720] verwendeten Hauptkomponenten- und Diskriminanzanalysen zur Klassifizierung ZNS-wirksamer Verbindungen auf der Grundlage eines Spektrums von Testergebnissen. Dabei gelang es beispielsweise, mit den Ergebnissen aus sechs verschiedenen biologischen Tests an Ratten klar zwischen Neuroleptika und Morphinomimetika zu unterscheiden, wobei keines der sechs Testergebnisse allein betrachtet eine solche Unterscheidung ermöglicht hätte.

Eine algorithmisierte Teststrategie auf der Grundlage genauer Kenntnisse biologischer Datenstrukturen ist ein wichtiges Ziel für die Wirkstofforschung, dessen Realisierung aber noch einige Zeit in Anspruch nehmen wird. Entsprechend den gegenwärtigen Kenntnissen und Möglichkeiten empfiehlt sich gegenwärtig ein mehr heuristisches Vorgehen, wobei zunächst die beiden folgenden für die biologische Testung typischen Grundsituationen betrachtet werden sollen [721]:

1. *hierarchische Anordnung* von Tests zur gleichen biologischen Wirkqualität,

2. *parallele Anordnung* von biologischen Tests für verschiedene biologische Wirkqualitäten (z. B. Haupt- und Nebenwirkungen).

Hierarchische Anordnungen von Tests zur gleichen Wirkqualität werden häufig im biologischen Screening im Sinne eines Systems hintereinandergeschalteter, immer feiner werdender Siebe eingesetzt, wobei die Aussagekraft (aber auch der experimentelle Aufwand) der Tests mit ihrer Stellung in der Hierarchie zunehmen. Hier empfiehlt sich das in Abbildung 21 schematisch dargestellte Vorgehen.

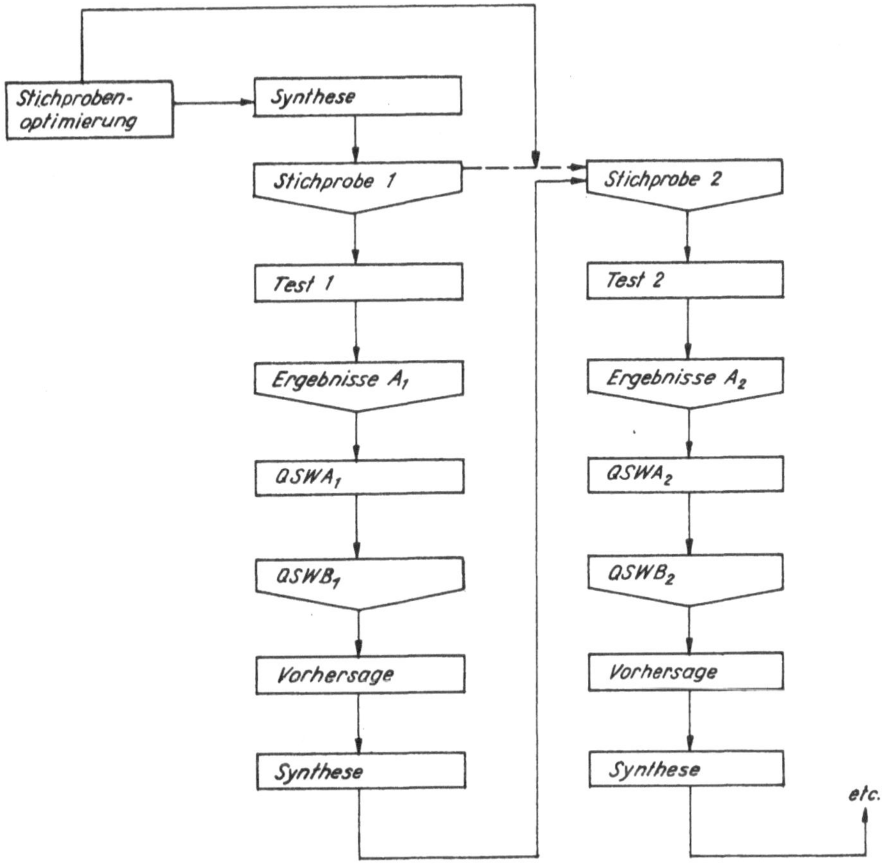

QSWA: quantitative Struktur-Wirkungs-Analyse
QSWB: quantitative Struktur-Wirkungs-Beziehungen

Abb. 21. Vorgehen bei der Testung in hierarchisch angeordneten Tests

Eine nach den in Abschnitt 8.1. erläuterten Prinzipien zusammengestellte Stichprobe (Stichprobe 1) wird auf der ersten Testebene getestet (Test 1). Für die Ergebnisse (A_1) werden quantitative Struktur-Wirkungs-Beziehungen ermittelt (QSWB 1), die zur Vorhersage aktiverer Verbindungen dienen. Die entsprechenden Verbindungen werden synthetisiert und sofort in den Test der nächsten Stufe (Test 2) eingeführt. Von der ursprünglichen Stichprobe werden außerdem unter Beachtung der in Abschnitt 8.1. angegebenen Kriterien so viele Verbindungen nachgezogen, daß wieder eine Stichprobe entsteht (Stichprobe 2), die als Grundlage für die Durchführung einer quantitativen Struktur-Wirkungs-Analyse geeignet ist. Die resultierende Struktur-Wirkungs-Beziehung (QSWB 2) dient als Grundlage für die Synthese neuer Verbindungen, die dann zusammen mit ausgewählten Verbindungen der Stichprobe 2 in die nächste Teststufe gehen. Dieses Vorgehen wird auf allen Ebenen der Testhierarchie wiederholt. Der Vorteil dieses Vorgehens besteht darin, daß auf allen Ebenen der Testhierarchie optimiert und die von Ebene zu Ebene steigende Aussagekraft der Tests systematisch genutzt wird.

Weitere Vorteile sind:

1. Falsche experimentelle Ergebnisse werden sofort auffällig, so daß das Risiko, potentiell hochaktive Verbindungen auf Grund solcher falschen Ergebnisse irrtümlich zu eliminieren im Gegensatz zum klassischen Screening minimal ist.
2. Die in der untersten Testebene hochwirksamen Verbindungen müssen nicht unbedingt auch in den oberen Testebenen die wirksamsten sein und umgekehrt. Dieser Tatsache wird durch die schrittweise Veränderung der Stichprobe Rechnung getragen.

Natürlich ist die in Abbildung 21 skizzierte Strategie nicht als starres Schema aufzufassen. Beispielsweise können Tests auf der obersten Stufe einer Hierarchie für die Testung einer ganzen Serie zu aufwendig sein. Es ist auch möglich, daß die quantitative Struktur-Wirkungs-Analyse in einer bestimmten Stufe der Testhierarchie keine gegenüber den bereits vorliegenden aktivere Verbindung erkennen läßt. In einem solchen Falle wären zunächst die aktivsten Verbindungen allein weiterzuführen und nur dann in den obersten Stufen erneut quantitative Struktur-Wirkungs-Analysen (nach Nachtestung einer entsprechenden Zahl von Verbindungen) durchzuführen, wenn diese Verbindungen dort plötzlich eine schwache Wirkung zeigen oder sich in der Rangordnung ihrer biologischen Aktivität stark verändern. Auf jeden Fall sollte aber die quantitative Struktur-Wirkungs-Analyse so zeitig und systematisch wie möglich eingesetzt werden. Das gilt insbesondere auch dann, wenn die Tests hierarchisch hinsichtlich ihrer biologischen Integrationsstufe angeordnet sind, wobei Test 1 etwa einem isolierten Enzym und der letzte Test einem intakten Organismus entsprechen könnte. In einem solchen Falle bietet das geschilderte Vorgehen die Möglichkeit, gleichzeitig pharmakodynamische und pharmakokinetische Eigenschaften zu optimieren.

Bei der Suche nach neuen Wirkstoffen ist selbstverständlich auch auf Nebenwirkungen zu prüfen, und diese Forderung führt zu *parallelen Anordnungen* von Tests für verschiedene biologische Wirkqualitäten. Der Einfachheit halber seien zunächst nur zwei parallel angeordnete Tests betrachtet, wobei in Test 1 die interessierende Hauptwirkung und in Test 2 die unerwünschte Nebenwirkung geprüft werden soll. Für das mögliche Vorgehen gibt es drei Varianten.

Die erste Variante (*Variante 1*) ist schematisch in Abbildung 22 dargestellt.

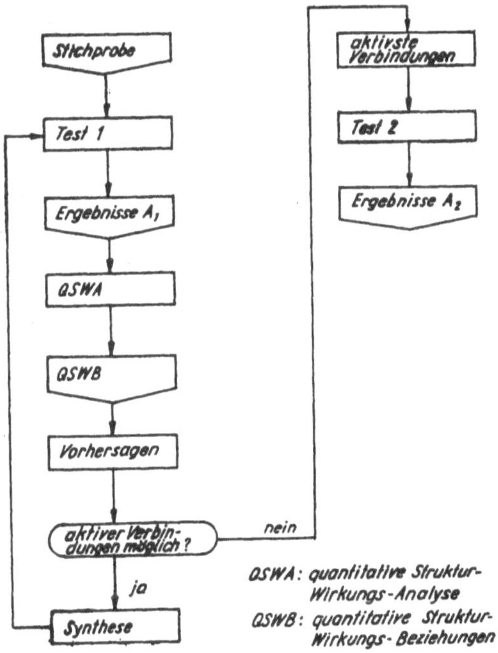

Abb. 22. Vorgehen bei der Testung in parallel angeordneten Tests, Variante 1

Hier wird unter Einbeziehung der quantitativen Struktur-Wirkungs-Analyse in zyklischen Schritten (siehe auch Abbildung 9) zunächst die Optimierung hinsichtlich der erwünschten Wirkung A_1 abgeschlossen. Erst dann werden die aktivsten Verbindungen im Test 2 geprüft. Dabei besteht das Risiko, daß gerade diese Verbindungen auch eine hohe Nebenwirkung zeigen, und im Extremfall ist es sogar möglich, daß zufällig mit der Hauptwirkung A_1 auch die Nebenwirkung A_2 optimiert wurde, so daß die ganze bisherige Arbeit umsonst gewesen sein kann. Falls allerdings die Verbindungen mit der höchsten Aktivität A_1 nur eine geringe Nebenwirkung A_2 haben – was aber natürlich nie *a priori* bekannt ist – werden mit dieser Variante unnötige Testungen in Test 2 vermieden.

Bei der zweiten Variante *(Variante 2,* Abbildung 23) wird die gesamte Stichprobe in beiden Tests geprüft und mit beiden Aktivitätswerten eine quantitative Struktur-Wirkungs-Analyse durchgeführt.

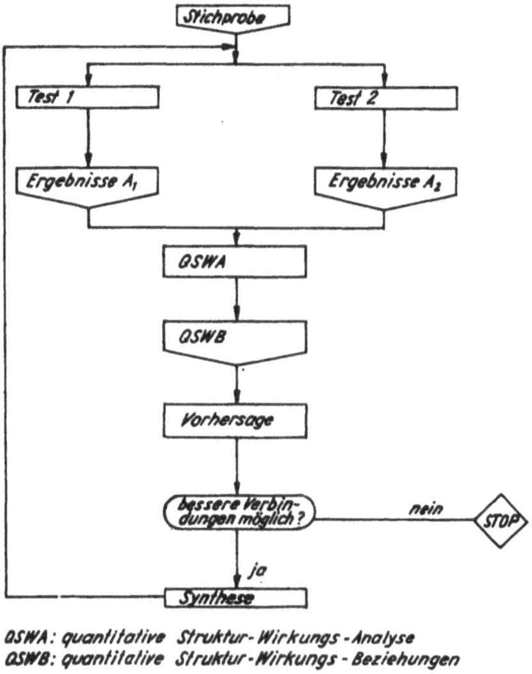

Abb. 23. Vorgehen bei der Testung in parallel angeordneten Tests, Variante 2

Mit den ermittelten quantitativen Struktur-Wirkungs- bzw. Struktur-Selektivitäts-Beziehungen werden Vorhersagen gemacht, ob bessere Verbindungen möglich sind, wobei unter besseren Verbindungen solche zu verstehen sind, die eine möglichst hohe Selektivität haben. Sind selektivere Verbindungen möglich, werden diese synthetisiert und getestet, worauf sich eine erneute quantitative Struktur-Wirkungs-Analyse anschließt. Es ergibt sich wieder ein Optimierungszyklus (siehe Abbildung 9), der so oft durchlaufen wird, bis die besten Verbindungen der betrachteten Serie mit hinreichender Sicherheit gefunden wurden. Diese Variante vermeidet das Risiko der Variante 1, führt aber dann zu einem völlig unnötigen Testaufwand, wenn die Verbindungen mit der höchsten Wirkung in Test 1 ohnehin eine geringe Wirkung in Test 2 haben.

Die in Abbildung 24 dargestellte dritte Variante *(Variante 3)* vermeidet alle diese Nachteile, da sie es gestattet, sich begründet entsprechend den vorliegenden Gegebenheiten zum richtigen Zeitpunkt entweder für Variante 1 oder Variante 2 zu entscheiden.

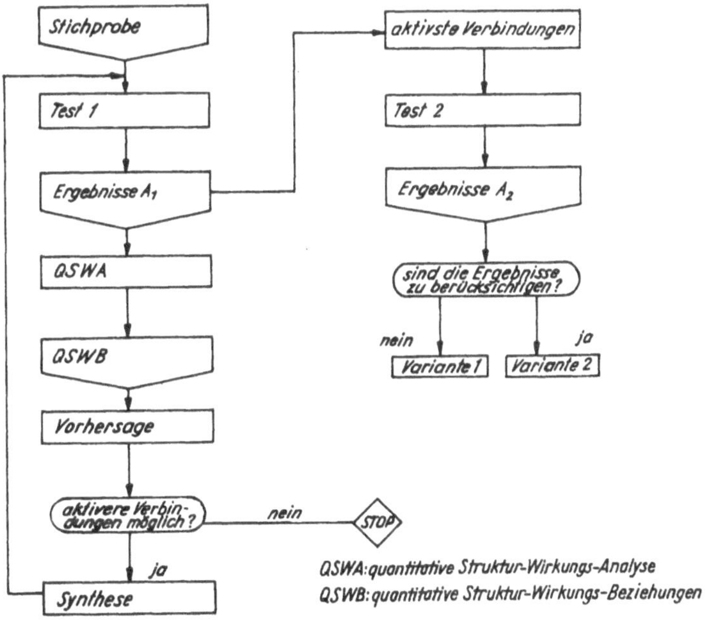

Abb. 24. Vorgehen bei der Testung in parallel angeordneten Tests, Variante 3

Hinsichtlich der Hauptwirkung (Test 1) erfolgt der übliche zyklische Optimierungsprozeß, wobei aber nach jedem Zyklus die aktivsten Verbindungen in Test 2 geprüft werden. Werden diese Verbindungen auch in Test 2 auffällig, ist nach Variante 2 weiterzuverfahren (Vermeidung des Risikos von Variante 1), und wenn nicht, nach Variante 1 (Vermeidung unnötiger Testungen).

In realen Screening-Systemen überlappen sich die beiden bisher diskutierten Grundsituationen häufig in der Weise, daß gleichzeitig mehrere Tests nebeneinander und hierarchisch hintereinander angeordnet sind. Solche Systeme können sehr kompliziert sein und ganz unterschiedliche Heuristiken erforderlich machen, wobei allerdings immer wieder die oben geschilderten Grundelemente auftreten. Einer komplexen Betrachtungsweise einschließlich der Anwendung multivariater Verfahren zur quantitativen Struktur-Wirkungs-Analyse im Sinne der eingangs zu diesem Abschnitt gemachten Ausführungen kommt hier eine besondere Bedeutung zu.

14. Schlußbemerkungen

In den letzten Jahren zeichnen sich auf dem Gebiet der quantitativen Struktur-Wirkungs-Analyse deutlich zwei Tendenzen ab: auf der einen Seite eine explosionsartige Zunahme von Publikationen zur Anwendung dieser Verfahren, insbesondere des extrathermodynamischen Ansatzes und der FREE-WILSON-Analyse, und auf der anderen Seite ein ständig zunehmendes Bemühen um die Entwicklung neuer, für bestimmte Probleme und Zielstellungen leistungsfähigerer Methoden. Im Lichte dieser Entwicklung wird klar, daß die heute am häufigsten gebrauchten Methoden des extrathermodynamischen Ansatzes und der FREE-WILSON-Analyse „nur" als erste, allerdings – und das kann nicht genug betont werden – außerordentlich wichtige Schritte in ein neues Gebiet zu betrachten sind, das sich zur Zeit noch in stürmischer Entwicklung befindet. Es ist eigentlich erstaunlich, welche Leistungsfähigkeit diese Verfahren bereits haben. Sie wurden für alle möglichen biologischen Integrationsebenen (molekular, subzellulär, zellulär, organisch, organismisch) und biologischen Objekte (mikrobiell, pflanzlich, tierisch) sowie für die verschiedenartigsten biologischen Wirkungen mit Erfolg eingesetzt, wobei ein riesiges Spektrum teilweise recht komplizierter chemischer Strukturen überstrichen wurde. Die Beschreibungsgüte der resultierenden quantitativen Struktur-Wirkungs-Beziehungen ist im allgemeinen recht gut, wobei es aber nicht selten vorkommt, daß einzelne Verbindungen einer Stichprobe herausfallen. Gerade solche Verbindungen, die ein von den anderen abweichendes Verhalten zeigen und die ohne quantitative Struktur-Wirkungs-Analyse meist nicht zu erkennen sind, können aber von ganz besonderem Interesse sein und zu neuen Ansatzpunkten bei der Wirkstoffsuche oder bei der Aufklärung von Wirkungsmechanismen führen [493, 722]. Das eigentliche Kriterium für den Nutzen quantitativer Struktur-Wirkungs-Beziehungen ist ihre Vorhersagekraft. Die Vorhersagekraft ist grundsätzlich auf den betrachteten Merkmalsraum beschränkt. In dem Maße, wie die Anwendung der quantitativen Struktur-Wirkungs-Analyse auf aktuelle Probleme der Wirkstofforschung gegenüber der in den 60er Jahren noch dominierenden retrospektiven Analyse von Literaturdaten immer mehr in den Vordergrund tritt, werden auch immer mehr Beispiele für experimentell bestätigte Vorhersagen aus quantitativen Struktur-Wirkungs-Beziehungen bekannt, von denen einige in Tabelle 58 zusammengestellt sind; einige weitere Beispiele finden sich in [745].

Tabelle 58
Einige ausgewählte Beispiele für experimentell bestätigte Vorhersagen aus quantitativen Sturktur-Wirkungs-Analysen

Substanzklasse	Biologische Wirkung	Literatur
Benzothiadiazine	antihypertensiv	[415]
Trifluormethansulfonamide	herbizid	[723, 724]
N-(Phenoxyäthyl)cyclo-propylamine	MAO-Hemmung	[725]
Sulfonamide	Hemmung Carboanhydase	[353]
3,4-Methylendioxyphenyl-acetamide	hypnotisch	[215]
Benzothiadiazine	antihypertensiv	[726]
N-(Alkyl-Carbamoyl-Alkyl)-äthylamine	Azetylcholin-Antagonisten	[727]
1,4-Naphtochinone	Antimalariawirkung	[728]
2-Pyridylmethane	spasmolytisch	[729]
2H-1,2,4-Benzothiadiazine	antihypertensiv	[416]
Sulfonamide	bakteriostatisch Pharmakokinetik	[226]
1-Alkyl-3(N-Äthyl-N-Methyl) piperidine	Hemmung Butyryl-cholinesterase	[730, 731]
Substanzen sehr unter-schiedlicher Struktur	cytostatisch	[624, 654]
Rifamycin-β-Derivate	bakteriostatisch	[550]
ara-Cytidin-Derivate	cytostatisch, immunsuppressiv	[732]
Isatin-β-Isothiosemikarbazone	virostatisch	[175]
Polycyclische aromatische Kohlenwasserstoffe	Hydroxilierung durch mikrosomale Oxydase carcinogene Aktivität	[513] [733]
Pyrazole	virostatisch	[476]
Piperidinoazetanilide	phytoaktiv	[361, 734]
Aryl-Alkyl-Carbonyl-verbindungen	herbizid gegen mehrere Pflanzen	[735]
Aryläther	herbizid gegen mehrere Pflanzen	[736]

noch **Tabelle 58**

Substanzklasse	Biologische Wirkung	Literatur
Piperidinopromazine	neuroleptisch	[675]
Verschiedene Verbindungen	cholinerg	[664, 667]
Aromatische und aliphatische Karbonsäuren	antiphlogistisch	[737]
Propynylamine	MAO-Hemmung	[738]
Pyridinderivate	fungizid	[739]
Phenylamidinharnstoffe	gegen Malaria	[740]
Karbonylverbindungen	Hemmung von Chymotrypsin	[741]
Benzylpyridiniumionen	Hemmung von Komplement	[742]
10-Piperazinodibenzo-(b,f)-thiepine	neuroleptisch	[499]
Steroide	Bindung an den Progesteronrezeptor	[223]
Diphenyltrichlormethylmethane	insektizid	[488]
Ester	Hydrolyse durch Papain	[493]
Klonidinderivate	α-mimetisch	[493, 743]
Tricyclische aromatische Karbinole	Antimalariawirkung	[722]
N-Hydroxypyridone	antimykotisch	[744]

Einige über Struktur-Wirkungs-Analysen gefundene Pharmaka befinden sich bereits in der klinischen Erprobung (siehe z. B. [737, 746 – 748]). Trotzdem gibt es in der Literatur noch keinen eindeutigen Hinweis auf einen bereits in die Praxis eingeführten und direkt durch Vorausberechnung nach quantitativer Struktur-Wirkungs-Analyse gefundenen Wirkstoff. Das liegt natürlich zum Teil daran, daß der systematische Einsatz der quantitativen Struktur-Wirkungs-Analyse in der industriellen Suchforschung erst seit einigen Jahren erfolgt und daß auf der anderen Seite die Zeit für die Überführung eines Wirkstoffes in die Praxis nach seiner Entdeckung infolge der geforderten umfangreichen Prüfungen (insbesondere auch auf toxische und

Nebenwirkungen) sehr lang ist und gegenwärtig mindestens acht Jahre beträgt. Daneben führen aber auch patentrechtliche und forschungsstrategische Erwägungen dazu, daß die Publikation solcher Ergebnisse auch in nächster Zeit wohl kaum zu erwarten ist [746, 749 – 751]. Es wäre zudem auch grundsätzlich falsch, den ökonomischen Nutzen der quantitativen Struktur-Wirkungs-Analyse nur oder vorzugsweise an der Zahl von direkt über Vorausberechnungen gefundenen neuen Wirkstoffen einschätzen zu wollen, denn dieses Kriterium sagt in erster Linie nur etwas über die erhöhte Auffindungswahrscheinlichkeit aus. Für den ökonomischen Nutzen ist die Einsparung an Synthesen und Testungen genauso wichtig, und hier liegt zur Zeit das eigentliche Potential der Methoden zur quantitativen Struktur-Wirkungs-Analyse. Sie lassen aussichtsreiche Suchrichtungen erkennen, so daß die Suchräume schneller und sicherer abgetastet werden können, und der ökonomische Nutzen folgt daraus, daß der Weg entlang diesen Richtungen kürzer und billiger ist [747, 752].

Selbst wenn in einem bestimmten Suchraum kein neuer Wirkstoff gefunden wird, ist der Nutzen erheblich, da die Untersuchung auf der Grundlage der Ergebnisse der Struktur-Wirkungs-Analyse rechtzeitig abgebrochen werden und damit eine u. U. sehr große Zahl unnötiger Synthesen und Testungen eingespart werden kann. Eine exakte Ermittlung des *ökonomischen Nutzens* der quantitativen Struktur-Wirkungs-Analyse ist zur Zeit noch nicht möglich, aber immerhin kann eine vorsichtige *Schätzung* versucht werden. Gegenwärtig müssen zur Auffindung eines wirklich neuen Wirkstoffes im internationalen Durchschnitt etwa 10 000 Verbindungen synthetisiert und getestet werden. Von diesen 10 000 Verbindungen werden wenigstens 7000 so strukturiert sein, daß sie einer Untersuchung durch quantitative Struktur-Wirkungs-Analysen zugängig sind. Nach den bisherigen Erfahrungen kann der Rationalisierungseffekt durch den systematischen Einsatz der quantitativen Struktur-Wirkungs-Analyse auf eine mindestens 50%ige Einsparung von Synthesen und Testungen geschätzt werden, so daß etwa 3500 Substanzen weniger untersucht werden müßten, wobei die Kosten für die Untersuchung einer Substanz mit mindestens 3000 Mark zu veranschlagen sind. Dazu kommt noch der Nutzen durch die Verkürzung der Entwicklungszeit.

Entscheidend für den effektiven Einsatz der Methoden zur quantitativen Struktur-Wirkungs-Analyse in der Wirkstofforschung und -suche ist eine genaue Kenntnis der *Leistungsfähigkeit* und vor allem auch der *Grenzen* der einzelnen Verfahren; einige ausgewählte Aspekte sind nochmals in Tabelle 59 zusammengestellt.

Es wurde bereits darauf hingewiesen, daß die Beziehungen zwischen Struktur und biologischer Wirkung in sehr komplizierter Weise in der che-

Tabelle 59
Übersicht über die wichtigsten Verfahren zur quantitativen Struktur-Wirkungs-Analyse

Art der Molekülbeschreibung	Mathematisches Verfahren	Wichtigste Anwendungsvoraussetzungen und Spezifika	Das Ergebnis ermöglicht Syntheseoptimierung	Theorienbildung	Auffindung neuer Leitverbindungen
1. *Externe Molekülparameter* Grundvoraussetzungen: – Die Molekülparameter müssen zugängig oder berechenbar sein. – Die für die biologische Aktivität relevanten Moleküleigenschaften müssen sich durch externe Molekülparameter hinreichend genau beschreiben lassen.	1.1. Multiple Regression (extrathermodynamischer Ansatz)	– Congenere Serien – Systematische Variation von Moleküleigenschaften und einer genügenden Zahl von Substituenten – Biologische Wirkquantität ist kontinuierliche Größe ausreichender Präzision und Varianz.	+	+[1]	–
	1.2. Rangkorrelation	Wie 1.1.; die Wirkquantität muß jedoch nur so genau sein, um die Aufstellung einer Rangfolge zu gestatten.	+	(+)[1]	–
	1.3. Diskriminanzanalyse	Wie 1.1.; die Wirkquantität kann jedoch als diskrete oder logische Größe (Bonitur oder ja/nein-Aussage) vorliegen.	+	(+)[1]	–
	1.4. Zeichenerkennungsverfahren	Wie 1.3.; jedoch aus mathematischen Gründen universeller einsetzbar.	+	(+)[1]	±
	1.5. Hauptkomponentenanalyse mit eingebautem Regressionsschritt	Wie 1.1.; das Verfahren gestattet die simultane Analyse mehrerer, untereinander korrelierter Wirkquantitäten.	+	+[1]	–

noch **Tabelle 59**

Art der Molekülbeschreibung	Mathematisches Verfahren	Wichtigste Anwendungsvoraussetzungen und Spezifika	Das Ergebnis ermöglicht		
			Syntheseoptimierung	Theorienbildung	Auffindung neuer Leitverbindungen
	1.6. Multivariate Regression	Wie 1.5.			
2. *Substrukturelle Molekülparameter* Vorteil: Keine externen Molekülparameter erforderlich	2.1. Regression (FREE-WILSON-Analyse)	– Congenere Serie mit konstantem Grundkörper – Additivität und Konstanz der Wirkbeiträge – Besonders günstig bei der Variation weniger Substituenten an vielen Molekülpositionen – Beseitigung linearer Abhängigkeiten zwischen den Spalten der Strukturmatrix	+	–	–
	2.2. Zeichenerkennungsverfahren	– Nicht an das Vorliegen congenerer Serien gebunden – Systematische EDV-Dokumentation von Substanzen und Befunden	+	–	(+)
3. *Interaktions Rechnungen*	Verschiedene	– Keinerlei Begrenzung hinsichtlich Strukturvariationen nötig – Aussagekräftige biologische Daten über die interessierende Wirkqualität – Qualifizierte Beschreibung schwacher inter- und intramolekularer Wechselwirkungen	+	++	+

1 Bei Abwesenheit von Kollinearitäten zwischen den Molekülparametern

mischen Struktur der Wirkstoffe codiert sind. Werden die einzelnen Verfahren der quantitativen Struktur-Wirkungs-Analyse aus der Sicht der Methode der Molekülbeschreibung hinsichtlich ihrer Fähigkeit, diesen Code zu lösen, verglichen, ergibt sich folgendes Bild. Methoden mit strukturellen Parametern können den Code nicht brechen, liefern aber Kenntnisse über die wichtigsten Code-Elemente und deren Beitrag zur biologischen Wirkquantität. Damit ist auch ohne Kenntnis des Codes eine Neu-Codierung (neue Kombinationen von Substrukturen) und damit die Formulierung von Synthesevorschlägen möglich. Auch auf der Ebene des extrathermodynamischen Ansatzes, also bei der Molekülbeschreibung mit externen Molekülparametern, wird der Code nicht gebrochen. Es erfolgt jedoch eine Art partielle Decodierung dahingehend, daß der Code in eine dem Chemiker verständliche Sprache übersetzt und damit in gewissen Grenzen handhabbar wird. Ein völliges Verstehen des Codes und damit seine wirklich umfassende Anwendung ist erst auf der Ebene der Interaktions-Rechnungen möglich. Aus diesem Grunde kommt der Entwicklung dieser Verfahren so große Bedeutung zu, auch wenn hier noch viel Entwicklungsarbeit investiert werden muß.

Bei der Inspektion von Tabelle 59 wird deutlich, daß die Mehrzahl der zur Zeit routinemäßig verfügbaren Methoden zur quantitativen Struktur-Wirkungs-Analyse an das Vorliegen congenerer Serien von Wirkstoffen gebunden ist, und dementsprechend liegt auch der Schwerpunkt in der Praxis der Wirkstoffsuche gegenwärtig noch auf der Optimierung der biologischen Wirkquantität und Selektivität innerhalb solcher Serien, d. h. auf Operationen im Sub-System-Raum. Dabei muß stets bedacht werden, daß die quantitative Struktur-Wirkungs-Analyse nur Wahrscheinlichkeitsaussagen liefert, die mit einer bestimmten Irrtumswahrscheinlichkeit behaftet sind, so daß die Struktur-Wirkungs-Analyse nur im ständigen Wechselspiel mit dem Experiment ihren eigentlichen Sinn erhält. Beim gegenwärtigen Entwicklungsstand ist auch durchaus, wenn auch selten, damit zu rechnen, daß die Verfahren hin und wieder versagen werden oder für bestimmte Probleme noch nicht anwendbar sind. Es wäre daher gegenwärtig falsch, die gesamte Wirkstoffforschung einzig und allein auf der Grundlage von quantitativen Struktur-Wirkungs-Analysen durchzuführen. Schon deshalb, weil zur Zeit noch keine universellen bzw. wirklich leistungsfähigen Methoden für die gezielte Auffindung neuer Leitverbindungen zur Verfügung stehen, muß noch ein gewisser Spielraum zum intuitiven Probieren bleiben.

Eine prinzipielle Grenze der Struktur-Wirkungs-Analyse besteht darin, daß nur solche Informationen zugängig sind, die die experimentellen biologischen Daten enthalten. Daraus folgt, daß die Struktur-Wirkungs-Analyse allein beispielsweise nicht zu grundsätzlich neuen Therapiekonzepten führen kann; gewisse Hinweise in dieser Richtung sind allerdings auf Grund des optimierten Informationsgewinns und der mittels Großrechnern möglichen Informationsverdichtung durchaus denkbar.

Zusammenfassend läßt sich auf Grund der bisherigen Erfahrungen einschätzen, daß die Methoden der quantitativen Struktur-Wirkungs-Analyse bereits beim heutigen Entwicklungsstand zu einem sehr leistungsfähigen Instrument geworden sind, ohne das eine effektive Wirkstofforschung nicht mehr möglich ist. International ist der Trend zur systematischen Weiterentwicklung und zum verstärkten Einsatz dieser Methoden unverkennbar, und dieser Trend wird der Wirkstofforschung ohne Zweifel weitere Möglichkeiten sowohl für die Praxis der Wirkstoffsuche als auch hinsichtlich des grundsätzlichen Verständnisses biologischer Mechanismen eröffnen.

15. Anhang: Einige Grundlagen zur linearen Regressionsanalyse

Das zur Zeit auf dem Gebiet der quantitativen Struktur-Wirkungs-Analyse am häufigsten geübte mathematische Verfahren ist die lineare Regressionsanalyse (extrathermodynamischer Ansatz, FREE-WILSON-Analyse). Es erscheint daher angebracht, einige Grundlagen dieses Verfahrens etwas näher zu erläutern. Dabei geht es weniger um eine Anleitung zur praktischen Durchführung von Regressionsanalysen, sondern vielmehr um das Verständnis dafür, wie Ergebnisse von Regressionsrechnungen sinnvoll zu beurteilen und zu interpretieren sind; hinsichtlich detaillierter Darstellungen sei beispielsweise auf [753 – 755] verwiesen. Einige Aspekte der Anwendung der Theorie linearer Gleichungen in der quantitativen Struktur-Wirkungs-Analyse werden in [756] diskutiert. Um vor allem auch für den Nicht-Mathematiker das Verständnis zu erleichtern, sollen zunächst einige statistische Grundbegriffe wie Schätzung, statistischer Test und der Begriff der Zufallsvariablen erläutert werden.

15.1. Meßreihen und Zufallsgrößen

Ausgangspunkt für quantitative Struktur-Wirkungs-Analysen sind stets Reihen von Daten (z. B. biologische Wirkquantitäten). Eine solche Reihe entsteht, wenn das gleiche meßbare Merkmal an einer Anzahl von n Objekten (Wirkstoffen) untersucht wird. Man erhält n Zahlen z_i ($i = 1, \ldots, n$), wobei die Zahl z_i ein Maß dafür ist, in welchem Grade das i-te untersuchte Objekt die betreffende Eigenschaft (das Merkmal) besitzt. Je nach der Art dieser Eigenschaft sind die z_i kontinuierliche (z. B. ED_x usw.) oder diskrete (Bonituren) Größen, mit deren Hilfe sich das betrachtete Merkmal quantifizieren läßt.

In der mathematischen Statistik werden die Merkmale zu sogenannten *Zufallsgrößen* abstrahiert, die gewisse Werte (nämlich die möglichen Werte des Meßwertes) annehmen können; jeder Meßwert ist also als die Realisierung einer Zufallsgröße anzusehen. Der Begriff Zufallsgröße ist insofern sinnvoll, als sich bei der zufälligen Auswahl einer bestimmten Anzahl von Objekten (Stichprobe) aus einer Grundgesamtheit (Menge aller Objekte, die das betreffende Merkmal besitzen; in unserem Falle die Menge aller Verbindungen in einem Sub-System) im Ergebnis von Messungen an diesen Objekten eine zufällig variierende Meßreihe ergibt. Diese läßt Aussagen darüber zu, mit welcher Wahrscheinlichkeit und in welchem Grade das betrachtete Merkmal bei allen Objekten der Grundgesamtheit auftritt.

Die Zufallsgrößen nehmen bestimmte Werte mit einer bestimmten Wahrscheinlichkeit an, d. h. sie folgen einer *Wahrscheinlichkeitsverteilung.* Diese Verteilung läßt sich durch eine *Verteilungsfunktion* F(a) beschreiben, die die Wahrscheinlichkeit dafür angibt, daß die Zufallsgröße einen Wert annimmt, der kleiner oder höchstens gleich a ist. Es gibt verschiedene Typen von Verteilungen, wobei bei kontinuierlichen Größen die *Normalverteilung* die größte Bedeutung hat. In der Regel sind kontinuierliche Zufallsgrößen normalverteilt, wenn viele voneinander unabhängige Einflüsse auf sie wirken. Der analytische Ausdruck für die Dichte der Normalverteilung lautet

$$f(x) = \frac{1}{\sigma\sqrt{2\pi}} \exp\left[-\frac{(x-\mu)^2}{2\sigma^2}\right]. \qquad (15.1)$$

Die Kurve hat eine glockenförmige Gestalt, weshalb sie oft als Glockenkurve bezeichnet wird. Sie verläuft symmetrisch zum Maximum bei $x = \mu$ und besitzt bei $x = \mu \pm \sigma$ Wendepunkte.

Wichtige Charakteristika einer Zufallsgröße und ihrer Verteilung sind der *Erwartungswert* E(x) und die *Varianz* D^2x der Zufallsgröße x. Der Erwartungswert ist im diskreten Fall ein mit den entsprechenden Auftretungswahrscheinlichkeiten p_i gewichtetes Mittel der möglichen Werte x_i der Zufallsgröße x:[21]

$$E(x) = p_1x_1 + p_2x_2 + p_3x_3 + \ldots \qquad (15.2)$$

Wenn die Zufallsgröße x beispielsweise die Werte 1 und 4 mit den Wahrscheinlichkeiten $\frac{1}{4}$ und $\frac{3}{4}$ annehmen kann, ergibt sich der Erwartungswert zu

$$E(x) = \frac{1}{4} \cdot 1 + \frac{3}{4} \cdot 4 = 3{,}25. \qquad (15.3)$$

Die Varianz ist ein Maß dafür, wie sehr die Werte der Zufallsgröße um den Erwartungswert streuen; sie ist für den diskreten Fall gemäß Gleichung (15.4) definiert:[21]

$$D^2x = p_1[x_1 - E(x)]^2 + p_2[x_2 - E(x)]^2 + p_3[x_3 - E(x)]^2 + \ldots \qquad (15.4)$$

21 Für den kontinuierlichen Fall ergeben sich Integralausdrücke.

Häufig wird als Streuungsmaß die *Standardabweichung* σ benutzt, die gemäß (15.5) definiert ist:

$$\sigma = \sqrt{D^2 x}. \tag{15.5}$$

Beim Vorliegen einer Normalverteilung ist der Erwartungswert E(x) gleich dem Parameter μ und die Standardabweichung gleich dem Parameter σ in (15.1).

Wichtig ist, daß Funktionen von Zufallsgrößen wiederum Zufallsgrößen sind. Ist die Verteilung einer Zufallsgröße bekannt, lassen sich auch die Verteilungen von Funktionen dieser Zufallsgröße berechnen. Funktionen von Zufallsgrößen treten in dem im folgenden zu erläuternden Ansatz zur Regressionsrechnung auf. Sie kommen z. B. auch vor, wenn die Werte einer Meßreihe alle auf die gleiche Weise transformiert werden. Die transformierten Werte werden als Werte einer entsprechend transformierten Zufallsgröße aufgefaßt.

Verschiedene Zufallsgrößen können voneinander abhängig oder unabhängig sein. Wird beispielsweise an n Verbindungen der π-Wert in zwei Verteilungssystemen I und II gemessen, ergeben sich n Wertepaare

$$(\pi_{I,1}, \pi_{II,1}), \ldots, (\pi_{I,i}, \pi_{II,i}), \ldots, (\pi_{I,n}, \pi_{II,n}),$$

wobei die Meßwerte $\pi_{I,i}$ und $\pi_{II,i}$ als Realisierung zweier Zufallsgrößen anzusehen sind. Es zeigt sich, daß innerhalb der Gültigkeitsgrenzen von Gleichung (4.7) zwischen beiden Größen ein enger Zusammenhang besteht. Zufallsgrößen, zwischen denen ein Zusammenhang besteht, werden als *korreliert* bezeichnet. Der Grad der linearen Abhängigkeit zwischen zwei Zufallsgrößen x und y läßt sich durch den *Korrelationskoeffizienten* ρ(x,y) charakterisieren. Der Korrelationskoeffizient liegt zwischen −1 und +1, und sein Absolutbetrag wird um so größer, je stärker die lineare Abhängigkeit ist. Ist der Korrelationskoeffizient Null, besteht keine Abhängigkeit zwischen den Zufallsgrößen. Dieser Schluß gilt jedoch nur unter der Voraussetzung, daß beide Zufallsgrößen normalverteilt sind, da ρ(x,y) nur ein Maß für die lineare Abhängigkeit von x und y, nicht aber für die Abhängigkeit an sich ist.

Die statistische Unabhängigkeit gewisser Zufallsgrößen ist vielfach eine Voraussetzung für die Anwendung bestimmter statistischer Verfahren. Oft spricht man dabei von der Unabhängigkeit der Messungen einer Meßreihe und faßt jeden Wert der Meßreihe als Realisierung einer neuen Zufallsgröße auf. Diese Zufallsgrößen kann man dann als unabhängig ansehen, wenn die Gewähr gegeben ist, daß sich die Messungen nicht gegenseitig beeinflussen.

15.2. Statistische Schätzung von Parametern

Eine Grundaufgabe der Statistik ist es, anhand von Stichproben Parameter für die entsprechende Grundgesamtheit zu schätzen, wobei zwischen sogenannten *Punkt-* und *Konfidenzschätzungen* zu unterscheiden ist. Bei den *Punktschätzungen* werden die gesuchten Parameter mittels einer bestimmten Vorschrift, der sogenannten Schätzfunktion, aus der Meßreihe für die Stichprobe ermittelt.[22] Als Schätzung für den Erwartungswert E(x) einer Zufallsgröße x wird meist der empirische Mittelwert $\bar{x}$ der Meßreihe für eine Stichprobe verwendet.

$$\hat{E}(x) = \bar{x} = \frac{1}{n} \sum_{i=1}^{n} x_i. \tag{15.6}$$

Eine geeignete Schätzung für die Varianz D^2x ist die Stichprobenvarianz s^2:

$$\hat{D}^2x = s^2 = \frac{1}{n-1} \sum_{i=1}^{n} (x_i - \bar{x})^2. \tag{15.7}$$

Die Größe

$$\hat{\sigma} = s = \sqrt{s^2} \tag{15.8}$$

ist eine Schätzung der Standardabweichung. Der Korrelationskoeffizient zwischen zwei Zufallsgrößen x und y läßt sich gemäß (15.9) schätzen:

$$\hat{\rho}(x,y) = r = \frac{\sum_{i=1}^{n} (x_i - \bar{x})(y_i - \bar{y})}{\sqrt{\sum_{i=1}^{n} (x_i - \bar{x})^2} \sqrt{\sum_{i=1}^{n} (y_i - \bar{y})^2}} . \tag{15.9}$$

Bei der *Konfidenzschätzung* für einen Parameter wird kein direkter Schätzwert für den Parameter angegeben, sondern eine untere und eine obere Abschätzung; der zwischen diesen Abschätzungen liegende Bereich wird als

22 Im allgemeinen gibt es mehrere Schätzfunktionen für einen bestimmten Parameter, zwischen denen dann je nach den vorliegenden Bedingungen nach bestimmten Kriterien auszuwählen ist. Zur Unterscheidung von den wahren Parametern sollen die geschätzten Parameter künftig in diesem Kapitel — wie in der Statistik allgemein üblich — durch ein Dach (^) gekennzeichnet werden.

Konfidenzintervall bezeichnet. Zu jedem Konfidenzintervall gehört ein vorgegebenes *Konfidenzniveau,* wobei z. B. ein Konfidenzniveau von 0,95 (bzw. 95 %) bedeutet, daß der wahre Wert des Parameters mit einer Wahrscheinlichkeit von mindestens 95 % durch das betreffende Konfidenzintervall überstrichen wird. Die Größe des Konfidenzintervalls hängt demnach nicht nur von der Meßreihe, sondern auch von dem gewählten Konfidenzniveau ab, wobei sie mit zunehmendem Konfidenzniveau ebenfalls wächst. Einige Beziehungen für derartige Konfidenzschätzungen werden im folgenden an den entsprechenden Stellen noch angegeben.

15.3. Statistische Tests

Um eine umfassende Information aus Meßreihen zu erhalten, müssen die geschätzten Parameter noch hinsichtlich bestimmter Eigenschaften untersucht werden. Hierzu wird zunächst eine *Nullhypothese* H_0 formuliert, die je nach der Art der Fragestellung eine bestimmte Annahme über den interessierenden Parameter darstellt. Solche Nullhypothesen können z. B. lauten, daß der wahre Wert des Parameters gleich einer bestimmten Zahl ist, daß er in einem bestimmten Intervall liegt, daß zwei (nicht bekannte) Parameter gleich sind, daß sie ungleich sind usw. Die Prüfung der Nullhypothese erfolgt gewöhnlich in der Weise, daß zunächst der Funktionswert einer speziell für die Art der jeweiligen Nullhypothese definierten sogenannten *Testgröße* berechnet wird. Diese Testgröße wird dann mit einem aus entsprechenden Tafeln zu entnehmenden Vergleichswert verglichen, wobei die Nullhypothese H_0 abgelehnt wird, wenn die berechnete Testgröße größer als der Vergleichswert ist; andernfalls wird die Nullhypothese nicht abgelehnt. Einige Beispiele für derartige Tests werden in den folgenden Abschnitten noch zu erläutern sein. Die Größe des Vergleichswertes und damit das Ergebnis des Tests sind von der vorher festzulegenden *statistischen Sicherheit* P bzw. der *Irrtumswahrscheinlichkeit* p ($P + p = 1$ bzw. $P \cdot 100\,\% + p \cdot 100\,\% = 100\,\%$) abhängig, die sich auf den *Fehler erster Art* beziehen. Als Fehler erster Art wird der Sachverhalt bezeichnet, daß eine Hypothese abgelehnt wird, obwohl sie richtig ist, und die Wahrscheinlichkeit für das Auftreten eines Fehlers erster Art ist kleiner oder höchstens gleich p. Es ist aber auch möglich, daß eine Hypothese nicht abgelehnt wird, obwohl sie falsch ist; dieser Fall wird als *Fehler zweiter Art* bezeichnet. Die Wahrscheinlichkeit für das Auftreten eines Fehlers zweiter Art kann wesentlich größer sein als p und nimmt im allgemeinen mit abnehmendem p zu. Daraus folgt, daß nur im Falle der Ablehnung der Nullhypothese H_0 eine klare Aussage möglich ist, nämlich die, daß diese Entscheidung mit einer statistischen Sicherheit von

P · 100 % richtig ist. Wird die Nullhypothese nicht abgelehnt, läßt sich dagegen nur der weniger informative Schluß ziehen, daß die Stichprobe der Nullhypothese nicht mit hoher Signifikanz widerspricht; keinesfalls darf geschlossen werden, daß die Nullhypothese anzunehmen ist.

15.4. Das Modell der linearen Regression

Ziel der Regressionsrechnung ist es, auf der Grundlage von Stichproben eine Gleichung zu finden, die den Zusammenhang zwischen verschiedenen Variablen (Merkmalen) beschreibt. Häufig werden dabei die abhängige Variable als *Zielgröße* und die unabhängigen Variablen als *Einflußgrößen* bezeichnet. Zunächst sei der besonders übersichtliche Fall der sogenannten linearen Einfachregression betrachtet, bei dem der Zusammenhang zwischen zwei Variablen (z. B. log A und π) untersucht wird. Die einzelnen Werte für die n Objekte einer Stichprobe sollen mit y_i für die Zielgröße und mit x_i für die Einflußgröße bezeichnet werden ($i = 1, \ldots, n$); die Werte y_i sind als Realisierungen von Zufallsgrößen η_i zu betrachten. Das Modell der Einfachregression setzt dann voraus, daß n Gleichungen der Form (15.10) gelten:

$$\eta_i = ax_i + b + \epsilon_i. \tag{15.10}$$

Die Koeffizienten a und b hängen nicht von i ab, und die ϵ_i sind Zufallsgrößen mit dem Erwartungswert Null, die Störungen des systematischen linearen Zusammenhanges zwischen y und x (z. B. infolge von Meßfehlern) repräsentieren. Von diesen ϵ_i wird angenommen, daß sie voneinander unabhängig sind, alle die gleiche Varianz besitzen sowie einer n-dimensionalen Normalverteilung unterliegen; letzteres bedeutet insbesondere, daß alle ϵ_i normalverteilt sind.

Die Koeffizienten a und b sind die wahren, für die Grundgesamtheit geltenden Parameter des Zusammenhanges (15.10), die nun mit den Daten für die Stichprobe möglichst gut geschätzt werden sollen. Dabei wird angenommen, daß mit den geschätzten Werten $\hat{a}$ und $\hat{b}$, die als *Regressionskoeffizienten* bezeichnet werden, die Regressionsgleichung

$$y = \hat{a}x + \hat{b} \tag{15.11}$$

den Zusammenhang zwischen der Zielgröße y und der Einflußgröße x angenähert richtig wiedergibt. Mit Hilfe bestimmter Testgrößen ist es dann möglich zu prüfen, mit welcher Wahrscheinlichkeit diese Annahme zutrifft.

Geometrisch stellt (15.11) diejenige Grade dar, die einem Punkteschwarm von n Punkten $(x_1, y_1), \ldots, (x_n, y_n)$ in einem kartesischen Koordinatensystem mit den Koordinaten x (Abszisse) und y (Ordinate) „möglichst gut" angepaßt ist. Soll der Zusammenhang zwischen der Zielgröße y und zwei verschiedenen Einflußgrößen beschrieben werden, bedeutet lineare Regression die Anpassung einer Ebene an einen Punkteschwarm im dreidimensionalen Raum, und für k Merkmale ergibt sich eine sogenannte Hyperebene im (k+1)-dimensionalen Raum; in diesen Fällen spricht man im Unterschied zur einfachen von multipler Regression, und die Regressionsgleichung ergibt sich beim Vorliegen von k Merkmalen (j = 1, ..., k) zu (a_{k+1} = Absolutglied):[23]

$$y = \sum_{j=1}^{k} \hat{a}_j x_j + \hat{a}_{k+1} \qquad (15.12)$$

$$= \hat{a}_1 x_1 + \ldots + \hat{a}_k x_k + \hat{a}_{k+1}.$$

Das Vorgehen bei der Schätzung der Regressionskoeffizienten soll am Beispiel der linearen Einfachregression [Gleichung (15.11)] erläutert werden. Wie bereits erwähnt, sind die Regressionskoeffizienten so zu schätzen, daß die resultierende Regressionsgrade der Punkteschar „möglichst gut" angepaßt ist. Intuitiv ist leicht einzusehen, daß eine gute Anpassung dann erreicht wird, wenn die Abstände der Punkte von der Regressionsgeraden in ihrer Gesamtheit möglichst gering sind. Hiervon geht die *Methode der kleinsten Quadrate* aus. Nach dieser Methode werden die Koeffizienten $\hat{a}$ und $\hat{b}$ in (15.11) so gewählt, daß die Bedingung

$$\sum_{i=1}^{n} (y_i - \hat{y}_i)^2 = \sum_{i=1}^{n} (y_i - \hat{a}x_i - \hat{b})^2 = \text{Min!} \qquad (15.13)$$

erfüllt ist, d. h. daß die Summe der Quadrate der Abweichungen zwischen den gemessenen y_i und den aus (15.11) geschätzten Werten ein Minimum wird. Partielle Differentiation nach $\hat{a}$ und $\hat{b}$ und Nullsetzen der beiden Ableitungen liefert die folgenden Bestimmungsgleichungen für die Koeffizienten:

$$\hat{a} = \frac{\sum_{i=1}^{n} (x_i - \bar{x})(y_i - \bar{y})}{\sum_{i=1}^{n} (x_i - \bar{x})^2} = \frac{\sum_{i=1}^{n} x_i \sum_{i=1}^{n} y_i - n \sum_{i=1}^{n} x_i y_i}{\left(\sum_{i=1}^{n} x_i\right)^2 - n \sum_{i=1}^{n} x_i^2} \qquad (15.14)$$

23 Gleichung (15.12) schließt natürlich die Einfachregression gemäß Gleichung (15.11) als Grenzfall mit ein.

$$\hat{b} = \bar{y} - \hat{a}\bar{x}. \tag{15.15}$$

Ganz analog wird bei dem multiplen Regressionsansatz [Gleichung (15.12)] vorgegangen, wobei natürlich eine größere Zahl von Bestimmungsgleichungen (entsprechend der Zahl der Koeffizienten) resultiert.

Als Maß für die Güte der Anpassung der Regressionsgleichung an die Punkteschar kann der *multiple Korrelationskoeffizient* r dienen. Zur Berechnung des multiplen Korrelationskoeffizienten werden die Meßwerte y_i und die aus der Regressionsgleichung (15.12) (siehe Fußnote 23, S. 381) geschätzten Werte $\hat{y}_i$ wie zwei Meßreihen behandelt, wobei dann mit (15.9) folgt:

$$r = \frac{\sum_{i=1}^{n} (y_i - \bar{y})(\hat{y}_i - \bar{\hat{y}})}{\sqrt{\sum_{i=1}^{n} (y_i - \bar{y})^2} \sqrt{\sum_{i=1}^{n} (\hat{y}_i - \bar{\hat{y}}_i)^2}} = \tag{15.16}$$

$$= \frac{\sum_{i=1}^{n} (y_i - \bar{y})(\hat{y}_i - \bar{y})}{\sqrt{\sum_{i=1}^{n} (y_i - \bar{y})^2} \sqrt{\sum_{i=1}^{n} (\hat{y}_i - \bar{y})^2}}$$

mit

$$\bar{\hat{y}} = \bar{y} \tag{15.17}$$

und

$$\hat{y}_i = \sum_{j=1}^{k} \hat{a}_j x_{ij} + \hat{a}_{k+1}. \tag{15.18}$$

Der multiple Korrelationskoeffizient hat genau dann den Betrag Eins, wenn alle Punkte auf der durch die Regressionsgleichung beschriebenen Hyperebene oder Geraden (für k = 1) liegen; er liegt bei Null, wenn zwischen Zielgröße und Einflußgrößen kein Zusammenhang besteht.

Der multiple Korrelationskoeffizient r läßt sich auch in einer anderen Form darstellen. Ausgangspunkt hierfür ist der wichtige Zusammenhang

$$\sum_{i=1}^{n} y_i^2 = \sum_{i=1}^{n} \hat{y}_i^2 + \sum_{i=1}^{n} (y_i - \hat{y}_i)^2, \tag{15.19}$$

der hier nicht näher erörtert werden soll. Aus (15.19) folgt:

$$\sum_{i=1}^{n} (y_i - \bar{y})^2 = \sum_{i=1}^{n} (\hat{y}_i - \bar{y})^2 + \sum_{i=1}^{n} (y_i - \hat{y}_i)^2. \tag{15.20}$$

Mit [vgl. (15.7)]

$$s_y{}^2 = \frac{1}{n-1} \sum_{i=1}^{n} (y_i - \bar{y})^2 \tag{15.21}$$

$$s_{\hat{y}}{}^2 = \frac{1}{n-1} \sum_{i=1}^{n} (\hat{y}_i - \bar{y})^2 \tag{15.22}$$

$$u_i = y_i - \hat{y}_i$$

$$s_{\hat{u}}{}^2 = \frac{1}{n-1} \sum_{i=1}^{n} (y_i - \hat{y}_i)^2 \tag{15.23}$$

ergibt sich aus (15.20) die Formel der Streuungszerlegung:

$$s_y{}^2 = s_{\hat{y}}{}^2 + s_{\hat{u}}{}^2. \tag{15.24}$$

Gleichung (15.24) läßt sich dahingehend interpretieren, daß sich die Gesamtvarianz der Meßreihe y_i aus der Varianz der geschätzten Werte $\hat{y}_i$ und einer Restvarianz $s_{\hat{u}}{}^2$ zusammensetzt. Je kleiner die Restvarianz im Verhältnis zur Gesamtvarianz ist, desto besser wird die Stichprobe durch die entsprechende Regressionsgleichung beschrieben. Daraus folgt, daß diese Restvarianz sowie die Standardabweichung

$$s = \sqrt{s_{\hat{u}}{}^2} \tag{15.25}$$

ebenfalls ein Maß für die Güte der Anpassung der Regressionsgleichung an die Punkteschar der Stichprobe ist. Ein weiteres Maß dieser Art ist das Bestimmtheitsmaß R^2, das sich zu

$$R^2 = \frac{s_{\hat{y}}{}^2 - s_{\hat{u}}{}^2}{s_{\hat{y}}{}^2} \tag{15.26}$$

ergibt und das zwischen 0 und 1 liegt. Das Bestimtheitsmaß gibt an, wieviel Prozent der Gesamtvarianz sich aus der Veränderung der Merkmale durch lineare Regression erklären lassen. Es kann leicht gezeigt werden, daß

$$R^2 = r^2 \tag{15.27}$$

gilt.

Der multiple Korrelationskoeffizient kann daher auf zwei verschiedene Arten [gemäß (15.16) und (15.26)] gedeutet werden.

Regressionsansätze gemäß (15.12) werden als inhomogene Regression bezeichnet. Diese ist von der homogenen Regression zu unterscheiden, die gemäß (15.28) von einem Ansatz ohne Absolutglied ausgeht:

$$y = \sum_{j=1}^{k} \hat{a}_j x_j . \tag{15.28}$$

Mit (15.28) wird von vornherein festgelegt, daß die Regressionsebene durch den Ursprung des Koordinatensystems geht. Im allgemeinen besteht jedoch a priori kein Grund für eine solche Einschränkung. Weiter muß darauf hingewiesen werden, daß die Beziehungen (15.17), (15.19), (15.24) und (15.27) nur im Falle der inhomogenen Regression immer zutreffen.

15.5. Statistische Tests nach der Regressionsrechnung und die Berechnung von Konfidenzintervallen

Nach der Schätzung der Regressionskoeffizienten ist es nötig, wahrscheinlichkeitstheoretische Aussagen über die Genauigkeit und Zulässigkeit dieser Schätzung zu ermitteln. Der Einfachheit halber sei hier wieder das Vorgehen bei der linearen Einfachregression [Gleichung (15.11)] beschrieben; die Verfahrensweise bei der multiplen Regression ist sinngemäß analog.

1. Tests für den Koeffizienten a

Es ist die Nullhypothese zu testen, daß a gleich einem vorgegebenen Wert a_0 ist. Hierzu wird die Testgröße $\widetilde{F}$ gemäß (15.29) berechnet:

$$\widetilde{F} = \frac{(\hat{a} - a_0)^2 \sum_{i=1}^{n} (x_i - \bar{x})^2}{\frac{1}{(n-2)} \sum_{i=1}^{n} (y_i - \hat{y}_i)^2} . \tag{15.29}$$

Nach der Wahl des Signifikanzniveaus (in der Regel wird p = 0,01 oder p = 0,05 gewählt) wird aus einer F-Tafel der Vergleichswert $F_{(p,1,n-2)}$ herausgesucht.[24] Die Nullhypothese wird abgelehnt, wenn

$$\widetilde{F} \geqslant F_{(p,1,n-2)} \tag{15.30}$$

24 Es handelt sich um den Wert der zentralen F-Verteilung beim Signifikanzniveau p; die Zahlen 1 und (n−2) werden als Freiheitsgrade der F-Verteilung bezeichnet.

gilt (F-Test). Ablehnung der Nullhypothese bedeutet, daß sich der wahre Regressionskoeffizient a signifikant von a_0 unterscheidet. Von besonderer Bedeutung ist der Fall $a_0 = 0$, wobei sich unter Berücksichtigung von (15.14) die Berechnung von F zu

$$F = \frac{\sum_{i=1}^{n} (\hat{y}_i - \bar{y})^2}{\frac{1}{(n-2)} \sum_{i=1}^{n} (y_i - \hat{y}_i)^2} \tag{15.31}$$

vereinfacht. Wird die Nullhypothese a = 0 nicht abgelehnt, unterscheidet sich der Regressionskoeffizient a demzufolge nicht signifikant von Null, und die Regressionsgerade unterscheidet sich nicht signifikant von einer Parallelen zur Abszisse. Das bedeutet, daß das Merkmal x keinen gesicherten Einfluß auf die Zielgröße y hat. Aus diesem Grunde kann eine Regressionsgleichung nur bei Ablehnung der Hypothese a = 0 als signifikant akzeptiert werden.

Eine weitere Möglichkeit zur Testung der Hypothese $a = a_0$ beruht auf der t-Verteilung (t-Test). Hierzu wird die Testgröße

$$\tilde{t} = \frac{(\hat{a} - a_0) \sqrt{\sum_{i=1}^{n} (x_i - \bar{x})^2}}{\frac{1}{(n-2)} \sqrt{\sum_{i=1}^{n} (y_i - \hat{y}_i)^2}} \tag{15.32}$$

berechnet und mit einem Tafelwert t zum Signifikanzniveau p und mit n−2 Freiheitsgraden verglichen. Die Nullhypothese wird abgelehnt, wenn

$$|\tilde{t}| \geqslant t_{p/2,n-2} \tag{15.33}$$

ist.

2. Tests für den Koeffizienten b

Die Hypothese $b = b_0$ kann wiederum mittels F-Test oder mittels t-Test geprüft werden. Die entsprechenden Testgrößen lauten:

$$\tilde{F} = \frac{(\hat{b} - b_0) \sum_{i=1}^{n} (x_i - \bar{x})^2}{\frac{1}{(n-2)} \sum_{i=1}^{n} (y_i - \hat{y}_i)^2 \frac{1}{n} \sum_{i=1}^{n} x_i^2} \tag{15.34}$$

$$\tilde{t} = \sqrt{\frac{(\hat{b} - b_0)}{\frac{\sum_{i=1}^{n} (y_i - \hat{y}_i)^2}{n-2}}} \cdot \sqrt{\frac{\sum_{i=1}^{n} (x_i - \bar{x})^2}{\frac{1}{n} \sum_{i=1}^{n} x_i^2}} \quad (15.35)$$

Die Hypothese wird abgelehnt, wenn

$$\tilde{F} \geqslant F_{p,1,n-2} \quad (15.36)$$

bzw.

$$|\tilde{t}| \geqslant t_{p/2,n-2} \quad (15.37)$$

gilt.

Auch hier ist wieder der Fall $b_0 = 0$ besonders interessant. Wird die Nullhypothese in diesem Fall nicht abgelehnt, ist der Ordinatenabschnitt nicht signifikant von Null verschieden, und es besteht die Vermutung, daß die Regressionsgerade durch den Ursprung des Koordinatensystems geht. Hier wäre dann ein homogener Regressionsansatz [siehe Gleichung (15.28)] zu wählen.

3. Test für a *und* b *gleichzeitig*

Die Nullhypothese $a = a_0$ und $b = b_0$ wird mit der Testgröße

$$\tilde{F} = \frac{n(\hat{b} - b_0)^2 + 2(\hat{a} - a_0)(\hat{b} - b_0) \sum_{i=1}^{n} x_i + (\hat{a} - a_0) \sum_{i=1}^{n} x_i^2}{2 \sum_{i=1}^{n} (y_i - \hat{y}_i)^2} \quad (15.38)$$

geprüft. Die Hypothese wird mit der Irrtumswahrscheinlichkeit p abgelehnt, wenn

$$\tilde{F} > F_{p,2,n-2} \quad (15.39)$$

ist.

4. Konfidenzschätzungen für a *und* b

Die Standardabweichungen für die Koeffizienten a und b ergeben sich zu

$$s_a = \sqrt{\frac{\sum_{i=1}^{n} (y_i - \hat{y}_i)^2}{(n-2) \sum_{i=1}^{n} (x_i - \bar{x})^2}} \quad (15.40)$$

$$s_b = \sqrt{\frac{\sum_{i=1}^{n} (y_i - \hat{y}_i)^2}{(n-2)n \sum_{i=1}^{n} (x_i - \bar{x})^2}} \, . \tag{15.41}$$

Mit Hilfe von s_a und s_b lassen sich die Konfidenzintervalle für a und b bei der vorzugebenden Irrtumswahrscheinlichkeit p ermitteln. Es gilt:

$$\hat{a} - t_{p/2,n-2} \cdot s_a \leqslant a \leqslant \hat{a} + t_{p/2,n-2} \cdot s_a \tag{15.42}$$

und

$$\hat{b} - t_{p/2,n-2} \cdot s_b \leqslant b \leqslant \hat{b} + t_{p/2,n-2} \cdot s_b \, . \tag{15.43}$$

Die so berechneten Intervalle überdecken mit einer Sicherheit von P · 100 % [= (1-p) 100 %] den wahren Wert von a bzw. b.

5. Konfidenzintervall für einen einzelnen y-*Wert zu einem gegebenen* x-*Wert*

Wird ein bestimmter Wert für die Einflußgröße x, der hier mit x_0 bezeichnet werden soll, in die Regressionsgleichung (15.11) eingesetzt und damit der zugehörige Wert $\hat{y}_0$ für die Zielgröße y berechnet, ergibt sich das Konfidenzintervall für den wahren Wert y_0 bei der Irrtumswahrscheinlichkeit p zu

$$\hat{y}_0 - t_{p/2,n-2} \sqrt{\frac{\sum_{i=1}^{n} (y_i - \hat{y}_i)^2}{n-2}} \sqrt{1 + \frac{1}{n} + \frac{(x_0 - \bar{x})^2}{\sum_{i=1}^{n} (x_i - \bar{x})^2}} \leqslant y_0$$

$$\leqslant \hat{y}_0 + t_{p/2,n-2} \sqrt{\frac{\sum_{i=1}^{n} (y_i - \hat{y}_i)^2}{n-2}} \sqrt{1 + \frac{1}{n} + \frac{(x_0 - \bar{x})^2}{\sum_{i=1}^{n} (x_i - \bar{x})^2}} \, . \tag{15.44}$$

Werden über jeden potentiellen Merkmalswert x_0 die Konfidenzgrenzen gemäß (15.44) in die graphische Darstellung der Regressionsgeraden eingetragen, ergibt sich der *Konfidenzgürtel* um die Regressionsgerade (siehe Abbildung 25). Der Konfidenzgürtel wird durch Hyperbeln begrenzt und hat seine engste Stelle bei $x_0 = \bar{x}$. Die berechneten Werte für die Zielgröße werden um so ungenauer, je weiter x_0 von $\bar{x}$ entfernt ist; dieser Sachverhalt folgt auch aus dem letzten Summanden in der zweiten Wurzel in (15.44).

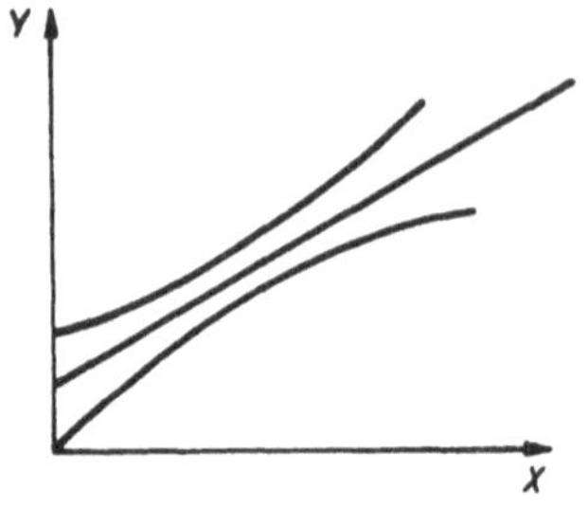

Abb. 25. Konfidenzgürtel um eine Regressionsgerade

Bei Extrapolationen über den in der Stichprobe überstrichenen Bereich des Merkmals x hinaus wird daher die Unsicherheit sehr schnell so groß, daß keine sinnvollen Aussagen über die Zielgröße mehr möglich sind.

15.6. Verallgemeinerung des linearen Regressionsansatzes

Häufig besteht zwischen y und x kein linearer, sondern ein anders geartetet Zusammenhang wie z. B. in den Gleichungen (15.45) und (15.46):

$$y = a \ln x + b \tag{15.45}$$

$$y = ax^2 + b. \tag{15.46}$$

In solchen Fällen werden die Merkmale so transformiert, daß wieder ein linearer Zusammenhang entsteht. Die Regressionsrechnung wird dann mit den transformierten Merkmalen durchgeführt. In den beiden obigen Fällen würden die Transformationen lauten

$$x' = \ln x$$

bzw. (15.47)

$$x' = x^2$$

mit dem Regressionsansatz

$$y = \hat{a}x' + \hat{b}. \tag{15.48}$$

In dieser Weise wird auch bei der multiplen Regression verfahren. Sollen die Koeffizienten $\hat{a}_j$ $(j = 1, \ldots, k+1)$ einer Regressionsgleichung der Form

$$y = \sum_{j=1}^{k} \hat{a}_j f_j(x_j) + \hat{a}_{k+1} \tag{15.49}$$

ermittelt werden, werden neue Variable der Form

$$x'_j = f_j(x_j) \tag{15.50}$$

eingeführt, wodurch wieder ein linearer Regressionsansatz gemäß

$$y = \sum_{j=1}^{k} \hat{a}_j x'_j + \hat{a}_{k+1} \tag{15.51}$$

entsteht. Ist eine solche Transformation nicht möglich, müssen Verfahren der nicht-linearen Regressionsanalyse, auf die hier allerdings nicht eingegangen werden soll, angewendet werden.

15.7. Einige Bemerkungen zur Durchführung von Regressionsrechnungen und zur Beurteilung von Regressionsgleichungen

Bei der Regressionsrechnung bestehen gewisse Gefahren und Fehlerquellen, auf die zum Teil bereits hingewiesen wurde. Ein spezielles Problem entsteht bei der multiplen Regression. Das übliche Regressionsverfahren setzt voraus, daß die Spalten der Matrix der Merkmalswerte (x_{ij} Wert des j-ten Merkmals für das i-te Objekt)

$$X = (x_{ij})_{i=1, \ldots, n;\, j=1, \ldots, k} \tag{15.52}$$

mindestens annähernd linear unabhängig sind. Aus diesem Grunde werden beispielsweise bei der FREE-WILSON-Analyse die Symmetriebedingungen eingeführt. Für den extrathermodynamischen Ansatz bedeutet das, daß zwischen den Merkmalen keine zu engen Zusammenhänge bestehen dürfen. Die Forderung nach der Unabhängigkeit der Merkmalsvektoren ist nicht erfüllt, wenn die Determinante der Matrix $\mathbf{X}^T\mathbf{X}$ ($\mathbf{X}^T$ ist die transponierte Matrix zu X) einen Wert hat, der nahe bei Null liegt. In diesem Fall muß das übliche Regressionsverfahren modifiziert werden, worauf hier jedoch nicht näher eingegangen werden soll.

Wie in den vorangegangenen Kapiteln bereits ausführlich erläutert, ist es sehr häufig nötig, den Zusammenhang sehr vieler Merkmale x_j mit einer Zielgröße y zu untersuchen. Grundsätzlich ist es natürlich möglich, für jede denkbare Kombination von Merkmalen eine Regressionsgleichung zu berechnen und diese Gleichungen alle miteinander zu vergleichen. Dieses Vorgehen wird als Regressionsanalyse mit *festem Ansatz* bezeichnet. In der Praxis kann dabei in der in Abschnitt 8.2. bereits erläuterten Weise die Zahl der Ansätze durch inhaltliche Überlegungen und durch ein schrittweises Vorgehen vermindert werden, denn beim Vorliegen von k Merkmalen x_j sind 2^k-1 verschiedene Ansätze möglich, und diese Menge ist für eine praktische Bearbeitung mitunter zu groß.

Beim Vergleich von Regressionsgleichungen werden alle Zusammenhänge abgelehnt, bei denen ein oder mehrere Regressionskoeffizienten bei $p \leq 0{,}05$ nicht signifikant von Null verschieden sind. Von den verbleibenden Gleichungen wird dann aus statistischer Sicht diejenige als „beste" akzeptiert, die mit der geringsten Zahl von Merkmalen die höchste Güte der Anpassung zeigt; Kriterien hierfür sind der multiple Korrelationskoeffizient, die Standardabweichung, der F-Wert sowie die Größe der Konfidenzintervalle für die Regressionskoeffizienten. Es sei aber nochmals betont, daß diese statistischen Kriterien im Falle des extrathermodynamischen Ansatzes *durch inhaltliche Überlegungen zu ergänzen sind.*

Eine andere Möglichkeit des Vorgehens besteht darin, vor die eigentlichen Regressionsanalysen einen Merkmalsreduktionsschritt zu schalten. Dieser Schritt soll nicht-relevante Merkmale eliminieren und die Auswahl solcher Merkmale gestatten, die untereinander nicht korreliert sind und in denen möglichst viele Informationen über die anderen Merkmale sowie über die Zielgröße y stecken. Ein geeignetes Verfahren hierzu ist die bereits erläuterte Faktoranalyse (siehe Abschnitt 8.4.).

Merkmalsreduktion und Regression können auch miteiander gekoppelt werden. Dies ist bei den Verfahren der *schrittweisen Regression* der Fall, bei denen einzelne Merkmale nach bestimmten Kriterien (z. B. F-Test) schrittweise in eine Regressionsgleichung aufgenommen oder aus ihr entfernt werden, bis ein Optimum erreicht ist. Das Ergebnis hängt etwas vom speziellen Verfahren und auch von den Eigenschaften der Merkmale, insbesondere von bestehenden Kollinearitäten, ab und stellt somit nicht notwendigerweise die inhaltlich beste Lösung dar. Beispielsweise kann es vorkommen, daß eine mit der Zielgröße tatsächlich ursächlich verknüpfte Variable x_j in der resultierenden Regressionsgleichung nicht auftritt, sondern durch eine andere, mit x_j hoch korrelierte Variable ersetzt wird. Es empfiehlt sich daher häufig, Ergebnisse aus schrittweisen Regressionsverfahren durch einige ausgewählte feste Ansätze zu überprüfen bzw. zu ergänzen.

Abschließend sei nochmals kurz auf das Problem der statistischen Freiheitsgerade eingegangen. Eine Gerade ist durch zwei Punkte eindeutig festgelegt. Bei einer Stichprobe von 2 Objekten gibt es daher nur eine einzige Möglichkeit, einen Zusammenhang zwischen der Zielgröße y und einer Einflußgröße x zu beschreiben, nämlich genau die Gerade, die durch die beiden Punkte (v_1,x_1) und (y_2,x_2) festgelegt wird. Die Zahl der statistischen Freiheitsgrade ist Null, und irgendwelche wahrscheinlichkeitstheoretischen

Überlegungen oder statistische Prüfungen sind nicht möglich. Wird ein dritter Punkt hinzugenommen, gibt es nicht mehr nur diese eine Möglichkeit, und die Zahl der Freiheitsgrade ist gleich Eins. Für einen multiplen Zusammenhang mit k Merkmalen ergibt sich die Zahl f der Freiheitsgrade für eine Stichprobe mit n Objekten zu:

$$f = n - (k+1). \qquad (15.53)$$

Mit zunehmender Zahl der Freiheitsgrade wird die Aussage der statistischen Tests immer schärfer, so daß also stets eine genügend große Zahl von Freiheitsgraden anzustreben ist. Dazu kommt noch, daß bei einer kleinen Zahl von Freiheitsgraden eine Regressionsgleichung unter Umständen statistisch signifikant sein kann, obwohl kein inhaltlich begründeter Zusammenhang zwischen Zielgröße und Einflußgrößen besteht. Daraus folgt, daß die Stichproben nicht zu klein sein dürfen, wobei die Festlegung des Stichprobenumfanges mittels der in Abschnitt 8.2. bereits angegebenen Faustregeln erfolgen kann.

16. Literaturverzeichnis

[1] Spinks, A., Chemi. and Ind. **12** (1973) 885

[2] Ariëns, E. J., in Drug Design, Vol. I, Hrsgb. E. J. Ariëns, Academic Press, New York 1971, p. 1

[3] Korolkovas, A., Essentials of Molecular Pharmacology, Wiley, New York 1970

[4] Hansch, C., J. Chem. Ed. **51** (1974) 360

[5] Maurois, A., Alexander Fleming, Paul List Verlag, Leipzig 1962

[6] Hansch, C., Adv. in Chemistry Series **114** (1972) 20

[7] Härtler, G., Versuchsplanung und statistische Datenanalyse, Bd. 4 der „Beiträge zur Forschungstechnologie", Akademie-Verlag, Berlin 1977

[8] Hansch, C., in Structure-Activity Relationships, Hrsgb. C. J. Cavallito, Pergamon Press, Oxford 1971

[9] Purcell, W. P./Bass, G. E./Clayton, J. M., Strategy of Drug Design, Wiley, New York 1973

[10] Hansch, C., in Drug Design, Vol. I, Hrsgb. E. J. Ariëns, Academic Press, New York 1971, p. 271

[11] Seydel, J. K., Drug Design, Vol. I, Hrsgb. E. J. Ariëns, Academic Press, New York 1971, p. 343

[12] Verloop, A., Drug Design, Vol. III, Hrsgb. E. J. Ariëns, Academic Press, New York 1972, p. 133

[13] Fujita, T., Adv. in Chemistry Series **114** (1972) 1

[14] Tute, M. S., Adv. Drug Res. **6** (1971) 1

[15] Franke, R./Oehme, P., Pharmazie **28** (1973) 489

[16] Franke, R., in Theoretische Aspekte der Wirkstofforschung, Hrsgb. P. Oehme, VEB Verlag Volk und Gesundheit, Berlin 1978

[17] Franke, R./Oehme, P. (Hrsgb.), Quantitative Structure-Activity Analysis, Akademie-Verlag, Berlin 1978

[18] Tichý, M. (Hrsgb.), Quantitative Structure-Activity Relationships, Akadémiai Kiado, Budapest 1976

[19] Martin, Y. C., Drug Design Methods: A Critical Introduction, Marcell Dekker, New York 1978

[20] Buisman, J. A. K. (Hrsgb.), Biological Activity and Chemical Structure, Pharmacochemistry Library Vol. 2, Hrsgb. W. Th. Nauta, R. F. Rekker, Elsevier, Amsterdam 1977

[21] Martin, Y. C., in Drug Design, Vol. VIII, Hrsgb. E. J. Ariëns, Academic Press, New York 1978

[22] Franke, R., in Allgemeine Pharmakologie, 2. Auflage, Hrsgb. W. Scheler, VEB Gustav Fischer Verlag, Jena, im Druck

[23] Cramer, R. D., Ann. Reports Med. Chem. **2** (1976) 30

[24] Cavalli-Sforza, L., Biometrie, VEB Gustav Fischer Verlag, Jena 1969

[25] Franke, R./Barth, A./Oehme, P., in Environmental Quality and Safety, Supplement Vol. III, Hrsgb. F. Coulston, F. Corte, Georg Thieme Verlag, Stuttgart 1974

[26] Barth, A./Franke, R./Börnert D., in Theoretische Aspekte der Wirkstofforschung, Hrsgb. P. Oehme, VEB Verlag Volk und Gesundheit, Berlin 1978

[27] Barth, A./Franke, R./Börnert, D., Pharmazie **31** (1976) 100

[28] Burgen, A. S. V./Roberts, G. C. K./Feeney, J., Nature **253** (1975) 753

[29] Belleau, B., J. Med. Chem. **7** (1964) 776

[30] Ariëns, E. J., Adv. Drug Res. **3** (1966) 235

[31] Stephenson, R. T., Brit. J. Pharmacol. **11** (1956) 379

[32] Furchgott, R. F., Ann. Rev. Pharmacol. **4** (1964) 21

[33] Burgen, A. S. V., Ann. Rev. Pharmacol. **10** (1970) 7

[34] Waud, D. R., Pharmacol. Rev. **20** (1968) 49

[35] Van Rossum, J. M., Adv. Drug Res. **3** (1966) 191

[36] Mackay, D., J. Pharmacy Pharmacol. **18** (1966) 201

[37] Furchgott, R. F., Adv. Drug. Res. **3** (1966) 21

[38] Mackay, D., Adv. Drug Res. **3** (1966) 1

[39] Thron, C. D., Mol. Pharmacol. **9** (1973) 1

[40] Patton, W. D. M./Rang, H. P., Adv. Drug Res. **3** (1966) 57

[41] Hagemann, R./Franke, R./Barth, A., Vortrag auf der 17. Jahrestagung der Pharmakologischen Gesellschaft der DDR, Berlin 1975

[42] Franke, R./Barth, A., in Plant Growth Regulators, Hrsgb. T. Kudrev, I. Ivanova und E. Karanov, Publishing House of the Bulgarian Academy of Sciences, Sofia 1975

[43] Franke, R., p 251 in [20]

[44] Barth, A./Börnert, D./Franke, R., Wiss. Z. Univ. Halle **26** (1977) 15

[45] Leffler, J. E./Grunewald, E., Rates and Equilibria of Organic Reactions, Wiley, New York 1963

[46] Lin, T. K., J. Med. Chem. **17** (1974) 151

[47] Eisenberg, D./Kauzmann, W., Structure and Properties of Water, Clarendon Oxford Press, Oxford 1969

[48] Horne, R. A. (Hrsgb.), Water and Aqueous Sulutions, Wiley, New York 1972

[49] Franks, F. (Hrsgb.), Water, a Comprehensive Treatise, Vol. 1 – 3, Plenum Press, New York 1972 ff.

[50] Hagler, A. T./Scheraga, H. A./Nemethy, G., Ann. N. Y. Acad. Sci. **204** (1973) 51

[51] Lentz, B. R./Hagler, A. T./Scheraga, H. A., J. Phys. Chem. **78** (1974) 1531

[52] Jhon, M. S./Eyring, H., Ann. Rev. Phys. Chem. **27** (1976) 45

[53] Sarma, T. S./Ahkuwalia, J. C., Chem. Soc. Rev. **2** (1973) 203

[54] Wilhelm, E./Battino, R./Wilcock, R. J., Chem. Rev. **77** (1977) 219

[55] Frank, H. S./ Wen, W. Y., Discuss. Faraday Soc. **24** (1957) 133

[56] Nemethy, G./Scheraga, H. A., J. Chem. Physics **36** (1962) 3401

[57] Hagler, A. T./Scheraga, H. A./Nemethy, G., J. physic. Chem. **76** (1972) 3229

[58] Kauzmann, W., Adv. Protein Chem. **14** (1959) 1

[59] Tanford, C., The Hydrophobic Effect: Formation of Micelles and Biological Membranes, Wiley-Interscience, New York 1973

[60] Franke, R., Acta biol. med. germ. **25** (1970) 757

[61] Hermann, R. B., J. physic. Chem. **76** (1972) 2754

[62] Miles, J. L./Robinson, D. A./Canady, W. J., J. biol. Chem. **238** (1963) 2932

[63] Harris, M. S./Higuchi, T./Rytting, J. H., J. physic. Chem. **77** (1973) 2694

[64] Amidon, G. L./Yalkowsky, S. H./Leung, S., J. pharmac. Sci. **63** (1974) 1858

[65] Amidon, G. L./Yalkowsky, S. H./Anik, S. T./Valvani, S. C., J. physic. Chem. **79** (1975) 2239

[66] Kühne, R./Franke, R./Boček, K., in Vorbereitung

[67] Chothia, C., Nature **248** (1974) 338

[68] Yalkowsky, S. H./Valvani, S. C., J. Med. Chem. **19** (1976) 727

[69] McAuliffe, J., J. physic. Chem. **70** (1966) 1267

[70] Yoda, A./Yoda, S./Sarrif, A. M., Mol. Pharmacol. **9** (1973) 766

[71] Moriguchi, I./Kanada, Y./Komatsu, K., Chem. pharmac. Bull. [Tokyo] **24** (1976) 1799

[72] McGowan, J. C., J. appl. Chem. **2** (1952) 323

[73] McGowan, J. C., J. appl. Chem. **2** (1952) 651

[74] McGowan, J. C., J. appl. Chem. **4** (1954) 41

[75] McGowan, J. C., Nature **200** (1963) 1317

[76] McGowan, J. C./Atkinson, P. N./Ruddle, L. H., J. appl. Chem. **16** (1960) 99

[77] Deno, N. C./Berkheimer, H. E., J. Chem. Eng. Data **5** (1960) 1

[78] Leo, A./Hansch, C./Jow, P. Y. C., J. Med. Chem. **19** (1976) 611

[79] Nagwekar, J. B./Muangnoicharoen, N., J. pharmac. Sci. **62** (1973) 1439

[80] Kay, R. L./Vituccio, T./Zawoysky, C./Evans, D. F., J. physic. Chem. **70** (1966) 236

[81] Nelson, H. D./de Ligny, C. L., Recueil Trav. chim. Pays-Bas **87** (1968) 623

[82] Lien, E. J./Hansch, C./Anderson, S. M., J. Med. Chem. **11** (1968) 430

[83] Lien, E. J., J. Med. Chem. **19** (1976) 849

[84] Collander, R., Acta Physiol. Scand. **13** (1947) 363

[85] Collander, R., Acta chem. scand. **5** (1951) 774

[86] Hansch, C./Quinlan, J. E./Lawrence, G. L., J. org. Chemistry **33** (1968) 347

[87] Leo, A./Hansch, C., J. org. Chemistry **36** (1971) 1539

[88] Leo, A., Adv. in Chemistry Series **114** (1972) 51

[89] Chiou, C. T./Freed, V. H./Schmedding, D. W./Kohnert, R. L., Environ. Sci. Technol. **11** (1977) 475

[90] Leo, A./Hansch, C./Elkins, D., Chem. Rev. **71** (1971) 525

[91] Fujita, T./Nishioka, T./Nakajima, M., J. Med. Chem. **20** (1977) 1071

[92] Seiler, P., Eur. J. Med. Chem. **9** (1974) 473

[93] Hansch, C./Dunn, W. J., J. pharmac. Sci. **61** (1972) 1

[94] Fujita, T./Iwasa, J./Hansch, C., J. Amer. chem. Soc. **36** (1964) 5175

[95] Hansch, C./Leo, A./Unger, S./Kim, K. H./Nikaitani, D./Lien, E. J., J. Med. Chem. **16** (1973) 1207

[96] Hansch, C./Rockwell, S. D./Jow, P. Y. C./Leo, A./Steller, E. E., J. Med. Chem. **20** (1977) 304

[97] Hansch, C./Leo, A./Nikaitani, D., J. org. Chemistry **37** (1972) 3090

[98] Canas-Rodriguez, A./Tute, M. S., Adv. in Chemistry Series **114** (1972) 41

[99] Fujita, T./Kamoshita, K./Nishioka, T./Nakajima, M., Agr. biol. Chemistry **38** (1974) 1521

[100] Dearden, J. C./Tubby, J. H., J. Pharm. **2** (Suppl.) (1974) 73 P

[101] van den Berg, G./Bultsma, T./Rekker, R. F./Nauta, W. Th., Eur. J. Med. Chem. **10** (1975) 242

[102] Meyer, A., Dissertationsschrift, Martin-Luther-Universität Halle-Wittenberg, 1976

[103] Hagemann, R./Meyer, A./Franke, R./Barth, A., Pharmazie **32** (1977) 526

[104] Iwasa, J./Fujita, T./Hansch, C., J. Med. Chem. **8** (1965) 150

[105] Currie, D. J./Lough, C. E./Silver, R. F./Holmes, H. L., Canad. J. Chem. **44** (1966) 1035

[106] Biagi, G. L./Barbaro, A. M./Guerra, M. C., Adv. in Chemistry Series **114** (1972) 61

[107] Bate-Smith, E. C./Westall, R. G., Biochim. biophys. Acta **4** (1950) 427

[108] Dearden, J. C./Patel, A. M./Tubby, J. H., J. Pharmacy Pharmacol. **26** Suppl. (1974) 75 P

[109] Miyagishima, T., Chem. pharm. Bull. [Tokyo] **22** (1974) 2288

[110] Biagi, G. L./Guerra, M. C./Barbaro, A. M., J. Med. Chem. **13** (1970) 944

[111] Biagi, G. L./Barbaro, A. M./Guerra, M. C./Cantelli-Forti, G./ Fracasso, M. E., J. Med. Chem. **17** (1974) 28

[112] Biagi, G. L./Gandolfi, O./Guerra, M. C./Barbaro, A. M./Cantelli-Forti, G., J. Med. Chem. **18** (1975) 868

[113] Biagi, G. L./Barbaro, A. M./Gandolfi, O./Guerra, M. C./Cantelli-Forti, G., J. Med. Chem. **18** (1975) 873

[114] Kuchař, M./Brunová, B./Rejholec, V./Rábek, V., J. Chromatogr. [Amsterdam] **92** (1974) 381

[115] Boyce, C. B. C./Milborrow, B. W., Nature **208** (1965) 537

[116] Iwasa, J./Fujita, T./Hansch, C., J. Med. Chem. **8** (1965) 150

[117] Gabbott, P. A., Progr. Photosynthesis Res. **3** (1969) 1712

[118] Turnbull, J. D./Biagi, G. L./Merola, A. L./Cornwell, D. G., Biochem. Pharmacol. **20** (1971) 1383

[119] Draber, W./Büchel, K. H./Dickoré, K., Proc. Int. Congr. Pestic. Chem., 2nd, 1971, Vol. 5, p. 153 (1972)

[120] Hansch, C./Helmers, F., J. Polymer Sci. **6** (1968) 3295

[121] Seydel, J. K./Albrecht, R., Eur. J. Med. Chem. **10** (1975) 378

[122] Seydel, J. K., Beitrag zur Generaldiskussion in [17]

[123] McCall, J. M., J. Med. Chem. **18** (1975) 549

[124] Carlson, R. M./Carlson, R. E./Koppermann, H. L., J. Chromatogr. [Amsterdam] **107** (1975) 219

[125] Twitchett, P. J./Moffatt, A. C., J. Chromatogr. [Amsterdam] **111** (1975) 149

[126] Tanaka, N./Thornton, E. R., J. Amer. chem. Soc. **99** (1977) 7300

[127] Yamana, T./Tsuji, A./Miyamoto, E., J. pharmac. Sci. **66** (1977) 747

[128] Nys, G. G./Rekker, R. F., Chim. Ther. **8** (1973) 521

[129] Nys, G. G./Rekker, R. F., Chim. Ther. **9** (1974) 361

[130] Rekker, R. F., in [17]

[131] Rekker, R. F., The Hydrophobic Fragmental Constant; Its Derivation and Application, A Means of Characterizing Membrane Systems, Pharmacochemistry Library Vol. 1, Hrsgb. W. Th. Nauta und R. F. Rekker, Elsevier, Amsterdam 1977

[132] Rekker, R. F., p. 231 in [20]

[133] Franke, R., p. 251 in [20]

[134] Leo, A./Jow, P. Y. C./Silipo, C./Hansch, C., J. Med. Chem. **18** (1975) 865

[135] Ostrenga, J. A., J. Med. Chem. **12** (1969) 349

[136] Hildebrand, J. H./Scott, R. L., The Solubility of Nonelectrolytes, Reinhold Publishing Co., New York 1950

[137] Hildebrand, J. H./Scott, R. L., Regular Solutions, Prentice Hall, Englewood Cliffs 1962

[138] Cammarata, A./Yau, S./Rogers, K. S., J. Med. Chem. **14** (1971) 1211

[139] Davis, S. S., Experientia **26** (1970) 671

[140] Davis, S. S./Higuchi, T./Rytting, J. H., Adv. Pharm. Sci. **4** (1974) 73

[141] Balasubramanian, D./Wettlaufer, D. B., Proc. Nat. Acad. Sci. [USA] **55** (1966) 762

[142] Scholtan, W., Antibiotica et Chemotherapia **12** (1966) 103

[143] Schrier, E. E./Ingwall, R. T./Scheraga, H. A., J. physic. Chem. **69** (1965) 298

[144] Rohmann, C./Scheurle, D., Arch. Pharmaz. **274** (1936) 236

[145] Bull, H. B./Breese, K., Arch. Biochem. Biophysics **120** (1967) 303

[146] Bull, H. B./Breese, K., Arch. Biochem. Biophysics **120** (1967) 309

[147] Schnell, J./Zahn, H., Makromolekulare Chem. **84** (1965) 192

[148] von Hippel, P. P./Wong, K. Y., J. biol. Chemistry **240** (1965) 3909

[149] Schrier, E. E./Mackey, C. D., J. physic. Chem. **72** (1968) 733

[150] Schrier, E. E./Pottle, M./Scheraga, H. A., J. Amer. chem. Soc. **86** (1964) 3444

[151] Schrier, E. E./Ingwall, R. T./Scheraga, H. A., J. physic. Chem. **69** (1965) 298

[152] Franke, R./Schmidt, W., Acta biol. med. germ. **31** (1973) 273

[153] Franke, R., in [18]

[154] Franke, R., Acta biol. med. germ. **25** (1970) 789

[155] Franke, R., Biochim. biophysica Acta [Amsterdam] **160** (1968) 378

[156] Wildnauer, R./Canady, W. J., Biochemistry **5** (1966) 2885

[157] Royer, G./Canady, W. J., Arch. biochem. Biophysics **124** (1968) 530

[158] Sahyun, M. R. V., Nature **209** (1966) 613

[159] Hansch, C., J. Med. Chem. **19** (1976) 1

[160] Kühne, R./Franke, R./Sprinz, M./Hübner, G., in [17]

[161] Dove, S./Franke, R./Dove, R./Müller, W./Schewe, T., in Vorbereitung

[162] Lorenz, D./Fechner, K./Franke, R./Niedrich, H./Mehlis, B., Vortrag auf dem Symposium über „Synthese, Biochemie und Wirkung potentieller Arzneimittel" (Pharmazeutische Gesellschaft der DDR), Warnemünde 1975

[163] Henderson, R./Wang, J. H., Ann. Rev. Biophys. **1** (1972) 1

[164] Antonov, V. K./Ivanina, T. V./Ivanova, H. G./Berezin, I. V./ Lavashow, A. V./Martinez, K., FEBS Letters **20** (1972) 37

[165] Hansch, C./Glave, W. R., Mol. Pharmacol. **7** (1971) 337

[166] Smith, R. N./Hansch, C./Poindexter, T. P., Physiol. Chem. Physics **6** (1974) 323

[167] Dunn, W. J., J. pharmacol. Sci. **62** (1973) 1575

[168] Hansch, C./Dunn, W. J., J. pharmacol. Sci. **61** (1972) 1

[169] Lien, E. J./Hansch, C., Adv. in Chemistry Series **114** (1972) 155

[170] Hansch, C./Clayton, J. M., J. pharmacol. Sci. **62** (1973) 1

[171] Lien, E. J./Hansch, C./Anderson, S. M., J. Med. Chem. **11** (1968) 430

[172] Barkler, J. L., Nature **252** (1974) 52

[173] Martin, Y. C./Hansch, C., J. Med. Chem. **14** (1971) 777

[174] Rey, A., Il Farmaco **24** (1974) 294

[175] Franke, R./Labes, D./Tonew, M./Zschiesche, W./Heinisch, L., Acta biol. med. germ. **34** (1975) 491

[176] Hansch, C./Deutsch, E. W., Biochim. Biophys. Acta **112** (1966) 381

[177] Franke, R./Kühne, R., Vortrag auf der 17. Jahrestagung der Pharmakologischen Gesellschaft der DDR, Berlin 1975

[178] Franke, R., in [17]

[179] Franke, R./Kühne, R., Eur. J. Med. Chem., in Vorbereitung

[180] Michelson, J. M./Danilov, A. F., in Fundamentals in Biochemical Pharmacology, Hrsgb. Z. M. Bacq, Pergamon Press, Oxford 1971

[181] Belleau, B., J. Med. Chem. **7** (1964) 64

[182] Karlin, A., J. gen. Physiol. **54** (1969) 245

[183] Karlin, A., Life Sci. **14** (1974) 1385

[184] Druckrey, E./Metzger, H., J. Med. Chem. **16** (1973) 436

[185] Flynn, G. L./Yalkowski, S. H., J. pharmacol. Sci. **61** (1972) 838

[186] Garrett, E. R./Chemburkar, P. B., J. pharmacol. Sci. **57** (1968) 944

[187] Garrett, E. R./Chemburkar, P. B., J. pharmacol. Sci. **57** (1968) 949

[188] Garrett, E. R./Chemburkar, P. B., J. pharmacol. Sci. **57** (1968) 1401

[189] Nasim, K./Meyer, M. C./Autian, J., J. pharmacol. Sci. **61** (1972) 1775

[190] Nasim, K./Meyer, M. C./Autian, J., J. pharmacol. Sci. **62** (1973) 1

[191] Raaflaub, J., Experientia **26** (1973) 457

[192] Herzog, K. A./Swarbrick, J., J. pharmacol. Sci. **61** (1972) 1666

[193] Augustin, M. A./Swarbrick, J., J. pharmacol. Sci. **61** (1972) 1656

[194] Ho, F. H. N./Higuchi, W. I., J. pharmacol. Sci. **60** (1971) 537

[195] Lien, E. J./Tong, G. L., J. Soc. Cosmet. Chem. **24** (1973) 371

[196] Lien, E. J., in Drug Design, Vol. V, Hrsgb. E. J. Ariëns, Academic Press, New York 1975

[197] Flynn, G. L./Yalkowski, S. H./Rosemann, T. J., J. pharmacol. Sci. **63** (1974) 479

[198] Yalkowski, S. H./Flynn, G. L., J. pharmacol. Sci. **62** (1973) 210

[199] Yalkowski, S. H./Slunick, T. G./Flynn, G. L., J. pharmacol. Sci. **63** (1974) 691

[200] Flynn, G. L./Yalkowski, S. H., J. pharmacol. Sci. **61** (1972) 838

[201] Hansch, C./Muir, R. M./Fujita, T./Maloney, P. P./Geiger, F./ Streich, M., J. Amer. chem. Soc. **85** (1963) 2817

[202] Hansch, C./Fujita, T., J. Amer. chem. Soc. **86** (1964) 1616

[203] Penniston, J. T./Beckett, L./Bentley, D. L./Hansch, C., Mol. Pharmacol. **5** (1969) 333

[204] Dearden, J./Townend, M. S., J. Pharmacy Pharmacol. **28S** (1976) 13 P

[205] Dearden, J./Townend, M. S., in [17]

[206] McFarland, J. C., J. Med. Chem. **13** (1970) 1192

[207] Kubinyi, H., Arzneimittel-Forsch. **26** (1976) 1991

[208] Kubinyi, H., J. Med. Chem. **20** (1977) 625

[209] Kubinyi, H., p. 239 in [20]

[210] Vora, K. R. M./Higuchi, W. I./Ho, N. F. H., J. pharmac. Sci. **11** (1972) 1785

[211] Wagner, J. G./Sedman, A. J., J. Pharmacokinetics Biopharm. **1** (1973) 1

[212] Millborrow, D. V./Williams, D. A., Physiol. Plant. **21** (1968) 902

[213] Hansch, C./Steward, A. R./Iwasa, J., Mol. Pharmacol. **1** (1965) 87

[214] Hansch, C./Steward, A. R./Anderson, S. M./Bentley, D., J. Med. Chem. **11** (1968) 1

[215] Druckrey, E./Schwarz, H./Leditschke, H., Chim. Ther. **7** (1972) 188

[216] Sprott, G. D./Wood, J. M./Martin, W. G./Schneider, H., Biochem. Biophys. Res. Commun. **76** (1977) 1099

[217] Higuchi, T./Davis, S. S., J. pharmac. Sci. **59** (1970) 1376

[218] Hyde, R. M., J. Med. Chem. **18** (1975) 231

[219] Martin, Y. C./Hackbarth, J. J., J. Med. Chem. **19** (1976) 1033

[220] Martin, Y. C./Hackbarth, J. J., in Proceedings of the American Chemical Society Symposium on Chemometrics 1977, ACS Symposium Series No. 254, Hrsgb. B. Kowalski, p. 153

[221] Martin, Y. C., in [17]

[222] Craig, P. N./Hansch, C., J. Med. Chem. **16** (1973) 661

[223] Lee, D. L./Kollman, P. A./Marsh, F. J./Wolff, M. E., J. Med. Chem. **20** (1977) 1139

[224] Hellenbrecht, D./Müller, K. F./Grobecker, H., Eur. J. Pharmacol. **29** (1974) 223

[225] Seydel, J. K., in [11]

[226] Seydel, J. K./Wempe, E., Arzneimittel-Forsch. **21** (1971) 187

[227] Pitman, I. H./Uekama, K./Higuchi, T./Hall, E. W., J. Amer. chem. Soc. **94** (1972) 8147

[228] Meyer, K. H., Arch. exp. Path. Pharmak. **42** (1899) 119
[229] Overton, E., Studien über die Narkose, Fischer-Verlag, Jena 1901
[230] Meyer, K. H./Hemmi, H., Biochem. Z. **277** (1935) 39
[231] Seeman, P., Pharmacol. Rev. **24** (1972) 583
[232] Richet, C., C. R. Séanc. Soc. Biol. **54** (1893) 775
[233] Moore, W., J. Agr. Res. **9** (1917) 371
[234] Fühner, H., Arch. exp. Path. Pharmak. **52** (1904) 69
[235] Fühner, H./Neubauer, E., Arch. exp. Path. Pharmak. **56** (1907) 333
[236] Fühner, H., Z. Biol. **57** (1912) 487
[237] Ferguson, J., Proc. R. Soc., Ser. B. **127** (1939) 387
[238] Ferguson, J./Pieri, H., Ann. appl. Biol. **35** (1948) 532
[239] Ferguson, J., Chem. and Ind. (1964) 818
[240] Traube, J., Arch. ges. Physiol. **105** (1904) 541
[241] Traube, J., Arch. ges. Physiol. **132** (1910) 511
[242] Traube, J., Arch. ges. Physiol. **153** (1913) 276
[243] Zahradnik, R., Experientia **18** (1962) 534
[244] Zahradnik, R., Arch. Int. Pharmacodyn. **135** (1962) 311
[245] Kopecky, J./Boček, K., Experientia **23** (1967) 125
[246] McGowan, J. C., J. appl. Chem. **1** (1951) 120
[247] McGowan, J. C., J. appl. Chem. **16** (1966) 103
[248] Palm, V. A., Grundlagen der quantitativen Theorie organischer Reaktionen, Akademie-Verlag, Berlin 1971
[249] Wold, S., Chemica Scripta **5** (1974) 97
[250] Wold, S./Sjöström, M., in Advances in Linear Free Energy Relationships, Vol. 2, Hrsgb. N. B. Chapman, J. Shorter, in Vorbereitung
[251] Hammett, L. P., J. Amer. chem. Soc. **59** (1937) 66
[252] Hammett, L. P., Trans. Faraday Soc. **34** (1938) 156
[253] Jaffé, H. H./Jones, H. L., Adv. heterocyclic Chem. **3** (1964) 209
[254] Wells, P. R., Chem. Rev. **63** (1963) 171
[255] Johnson, C. D., The Hammett-Equation, University Press, Cambridge 1973

[256] Greizenstein, W. G./Bonelli, R. A./Brieux, J. A., J. Amer. chem. Soc. **84** (1962) 1026

[257] Jaffé, H. H., Chem. Rev. **53** (1953) 191

[258] Charton, M., J. org. Chemistry **26** (1961) 735

[259] Charton, M., Progr. Phys. Org. Chem. **10** (1973) 82

[260] Katrizky, A. R./Topsom, R. D., in Advances in Linear Free Energy Relationships, Hrsgb. N. B. Chapman, J. Shorter, Plenum Press, London 1972, p. 119

[261] Zuman, P., Collect. czechoslov. chem. Commun. **26** (1961) 1

[262] Taft, R. W./Price, E./Fox, I. R./Lewis, I. C./Anderson, K. K./ Davis, D. T., J. Amer. chem. Soc. **85** (1963) 709

[263] Taft, R. W./Price, E./Fox, I. R./Lewis, I. C./Anderson, K. K./ Davis, D. T., J. Amer. chem. Soc. **85** (1963) 3146

[264] Gibson, H. W., Canad. J. Chem. **51** (1973) 3065

[265] Widing, H. F./Levitt, L. S., Tetrahedron [London] **30** (1974) 611

[266] Harrison, A. G./Kebarle, P./Lossing, F. P., J. Amer. chem. Soc. **83** (1961) 777

[267] Taft, R. W., in Steric Effects in Organic Chemistry, Hrsgb. M. S. Newman, Wiley, New York 1956, p. 556

[268] Exner, O., in Advances in Linear Free Energy Relationships, Hrsgb. N. B. Chapman, J. Shorter, Plenum Press, London 1972, p. 1

[269] McDaniel, D. H./Brown, H. C., J. org. Chemistry **23** (1958) 420

[270] Sjöström, M./Wold, S., Acta chem. scand. **B 30** (1976) 167

[271] Mager, H., Dissertation, Martin-Luther-Universität Halle-Wittenberg, 1977

[272] Mager, H./Franke, R./Barth, A., in [17]

[273] Mager, H./Franke, R./Barth, A., Wissenschaftliche Beiträge der Martin-Luther-Universität Halle-Wittenberg **18** (1977) 30

[274] Wold, S./Sjöström, M., Chemica Scripta **2** (1972) 49

[275] Sjöström, M./Wold, S., Chemica Scripta **6** (1974) 114

[276] Sjöström, M./Wold, S., Chemica Scripta **9** (1976) 200

[277] Charton, M., J. Amer. chem. Soc. **91** (1969) 615

[278] Charton, M., J. Amer. chem. Soc. **91** (1969) 6649

[279] Shorter, J., in Advances in Linear Free Energy Relationships, Hrsgb. N. B. Chapman, J. Shorter, Plenum Press, London 1972, p. 71

[280] Fujita, T./Nishioka, T., Progr. Phys. Org. Chem. **12** (1976) 49

[281] Taft, R. W./Lewis, I. C., J. Amer. chem. Soc. **80** (1958) 2436

[282] Roberts, J. D./Moreland, W. T., J. Amer. chem. Soc. **75** (1953) 2167

[283] Charton, M., J. org. Chemistry **29** (1964) 1222

[284] Ehrenson, S./Brownlee, R. T. C./Taft, R. W., Progr. Phys. Org. Chem. **10** (1973) 1

[285] Yukawa, Y./Tsuno, Y./Sawada, M., Bull. Chem. Soc. Japan **45** (1972) 1198

[286] Sawada, M./Tsuno, Y./Yukawa, Y., Bull. Chem. Soc. Japan **45** (1972) 1206

[287] Yukawa, Y./Tsuno, Y./Sawada, M., Bull. Chem. Soc. Japan **45** (1972) 1210

[288] Okamoto, Y./Brown, H. C., J. org. Chemistry **22** (1957) 485

[289] McGary, C. W./Okamoto, Y./Brown, H. C., J. Amer. chem. Soc. **77** (1955) 3037

[290] Brown, H. C./Okamoto, Y., J. Amer. chem. Soc. **79** (1957) 1913

[291] Hammett, L. P., Physical Organic Chemistry, McGraw – Hill, New York 1940

[292] Yukawa, Y./Tsuno, Y., Bull. Chem. Soc. Japan **32** (1959) 965

[293] Yukawa, Y./Tsuno, Y., Bull. Chem. Soc. Japan **32** (1959) 971

[294] Yukawa, Y./Tsuno, Y./Sawada, M., Bull. Chem. Soc. Japan **39** (1966) 2274

[295] Yoshioka, M./Hamamoto, K./Kubota, T., Bull Chem. Soc. Japan **35** (1962) 1723

[296] Taft, R. W., J. physic. Chem. **64** (1960) 1805

[297] Yukawa, Y./Tsuno, Y./Sawada, M., Bull. Chem. Soc. Japan **45** (1972) 1198

[298] Sawada, M./Tsuno, Y./Yukawa, Y., Bull. Chem. Soc. Japan **45** (1972) 1206

[299] Cohen, A. L./Takahashi, S., J. Amer. chem. Soc. **95** (1973) 443

[300] Hoefnagel, A. J./Monshouver, J. C./Snorn, E. C. G./Wepster, B. M., J. Amer. chem. Soc. **95** (1973) 5350

[301] Hoefnagel, A. J./Wepster, B. M., J. Amer. chem. Soc. **95** (1973) 5357

[302] van Bekkum, H./Verkade, P. E./Wepster, B. M., Rec. trav. chim. **78** (1959) 815

[303] Taft, R. W./Ehrenson, S./Lewis, I. C./Glick, R. E., J. Amer. chem. Soc. **81** (1959) 5352

[304] Taft, R. W./Lewis, I. C., Tetrahedron [London] **5** (1959) 210

[305] Swain, C. G./Lupton, E. C., J. Amer. chem. Soc. **90** (1968) 4328

[306] Norrington, F. E./Hyde, R. M./Williams, S. G./Wootton, R., J. Med. Chem. **18** (1975) 604

[307] Unger, S. H., PhD Thesis, Massachusetts Institute of Technology, Cambridge, Massachusetts, 1970

[308] Otsu, T./Yamamoto, T., Bull. Chem. Soc. Japan **41** (1968) 204

[309] Yamamoto, T./Otsu, T., Chem. and Ind. (1967) 787

[310] Ritchie, C. D./Sager, W. F., Progr. Phys. Org. Chem. **2** (1964) 342

[311] Charton, M., J. org. Chemistry **28** (1963) 3121

[312] Nagai, Y./Matsumotu, H./Nakano, T./Watanabe, H., Bull. Chem. Soc. Japan **45** (1972) 2560

[313] Bohle, M./Martin, D., Z. Chem. **17** (1977) 455

[314] Charton, M., J. Amer. chem. Soc. **97** (1975) 3691

[315] Charton, M., J. Amer. chem. Soc. **99** (1977) 5687

[316] Kreevog, M. M./Taft, R. W., J. Amer. chem. Soc. **77** (1955) 5590

[317] Hall, K. K., J. Amer. chem. Soc. **79** (1957) 5441

[318] Henderson, W. M./Strenli, C. A./Buckler, S. A., J. Amer. chem. Soc. **82** (1960) 5791

[319] Folkers, E./Rundquist, O., J. org. Chemistry **29** (1964) 830

[320] Cammarata, A./Yau, S. J., J. Med. Chem. **12** (1969) 1066

[321] Cammarata, A./Yau, S. J./Collett, J. H./Martin, A. N., Mol. Pharmacol. **6** (1970) 61

[322] Cammarata, A./Allen, R. C./Seydel, J. K./Wempe, E., J. pharmac. Sci. **59** (1970) 1497

[323] Hansch, C./Kerley, R., J. Med. Chem. **13** (1970) 957

[324] Hansch, C./Kerley, R., Chem. and Ind. (1969) 294

[325] Shorter, J., Quart. Rev. **24** (1970) 433

[326] Taft, R. W./Deno, N. C./Skell, P. S., Ann. Rev. Phys. Chem. 9 (1958) 287

[327] Wells, P. R., Linear Free Energy Relationships, Academic Press, London 1968

[328] Kirsch, J. F., Advances in Linear Free Energy Relationships, Hrsgb. N. B. Chapman, J. Shorter, Plenum Press, London 1972, p. 369

[329] Cammarata, A./Rogers, K. S., in Advances in Linear Free Energy Relationships, Hrsgb. N. B. Chapman, J. Shorter, Plenum Press, London 1972, p. 369

[330] Fujita, T., Chem. Regulation Plants (Tokyo) **5** (1970) 124

[331] Hansch, C./Lien, E. J., Biochem. Pharmacol. **17** (1968) 709

[332] Franke, R./Gäbler, E./Oehme, P., Acta biol. med. germ. **32** (1974) 545

[333] Wedding, R. T./Hansch, C./Fukuto, T. R., Arch. Biochem. Biophysics **121** (1967) 9

[334] Franke, R./Barth, A., Biochem. Physiol. Pflanzen **163** (1972) 257

[335] Hansch, C., J. Med. Chem. **13** (1970) 964

[336] Fukuto, T. R./Metcalf, R. L., J. Agr. Food Chem. **4** (1956) 930

[337] Hansch, C./Deutsch, E. W., Biochim. biophysica Acta [Amsterdam] **112** (1966) 381

[338] Hansch, C./Fujita, T., J. Amer. chem. Soc. **86** (1964) 1616

[339] O'Brien, R. D./Hilton, B. D./Gilmour, L., Mol. Pharmacol. **2** (1966) 593

[340] Metcalf, R. L./Fukuto, T. R., J. Agr. Food Chem. **13** (1965) 220

[341] Hansch, C., in Biochemical Toxicology of Insecticides, Hrsgb. R. D. O'Brien, I. Yamamoto, Academic Press, New York 1970, p. 33

[342] Hermann, R. B./Culp, H. W./MacMahon, R. E., J. Med. Chem. **12** (1969) 749

[343] Franke, R., Acta biol. med. germ. **30** (1973) 467

[344] Verloop, A., Proc. Int. Congr. Pestic. Chem., 2nd. Vol. 5, p. 342 (1972)

[345] Coats, E./Glave, R. W./Hansch, C., J. Med. Chem. **13** (1970) 913

[346] Unger, S. H./Hansch, C., J. Med. Chem. **16** (1973) 745

[347] Barth, A./Hagemann, R./Franke, R., Proceedings der IXten wissenschaftlichen Koordinierungstagung über Wirkungsmechanismen von Herbiziden und synthetischen Wachstumsregulatoren, RGW-Koordinierungszentrum, Poznań 1975

[348] Hansch, C., Intra-Science Chem. Rep. **8** (1974) 17

[349] Hansch, C./Kerley, R., J. Med. Chem. **13** (1970) 957

[350] Hansch, C., J. Med. Chem. **11** (1968) 920

[351] Hansch, C./Deutsch, E. W./Smith, R. N., J. Amer. chem. Soc. **87** (1965) 2738

[352] Kakeya, N./Aoki, M./Kamada, A./Yata, N., Chem. pharmac. Bull. [Tokyo] **17** (1969) 1010

[353] Kakeya, N./Yata, N./Kamada, A./Aoki, M., Chem. pharmac. Bull. [Tokyo] **17** (1969) 2558

[354] Kakeya, N./Yata, N./Kamada, A./Aoki, M., Chem. pharmac. Bull. [Tokyo] **17** (1969) 2000

[355] Kakeya, N./Yata, N./Kamada, A./Aoki, M., Chem. pharmac. Bull. [Tokyo] **18** (1970) 191

[356] Seydel, J. K., J. pharmac. Sci. **57** (1968) 1455

[357] Seydel, J. K., J. Med. Chem. **14** (1971) 724

[358] Miller, G. H./Donkas, P. H./Seydel, J. K., J. Med. Chem. **15** (1972) 700

[359] Rastelli, A./De Benedetti, P. G./Battistuzzi, G. G./Albasino, A., J. Med. Chem. **18** (1975) 963

[360] Franke, R./Barth, A./Hagemann, R., unveröffentlicht

[361] Scholz, S./Sprinz, H./Hagemann, R./Franke, R./Hübner, G./Barth, A., Pharmazie **31** (1976) 162

[362] Dekker, W. H./Selling, H. A./Overeem, J. C., Agricult. Food Chem. **23** (1975) 785

[363] Lin, T. K., J. Med. Chem. **17** (1974) 749

[364] Purcell, W. P./Clayton, J. M., persönliche Mitteilung

[365] Zimmermann, J. J./Goyan, J. E., J. Med. Chem. **14** (1971) 1206

[366] Tollenaere, J. P., J. Med. Chem. **16** (1973) 791

[367] Schäfer, G./Trebst, A./Büchel, K. H., Z. Naturforsch. **30 c** (1975) 183

[368] van den Berg, G./Bultsma, T./Rekker, R. F./Nauta, W. Th., Eur. J. Med. Chem. **10** (1975) 246

[369] Büchel, K. H./Draber, W., Adv. in Chemistry Series **114** (1972) 141

[370] Martin, Y. C./Martin, W. B./Taylor, J. D., J. Med. Chem. **18** (1975) 883

[371] Franke, R./Hagemann, R./Köhler, G./Ohmann, P./Barth, A., unveröffentlicht

[372] Kutter, E./Machleidt, H./Reuter, W./Sauter, R./Wildfeuer, A., Adv. Chemistry Series **114** (1972) 98

[373] Scherrer, R. A./Howard, S. M., J. Med. Chem. **20** (1977) 53

[374] Fujita, T., J. Med. Chem. **9** (1966) 797

[375] Fujita, T., Adv. in Chemistry Series **114** (1972) 80

[376] McFarland, J. W., Progr. Drug Res. **15** (1971) 124

[377] Craig, P. N., J. Med. Chem. **14** (1971) 680

[378] Franke, R., studia biophysica **6** (1968) 199

[379] Franke, R., studia biophysica **6** (1968) 207

[380] Tute, M. S., J. Med. Chem. **13** (1970) 48

[381] Pilar, F. L., Elementary Quantum Chemistry, McGraw – Hill, New York 1963

[382] Dewar, M. J. S., The Molecular Orbital Theory of Organic Chemistry, McGraw – Hill, New York 1969

[383] Ballhausen, G. J./Gray, H. B., Molecular Orbital Theory, Benjamin Inc., New York 1964

[384] Parr, R. G., Quantum Theory of Molecular Electronic Structure, Benjamin Inc., New York 1964

[385] Streitwieser, E., Molecular Orbital Theory for Organic Chemists, Wiley, New York 1962

[386] Heilbronner, E./Bock, H., Das HMO-Modell und seine Anwendung, Bd. I – III, Verlag Chemie GmbH, Weinheim 1970

[387] Salem, L., The Molecular Orbital Theory of Conjugated Systems, Benjamin Inc., New York 1966

[388] Zülicke, L., Quantenchemie – ein Lehrgang, Verlag der Wissenschaften, Berlin 1975

[389] Pullman, B./Pullman, A., Quantum Biochemistry, Interscience, New York 1963

[390] Kier, L. B., Molecular Orbital Theory in Drug Research, Academic Press, New York 1971

[391] Kier, L. B. (Hrsgb.), Molecular Orbital Studies in Chemical Pharmacology, Springer-Verlag, New York 1970

[392] Chalvet, O., J. theor. Biol. **3** (1962) 51

[393] Daudel, R./Pullman, A., Aspects de la Chimie Quantique Contemporaire, Centre National de la Recherche Scientifique, Paris 1971

[394] Ladik, J., Quantenbiochemie für Chemiker und Biologen, Ferdinand Enke Verlag, Stuttgart 1972

[395] Richards, W. G./Black, M. E., Progr. in Medicinal Chemistry **11** (1975) 68

[396] Bergmann, E./Pullman, B. (Hrsgb.), Molecular and Quantum Pharmacology, D. Reidl Publishing Company, Dordrecht 1974

[397] Kier, L. B., Adv. in Chemistry Series **114** (1972) 278

[398] Green, J. P./Johnson, C. L./Kang, S., Ann. Rev. Pharmacol. **14** (1974) 319

[399] Pullman, B., in Molecular Biophysics, Hrsgb. B. Pullman, M. Weissbluth, Academic Press, New York 1965, p. 117

[400] Schnaare, R. L./Martin, A. N., J. pharmacol. Sci. **54** (1965) 1707

[401] Simon, Z., Quantum Biochemistry and Specific Interactions, Abacus Press, Turnbridge Wells 1976

[402] Kaufman, J. J./Koski, W. S., in Drug Design, Vol. V, Hrsgb. E. J. Ariëns, Academic Press, New York 1975, p. 252

[403] Fukui, K./Yonezawa, T./Nagata, C., Bull. Chem. Soc. Japan **27** (1954) 243

[404] Inouye, A./Shinagawa, Y., Bull. Chem. Soc. Japan **35** (1962) 701

[405] Inouye, A./Shinagawa, Y./Takaishi, Y., Arch. Int. Pharmacodyn. Ther. **144** (1963) 319

[406] Cammarata, A., p. 156 in [391]

[407] Klopman, G./Hudson, R. F., Theor. Chim. Acta **8** (1967) 165

[408] Klopman, G., J. Amer. chem. Soc. **90** (1968) 223

[409] Neely, W. B., p. 121 in [391]

[410] Perault, A./Pullman, B., Biochim. biophysica Acta **66** (1963) 86

[411] Mizuta, E./Toda, J./Suzuki, N./Sugibayiahi, H./Imai, K.-I./ Nishikawa, M., Chem. pharmac. Bull. [Tokyo] **20** (1972) 1114

[412] Hansch, C., Progr. in Photosynthesis Res. **3** (1969) 1685

[413] Trebst, A./Harth, E., Z. Naturforsch. **29 c** (1974) 232

[414] Barth, A./Franke, R., in Environmental Quality and Safety, Supplement Vol. III, Hrsgb. F. Coulston, F. Corte, Georg Thieme, Stuttgart 1975

[415] Wohl, J. A., p. 262 in [391]

[416] Topliss, J. G./Yudis, M. D., J. Med. Chem. **15** (1972) 394

[417] Johnson, C. L./Green, J. P., Int. J. Quantum Biology Symp. **1** (1974) 159

[418] Kutter, E./Hansch, C., J. Med. Chem. **12** (1969) 647

[419] Fujita, T./Takayama, C./Nakajima, M., J. org. Chemistry **38** (1973) 1653

[420] Fahmy, M. A. H./Fukuto, T. R./Metcalf, R. L./Holmstedt, R. L., J. Agr. Food Chem. **21** (1973) 585

[421] De Tar, D. F./Tenpas, C. J., J. Amer. chem. Soc. **98** (1976) 7903

[422] Hancock, C. K./Meyers, E. A./Jaeger, B. J., J. Amer. chem. Soc. **83** (1961) 4211

[423] Hancock, C. K./Falls, C. P., J. Amer. chem. Soc. **83** (1961) 4214

[424] Bowden, K./Chapman, N. B./Shorter, J., J. chem. Soc. [London] (1963) 5239

[425] Charton, M., J. Amer. chem. Soc. **97** (1975) 552

[426] Charton, M., J. Amer. chem. Soc. **97** (1975) 3691

[427] Charton, M., J. org. Chemistry **41** (1976) 2906

[428] Simon, Z./Szabadai, Z., studia biophysica **39** (1973) 123

[429] Simon, Z., studia biophysica **51** (1975) 49

[430] Simon, Z./Chiriac, A./Motoc, I./Holban, S./Ciubotariu, D./ Szabadai, Z., studia biophysica **55** (1976) 217

[431] Simon, Z./Badilescu, I. I./Racovitan, T., J. theor. Biol. **66** (1977) 485

[432] Simon, Z./Mracec, M./Maurer, A./Policec, S./Dragulescu, C., Rev. roum. Biochim. **14** (1977) 117

[433] Simon, Z., studia biophysica **62** (1977) 167

[434] Simon, Z., in [17]

[435] Amoore, J. E./Palmieri, G./Wanke, E., Nature **216** (1967) 1084

[436] Amoore, J. E./Palmieri, G./Wanke, E./Blum, M. S., Science **165** (1969) 1266

[437] Randić, M., J. Amer. chem. Soc. **97** (1975) 6609

[438] Kier, L. B./Hall, L. H./Murray, W. J./Randić, M., J. pharmac. Sci. **64** (1975) 1971

[439] Hall, L. H./Kier, L. B./Murray, W. J., J. pharmac. Sci. **64** (1975) 1974

[440] Murray, W. J./Hall, L. H./Kier, L. B., J. pharmac. Sci. **64** (1975) 1978

[441] Kier, L. B./Murray, W. J./Hall, L. H., J. Med. Chem. **18** (1975) 1272

[442] Murray, W. J./Kier, L. B./Hall, L. H., J. Med. Chem. **19** (1976) 573

[443] Kier, L. B./Hall, L. H., J. pharmac. Sci. **65** (1976) 1806

[444] Kier, L. B./Hall, L. H., Molecular Connectivity in Chemistry and Drug Research, Academic Press, New York 1976

[445] Verloop, A./Hoogenstraaten, W./Tipker, J., in Drug Design Vol. VII, Hrsgb. E. J. Ariëns, p. 165, Academic Press, New York 1976

[446] Verloop, A./Tipker, J., Pestic. Sci. **7** (1976) 379

[447] Verloop, A./Tipker, J., p. 63 in [20]

[448] Simon, Z., persönliche Mitteilung

[449] Simon, Z., Universitatea din Timisoara, Serie Chimie Nr. 17/1975

[450] Franke, R./Tonew, M./Heinisch, L., unveröffentlicht

[451] Hansch, C./Deutsch, E. W., Biochim. biophysica Acta **126** (1966) 117

[452] Kutter, E./Hansch, C., Arch. Biochem. Biophysics **135** (1969) 126

[453] Silipo, C./Hansch, C., Il Farmaco **30** (1975) 35

[454] Dietrich, S. W./Bolger, M. B./Kollman, P. A./Jorgensen, E. C., J. Med. Chem. **20** (1977) 863

[455] Craig, P. N., J. Med. Chem. **14** (1971) 680

[456] Craig, P. N., Adv. Chem. Series **114** (1972) 115

[457] Leo, A./Hansch, C./Church, C., J. Med. Chem. **12** (1969) 766
[458] Topliss, J. G./Costello, R. J., J. Med. Chem. **15** (1972) 1066
[459] Hansch, C., Cancer Chemotherapy Reports **Part 1,56** (1972) 433
[460] Hansch, C./Unger, S. H./Forsythe, A. B., J. Med. Chem. **16** (1973) 1217
[461] Wootton, R./Cranfield, R./Sheppey, G. C./Goodford, P. J., J. Med. Chem. **18** (1975) 607
[462] Yoshimoto, M./Hansch, C./Jow, P. Y. C., Chem. pharmac. Bull. [Tokyo] **23** (1975) 437
[463] Silipo, C./Hansch, C., J. Amer. chem. Soc. **97** (1975) 6849
[464] Silipo, C./Hansch, C., J. Med. Chem. **19** (1976) 62
[465] Yoshimoto, M./Hansch, C., J. Med. Chem. **19** (1976) 71
[466] Hansch, C./Calef, D. F., J. org. Chemistry **41** (1976) 1240
[467] Fukunaga, J. Y./Hansch, C./Steller, E. E., J. Med. Chem. **19** (1976) 605
[468] Hansch, C./Fukunaga, J. Y./Jow, P. Y. C., J. Med. Chem. **20** (1977) 96
[469] Koppel, J. A., Reaktionsfähigkeit organischer Verbindungen **2** (1965) 26
[470] Franke, R., in [17]
[471] Franke, R./Kühne, R., unveröffentlicht
[472] Hansch, C./Deutsch, E. W., Biochim. biophysica Acta **112** (1966) 381
[473] Inonoue, S./Ogino, A./Kise, M./Kitano, M./Tsuchija, M./Fujita, T., Chem. pharmac. Bull. [Tokyo] **22** (1974) 2064
[474] Lamb, D./Harris, L. E., J. Amer. Pharm. Ass. **49** (1960) 583
[475] Kakemi, K./Arita, A./Hori, R./Konishi, R., Chem. pharmac. Bull. [Tokyo] **15** (1967) 1705
[476] Michel, H.-J./Franke, R./Willitzer, H., in [17]
[477] Martin, Y. C./Martin, W. B./Taylor, J. D., J. Med. Chem. **18** (1975) 883
[478] Nishioka, T./Fujita, T./Kamoshita, K./Nakajima, M., Pesticide Biochem. Physiol. **7** (1977) 107
[479] Cammarata, A., J. Med. Chem. **15** (1972) 573

[480] Rogers, K. S./Cammarata, A., J. Med. Chem. **12** (1969) 692

[481] Rogers, K. S./Cammarata, A., Biochim. biophysica Acta **193** (1969) 22

[482] Cammarata, A./Rogers, K. S., J. Med. Chem. **14** (1971) 269

[483] Zahradnik, R., in [18]

[484] Zahradnik, R., Proceedings der IX. Jahrestagung der Biochemischen Gesellschaft der DDR, VEB Verlag Volk und Gesundheit, Berlin 1977

[485] Zahradnik, R./Hobza, P./Slanina, S., Collect. Czechoslov. chem. Commun. **40** (1975) 799

[486] Hopfinger, A. J./Battershell, R. D., J. Med. Chem. **19** (1976) 569

[487] Parker, G. R./Lemke, T. L./Moore, E. C., J. Med. Chem. **20** (1977) 1221

[488] Goodford, P. J./Hudson, A. T./Sheppey, G. C./Wootton, R./ Blank, M. H./Sutherland, G. J./Wickham, J. C., J. Med. Chem. **19** (1976) 1239

[489] Dunn, W. J./Greenberg, M. G./Callejas, S. S., J. Med. Chem. **19** (1976) 1299

[490] Shah, K. J./Coats, E. A., J. Med. Chem. **20** (1977) 1001

[491] Cranfield, R./Goodford, P. J./Norrington, F. E./Richards, W. H. G., Brit. J. Pharmac. **52** (1974) 87

[492] Dove, S./Franke, R., in Vorbereitung

[493] Hansch, C., p. 47 in [20]

[494] Purcell, W. P./Testa, B., p. 269 in [20]

[495] Unger, S., zitiert in [21]

[496] Hansch, C., p. 287 in [20]

[497] Martin, Y. C., persönliche Mitteilung

[498] Purcell, W. P., Eur. J. Med. Chem. **10** (1975) 335

[499] Tollenaere, J. P./Moereels, H./Protiva, M., Eur. J. Med. Chem. **11** (1976) 298

[500] Fukunaga, J. Y./Hansch, C./Steller, E. E., J. Med. Chem. **19** (1976) 605

[501] Laass, W./Eichler, G./Dove, S./Vogt, W.-E./Franke, R./Vahle, H., in [17]

[502] Martin, Y. C./Lynn, K. R., J. Med. Chem. **14** (1971) 1162

[503] siehe Generaldiskussion in [17]

[504] Hansch, C./Leo, A./Elkins, D., J. chem. Documentation **14** (1974) 57

[505] Leo, A./Elkins, D./Hansch, C., J. chem. Documentation **14** (1974) 1

[506] Elkins, D./Leo, A./Hansch, C., J. chem. Documentation **14** (1974) 65

[507] Cramer, R. D., Ann. Reports Med. Chem. **2** (1976) 301

[508] Bauer, D. J./Sadler, P. W., British J. Pharmac. Chemother. **15** (1960) 101

[509] Bauer, D. J./Vinçent, L. St., Lancet (1963/II) 454

[510] Franke, R., Mol. Pharmacol. **5** (1969) 640

[511] Franke, R., Archiv Geschwulstforsch. **36** (1970) 30

[512] Franke, R./Büchner, M., Archiv Geschwulstforsch. **37** (1971) 45

[513] Franke, R., Chem. Biol. Interactions **6** (1973) 1

[514] Franke, R., Acta biol. med. germ. **30** (1973) 151

[515] Pullman, A., Biopolymers Symp. **1** (1964) 47

[516] Chalvet, O., in Mécanique ondulatoire et biologie moléculaire, p. 99, Hrsgb. I. Fischer – Hjalmars, Revue d'Optique, Paris 1961

[517] Dao, T. L., Cancer Res. **24** (1964) 1258

[518] Martin, Y. C./Hansch, C., J. Med. Chem. **14** (1971) 777

[519] Überla, K., Faktoranalyse, Springer-Verlag, Berlin (West) 1968

[520] Harman, H. H., Modern Factor Analysis, zweite Auflage, University of Chicago Press, Chicago 1967

[521] Jahn, W./Vahle, H., Die Faktorenanalyse und ihre Anwendung, Verlag Die Wirtschaft, Berlin 1970

[522] Overall, J. F./Klett, C. J., Applied Multivariate Analysis, McGraw – Hill, New York 1972

[523] Weber, E., Einführung in die Faktorenanalyse, Gustav-Fischer-Verlag, Jena 1974

[524] Lewi, P. J., in Drug Design, Vol. VII, Hrsgb. E. J. Ariëns, Academic Press, New York 1976

[525] Laass, W./Franke, R., in Vorbereitung

[526] Martin, Y. C., persönliche Mitteilung

[527] Schewe T./Rapoport, S. M., persönliche Mitteilung

[528] Dove, S./Franke, R., unveröffentlicht

[529] Mager, P. P., Wiss. Beiträge der Martin-Luther-Universität Halle-Wittenberg **42** **(R34)** (1977) 191

[530] Mager, P. P./Reppel, L., in Drug Design, Hrsgb. E. J. Ariëns, Academic Press, New York, in Vorbereitung

[531] Weiner, P. H./Malinowski, E. R./Levinstone, A. R., J. physic. Chem. **74** (1970) 4537

[532] Weiner, P. H./Malinowski, E. R., J. physic. Chem. **75** (1971) 1207

[533] Weiner, P. H./Malinowski, E. R., J. physic. Chem. **75** (1971) 3160

[534] Weiner, P. H./Parcher, J. F., Chromatogr. Sci. **10** (1972) 612

[535] Weiner, P. H./Howery, D. G., Anal. Chem. **44** (1972) 1189

[536] Weiner, P. H./Howery, D. G., Canad. J. Chem. **50** (1972) 448

[537] Weiner, P. H., J. Amer. chem. Soc. **95** (1973) 5845

[538] Weiner, M. L./Weiner, P. H., J. Med. Chem. **16** (1973) 655

[539] Kindsvater, J. H./Weiner, P. H./Klingen, T. J., Anal. Chem. **46** (1974) 982

[540] Malinowski, E. R./McCue, M., Anal. Chem. **49** (1977) 284

[541] Malinowski, E. R., Anal. Chem. **49** (1977) 606

[542] Malinowski, E. R., Anal. Chem. **49** (1977) 612

[543] Dove, S./Franke, R., in [17]

[544] Dove, S., Dissertationsschrift, Martin-Luther-Universität Halle-Wittenberg, 1978

[545] Exner, O., Collect. Czechoslov. chem. Commun. **37** (1966) 3222

[546] Shoenfeld, P. S./De Voe, J. R., Anal. Chem. **48** (1976) 403 R

[547] Franke, R./Dove, S./Kühne, R., in Vorbereitung

[548] Sensi, P./Maggi, N./Balotta, R./Furesz, S./Pallanza, R./Arioli, V., J. Med. Chem. **7** (1964) 596

[549] Dove, S./Franke, R., in Vorbereitung

[550] Quinn, F. R./Driscoll, J. S./Hansch, C., J. Med. Chem. **18** (1975) 332

[551] Dove, S./Franke, R., Wiss. Beiträge der Martin-Luther-Universität Halle-Wittenberg **42** **(R34)** (1977) 216

[552] Bekemeier, H., persönliche Mitteilung

[553] Wold, S., Patt. Recog. **8** (1976) 127

[554] Wold, S./Sjöström, M., ACS Symposium Series **52** (1977) 243

[555] Dunn, W. J./Wold, S./Martin, Y. C., J. Med. Chem. **21** (1978) 922

[556] Cammarata, A./Menon, G. K., J. Med. Chem. **19** (1976) 739

[557] Menon, G. K./Cammarata, A., J. pharmac. Sci. **66** (1977) 304

[558] Ahrens, H./Läuter, J., Mehrdimensionale Varianzanalyse, Akademie-Verlag, Berlin 1974

[559] Callous, T. (Hrsgb.), Discriminant Analysis and Applications, Academic Press, New York 1973

[560] Martin, Y. C./Holland, J. B./Jarboe, C. H./Plotnikoff, N., J. Med. Chem. **17** (1974) 409

[561] Franke, R./Meiske, W., Acta biol. med. germ. **35** (1976) 73

[562] Franke, R./Vassiliev, G. N./Dove, S., in Vorbereitung

[563] Dove, S./Franke, R./Mndshojan, O. L./Schkuljev, W. A./ Chashakjan, L. W., J. Med. Chem. **22** (1979) 90

[564] Schönfelder, D./Franke, R., in [17]

[565] Dove, S./Franke, R., Pharmazie, in Vorbereitung

[566] Gruska, A./Franke, R., unveröffentlicht

[567] Dove, S./Franke, R., in [17]

[568] Krause, G./Franke, R./Vassilev, G. N., Biochem. Physiol. Pflanzen **174** (1979) 128

[569] Schönfelder, D./Franke, R./Dove, S., unveröffentlicht

[570] Dove, S./Franke, R., in [17]

[571] Michel, H.-J./Franke, R., unveröffentlicht

[572] Laass, W./Bercher, W./Franke, R./Grisk, W., Vortrag auf der 18. Jahrestagung der Gesellschaft für Pharmakologie und Toxikologie der DDR, Halle 1976

[573] White, G. A./Thorn, G. D., Pesticide Biochem. Physiol. **5** (1975) 380

[574] Ulrich, J. T./Mathre, D. E., J. Bacteriol. **110** (1972) 628

[575] White, G. A., Biochem. Biophys. Res. Comm. **44** (1971) 1210

[576] Ten Haken, P./Dunn, C. L., Proc. 6. Brit. Insectic. Fungic. Conf. **2** (1971) 453

[577] Barlin, G. B./Perrin, D. D., Quart. Rev. **20** (1966) 75

[578] Snel, M./von Schmeling, B./Edington, L. V., Phytopathology **60** (1970) 1164

[579] Experimentelle Ergebnisse von O. L. Mndshojan, W. A. Schkuljev und L. W. Chashakjan, Institut für Feinorganische Chemie der Armenischen Akademie der Wissenschaften

[580] Ruschig, H./Korger, G./Aumüller, W./Wagner, H./Weyer, R., Arzneimittel-Forsch. **8** (1958) 448

[581] Ruschig, H./Korger, G./Aumüller, W./Wagner, H./Weyer, R., Medizin und Chemie **6** (1958) 61

[582] Mhasalkar, M. Y./Shah, M. H./Tonse, U./Ananthanarayanan, K. G./ Deliwala, C. V., J. Sci. Ind. Res. **21C** (1962) 143

[583] Gutsche, K./Harwart, A./Horstmann, H./Priewe, H./Raspe, G./ Schraufstätter, E./Wirtz, S./Wörffel, U., Arzneimittel-Forsch. **24** (1974) 1028

[584] McLamore, W. M./Laubach, G. D., Congr. Int. Chim. Ind. **2** (1958) 443

[585] Bänder, A., Arzneimittel-Forsch. **8** (1958) 459

[586] Sklenar, H./Jäger, J./Süssmilch, R., in [17]

[587] Siegel, E., Nonparametric Statistics for the Behavioral Sciences, McGraw – Hill, New York 1956

[588] Topliss, J. G., J. Med. Chem. **15** (1972) 1006

[589] Topliss, J. G./Martin, Y. C., in Drug Design, Vol. V, Hrsgb. E. J. Ariëns, p. 1, Academic Press, New York 1975

[590] Martin, Y, C./Dunn, W. J., J. Med. Chem. **16** (1973) 578

[591] Darvas, F., J. Med. Chem. **17** (1974) 799

[592] Spendley, W./Hext, G. R./Himsworth, R. F., Technometrics **4** (1962) 441

[593] Darvas, F., persönliche Mitteilung

[594] Wilde, D. J., Optimum Seeking Methods, Prentice-Hall, Englewood Cliffs 1964

[595] Santora, N. J./Auyang, K., J. Med. Chem. **18** (1975) 959

[596] Bustard, T. M., J. Med. Chem. **17** (1974) 777

[597] Zeelen, F. J., in [17]

[598] Free, S. M./Wilson, J. W., J. Med. Chem. **7** (1964) 395

[599] Cammarata, A., J. Med. Chem. **15** (1972) 573

[600] Craig, R. N., Adv. in Chemistry Series **114** (1972) 115

[601] Gäbler, E./Franke, R./Oehme, P., Pharmazie **31** (1976) 1

[602] Meiske, W./Gäbler, E./Franke, R., Pharmazie **31** (1976) 741

[603] Kubinyi, H./Kehrhahn, O.-H., J. Med. Chem. **19** (1976) 578

[604] Kubinyi, H., J. Med. Chem. **19** (1976) 587

[605] Kubinyi, H./Kehrhahn, O.-H., J. Med. Chem. **19** (1976) 1040

[606] Fujita, T./Ban, T., J. Med. Chem. **14** (1971) 148

[607] Cammarata, A./Yau, S. J., J. Med. Chem. **13** (1970) 93

[608] Hudson, D. R./Bass, G. E./Purcell, W. P., J. Med. Chem. **13** (1970) 1184

[609] Purcell, W. P./Clayton, J. M., J. Med. Chem. **11** (1968) 199

[610] Ban, T./Fujita, T., J. Med. Chem. **12** (1969) 353

[611] Cammarata, A./Bustard, T. M., J. Med. Chem. **17** (1974) 981

[612] Boček, K./Kopecky, J./Krivucová, M./Vlachová, D., Experientia **20** (1964) 667

[613] Kopecky, J./Boček, K./Vlachová, D., Nature **207** (1965) 981

[614] Singer, J. A./Purcell, W. P., J. Med. Chem. **10** (1967) 1000

[615] Schwarz, G./Barth, A./Franke, R., unveröffentlicht

[616] Craig, P. N., J. Med. Chem. **15** (1972) 144

[617] Craig, P. N./Hansch, C., J. Med. Chem. **16** (1973) 661

[618] Rösner, T./Kühne, R./Franke, R., Vortrag auf der 17. Jahrestagung der Gesellschaft für Pharmakologie und Toxikologie der DDR, Berlin 1975

[619] Rösner, T./Franke, R./Kühne, R., in [17]

[620] Rösner, T./Franke, R./Kühne, R., Pharmazie **33** (1978) 226

[621] Martin, Y. C./Jones, P. H./Perun, T. J./Grundy, W. E./Bell, S./Bower, R. R./Shipkowitz, N. L., J. Med. Chem. **15** (1972) 635

[622] Chu, K. C., Anal. Chem. **46** (1974) 1181

[623] Rösner, T., in Vorbereitung

[624] Chu, K. C./Feldmann, R. J./Shapiro, M. B./Hazard, G. F./ Geran, R. I., J. Med. Chem. **18** (1975) 539

[625] Kowalski, B. R./Bender, C. F., J. Amer. chem. Soc. **96** (1974) 918

[626] Unger, S. H., Cancer Chemotherapy Reports **Part 2, Vol. 4** (1974) 45

[627] Hiller, S. A./Glaz, A. B./Golender, V. E./Rastrigin, L. A./ Rosenblit, A. B., Chim.-farm. Z. **12** (1972) 18

[628] Hiller, S. A./Golender, V. E./Rosenblit, A. B./Rastrigi, L. A./ Glaz, A. B., Computers biomed. Res. **6** (1973) 411

[629] Schiffman, S., Science **185** (1974) 112

[630] Ting, K. H./Lee, R. C. T./Milne, G. W. A./Shapiro, M./ Guarino, A. M., Science **180** (1973) 417

[631] Perrin, C. L., Science **183** (1974) 551

[632] Clerc, J. T./Naegeli, P./Seibl, J., Artificial Intelligence Chimia **27** (1973) 639

[633] Mathews, R. J., J. Amer. chem. Soc. **97** (1975) 935

[634] Nilsson, N. J., Learning Machines, McGraw – Hill, New York 1965

[635] Meisel, W. S., Computer-Oriented Approaches to Pattern Recognition, Academic Press, New York 1972

[636] Mendel, J. M./Fu, K. S. (Hrsgb.), Adaptive, Learning, and Pattern Recognation Systems: Theory and Applications, Academic Press, New York 1970

[637] Duda, R. O./Hart, P. E., Pattern Classification in Scéne Analysis, Wiley, New York 1973

[638] Kowalski, B. R./Bender, C. F., J. Amer. chem. Soc. **94** (1972) 5632

[639] Kowalski, B. R./Bender, C. F., J. Amer. chem. Soc. **95** (1973) 686

[640] Kowalski, B. R., in Computers in Chemical and Biochemical Research, Vol. 2, Hrsgb. C. E. Klopfenstein, C. L. Wilkins, p. 1, Academic Press, New York 1974

[641] Kowalski, B. R./Bender, C. F., Naturwissenschaften **62** (1975) 10

[642] Batchelor, B. G., Practical Approach to Pattern Classification, Plenum Press, New York 1974

[643] Fu, K. S. (Hrsgb.), Digital Pattern Recognition, Springer-Verlag, New York 1976

[644] Fukunaga, K., Introduction to Statistical Pattern Recognition, Academic Press, New York 1972

[645] Fu, K. S., IEEE Transactions on Computers **C-25** (1976) 1336

[646] Jurs, P. C./Isenhour, T. L., Chemical Applications of Pattern Recognition, Interscience, New York 1975

[647] Lynch, M. F./Harrison, J. M./Town, W. G./Ash, J. E., Computer Handling of Chemical Structural Information, MacDonald, London 1971

[648] Wipke, W. T./Heller, S. R./Feldmann, R. J./Hyde, E. (Hrsgb.), Computer Representation and Manipulation of Chemical Information, Interscience, New York 1974

[649] Feldman, A./Hodes, L., J. Chem. Inf. Comput. Sci. **15** (1975) 147

[650] Hodes, L., J. Chem. Inf. Comput. Sci. **16** (1976) 88

[651] Cramer, R. D., in [18]

[652] Cramer, R. D./Redl, G./Berkoff, C. E., J. Med. Chem. **17** (1974) 533

[653] Redl, G./Cramer, R. D./Berkoff, C. E., Chem.-Soc. Rev. **3** (1974) 273

[654] Hodes, L./Hazard, G. F./Geran, R. I./Richman, S., J. Med. Chem. **20** (1977) 469

[655] Kier, L. B., Pure Appl. Chem. **35** (1973) 509

[656] Kier, L. B./Höltje, H.-D., J. theoret. Biol. **49** (1975) 401

[657] Anteunis, M. J. O./van Cauwenberghe, R./Valckx, L./van Bever, W. F. M./van Nueten, J. M., Eur. J. Med. Chem. **10** (1975) 360

[658] Pullman, B., in Molecular and Quantum Pharmacology, Hrsgb. E. Bergmann, B. Pullman, D. Reidl Publishing Company, Dordrecht 1974, p. 9

[659] Pullman, B./Berthod, H./Courriere, Ph., Int. J. Quantum Chem.: Quantum Biology Symp. **1** (1974) 93

[660] Weintraub, H.-J./Hopfinger, A. J., J. theor. Biol. **41** (1973) 53

[661] Weintraub, H.-J./Hopfinger, A. J., in Molecular and Quantum Pharmacology, D. Reidl Publishing Company, Hrsgb. E. D. Bergmann, B. Pullman, Dordrecht 1974, p. 131

[662] Weintraub, H.-J./Hopfinger, A. J., Int. J. Quantum Chem.: Quantum Biology Symp. **2** (1975) 203

[663] Srebenik, S./Weinstein, H./Pauncz, R., Chem. Phys. Lett. **20** (1973) 419

[664] Weinstein, H./Maayani, S./Srebenik, S./Cohen, S./Sokolovsky, M., Mol. Pharmacol. **9** (1973) 820

[665] Loew, G./Weinstein, H./Srebenik, S./Berkowitz, D., in Quantum Biology and Quantum Pharmacology, Hrsgb. E. Bergmann, B. Pullman, D. Reidl Publishing Company, Dordrecht 1974, p. 355

[666] Maayani, S./Weinstein, H./Cohen, S./Sokolovsky, M., Proc. Nat. Acad. Sci. [USA] **70** (1973) 3103

[667] Weinstein, H., Int. J. Quantum Chem.: Quantum Biology Symp. **2** (1975) 59

[668] Weinstein, H./Maayani, S./Srebenik, S./Cohen, S./Sokolovsky, M., Mol. Pharmacol. **11** (1975) 671

[669] Weinstein, H./Chon, D./Kang, S./Johnson, C. L./Green, J. P., Int. J. Quantum Chem.: Quantum Biology Symp. **3** (1976) 135

[670] Petrolongo, C./Tomasi, J./Macchia, B./Macchia, F., J. Med. Chem. **17** (1974) 501

[671] Scrocco, E./Tomasi, J., Top. Curr. Chem. **21** (1973) 97

[672] Sauer, J./Scharfenberg, P., persönliche Mitteilung

[673] Kaufman, J. J./Kerman, E., in The Phenothiazines and Structurally Related Drugs, Hrsgb. I. S. Forrest, C. J. Carr, E. Usdin, Raven Press, New York 1974, p. 55

[674] Kaufman, J. J./Kerman, E., Int. J. Quantum Chem.: Quantum Biology Symp. **1** (1974) 259

[675] Kaufman, J. J./Koski, W. S., Int. J. Quantum Chem.: Quantum Biology Symp. **2** (1975) 35

[676] Kaufman, J. J./Koski, W. S., in Drug Design, Vol. V, Hrsgb. E. J. Ariëns, Academic Press, New York 1975, p. 252

[677] Gund, P./Wipke, W. T./Landridge, R., Proc. Int. Conf. Computers in Chem. Res. and Educ. **3** (1974) 5

[678] Wipke, W. T., in Computer Representation and Manipulation of Chemical Information, Hrsgb. W. T. Wipke, S. R. Heller, R. J. Feldman, E. Hyde, Interscience, New York 1974, p. 147

[679] Hahn, F. E./Gund, P., in Drug Receptor Interactions in Antimicrobial Chemotherapy, Hrsgb. J. Drews, F. E. Hahn, Springer-Verlag, New York 1975, p. 245

[680] Gund, P./Andose, J. D./Rhodes, J. B., Proc. III Internat. Conf. on Computers in Chem. Res. Educ. and Technol., in Vorbereitung

[681] Gund, P./Shen, T. Y., J. Med. Chem. **20** (1977) 1146

[682] Gund, P., in Progress in Molecular and Subcellular Biology, Hrsgb. F. E. Hahn, H. Kersten, W. Kersten, W. Szybalski, Springer-Verlag, Berlin 1977, p. 117

[683] Bustard, T. M./Martin, Y. C., J. Med. Chem. **15** (1972) 1101

[684] Kier, L. B., J. Med. Chem. **11** (1968) 441

[685] Martin, Y. C./Jarboe, C. H./Krause, R. A./Lynn, K. R./Dunnigan, D./Holland, J. B., J. Med. Chem. **16** (1973) 147

[686] Farnell, L./Richards, W. G./Ganellin, C. R., J. Med. Chem. **18** (1975) 662

[687] Horn, S. A./Rodgers, J., J. Pharmacy Pharmacol. **29** (1977) 257

[688] Soudijn, W./van Wijngaarden, I., in [20]

[689] Kier, L. B./Höltje, H.-D., J. theor. Biol. **49** (1974) 401

[690] Kier, L. B./Aldrich, A. S., J. theor. Biol. **46** (1974) 529

[691] Höltje, H.-D./Kier, L. B., J. Med. Chem. **17** (1974) 814

[692] Höltje, H.-D./Kier, L. B., J. theor. Biol. **48** (1974) 197

[693] Höltje, H.-D./Kier, L. B., J. pharmac. Sci. **63** (1974) 1435

[694] Hopfinger, A. J./Cramer, R. D., persönliche Mitteilung

[695] Platzer, K. E. B./Momany, F. A./Scheraga, H. A., Int. J. Peptide Protein Res. **4** (1972) 201

[696] Bernstein, F. C./Koetzle, T. F./Williams, G. J. B./Meyer, E. F./Brice, M. D./Rodgers, J./Kennard, O./Shimanouchi, T./Tasumi, M., J. Mol. Biol. **112** (1977) 535

[697] Bedell, C. R./Goodford, P. J./Norrington, F. E./Wilkinson, S./Wootton, R., British J. Pharmac. **57** (1976) 201

[698] Brown, F. F./Goodford, P. J., British J. Pharmac. **60** (1977) 337

[699] Hermann, R. B., J. physic. Chem. **79** (1975) 163

[700] Hermann, R. B., in Molecular and Quantum Pharmacology, Hrsgb.

E. Bergmann, B. Pullman, D. Reidl Publishing Company, Dordrecht 1974, p. 441

[701] Ben-Naim, A./Wilf, J./Jaacobi, M., J. physic. Chem. **77** (1973) 95

[702] Ben-Naim, A., Biopolymers **14** (1975) 1337

[703] Pratt, L. R./Chandler, D., J. chem. Physics **67** (1977) 3683

[704] Marshall, G. R./Bosshard, H. E./Ellis, R. A., in Computer Representation and Manipulation of Chemical Information, Hrsgb. W. T. Wipke, S. R. Heller, R. J. Feldmann, E. Hyde, Interscience, New York 1974, p. 203

[705] Barth, A., persönliche Mitteilung

[706] Barth, A., unveröffentlicht

[707] Hansch, C./Smith, R. N./Engle, R., in Pharmacological Basis of Cancer Chemotherapy, The Williams and Wilkins Company, Baltimore 1975

[708] Tichý, M., in [17]

[709] Franke, R./Karanov, E./Kaneti, J., C. r. Acad. Sci. Bulg. **31** (1978) 1051

[710] Grassy, G./Terol, A./Robbe, Y./Chapat, J.-P./Granger, R./Fatome, M./ Andrieu, L., Eur. J. Med. Chem. **10** (1975) 14

[711] Ganellin, C. R./Pepper, E. S./Port, G. N. J./Richards, W. G., J. Med. Chem. **16** (1973) 610

[712] Ganellin, C. R./Port, G. N. J./Richards, W. G., J. Med. Chem. **16** (1973) 616

[713] Ganellin, C. R., J. Med. Chem. **16** (1973) 620

[714] Farnell, L./Richards, W. G./Ganellin, C. R., J. theor. Biol. **43** (1974) 389

[715] Richards, W. G./Aschmann, D. G./Hammond, J., J. theor. Biol. **52** (1975) 223

[716] Dandiya, P. C./Sharma, H. L./Patni, S. K./Gambhir, R. S., Experientia **311** (1975) 1441

[717] Hagemann, R./Franke, R., Pharmazie **31** (1976) 130

[718] Krause, G./Streich, J./Franke, R., in Vorbereitung

[719] Franke, R./Laass, W./Barth, A., unveröffentlicht

[720] Lewi, P. J./van Berger, W. F. M./Janssen, P. A. J., Eur. J. Pharmacol. **35** (1976) 403

[721] Franke, R., Wiss. Beiträge der Martin-Luther-Universität Halle-Wittenberg **41** (1977) 22

[722] Hansch, C./Fukunaga, J., Chem. Technol. **7** (1977) 120

[723] Yapel, A. F., Jr., Adv. in Chemistry Series **114** (1972) 183

[724] Yapel, A. F., Jr., Adv. in Chemistry Series **114** (1972) 252

[725] Fuller, R. W./Marsh, M. M./Mills, J., J. Med. Chem. **11** (1968) 397

[726] Aranda, A., C. R. Acad. sci. **276** (1973) 1301

[727] Bowden, K./Young, R. C., J. Med. Chem. **13** (1970) 225

[728] Martin, Y. C./Bustard, T. M./Lynn, K. R., J. Med. Chem. **16** (1973) 1089

[729] Cousse, H./Mouzin, C./d'Hinterland, L. D., Chim. Ther. **4** (1973) 466

[730] Purcell, W. P., Biochim. biophysica Acta [Amsterdam] **105** (1965) 201

[731] Beasley, J. C./Purcell, W. P., Biochim. biophysica Acta [Amsterdam] **178** (1969) 175

[732] Wechter, W. J./Johnson, M. A./Hall, C. M./Warner, D. T./ Berger, A. E./Wenzel, H. A./Gish, D. T./Neil, G. L., J. Med. Chem. **18** (1975) 339

[733] Rösner, T./Türschmann, K./Franke, R./Schönfelder, D./Unger, S., Vortrag auf der 17. Jahrestagung der Pharmakologischen Gesellschaft der DDR, Berlin 1975

[734] Franke, R./Hagemann, R./Barth, A., Proceedings der IX. Vortragstagung über „Wirkungsmechanismen von Herbiziden und synthetischen Wachstumsregulatoren", RGW-Koordinierungszentrum, Poznań 1975

[735] Franke, R./Gäbler, E., unveröffentlicht

[736] Schönfelder, D./Franke, R., unveröffentlicht

[737] Kuchař, M., Generaldiskussion in [17]

[738] Martin, Y. C./Martin, W. B./Taylor, J. D., J. Med. Chem. **18** (1975) 883

[739] Druckrey, E./Dittmar, W., in [18]

[740] Goodford, P. J./Norrington, F. E., in [18]

[741] Grieco, G./Silipo, C./Vittorio, A./Hansch, C., J. Med. Chem. **20** (1977) 586

[742] Hansch, C./Yoshimoto, M./Doll, M. H., J. Med. Chem. **19** (1976) 1068

[743] Rouot, B./Leclerc, G./Wermuth, C. G./Miesch, F./Schwartz, J., J. Med. Chem. **19** (1976) 1049

[744] Dittmar, W./Druckrey, E./Urbach, H., J. Med. Chem. **17** (1974) 753

[745] Purcell, W. P., in [20]

[746] Purcell, W. P., in Molecular and Quantum Pharmacology, Hrsgb. E. Bergmann, B. Pullman, D. Reidl Publishing Company, Dordrecht 1974, p. 37

[747] Martin, Y. C., Generaldiskussion in [17]

[748] Zeelen, F. J., Generaldiskussion in [17]

[749] Humber, L. G./Albert, A./Campaigne, E./Cavalla, J. F./Arnand, N./ Protiva, M./Rachlin, A. I./Sensi, P., ad hoc committee Medicinal Chemistry Commission of IUPAC: Information Bulletin IUPAC **49** (1975) 12

[750] Hansch, C., in [20]

[751] Nauta, W. Th., in [20]

[752] Tute, M. S., Generaldiskussion in [17]

[753] Rasch, D., Einführung in die mathematische Statistik, Bde. I und II, Deutscher Verlag der Wissenschaften, Berlin 1976

[754] Schönfeld, P., Methoden der Ökonometrie, Bde. I und II, Verlag Franz Vahlen GmbH, Berlin 1969

[755] Rao, C. R., Lineare statistische Methoden und ihre Anwendung, Akademie-Verlag, Berlin 1973

[756] Schaad, L. J./Hess, B. A., Jr., J. Med. Chem. **20** (1977) 619

17. Personenregister

Die *kursiv* gedruckten Seitenzahlen verweisen auf die entsprechenden Stellen im Literaturverzeichnis.

18. Sachregister

19. Zusammenfassung

Die Entwicklung chemischer Verbindungen mit ganz bestimmten Eigenschaften ist eine Aufgabe, die sich auf vielen Gebieten der Volkswirtschaft und der Forschung stellt. Um diese Aufgabe effektiv lösen zu können, sind spezielle Forschungstechnologien nötig, die den Zufallscharakter bei der Suche nach solchen Verbindungen einschränken und ein gezieltes Vorgehen gestatten. Dabei kommt es darauf an, mit möglichst geringem experimentellem Aufwand ein Maximum an Information anzustreben, die Auffindungswahrscheinlichkeit für die gewünschten Verbindungen zu erhöhen und die Entwicklungszeit zu verkürzen. Dies gilt insbesondere bei der Suche nach neuen Wirkstoffen, denn Wirkstoffe haben eine zentrale Bedeutung für die Gesunderhaltung und Ernährung, und durch die ständig wachsenden Qualitätsanforderungen ist gerade hier der Forschungsaufwand in den letzten Jahren enorm gestiegen. Aus diesem Grunde sind auf diesem Gebiet theoretische Optimierungsmethoden immer wichtiger geworden; diese Methoden sind aber von ihrem Prinzip her auch auf andere Gebiete übertragbar. Im Mittelpunkt steht dabei die quantitative Untersuchung der Zusammenhänge der durch die chemische Struktur determinierten physikalischen, chemischen und stereoelektronischen Eigenschaften von Wirkstoffen und ihrer biologischen Aktivität, die zu sogenannten quantitativen Struktur-Wirkungs-Beziehungen führt. Mit Hilfe dieser Beziehungen ist es möglich, die biologische Aktivität noch nicht untersuchter Verbindungen abzuschätzen und damit zu gezielten und theoretisch fundierten Vorschlägen für weitere chemische Synthesen und biologische Testungen zu kommen. Auf diese Weise gelingt es, die günstigsten Suchrichtungen festzulegen, neue Suchräume zu erschließen, bekannte Suchräume auf erfolgsträchtige Gebiete einzuengen und insgesamt die Auffindungswahrscheinlichkeit für neue Wirkstoffe bei gleichzeitiger Einschränkung des Synthese- und Testaufwandes zu erhöhen; außerdem resultieren Beiträge zur Theorienbildung. Die Ermittlung der quantitativen Struktur-Wirkungs-Beziehungen erfolgt an Stichproben von nach bestimmten Kriterien ausgewählten Verbindungen, die biologisch getestet und hinsichtlich ihrer chemischen und stereoelektronischen Eigenschaften durch geeignete Molekülparameter charakterisiert werden. Mit Hilfe geeigneter mathematischer Verfahren werden dann die funktionellen Zusammenhänge zwischen den Molekülparametern und den biologischen Testdaten ermittelt. Wegen der Vielfalt chemischer Strukturen und der Komplexizität der biologischen Materie können dabei ganz unterschiedliche Situationen auftreten, so daß sowohl unterschiedliche Methoden zur Molekülbeschreibung als auch unterschiedliche mathematische Verfahren eingesetzt werden müssen. Die wichtigsten Methoden und Verfahren dieser Art sowie ihre Leistungsfähigkeit und Grenzen werden dargestellt, und die neue Forschungstechnologie, die sich aus der systematischen Ermittlung und Anwendung quantitativer Struktur-Wirkungs-Beziehungen ergibt, wird ausführlich erläutert.

19. Summary

The search for chemical compounds with certain desired properties is a common task in many fields of industrial and scientific research. For an effective approach the stochastic character of such search problems must be decreased by the application of rational design strategies in order to obtain a maximum of information with a minimum of experimental work so that the chances of success and the speed are increased. This is especially true in drug research. Drugs are of central importance for the health and the food supply of men, and because of the steadily increasing demands for the safety and quality of new drugs expences in drug research have risen enormously during the last years. For these reasons special theoretical optimization methods have become more and more important in this field; in principle, however, these methods can also be applied in other areas of research. The central task is the quantitative analysis of relationships between the structure or, rather, the physical, chemical, and stereoelectronic properties of drugs and their biological activity leading to quantitative structure-activity relationships. With the help of such relationships it is possible to predict biological activities of yet uninvestigated compounds so that rational suggestions for further syntheses and biological testing can be made. In addition, informations on the molecular mechanism of drug action can also be obtained. The evaluation of quantitative structure-activity relationships starts form the data of a test series which is selected according to well-defined principles. Biological activities and molecule parameters characterizing chemical properties of the compounds of this test series are interrelated by a suitable mathematical technique resulting in a quantitative expression. Because of the diversity of chemical structures and the complexity of biological matter quite different situations may arise requiring a whole spectrum of mathematical and theoretical chemical methods. The most important methods for the evalutation of quantitative structure-activity relationships, their scope, application, and limits will be explained, and the strategy of theoretical drug design will be discussed in detail.

Резюме

Создание химических соединений с заранее заданными свойствами является задачей, встающей во многих областях науки и народного хозяйства. Для ее эффективного решения необходимы специальные технологии исследований, которые уменьшали бы случайность при поиске таких соединений и обеспечивали бы целеустремленный подход: следует достигать максимума информации при минимальной экспериментальной затрате, увеличивать вероятность нахождения искомых соединений и сокращать время разработки.
Это особенно важно при поиске новых биологически активных веществ, ибо они имеют наибольшее значение для питания и сохранения здоровья людей. В последние годы из-за постоянно возрастающих требований к качеству увеличились и затраты на подобные исследования; поэтому именно в данной области теоретические методы оптимирования получают все большее значение. Такие методы применимы и к другим областям исследований. Центральное место в исследованиях занимает определение связей между физическими, химическими и стереоэлектронными свойствами соединений, детерминированными химической структурой, и биологической активностью. Установленные таким образом взаимосвязи структура-активность позволяют предсказать биологическую активность еще не исследованных соединений и предложить соответствуюшие химические синтезы и исследования. Установление количественной взаимосвязи структура-активность производится для избранных соединений, биологическая активность которых известна и химические и стереоэлектронные свойства которых характеризуются молекулярными параметрами. Математические методы позволяют затем установить функциональную связь между молекулярными параметрами и биологическими данными. Сложность как химических структур, так и биологического материала учитывается путем подборки разнообразных математических методов и способов описания молекул. Наиболее важные из них рассматриваются в книге.
Подробно описывается новая технология исследований, вытекающая из установления и применения количественных отношений между структурой химических соединений и их биологической активностью.

Bezugsmöglichkeiten auf Seite 456

In Vorbereitung

R. POSE

Rechnergestützte Bildverarbeitung —
Erkenntnisse und Erfahrungen aus der Hochenergiephysik

P. L. KAPICA

Experiment — Theorie — Praxis
Übersetzung aus dem Russischen
Bearbeitung G. LOTZ und CH. WINTERSTEIN
Sonderband

Bezugsmöglichkeiten

Einzel- oder Fortsetzungsbestellungen von Heften dieser Schriftenreihe durch den Buchhandel.
Falls keine Bezugsmöglichkeit durch eine Buchhandlung vorhanden, wende man sich

in der DDR an den Akademie-Verlag, DDR-1080 Berlin, Leipziger Str. 3—4,

im sozialistischen Ausland an die Buchhandlungen für fremdsprachige Literatur,

in der BRD und *in Westberlin* an die Auslieferungsstelle Kunst und Wissen, Erich Bieber, 7000 Stuttgart 1, Wilhelmstr. 4—6,

in Österreich an den Globus-Buchvertrieb, 1201 Wien, Höchstädtplatz 3,

im übrigen Ausland an den Buchexport, Volkseigener Außenhandelsbetrieb der Deutschen Demokratischen Republik, DDR-7010 Leipzig, Leninstr. 16, Postfach 160, oder an den Akademie-Verlag direkt.

How to order

You can order through any book-seller, or Buchexport, Volkseigener Außenhandelsbetrieb der Deutschen Demokratischen Republik, DDR-7010 Leipzig, Leninstr. 16, or directly from the Akademie-Verlag, DDR-1080 Berlin, Leipziger Str. 3—4.

Возможности заказа

Данное издание Вы можете заказать в магазинах Советского Союза, торгующих иностранной литературой.

FSC
www.fsc.org
MIX
Papier | Fördert gute Waldnutzung
FSC® C083411

Kolibri 360 GmbH
Ferdinand-Jühlke-Straße 7
99095 Erfurt, Deutschland
produktsicherheit@kolibri360.de